SOLIDWORKS 2025

中文版 机械设计
从入门到精通

赵罘 杨晓晋 赵楠 编著

人民邮电出版社
北京

图书在版编目（CIP）数据

SOLIDWORKS 2025 中文版机械设计从入门到精通 / 赵罘，杨晓晋，赵楠编著. -- 北京：人民邮电出版社，2025. -- ISBN 978-7-115-66542-3

Ⅰ．TH122

中国国家版本馆 CIP 数据核字第 2025EQ2746 号

内 容 提 要

SOLIDWORKS 是三维计算机辅助设计（CAD）软件，该软件以参数化特征造型为基础，具有功能强大、易学、易用等特点。

本书系统地介绍 SOLIDWORKS 2025 中文版在草图绘制、实体建模、装配体设计、工程图设计和仿真分析等方面的功能。本书每章的前半部分介绍软件的基础知识，后半部分利用内容较全面的案例介绍具体的操作步骤，引领读者一步步完成模型的创建，使读者能够快速而深入地理解 SOLIDWORKS 中一些抽象的概念和功能。

本书可作为广大工程技术人员的 SOLIDWORKS 自学教程和参考书，也可作为大专院校 CAD 课程的参考书。

◆ 编　著　赵罘　杨晓晋　赵楠
　　责任编辑　王旭丹
　　责任印制　王郁　胡南

◆ 人民邮电出版社出版发行　北京市丰台区成寿寺路 11 号
　　邮编 100164　电子邮件 315@ptpress.com.cn
　　网址 https://www.ptpress.com.cn
　　三河市兴达印务有限公司印刷

◆ 开本：787×1092　1/16

印张：18.25　　　　　　　　　　2025 年 5 月第 1 版

字数：480 千字　　　　　　　　　2025 年 5 月河北第 1 次印刷

定价：79.80 元

读者服务热线：(010)81055410　印装质量热线：(010)81055316
反盗版热线：(010)81055315

前 言

SOLIDWORKS 是一款三维 CAD 软件，以直观的用户界面和强大的功能而闻名。它支持复杂零件、装配体和焊接结构的设计，能够提供高级模拟和数据管理工具。SOLIDWORKS 还具备优秀的兼容性和可扩展性，能够与其他软件和制造系统无缝集成，广泛应用于工程、设计和制造领域。

本书重点介绍 SOLIDWORKS 2025 中文版的各种基本功能和操作方法。每章的前半部分为功能知识点的介绍，后半部分以综合性应用案例对本章的知识点进行具体应用，帮助读者提高实际操作能力，并巩固所学知识。本书采用通俗易懂、由浅入深的方法介绍 SOLIDWORKS 2025 中文版的基本内容和操作步骤，各章节既相对独立又前后关联。本书内容翔实，图文并茂，建议读者结合软件，从头到尾、循序渐进地学习。本书主要内容如下：

（1）认识 SOLIDWORKS：包括基本功能、操作方法和常用模块的功用。

（2）草图绘制：讲解草图的绘制和修改方法。

（3）基于草图的实体建模特征：讲解基于草图的三维特征建模命令。

（4）直接实体建模特征：讲解基于实体的三维特征建模命令。

（5）曲线与曲面设计：讲解曲线和曲面的建模过程。

（6）装配体设计：讲解装配体的建模步骤。

（7）工程图设计：讲解零件图和装配图的设计步骤。

（8）钣金设计：讲解钣金零件的建模步骤。

（9）焊件设计：讲解焊件零件的建模步骤。

（10）动画模拟与仿真：讲解动画制作的基本方法。

（11）标准零件库：讲解标准零件库的使用方法。

（12）线路设计：讲解管路和线路设计的基本方法。

（13）配置与零件设计表：讲解生成配置的基本方法。

（14）仿真分析：讲解有限元分析、流体分析、公差分析、数控加工分析和运动模拟。

本书配送电子资源，包含全书各章所用的模型文件；每章实例操作过程的视频讲解文件；每章涉及的知识要点、供教学使用的 PPT 文件。

本书由赵罘、杨晓晋、赵楠编写；参与编写工作的还有薛宝华，北京工商大学的刘硕、樊晋恺、张人杰。

作者力求展现给读者尽可能多的 SOLIDWORKS 强大功能，希望本书对读者掌握 SOLIDWORKS 有所帮助。由于作者水平所限，疏漏之处在所难免，欢迎广大读者批评指正。

作者
2024 年 8 月 6 日

资源与支持

资源获取

本书提供如下资源：
- 每章所用模型文件；
- 视频讲解文件；
- PPT 课件。

要获得以上资源，扫描下方二维码，根据指引领取。

提交勘误

作者和编辑尽最大努力来确保书中内容的准确性，但难免会存在疏漏。欢迎您将发现的问题反馈给我们，帮助我们提升图书的质量。

当您发现错误时，请登录异步社区（https://www.epubit.com/），按书名搜索，进入本书页面，点击"发表勘误"，输入错误相关信息，点击"提交勘误"按钮即可（见下图）。本书的作者和编辑会对您提交的意见进行审核，确认并接受后，您将获赠异步社区的 100 积分。积分可用于在异步社区兑换优惠券、样书或奖品。

与我们联系

我们的联系邮箱是 contact@epubit.com.cn。

如果您对本书有任何疑问或建议,请您发邮件给我们,并请在邮件标题中注明本书书名,以便我们更高效地做出反馈。

如果您有兴趣出版图书、录制教学视频,或者参与图书翻译、技术审校等工作,可以发邮件给我们。

如果您所在的学校、培训机构或企业,想批量购买本书或异步社区出版的其他图书,也可以发邮件给我们。

如果您在网上发现有针对异步社区出品图书的各种形式的盗版行为,包括对图书全部或部分内容的非授权传播,请您将怀疑有侵权行为的链接发邮件给我们。您的这一举动是对作者权益的保护,也是我们持续为您提供有价值的内容的动力之源。

关于异步社区和异步图书

"异步社区"(www.epubit.com)是由人民邮电出版社创办的 IT 专业图书社区,于 2015 年 8 月上线运营,致力于优质内容的出版和分享,为读者提供高品质的学习内容,为作译者提供专业的出版服务,实现作者与读者在线交流互动,以及传统出版与数字出版的融合发展。

"异步图书"是异步社区策划出版的精品 IT 图书的品牌,依托于人民邮电出版社在计算机图书领域 40 余年的发展与积淀。异步图书面向 IT 行业以及各行业使用 IT 技术的用户。

目录 CONTENTS

第1章 认识 SOLIDWORKS 1

- 1.1 SOLIDWORKS 概述 2
  - 1.1.1 软件背景 2
  - 1.1.2 软件主要特点 2
  - 1.1.3 界面功能介绍 3
  - 1.1.4 特征管理器设计树 6
- 1.2 常用工具命令 7
  - 1.2.1 【标准】工具栏 7
  - 1.2.2 【特征】工具栏 7
  - 1.2.3 【草图】工具栏 8
  - 1.2.4 【装配体】工具栏 9
  - 1.2.5 【工程图】工具栏 10
- 1.3 操作环境设置 11
  - 1.3.1 工具栏的设置 11
  - 1.3.2 鼠标的使用方法 12
- 1.4 SOLIDWORKS 的文件操作 13
  - 1.4.1 新建文件 13
  - 1.4.2 打开文件 14
  - 1.4.3 保存文件 14
- 1.5 基准轴 15
  - 1.5.1 基准轴的属性设置 15
  - 1.5.2 显示基准轴 15
- 1.6 基准面 16
- 1.7 操作案例：我的第一个三维模型 16
  - 1.7.1 新建文件 17
  - 1.7.2 建立基体部分 18
  - 1.7.3 建立辅助部分 20
- 1.8 本章小结 21

第2章 草图绘制 22

- 2.1 基础知识 23
  - 2.1.1 进入草图绘制状态 23
  - 2.1.2 退出草图绘制状态 23
  - 2.1.3 鼠标指针提示 24
- 2.2 草图命令 24
  - 2.2.1 绘制直线 24
  - 2.2.2 绘制圆 25
  - 2.2.3 绘制圆弧 26
  - 2.2.4 绘制矩形 26
  - 2.2.5 绘制多边形 27
  - 2.2.6 输入草图文字 27
- 2.3 草图编辑 28
  - 2.3.1 绘制圆角 28
  - 2.3.2 绘制倒角 29
  - 2.3.3 剪裁草图实体 30
  - 2.3.4 镜向草图实体 30
  - 2.3.5 线性阵列草图实体 31
  - 2.3.6 圆周阵列草图实体 32
  - 2.3.7 等距实体 33
  - 2.3.8 转换实体引用 34
- 2.4 尺寸标注 34
  - 2.4.1 线性尺寸 34

2.4.2 角度尺寸 ………………… 35
2.4.3 圆形尺寸 ………………… 35
2.4.4 修改尺寸 ………………… 36
2.5 几何关系 ……………………… 36
2.5.1 添加几何关系 …………… 36
2.5.2 显示/删除几何关系 …… 37
2.6 操作案例1：法兰草图 ……… 37
2.6.1 进入草图绘制状态 ……… 37
2.6.2 绘制草图 ………………… 38
2.6.3 裁剪草图 ………………… 40
2.7 操作案例2：垫片草图 ……… 41
2.7.1 新建并保存文件 ………… 41
2.7.2 建立基础部分 …………… 41
2.7.3 建立辅助部分 …………… 45
2.8 本章小结 ……………………… 48
2.9 知识巩固 ……………………… 48

第3章 基于草图的实体建模特征 …… 49

3.1 拉伸凸台/基体特征 ………… 50
3.1.1 拉伸凸台/基体特征的属性设置 …………… 50
3.1.2 操作实例：生成拉伸凸台/基体特征 ……… 50
3.2 旋转凸台/基体特征 ………… 51
3.2.1 旋转凸台/基体特征的属性设置 …………… 51
3.2.2 操作实例：生成旋转凸台/基体特征 ……… 51
3.3 扫描特征 ……………………… 52
3.3.1 扫描特征的属性设置 …… 52
3.3.2 操作实例：生成扫描特征 ………………… 53
3.4 放样特征 ……………………… 53
3.4.1 放样特征的属性设置 …… 53
3.4.2 操作实例：生成放样特征 ………………… 54
3.5 筋特征 ………………………… 54
3.5.1 筋特征的属性设置 ……… 54
3.5.2 操作实例：生成筋特征 … 55
3.6 操作案例1：螺丝刀建模实例 … 55
3.6.1 生成把手部分 …………… 56
3.6.2 生成其余部分 …………… 58
3.7 操作案例2：蜗杆建模实例 … 61
3.7.1 生成基础部分 …………… 62
3.7.2 生成辅助部分 …………… 63
3.8 本章小结 ……………………… 65
3.9 知识巩固 ……………………… 65

第4章 直接实体建模特征 …………… 67

4.1 圆角特征 ……………………… 68
4.1.1 圆角特征的属性设置 …… 68
4.1.2 操作实例：生成圆角特征 … 68
4.2 倒角特征 ……………………… 69
4.2.1 倒角特征的属性设置 …… 69
4.2.2 操作实例：生成倒角特征 ………………… 69
4.3 抽壳特征 ……………………… 70
4.3.1 抽壳特征的属性设置 …… 71
4.3.2 操作实例：生成抽壳特征 ………………… 71
4.4 特征阵列 ……………………… 71
4.4.1 线性阵列 ………………… 72
4.4.2 圆周阵列 ………………… 72
4.4.3 表格驱动的阵列 ………… 73
4.4.4 草图驱动的阵列 ………… 74

	4.4.5 曲线驱动的阵列 …………… 75	4.7	操作案例 2：针阀建模实例 ……… 84
	4.4.6 填充阵列 ………………… 76		4.7.1 建立阀帽部分 …………… 85
4.5	镜向特征 …………………………… 76		4.7.2 建立阀头部分 …………… 88
	4.5.1 镜向特征的属性设置 …… 76	4.8	操作案例 3：蜗轮建模实例 ……… 89
	4.5.2 操作实例：生成镜向特征 …………………… 77		4.8.1 生成轮齿部分 …………… 90
			4.8.2 生成轮毂部分 …………… 91
4.6	操作案例 1：轮毂建模实例 ……… 77	4.9	本章小结 …………………………… 94
	4.6.1 建立基础部分 …………… 78	4.10	知识巩固 …………………………… 94
	4.6.2 建立其余部分 …………… 80		

第 5 章　曲线与曲面设计 ………………………………………………………………… 96

5.1	生成曲线 …………………………… 97		5.3.1 等距曲面 ………………… 104
	5.1.1 分割线 …………………… 97		5.3.2 圆角曲面 ………………… 105
	5.1.2 投影曲线 ………………… 98		5.3.3 填充曲面 ………………… 106
	5.1.3 通过 XYZ 点的曲线 …… 98		5.3.4 延伸曲面 ………………… 106
	5.1.4 螺旋线和涡状线 ………… 99	5.4	操作案例：叶片三维建模实例 …………………………… 107
5.2	生成曲面 …………………………… 101		5.4.1 生成轮毂部分 …………… 108
	5.2.1 拉伸曲面 ………………… 101		5.4.2 生成叶片部分 …………… 109
	5.2.2 旋转曲面 ………………… 102		5.4.3 斑马条纹显示 …………… 112
	5.2.3 扫描曲面 ………………… 102	5.5	本章小结 …………………………… 112
	5.2.4 放样曲面 ………………… 103	5.6	知识巩固 …………………………… 112
5.3	编辑曲面 …………………………… 104		

第 6 章　装配体设计 …………………………………………………………………… 113

6.1	装配体概述 ………………………… 114		6.4.1 压缩状态的种类 ………… 117
	6.1.1 建立装配体的方法 ……… 114		6.4.2 压缩零件的方法 ………… 118
	6.1.2 插入零部件 ……………… 114	6.5	爆炸视图 …………………………… 118
6.2	建立配合 …………………………… 114		6.5.1 爆炸视图启动命令 ……… 119
	6.2.1 【配合】属性管理器 …… 115		6.5.2 属性栏选项说明 ………… 119
	6.2.2 最佳配合方法 …………… 116		6.5.3 操作实例：制作爆炸视图 …………………… 119
6.3	干涉检查 …………………………… 116		
	6.3.1 属性管理器选项说明 …… 116	6.6	操作案例 1：万向联轴器装配实例 …………………………… 120
	6.3.2 操作实例：使用干涉检查 …………………… 117		6.6.1 插入零件 ………………… 120
6.4	装配体中零部件的压缩状态 …… 117		6.6.2 设置配合 ………………… 121

6.7 操作案例 2：机械配合装配
　　实例 ·· 123
　　6.7.1 插入零件 ······················· 124
　　6.7.2 添加齿轮等配合 ··········· 125
　　6.7.3 添加万向节等配合 ······· 129
6.8 操作案例 3：装配体高级配合
　　应用实例 ···································· 135
　　6.8.1 新建文件 ······················· 135
　　6.8.2 宽度及轮廓中心配合 ··· 136
　　6.8.3 线性耦合及路径配合 ··· 138
6.9 本章小结 ·································· 141
6.10 知识巩固 ································ 141

第 7 章　工程图设计 ·· 142

7.1 基本设置 ·································· 143
　　7.1.1 图纸格式的设置 ············· 143
　　7.1.2 线型设置 ······················· 144
　　7.1.3 图层设置 ······················· 145
　　7.1.4 激活图纸 ······················· 146
　　7.1.5 删除图纸 ······················· 146
7.2 建立视图 ·································· 146
　　7.2.1 标准三视图 ··················· 146
　　7.2.2 投影视图 ······················· 147
　　7.2.3 剖面视图 ······················· 148
　　7.2.4 局部视图 ······················· 149
　　7.2.5 断裂视图 ······················· 150
7.3 标注尺寸 ·································· 151
　　7.3.1 标注草图尺寸 ··············· 151
　　7.3.2 操作实例：添加尺寸
　　　　　标注 ·································· 152
7.4 添加注释 ·································· 153
　　7.4.1 注释的属性设置 ··········· 153
　　7.4.2 操作实例：添加注释 ··· 154
7.5 操作案例 1：主动轴零件图
　　实例 ·· 154
　　7.5.1 建立工程图前的准备 ··· 155
　　7.5.2 插入视图 ······················· 155
　　7.5.3 标注尺寸及添加注释 ··· 158
7.6 操作案例 2：虎钳装配图实例 ··· 165
　　7.6.1 插入视图 ······················· 166
　　7.6.2 标注视图要素 ··············· 170
　　7.6.3 添加材料明细表 ··········· 171
7.7 本章小结 ·································· 174
7.8 知识巩固 ·································· 174

第 8 章　钣金设计 ·· 175

8.1 基础知识 ·································· 176
　　8.1.1 折弯系数 ······················· 176
　　8.1.2 K 因子 ··························· 176
　　8.1.3 折弯扣除 ······················· 176
8.2 生成钣金特征 ·························· 176
　　8.2.1 基体法兰 ······················· 177
　　8.2.2 边线法兰 ······················· 177
　　8.2.3 绘制的折弯 ··················· 178
　　8.2.4 褶边 ······························· 179
　　8.2.5 转折 ······························· 180
8.3 编辑钣金特征 ·························· 181
　　8.3.1 折叠 ······························· 181
　　8.3.2 展开 ······························· 182
8.4 操作案例 1：钣金建模实例 ······ 182
　　8.4.1 生成基础部分 ··············· 183
　　8.4.2 生成辅助部分 ··············· 186

8.5 操作案例2：钣金工程图实例……189
　　8.5.1 建立视图……189
　　8.5.2 建立展开视图……190
　　8.5.3 建立孔表……191
8.6 本章小结……192
8.7 知识巩固……192

第9章　焊件设计……193

9.1 结构构件……194
　　9.1.1 结构构件的属性设置……194
　　9.1.2 操作实例：生成结构构件……194
9.2 剪裁/延伸……195
　　9.2.1 剪裁/延伸的属性设置……195
　　9.2.2 操作实例：运用剪裁工具……195
9.3 圆角焊缝……196
　　9.3.1 圆角焊缝的属性设置……196
　　9.3.2 操作实例：生成圆角焊缝……196
9.4 角撑板……197
　　9.4.1 角撑板的属性设置……197
　　9.4.2 操作实例：生成角撑板……197
9.5 顶端盖……198
　　9.5.1 顶端盖的属性设置……198
　　9.5.2 操作实例：生成顶端盖……199
9.6 焊缝……200
　　9.6.1 焊缝的属性设置……200
　　9.6.2 操作实例：生成焊缝……200
9.7 自定义焊件轮廓……201
9.8 操作案例1：焊件建模实例……201
　　9.8.1 绘制龙骨草图……202
　　9.8.2 建立焊件……203
　　9.8.3 干涉检查……206
9.9 操作案例2：焊件工程图实例……207
　　9.9.1 建立视图……207
　　9.9.2 建立切割清单……208
9.10 本章小结……209
9.11 知识巩固……209

第10章　动画模拟与仿真……210

10.1 运动算例简介……211
　　10.1.1 时间线……211
　　10.1.2 键码点和键码属性……212
10.2 装配体爆炸动画……212
10.3 旋转动画……213
10.4 视像属性动画……214
　　10.4.1 视像属性动画的属性设置……214
　　10.4.2 操作实例：生成视像属性动画……214
10.5 距离配合动画……215
10.6 物理模拟动画……216
　　10.6.1 引力……216
　　10.6.2 线性马达和旋转马达……217
　　10.6.3 线性弹簧……218
10.7 操作案例：动画制作实例……220
　　10.7.1 制作物理模拟动画……220
　　10.7.2 制作旋转动画……221
　　10.7.3 制作爆炸动画……221
　　10.7.4 播放动画……222
10.8 本章小结……222
10.9 知识巩固……222

第 11 章 标准零件库 ·················· 223

- 11.1 SOLIDWORKS Toolbox 概述 ··· 224
  - 11.1.1 Toolbox 管理 ················ 224
  - 11.1.2 安装 Toolbox ················ 225
  - 11.1.3 配置 Toolbox ················ 225
  - 11.1.4 生成零件 ···················· 225
  - 11.1.5 智能零部件 ·················· 226
- 11.2 凹槽 ································ 226
  - 11.2.1 生成凹槽 ···················· 226
  - 11.2.2 O-环凹槽的属性设置 ······· 227
- 11.3 凸轮 ································ 227
  - 11.3.1 生成凸轮 ···················· 228
  - 11.3.2 凸轮属性的设置 ············ 228
- 11.4 操作案例：标准件建模实例 ··· 229
  - 11.4.1 新建装配体文件并保存 ··· 230
  - 11.4.2 装配轴系的一端 ············ 230
  - 11.4.3 装配轴系的另一端 ········· 236
- 11.5 本章小结 ·························· 239
- 11.6 知识巩固 ·························· 239

第 12 章 线路设计 ·················· 240

- 12.1 线路模块概述 ··················· 241
  - 12.1.1 激活 Routing 插件 ········· 241
  - 12.1.2 步路模板 ···················· 241
  - 12.1.3 配合参考 ···················· 241
  - 12.1.4 使用连接点 ·················· 242
  - 12.1.5 维护库文件 ·················· 242
- 12.2 线路点和连接点 ················ 242
  - 12.2.1 线路点 ······················· 242
  - 12.2.2 连接点 ······················· 243
- 12.3 操作案例 1：管筒线路设计 ··· 243
  - 12.3.1 创建电力管筒线路 ········· 244
  - 12.3.2 保存线路装配体 ············ 246
- 12.4 操作案例 2：管道线路设计 ··· 247
  - 12.4.1 创建管道线路 ··············· 247
  - 12.4.2 添加阀门 ···················· 249
- 12.5 操作案例 3：电力线路设计 ··· 250
  - 12.5.1 插入接头 ···················· 250
  - 12.5.2 创建线路 ···················· 251
- 12.6 本章小结 ·························· 252
- 12.7 知识巩固 ·························· 252

第 13 章 配置与零件设计表 ······ 254

- 13.1 配置项目 ·························· 255
  - 13.1.1 零件的配置项目 ············ 255
  - 13.1.2 装配体的配置项目 ········· 255
- 13.2 设置配置 ·························· 256
  - 13.2.1 手动生成配置 ··············· 256
  - 13.2.2 激活配置 ···················· 256
  - 13.2.3 编辑配置 ···················· 256
  - 13.2.4 删除配置 ···················· 257
- 13.3 零件设计表 ······················ 257
  - 13.3.1 插入设计表 ·················· 258
  - 13.3.2 插入外部 Excel 文件为设计表 ························· 259
  - 13.3.3 编辑设计表 ·················· 259
  - 13.3.4 保存设计表 ·················· 259
- 13.4 操作案例：套筒系列零件实例 ······························· 259
  - 13.4.1 创建表格 ···················· 260
  - 13.4.2 修改参数 ···················· 260
- 13.5 本章小结 ·························· 261
- 13.6 知识巩固 ·························· 261

第14章 仿真分析 262

14.1 公差分析 263
    14.1.1 公差分析步骤 263
    14.1.2 操作案例：公差分析
           实例 263
14.2 有限元分析 266
    14.2.1 有限元分析步骤 266
    14.2.2 操作案例：有限元分析
           实例 267
14.3 流体分析 270
    14.3.1 流体分析步骤 270
    14.3.2 操作案例：流体分析
           实例 271

14.4 数控加工分析 274
    14.4.1 数控加工分析步骤 274
    14.4.2 操作案例：数控加工分析
           实例 274
14.5 运动模拟 275
    14.5.1 运动模拟分析步骤 275
    14.5.2 操作案例：运动模拟
           实例 276
14.6 本章小结 278
14.7 知识巩固 278

第1章 认识 SOLIDWORKS

Chapter 1

本章介绍

在机械制图和结构设计领域，SOLIDWORKS 已经成为三维计算机辅助设计（CAD）的主流软件。SOLIDWORKS 2025 中文版的基础知识主要包括哪些内容？在 SOLIDWORKS 中，掌握文件操作对于高效使用软件有何重要性？操作环境设置对 SOLIDWORKS 用户体验有何影响？基准轴和基准面在 SOLIDWORKS 建模中有何作用？为什么说掌握基本操作命令是学习 SOLIDWORKS 的基础？

本章主要介绍 SOLIDWORKS 2025 中文版的基础知识，包括 SOLIDWORKS 概述、常用工具命令、操作环境设置、SOLIDWORKS 的文件操作、基准轴、基准面及阶梯轴建模实例。对于常用工具命令的使用直接关系到软件使用的效率，也是以后学习的基础。

重点与难点

- 常用工具命令
- 操作环境设置
- SOLIDWORKS 的文件操作

思维导图

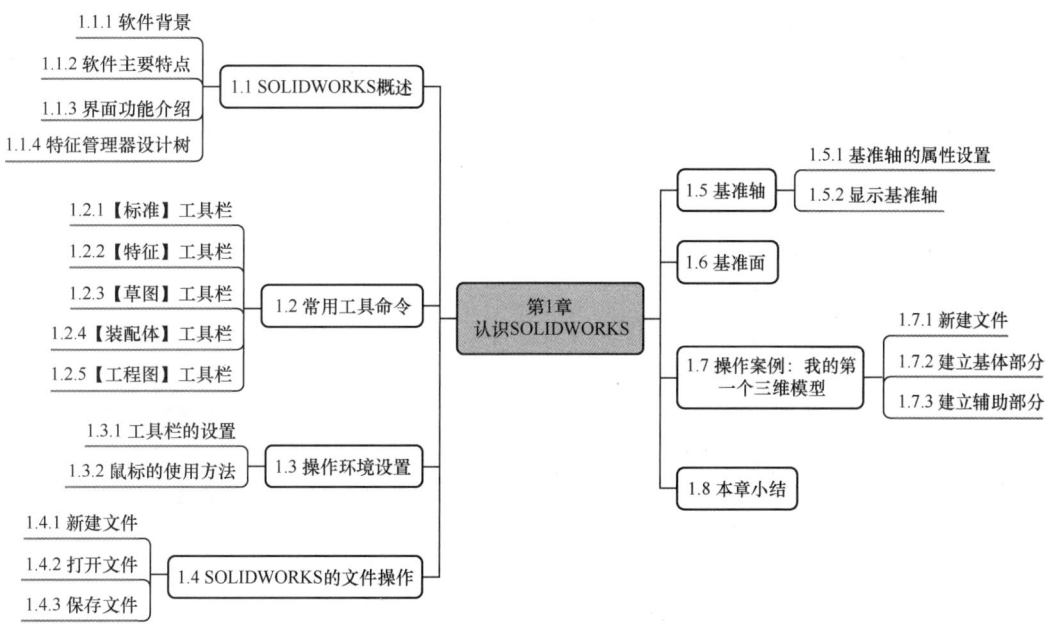

1.1 SOLIDWORKS 概述

本节首先对 SOLIDWORKS 的背景及主要特点进行简单的介绍，让读者对该软件有一个大致的认识。

1.1.1 软件背景

20 世纪 90 年代初，国际微型计算机（简称微机）市场发生了根本性的变化，微机性能大幅提高，而价格一路下滑，微机卓越的性能足以支持运行三维 CAD 软件。为了开发基于微机的三维 CAD 软件，1993 年，美国参数技术（PTC）公司的技术副总裁与计算机视觉（CV）公司的副总裁成立了 SOLIDWORKS 公司，并于 1995 年成功推出了 SOLIDWORKS 软件。在 SOLIDWORKS 软件的推动下，从 1998 年开始，国内外陆续推出了相关软件，原来运行在 UNIX 操作系统的工作站 CAD 软件也从 1999 年开始，将其程序移植到了 Windows 操作系统中。

SOLIDWORKS 采用智能化的参变量式设计理念及 Windows 操作系统的图形用户界面，具有卓越的几何造型和分析功能，操作灵活，运行速度快，设计过程简单、便捷，被业界称为"三维机械设计方案的领先者"，受到广大用户的青睐，在机械制图和结构设计领域中已经成为三维 CAD 的主流软件。利用 SOLIDWORKS，设计师和工程师可以有效地为产品建模并模拟整个工程系统，缩短产品的设计和生产周期，从而制造富有创意的产品。

1.1.2 软件主要特点

SOLIDWORKS 是一款参变量式 CAD 软件。参变量式设计，是指将零件尺寸的设计用参数描述，并在设计和修改的过程中通过修改参数的数值改变零件的外形。

SOLIDWORKS 在三维设计中有以下几个特点。

- SOLIDWORKS 提供了一套完整的动态界面和可用鼠标拖曳控制的设置。
- 用 SOLIDWORKS 资源管理器可以方便地管理 CAD 文件。
- 配置管理是 SOLIDWORKS 软件体系结构中非常独特的一部分，它涉及零件设计、装配设计和工程图设计。
- SOLIDWORKS 根据三维模型自动产生工程图，包括视图、尺寸和标注。
- 钣金设计：可以使用折叠、折弯、法兰、切口、标签、斜接、放样的折弯、绘制的折弯、褶边等工具创建钣金零件。
- 焊件设计：绘制框架的布局草图，并选择焊件轮廓后，SOLIDWORKS 将自动生成三维焊件模型。
- 装配体建模：当创建装配体时，可以通过选取各个曲面、边线、曲线和顶点来配合零部件，创建零部件间的机械关系，进行干涉、碰撞和孔对齐检查。
- 仿真装配体运动：只需单击和拖曳零部件，即可检查装配体运动情况是否正常，以及是否存在碰撞。
- 材料明细表：可以基于设计自动生成完整的材料明细表，从而节约设计时间。
- 零件验证：SOLIDWORKS Simulation 能帮助用户和专家进行零件验证，确保零件设计具有耐用性、安全性和可制造性。

- 标准零件库：通过 SOLIDWORKS Toolbox 可以即时访问标准零件库。
- 步路系统：可使用 SOLIDWORKS Routing 自动处理和加速管筒、管道、电力电缆的设计过程。

1.1.3 界面功能介绍

SOLIDWORKS 2025 中文版（后简称 SOLIDWORKS）的操作界面包括菜单栏、工具栏、状态栏、管理区域、任务窗格等，如图 1-1 所示。菜单栏包含 SOLIDWORKS 的所有命令，工具栏可用于根据文件类型（零件、装配体、工程图）来调整并设定文件的显示状态，而操作界面底部的状态栏可以提供设计人员正执行的有关功能的信息。

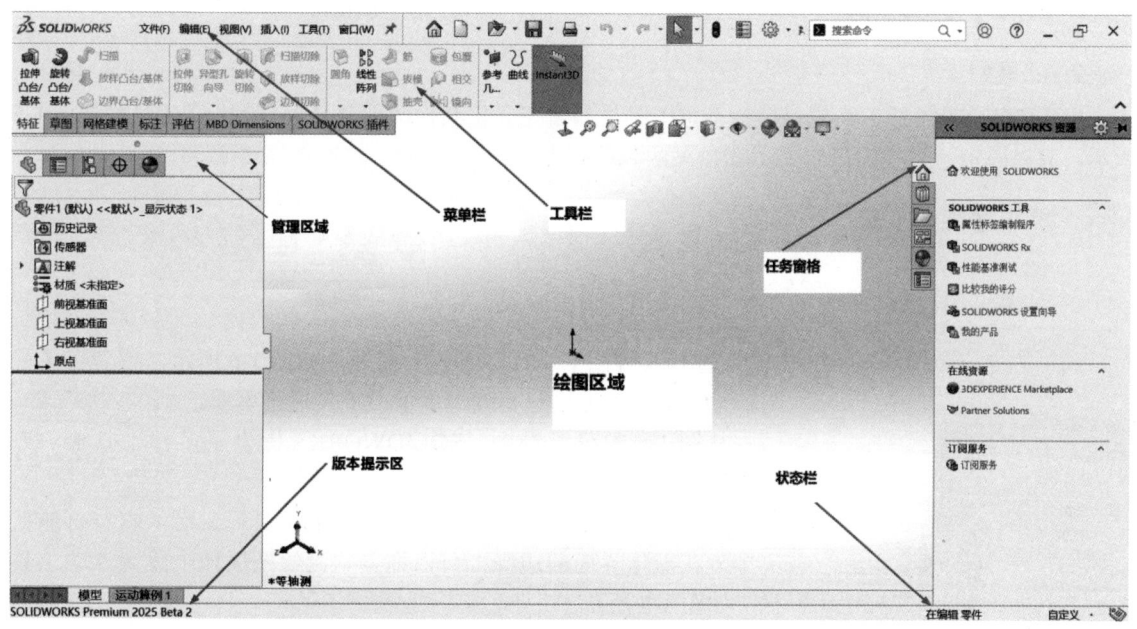

图 1-1 操作界面

本小节对操作界面中常用的一些区域进行介绍。

1. 菜单栏

菜单栏如图 1-2 所示，其位于操作界面的最上方，其中关键的功能集中在【插入】与【工具】菜单中。

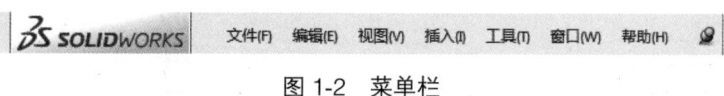

图 1-2 菜单栏

工作环境不同，SOLIDWORKS 中相应的菜单及其中的命令会有所不同。在进行一定的任务操作时，不起作用的菜单命令会变成灰色，此时将无法应用该菜单命令。以【窗口】菜单为例，选择【窗口】|【视口】命令，选择【四视图】命令，如图 1-3 所示，此时视图将切换为四视图，如图 1-4 所示，但这个命令在工程图状态下无法使用。

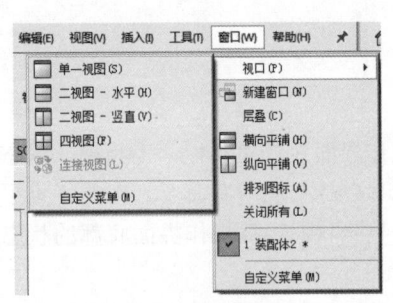

图1-3 多视口选择

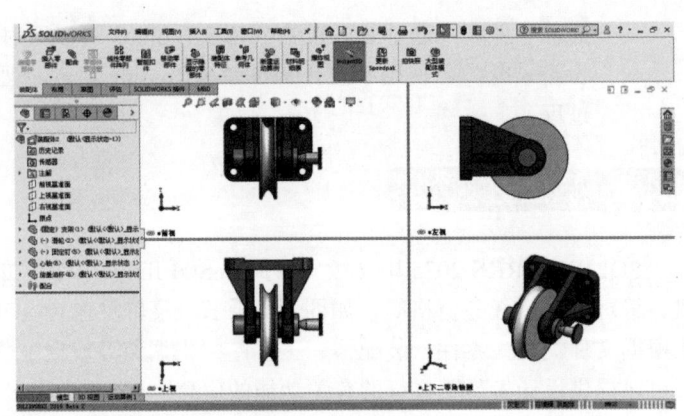

图1-4 四视图

2. 工具栏

SOLIDWORKS的工具栏包括标准主工具栏和自定义工具栏两部分。【前导视图】工具栏如图1-5所示,其以固定工具栏的形式显示在绘图区域的正上方。

图1-5 【前导视图】工具栏

（1）自定义工具栏的启用方法：选择【视图】|【工具栏】命令,如图1-6所示,或者在【视图】工具栏中单击鼠标右键,显示出工具栏菜单项。

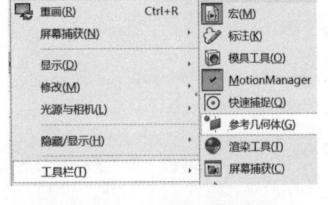

图1-6 工具栏菜单项

从图1-6中可以看到,SOLIDWORKS提供了多种工具栏,方便用户使用。

单击某个工具栏（如【参考几何体】工具栏）后,它有可能默认排放在操作界面的边缘,可以拖曳它到绘图区域中成为浮动工具栏,如图1-7所示。

在使用工具栏或执行工具栏中的命令时,如果将鼠标指针移动到工具栏中的工具图标附近,就会弹出一个窗口来显示该工具的名称及相应的功能,如图1-8所示,显示一段时间后,该窗口会自动消失。

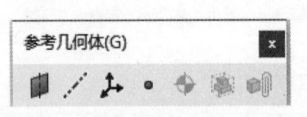

图1-7 【参考几何体】工具栏

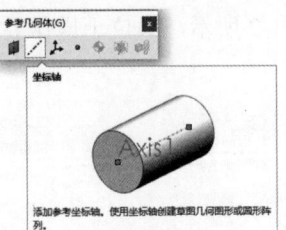

图1-8 消息提示

（2）【Command Manager】（命令管理器）工具栏是一个上下文相关工具栏,它可以根据要使用的工具栏进行动态更新,默认情况下,它根据文档类型嵌入相应的工具栏。【Command Manager】工具栏下有9个不同的选项卡,分别是【特征】选项卡、【草图】选项卡、【标注】选项卡、【评估】选项卡、【MBD Dimensions】选项卡、【SOLIDWORKS 插件】选项卡、【Simulation】选项卡、【MBD

选项卡、【分析准备】选项卡，如图1-9所示。

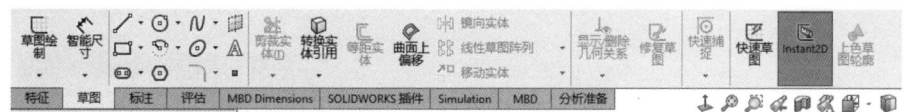

图1-9 【Command Manager】工具栏

- 【特征】和【草图】选项卡提供特征和草图的有关命令。
- 【标注】选项卡提供标注命令。
- 【评估】选项卡提供测量、检查、分析等命令。
- 【MBD Dimensions】选项卡提供自动尺寸方案的尺寸标注命令。
- 【SOLIDWORKS 插件】选项卡提供常用的插件命令。
- 【Simulation】选项卡提供应力分析的命令。
- 【MBD】选项卡提供完整的自动尺寸方案的命令。
- 【分析准备】选项卡提供有关分析的命令。

3. 状态栏

状态栏位于绘图区域的右下角，显示的是当前界面中正在编辑的内容的状态，以及鼠标指针的坐标、草图状态等信息，如图1-10所示。

图1-10 状态栏

状态栏中典型的信息如下。

草图状态：在编辑草图的过程中，状态栏会显示完全定义、过定义、欠定义、没有找到解、发现无效的解5种状态。在零件完成设计之前，建议完全定义草图。

【重建模型】图标：在更改了草图或零件而需要重建模型时，【重建模型】图标会显示在状态栏中。

【快速提示帮助】图标：它会根据SOLIDWORKS的当前模式给出提示和选项，这对于初学者来说很有用。

4. 管理区域

操作界面的左侧为SOLIDWORKS文件的管理区域，也称为左侧区域，如图1-11所示。

图1-11 管理区域

管理区域包括 特征管理器（FeatureManager）设计树、 属性管理器（Property Manager）、 配置管理器（Configuration Manager）、 标注专家管理器（DimXpertManager）和 外观管理器（Display Manager）。

单击管理区域顶部的标签，可以在应用程序之间进行切换；单击管理区域右侧的箭头 ，可以展开显示窗格，如图1-12所示。

5. 任务窗格

绘图区域右侧的任务窗格（见图1-13）是与管理SOLIDWORKS文件有关的工作区域。任务窗格带有 SOLIDWORKS 资源、设计库和文件探索器等标签。通过任务窗格，用户可以查找和使用 SOLIDWORKS 文件。

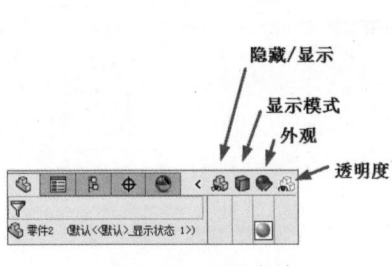

图 1-12　显示窗格　　　　　　　　　图 1-13　任务窗格

1.1.4　特征管理器设计树

特征管理器设计树如图 1-14 所示，其位于操作界面的左侧，是操作界面中比较常用的部分。它提供了激活的零件、装配体或工程图的大纲视图，用户可以很方便地查看模型或装配体的构造情况，或者工程图中的不同图纸和视图。

特征管理器设计树用来组织和记录模型中的各个要素及要素之间的参数信息和相互关系，以及模型、特征和零件之间的约束关系等，几乎包含所有设计信息。

特征管理器设计树的功能主要有以下几个。

（1）以名称来选择模型中的项目。可以通过在模型中选择名称来选择特征、草图、基准面及基准轴。SOLIDWORKS 在这方面的操作与 Windows 操作系统类似，如在选择的同时按住 Shift 键，可以选取多个连续项目；在选择的同时按住 Ctrl 键，可以选取多个非连续项目。

图 1-14　特征管理器设计树

（2）确定和更改特征的生成顺序。在特征管理器设计树中拖曳项目可以调整特征的生成顺序，这将更改重建模型时特征重建的顺序。

（3）双击特征的名称可以显示特征的尺寸。

（4）如果要更改项目的名称，在名称上缓慢单击两次以选择该名称，然后输入新的名称即可。

（5）右击清单中的特征，然后选择父子关系，即可查看父子关系。

（6）单击鼠标右键，在特征管理器设计树里还可显示特征说明、零部件说明、零部件配置名称、零部件配置说明等项目。

（7）可以在特征管理器设计树中添加文件夹。

1.2 常用工具命令

常用工具命令主要包含在各种工具栏中，经常使用的工具栏有【标准】工具栏、【特征】工具栏、【草图】工具栏、【装配体】工具栏和【工程图】工具栏。

1.2.1 【标准】工具栏

【标准】工具栏如图 1-15 所示，其位于操作界面正上方。

图 1-15 【标准】工具栏

【标准】工具栏中常用按钮的功能如下。

- 【新建】按钮：单击可打开【新建 SOLIDWORKS 文件】对话框，从而建立一个空白图文件。
- 【打开】按钮：单击可在【打开】对话框中打开磁盘驱动器中已有的图文件。
- 【保存】按钮：单击可将目前正在编辑的工作视图按原先读取的文件名称存盘。
- 【打印】按钮：单击可将指定范围内的图文资料传输到打印机或绘图机。
- 【撤销】按钮：单击可撤销本次或者上次的操作，可重复撤销多次。
- 【选择】按钮：单击可进入选取对象的模式。
- 【重建模型】按钮：单击可更新屏幕上显示的模型。
- 【文件属性】按钮：单击可显示激活文档的摘要信息。
- 【选项】按钮：单击可更改 SOLIDWORKS 的选项设定。

1.2.2 【特征】工具栏

在 SOLIDWORKS 中，【特征】工具栏直接以选项卡的形式显示在操作界面的上方，如图 1-16 所示。

图 1-16 【特征】工具栏

可以选择菜单栏中的【视图】|【工具栏】命令，再选择【特征】命令，将【特征】工具栏悬浮在操作界面上，如图 1-17 所示。

图 1-17 悬浮的【特征】工具栏

【特征】工具栏中常用按钮（有些按钮隐藏在下拉列表中）的功能如下。

- 【拉伸凸台/基体】按钮：单击可从一个或两个方向拉伸草图以生成实体。
- 【旋转凸台/基体】按钮：单击可将用户选取的草图轮廓绕着用户指定的旋转中心轴生成三维模型。
- 【扫描】按钮：单击可沿开环或闭合路径通过扫描闭合轮廓来生成实体模型。
- 【放样凸台/基体】按钮：单击可在两个或多个轮廓之间添加材料来生成实体特征。
- 【边界凸台/基体】按钮：单击可从两个方向在轮廓间添加材料以生成实体特征。
- 【拉伸切除】按钮：单击可从一个方向上拉伸草图以生成实体，然后将此实体从已有的实体中抠除。
- 【旋转切除】按钮：单击可通过绕旋转中心轴旋转绘制的轮廓来切除实体。
- 【扫描切除】按钮：单击可沿开环或闭合路径通过扫描轮廓来切除实体。
- 【放样切割】按钮：单击可在两个或多个轮廓之间通过移除材料来切除实体特征。
- 【边界切除】按钮：单击可从两个方向在轮廓之间移除材料来切除实体特征。
- 【圆角】按钮：单击可沿实体的边线生成圆形内部面或外部面。
- 【倒角】按钮：单击可沿边线生成一倾斜的边线。
- 【筋】按钮：单击可对三维模型按照用户指定的断面图形，加入一个加强肋特征。
- 【抽壳】按钮：单击可对三维模型加入平均厚度薄壳特征。
- 【拔模】按钮：单击可对三维模型的某个曲面或平面加入拔模倾斜面。
- 【异型孔向导】按钮：单击可利用预先定义的剖面插入孔。
- 【线性阵列】按钮：单击可对一个或两个线性方向阵列特征、面及实体等。
- 【圆周阵列】按钮：单击可绕轴心阵列特征、面及实体等。
- 【包覆】按钮：单击可将草图轮廓闭合到面上。
- 【圆顶】按钮：单击可添加一个或多个圆顶到所选平面或非平面。
- 【镜向】按钮：单击可绕面或者基准面镜向特征、面及实体等。
- 【参考几何体】按钮：单击▼按钮可弹出【参考几何体】命令组，再根据需要选择不同的基准，然后在设定的基准上插入草图来编辑或更改零件图。
- 【曲线】按钮：单击▼按钮可弹出【曲线】命令组。
- 【Instant3D】按钮：单击可启用拖曳控标来动态修改特征。

1.2.3 【草图】工具栏

和【特征】工具栏一样，【草图】工具栏也有两种形式，如图 1-18 所示。

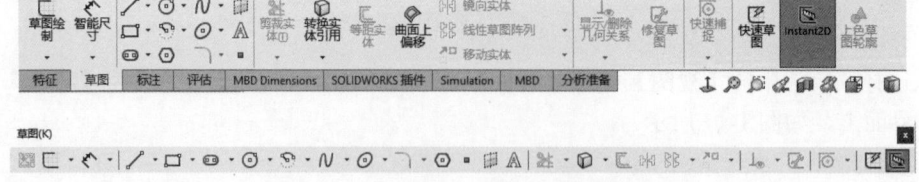

图 1-18 【草图】工具栏的两种形式

【草图】工具栏中常用按钮（有些按钮隐藏在下拉列表中）的功能如下。

- 【草图绘制】按钮：在任何默认基准面或自定义的基准面上，单击该按钮，可以在此基准面上生成草图。

- ⬛【三维草图】按钮：单击可在三维空间的任意点处生成三维草图实体。
- ⬛【智能尺寸】按钮：单击可为一个或多个所选实体生成尺寸。
- ⬛【直线】按钮：单击并依序指定线段的起点及终点位置，可在工作图文件里生成一条连续的直线。
- ⬛【边角矩形】按钮：单击并依序指定矩形的两个对角点位置，可在工作图文件里生成一个矩形。
- ⬛【圆】按钮：单击并指定圆形的圆心位置后，拖曳鼠标指针，可在工作图文件里生成一个圆形。
- ⬛【圆心/起/终点圆弧】按钮：单击并依序指定圆弧的圆心、半径、起点及终点位置，可在工作图文件里生成一个圆弧。
- ⬛【多边形】按钮：单击可生成边数为3～40的等边多边形，可在绘制多边形后更改边数。
- ⬛【样条曲线】按钮：单击并依序指定曲线的每个"经过点"位置，可在工作图文件里生成一条不规则曲线。
- ⬛【绘制圆角】按钮：单击可在两条直线的交点位置用圆弧过渡。
- ⬛【点】按钮：单击该按钮，将鼠标指针移到绘图区域里所需要的位置，再单击，即可在工作图文件里生成一个星点。
- ⬛【基准面】按钮：单击可插入基准面到草图中。
- ⬛【文字】按钮：单击可在面、边线及草图实体上添加文字。
- ⬛【剪裁实体】按钮：单击可以剪裁一草图要素，直到它与另一草图要素相交。
- ⬛【转换实体引用】按钮：单击可以将模型中所选边线转换为草图实体。
- ⬛【等距实体】按钮：单击可在已有的草图的等距的位置生成一个相同的草图。
- ⬛【镜向实体】按钮：单击可将操作界面里被选取的2D像素对称于某个中心线图形进行镜向的操作。
- ⬛【线性草图阵列】按钮：单击可对草图实体和模型边线生成线性草图阵列。
- ⬛【移动实体】按钮：单击可移动一个或多个草图实体。
- ⬛【显示/删除几何关系】按钮：单击可在草图实体之间添加重合、相切、同轴、水平、竖直等几何关系，也可删除几何关系。
- ⬛【修复草图】按钮：单击可找出草图错误，在有些情况下可以修复这些错误。

1.2.4 【装配体】工具栏

【装配体】工具栏如图1-19所示，用于控制零部件的管理、移动及配合。
【装配体】工具栏中常用按钮的功能如下。
- ⬛【插入零部件】按钮：单击可插入零部件、现有零件、装配体。
- ⬛【配合】按钮：单击可指定装配体中两个零件的配合。
- ⬛【线性零部件阵列】按钮：单击可从一个或两个方向在装配体中生成线性零部件阵列。
- ⬛【智能扣件】按钮：单击该按钮后，将自动给装配体添加扣件（螺栓和螺钉）。
- ⬛【移动零部件】按钮：单击可沿着设定的自由度移动零部件。
- ⬛【显示隐藏的零部件】按钮：单击可切换零部件的隐藏和显示状态。
- ⬛【装配体特征】按钮：单击可选择各种装配体特征，如图1-20所示。

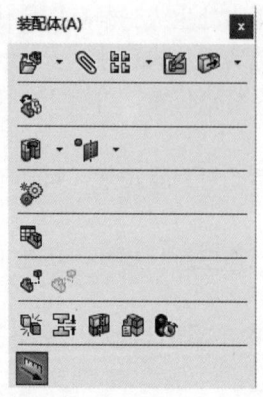
图 1-19 【装配体】工具栏

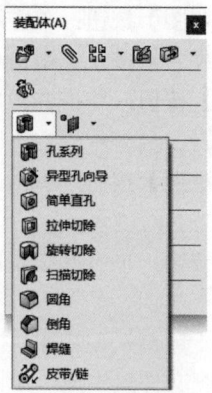
图 1-20 装配体特征

- 【新建运动算例】按钮：单击可新建一个装配体模型的运动模拟。
- 【材料明细表】按钮：单击可新建一个材料明细表。
- 【爆炸视图】按钮：单击可生成和编辑装配体的爆炸视图。
- 【干涉检查】按钮：单击可检查装配体中是否有干涉的情况。
- 【间隙验证】按钮：单击可检查装配体中所选零部件之间的间隙。
- 【孔对齐】按钮：单击可检查装配体中是否存在未对齐的孔。
- 【装配体直观】按钮：单击可按自定义属性直观地显示装配体的零部件。
- 【性能评估】按钮：单击可分析装配体的性能。

1.2.5 【工程图】工具栏

【工程图】工具栏如图 1-21 所示。

图 1-21 【工程图】工具栏

【工程图】工具栏中常用按钮的功能如下。

- 【模型视图】按钮：单击可将一个模型视图插入工程图文件中。
- 【投影视图】按钮：单击可将正交视图插入投影的视图中。
- 【辅助视图】按钮：类似于【投影视图】按钮，但不同的是，它可以垂直于现有视图中的参考边线来展开视图。
- 【剖面视图】按钮：单击可用一条剖切线来分割父视图，并在工程图中生成一个剖面视图。
- 【局部视图】按钮：单击可显示一个视图的某个部分（通常以放大比例显示）。
- 【标准三视图】按钮：单击可为所显示的零件或装配体生成 3 个相关的默认正交视图。
- 【断开的剖视图】按钮：单击可通过绘制一个轮廓在工程视图上生成断开的剖视图。
- 【断裂视图】按钮：单击可将工程图视图用较大比例显示在较小的工程图纸上。
- 【剪裁视图】按钮：单击可通过隐藏除了定义区域之外的所有内容而集中于工程图视图的某一部分。

- 【交替位置视图】按钮:单击可通过在不同位置进行显示而表示装配体零部件的运动范围。

1.3 操作环境设置

SOLIDWORKS 的功能十分强大,但是它的所有功能不可能都罗列在操作界面上供用户调用,这就需要在特定的情况下,通过调整操作设置来满足设计的需求。

1.3.1 工具栏的设置

工具栏包含所有菜单命令的快捷方式。通过使用工具栏可以大大提高 SOLIDWORKS 的设计效率。合理利用自定义工具栏设置,既可以使操作方便快捷,又可以使操作界面简单明了。SOLIDWORKS 的一大特色是提供了所有可以自定义的工具栏。

1. 自定义工具栏

用户可根据文件类型(零件、装配体或工程图)来设置工具栏,并设置想显示的工具栏及想隐藏的工具栏。自定义工具栏的操作如下。

(1)选择菜单栏中的【工具】|【自定义】命令,或者在工具栏中单击鼠标右键,在弹出的菜单中选择【自定义】命令,弹出如图 1-22 所示的【自定义】对话框。

(2)在【工具栏】选项卡下,勾选想显示的工具栏复选框,同时取消勾选想隐藏的工具栏复选框。

(3)如果显示的工具栏位置不理想,可以将鼠标指针指向工具栏上按钮之间的空白区域,然后拖曳工具栏到想要的位置。例如,将工具栏拖到 SOLIDWORKS 操作界面的边缘,工具栏就会自动定位在操作界面边缘。

图 1-22 【自定义】对话框

2. 自定义命令

（1）选择菜单栏中的【工具】|【自定义】命令，或者在工具栏中单击鼠标右键，在弹出的菜单中选择【自定义】命令，弹出【自定义】对话框，打开【命令】选项卡，如图1-23所示。

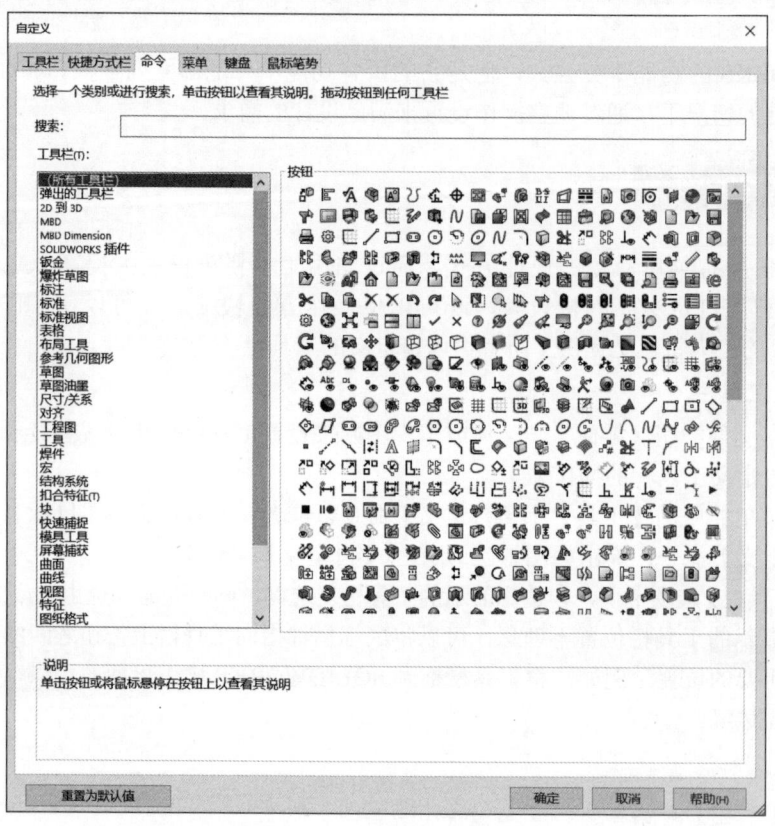

图 1-23 【命令】选项卡

（2）在【类别】栏中选择要改变的工具栏，对工具栏的按钮进行调整。

（3）移动工具栏中的按钮的操作：在【命令】选项卡中找到需要的按钮，单击并将其拖曳到工具栏上的新位置即可。

（4）删除工具栏中的按钮的操作：单击要删除的按钮，并将其从工具栏拖回绘图区域中即可。

1.3.2 鼠标的使用方法

鼠标在SOLIDWORKS中的应用频率非常高，可以用其实现平移、缩放、旋转、绘制几何图形和创建特征等操作。基于SOLIDWORKS的特点，建议使用三键滚轮鼠标，在设计时便于提高设计效率。表1-1列出了三键滚轮鼠标的使用方法。

表 1-1 三键滚轮鼠标的使用方法

鼠标按键	作用	操作说明
左键	用于选择菜单命令和工具栏中的按钮、绘制几何图形等	直接单击鼠标左键

续表

鼠标按键	作用	操作说明
滚轮（中键）	放大或缩小	按 Shift+鼠标中键并上下移动鼠标指针，可以放大或缩小视图；直接滚动鼠标中键，同样可以放大或缩小视图
	平移	按 Ctrl+鼠标中键并移动鼠标指针，可将模型按鼠标指针移动的方向平移
	旋转	按住鼠标中键不放并移动鼠标指针，可旋转模型
右键	弹出快捷菜单	直接单击鼠标右键

1.4 SOLIDWORKS 的文件操作

在 SOLIDWORKS 的文件操作中，常用的有新建文件、打开文件和保存文件。

1.4.1 新建文件

在 SOLIDWORKS 的操作界面中单击【标准】工具栏中的 【新建】按钮，或者选择菜单栏中的【文件】|【新建】命令，即可打开如图 1-24 所示的【新建 SOLIDWORKS 文件】对话框，在该对话框中单击 【零件】按钮，即可进入 SOLIDWORKS 经典的用户界面。

单击【高级】按钮后，此时的【新建 SOLIDWORKS 文件】对话框如图 1-25 所示。

- 【零件】按钮：双击该按钮，可以生成单一的三维零部件文件。
- 【装配体】按钮：双击该按钮，可以生成零件或其他装配体的排列文件。
- 【工程图】按钮：双击该按钮，可以生成零件或装配体的二维工程图文件。

SOLIDWORKS 可分为零件、装配体及工程图 3 个模块，针对不同的模块，其文件类型各不相同，如果准备编辑零件文件，应在【新建 SOLIDWORKS 文件】对话框中单击 【零件】按钮，再单击【确定】按钮，即可打开一个空白的零件文件，后续存盘时，系统默认的扩展名为 .sldprt。

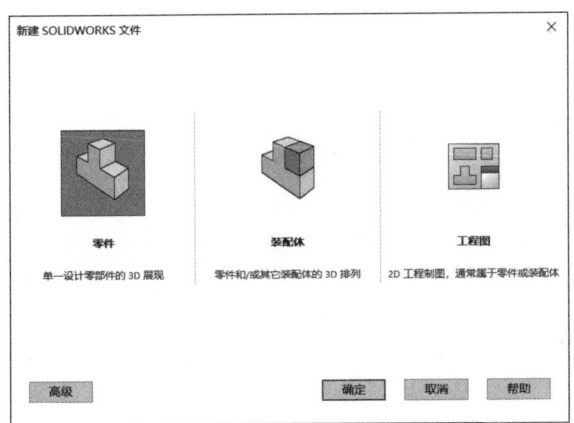

图 1-24 【新建 SOLIDWORKS 文件】对话框（1）

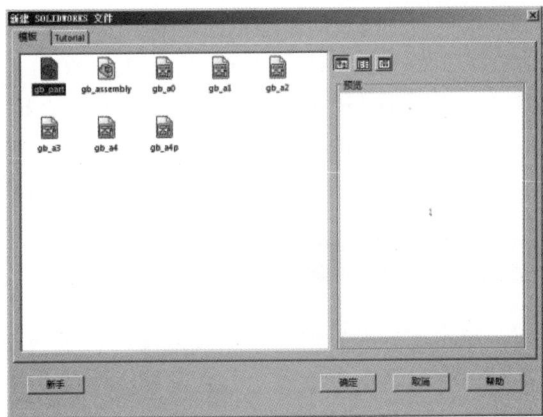

图 1-25 【新建 SOLIDWORKS 文件】对话框（2）

1.4.2 打开文件

单击【新建 SOLIDWORKS 文件】对话框中的【零件】按钮，可以打开一个空白的零件文件，或者单击【标准】工具栏中的【打开】按钮，可以打开已经存在的文件，并对其进行编辑，如图 1-26 所示。

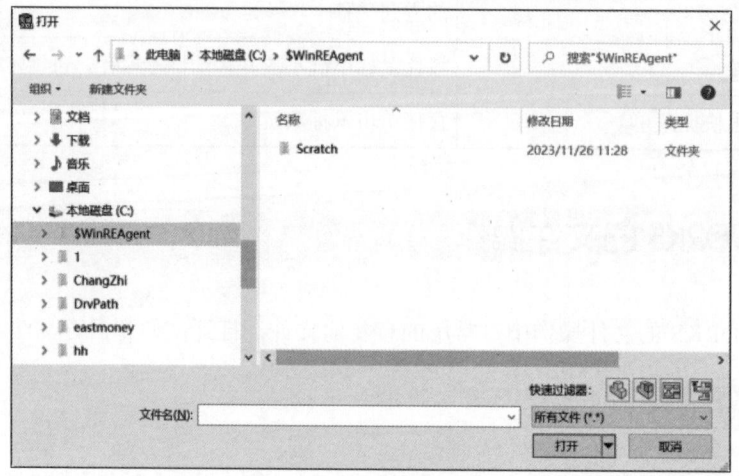

图 1-26 【打开】对话框

在【打开】对话框里，系统默认的文件格式为前一次读取的文件格式。
SOLIDWORKS 可以读取的文件格式及允许的数据转换方式有如下几类。

- SOLIDWORKS 零件文件，扩展名为 .prt 或 .sldprt。
- SOLIDWORKS 组合件文件，扩展名为 .asm 或 .sldasm。
- SOLIDWORKS 工程图文件，扩展名为 .drw 或 .slddrw。
- DWG 文件，AutoCAD 格式，扩展名为 .dwg。
- IGES 文件，扩展名为 .igs，可以将 IGES 文件中的三维曲面作为 SOLIDWORKS 中的三维草图实体。
- STEP AP203/214 文件，扩展名为 .step 或 .stp。SOLIDWORKS 支持 STEP AP214 文件的实体、面及曲线颜色的转换。
- VRML 文件，扩展名为 .wrl。VRML 文件可在 Internet 上显示三维图像。
- Parasolid 文件，扩展名为 .x_t 或 .x_b。
- Pro/ENGINEER 文件，扩展名为 .prt、.xpr、.asm 或 .xas。SOLIDWORKS 支持 Pro/ENGINEER 17 到 Pro/ENGINEER 2001，以及 Wildfire 1 和 Wildfire 2。

1.4.3 保存文件

单击【标准】工具栏中的 【保存】按钮，或者选择菜单栏中的【文件】|【保存】命令，在弹出的对话框中输入文件名及设置文件保存的路径，便可以将当前文件保存。也可选择【另存为】命令，弹出【另存为】对话框，如图 1-27 所示，在【另存为】对话框中更改文件保存的路径后，单击【保存】按钮，即可将创建好的文件保存在指定的文件夹中。

【另存为】对话框中的主要设置如下。

第 1 章 认识 SOLIDWORKS

- 【保存类型】下拉列表框：在该下拉列表框中选择一种文件格式，即可以此种文件格式保存。
- 【说明】选项：在该选项后面的文本框中可以输入对模型的说明。

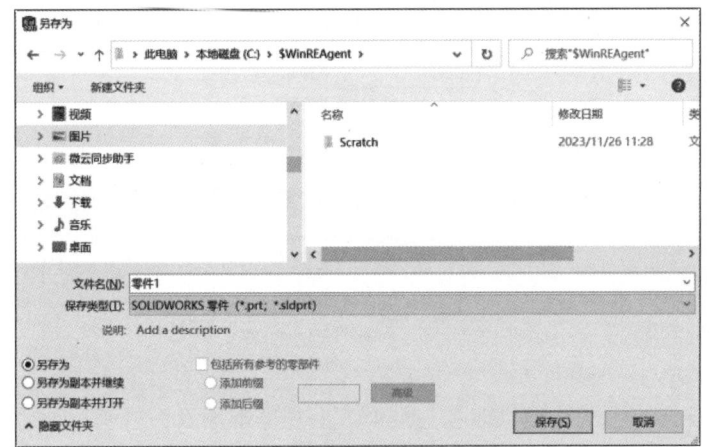

图 1-27 【另存为】对话框

1.5 基准轴

基准轴的用途较多，在生成草图或者圆周阵列时常使用基准轴，概括起来有以下 3 个用途。
（1）基准轴可以作为圆柱体、圆孔、回转体的中心线。
（2）基准轴可以作为参考轴，辅助生成圆周阵列等特征。
（3）基准轴可以作为同轴度特征的参考轴。

1.5.1 基准轴的属性设置

单击【参考几何体】工具栏中的 【基准轴】按钮，或者选择菜单栏中的【插入】|【参考几何体】|【基准轴】命令，弹出如图 1-28 所示的【基准轴】属性管理器。

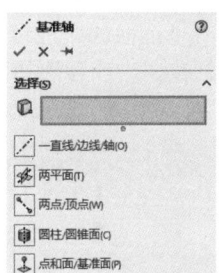

图 1-28 【基准轴】属性管理器

在【选择】选项组中选择不同选项以生成不同类型的基准轴。

- 【一直线/边线/轴】选项：选择一条直线或者边线作为基准轴。
- 【两平面】选项：选择两个平面，将两个平面的交线作为基准轴。
- 【两点/顶点】选项：选择两个点、两个顶点或者两个中点之间的连线作为基准轴。
- 【圆柱/圆锥面】选项：选择一个圆柱或者圆锥面，将其轴线作为基准轴。
- 【点和面/基准面】选项：选择一个平面，然后选择一个顶点，由此生成的基准轴通过所选的顶点垂直于所选的平面。

1.5.2 显示基准轴

选择菜单栏中的【视图】|【隐藏/显示】|【基准轴】命令，可以看到命令左侧的按钮下沉，如图 1-29 所示，这表示基准轴可见（再次选择该命令，该按钮将恢复为隐藏基准轴的显示）。

15

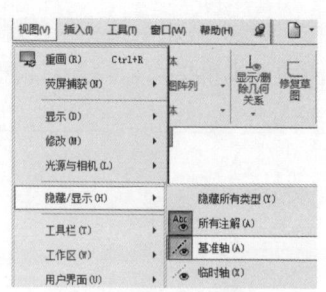

图 1-29　选择【基准轴】命令

1.6 基准面

在特征管理器设计树中默认提供前视基准面、上视基准面及右视基准面。除了默认的基准面外，还可以生成基准面。

在 SOLIDWORKS 中，基准面的用途很多，主要包括以下几项。

- 作为草图绘制平面。
- 作为视图定向参考。
- 作为装配时零件相互配合的参考面。
- 作为尺寸标注的参考。
- 作为生成模型剖面视图的参考面。
- 作为拔模特征的参考面。

基准面的属性设置方法：单击【参考几何体】工具栏中的 【基准面】按钮，或者选择菜单栏中的【插入】|【参考几何体】|【基准面】命令，弹出如图 1-30 所示的【基准面】属性管理器。

在【第一参考】选项组中，选择需要生成的基准面类型及项目。

- 【平行】选项：通过模型的表面生成 1 个基准面。
- 【垂直】选项：可以生成垂直于 1 条边线、轴线或者 1 个平面的基准面。
- 【重合】选项：通过 1 个点、1 条线和 1 个面生成基准面。
- 【两面夹角】文本框：通过 1 条边线与 1 个面以一定夹角生成基准面。
- 【等距距离】文本框：在平行于 1 个面的指定距离处生成等距基准面。

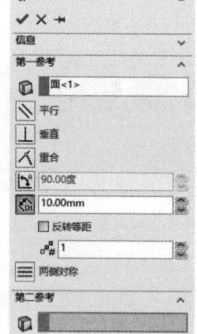

图 1-30　【基准面】属性管理器

1.7 操作案例：我的第一个三维模型

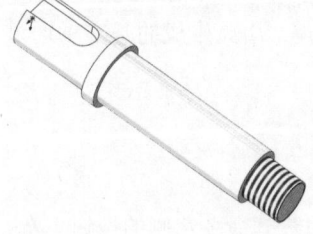

图 1-31　阶梯轴模型

操作案例视频

【学习要点】在机械设计中，阶梯轴的作用通常包括提供不同直径的支撑以适应不同大小的负载，方便安装和定位轴承或其他零件，以及传递扭矩。阶梯轴通过轴的阶梯变化实现多种功能和结构优化，以满足复杂的机械结构需求。本节以阶梯轴模型为例，介绍 SOLIDWORKS 实体建模的基本过程。阶梯轴模型如图 1-31 所示。

【案例思路】阶梯轴各个轴端都是圆柱，可以用拉伸凸台特征来实现。键槽部分是去除部分材料的圆柱，可以用拉伸切除特征来实现。轴端的螺纹部分可以用装饰螺旋线特征来实现。建模大体过程如图 1-32 所示。

【案例所在位置】配套数字资源 \ 第 1 章 \ 操作案例 \1.8。

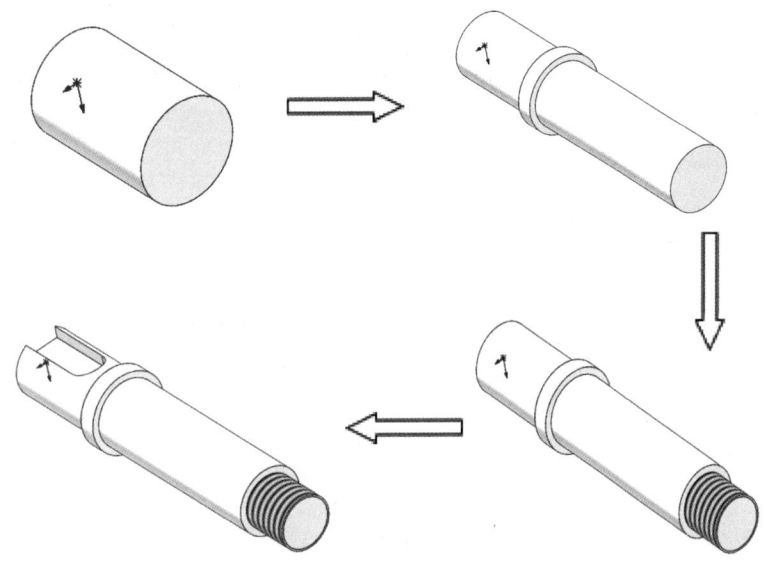

图 1-32　阶梯轴建模大体过程

下面将介绍具体步骤。

1.7.1　新建文件

（1）启动 SOLIDWORKS，单击【标准】工具栏中的【新建】按钮，弹出【新建 SOLIDWORKS 文件】对话框，单击【零件】按钮，再单击【确定】按钮，如图 1-33 所示。

（2）选择【文件】|【另存为】命令，弹出【另存为】对话框，在【文件名】文本框中输入【阶梯轴】，单击【保存】按钮，如图 1-34 所示。

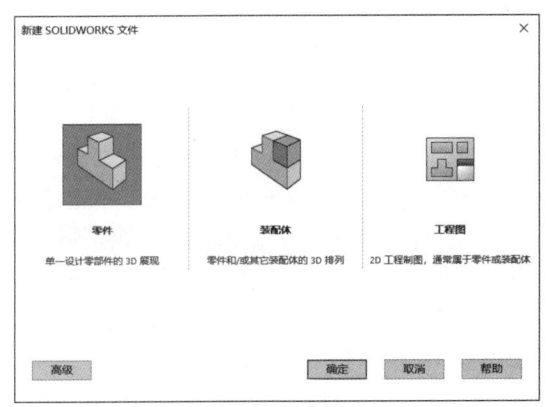

图 1-33　新建零件文件

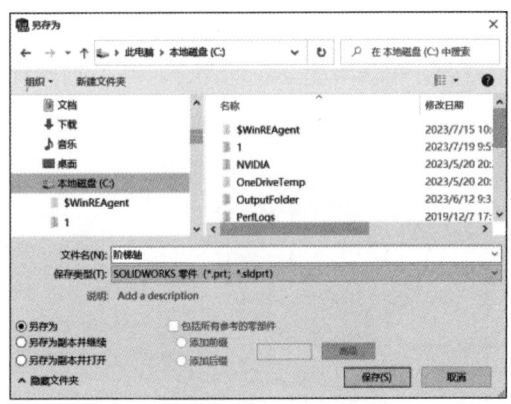

图 1-34　【另存为】对话框

1.7.2 建立基体部分

（1）单击特征管理器设计树中的【前视基准面】图标，单击【草图】工具栏中的【草图绘制】按钮，进入草图绘制状态。单击【草图】工具栏中的【圆】按钮，在绘图区域的原点处单击，将鼠标指针向右下方拖动，圆将随鼠标指针的移动而自动改变大小，再次单击，将生成圆的草图。单击【草图】工具栏中的【智能尺寸】按钮，在绘图区域中单击圆的轮廓，并向左侧移动鼠标指针，圆的轮廓将随鼠标指针的移动而移动，再次单击，将弹出【修改】对话框，在该对话框中输入【20.00mm】，单击【确定】按钮，如图1-35所示。

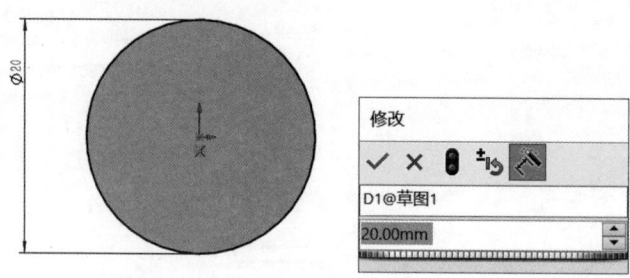

图1-35　绘制草图

（2）单击绘图区域右上方的【退出草图】按钮，完成草图的绘制。

（3）单击【特征】工具栏中的【拉伸凸台/基体】按钮，弹出【凸台-拉伸1】属性管理器，按图1-36进行参数设置。单击【确定】按钮，完成拉伸凸台特征的建立。

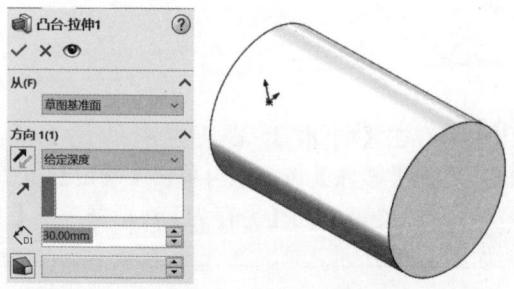

图1-36　【拉伸-凸台1】属性管理器的设置

（4）单击刚建立拉伸凸台特征的前端面，再单击【草图】工具栏中的【草图绘制】按钮，进入草图绘制状态。单击【草图】工具栏中的【圆】按钮，在绘图区域的原点处单击，将鼠标指针向右下方拖动，再次单击，将生成圆的草图。单击【草图】工具栏中的【智能尺寸】按钮，在绘图区域中单击圆的轮廓，并向左侧移动鼠标指针，再次单击，将弹出【修改】对话框，在该对话框中输入【24.00mm】，单击【确定】按钮，如图1-37所示。

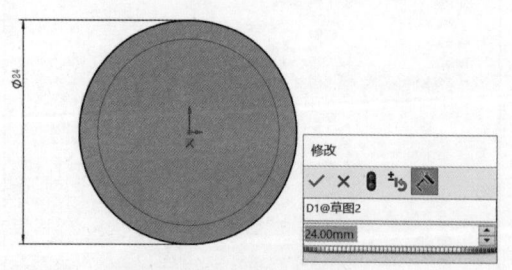

图1-37　绘制草图

（5）单击绘图区域右上方的【退出草图】按钮，完成草图的绘制。

（6）单击【特征】工具栏中的【拉伸凸台/基体】按钮，弹出【凸台-拉伸2】属性管理器，按图 1-38 进行参数设置。单击 ✔【确定】按钮,完成拉伸凸台特征的建立,按住鼠标中键并移动鼠标指针,可以看到模型的侧面,如图 1-39 所示。

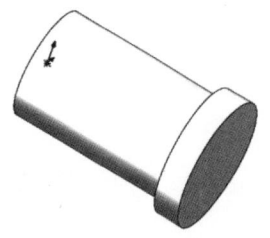

图 1-38 【拉伸 - 凸台 2】属性管理器的设置　　　图 1-39 拉伸凸台特征（1）

（7）单击刚建立拉伸凸台特征的前端面,单击【草图】工具栏中的 【草图绘制】按钮,进入草图绘制状态。单击【草图】工具栏中的【圆】按钮,在绘图区域的原点处单击,将鼠标指针向右下方拖动,再次单击,将生成圆的草图。单击【草图】工具栏中的 【智能尺寸】按钮,在绘图区域中单击圆的轮廓,并向左侧移动鼠标指针,再次单击,将弹出【修改】对话框,在该对话框中输入【20.00mm】,单击 ✔【确定】按钮,如图 1-40 所示。

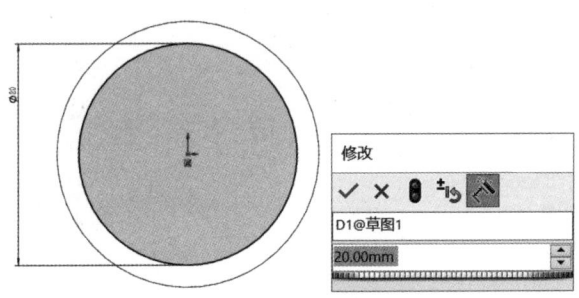

图 1-40 绘制草图

（8）单击绘图区域右上方的 【退出草图】按钮,完成草图的绘制。

（9）单击【特征】工具栏中的 【拉伸凸台 / 基体】按钮,弹出 【凸台 - 拉伸 3】属性管理器,按图 1-41 进行参数设置。单击 ✔【确定】按钮,完成拉伸凸台特征的建立,按住鼠标中键并移动鼠标指针,可以看到模型的侧面,向前推动鼠标中键,可以缩小模型,如图 1-42 所示。

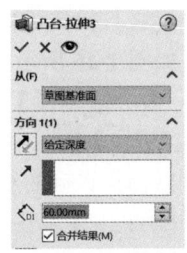
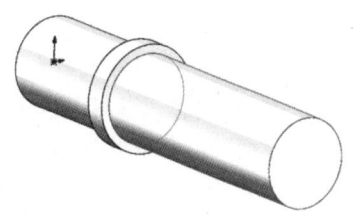

图 1-41 【拉伸 - 凸台 3】属性管理器的设置　　　图 1-42 拉伸凸台特征（2）

（10）单击刚建立拉伸凸台特征的前端面,单击【草图】工具栏中的 【草图绘制】按钮,进入草图绘制状态。单击【草图】工具栏中的【圆】按钮,在绘图区域的原点处单击,将鼠标指针向右下方拖动，再次单击，将生成圆的草图。单击【草图】工具栏中的 【智能尺寸】按钮，在绘图区域中单击圆的轮廓，并向左侧移动鼠标指针，再次单击，将弹出【修改】对话框，在该对话框中输入【16.00mm】，单击 【确定】按钮，如图1-43所示。

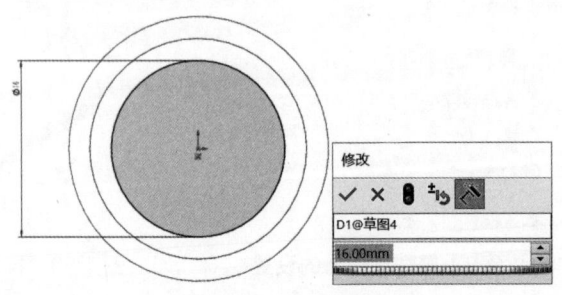

图1-43 绘制草图

（11）单击绘图区域右上方的 【退出草图】按钮，完成草图的绘制。

（12）单击【特征】工具栏中的 【拉伸凸台/基体】按钮，弹出【凸台-拉伸4】属性管理器，按图1-44进行参数设置。单击 【确定】按钮，完成拉伸凸台特征的建立，按住鼠标中键并移动鼠标指针，可以看到模型的侧面，向前推动鼠标中键，可以缩小模型，如图1-45所示。

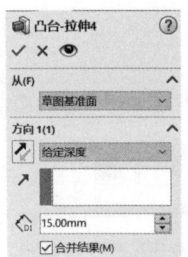 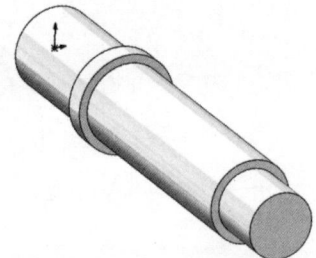

图1-44 【拉伸-凸台4】属性管理器的设置　　　图1-45 拉伸凸台特征（3）

1.7.3 建立辅助部分

（1）选择【插入】|【注解】|【装饰螺纹线】命令，弹出【装饰螺纹线】属性管理器。在绘图区域中单击刚建立的拉伸凸台特征的端面的圆边线，该属性管理器将自动识别出直径是14.00mm，单击 【确定】按钮，完成装饰螺纹线特征的建立，按住鼠标中键并移动鼠标指针，可以看到模型的侧面，向前推动鼠标中键，可以缩小模型，如图1-46所示。

（2）单击特征管理器设计树中的【上视基准面】图标，单击【草图】工具栏中的 【草图绘制】按钮，进入草图绘制状态。单击【草图】工具栏中的 【直槽口】按钮，在绘图区域的原点处单击，将鼠标指针向下方拖动，在接近拉伸凸台特征处单击；将鼠标指针向右移动，直槽口将随鼠标指针的移动而自动改变大小，再次单击，将生成直槽口的草图。单击【草图】工具栏中的 【智能尺寸】按钮，在绘图区域中单击直槽口的下中心点，再单击下侧拉伸凸台特征的上边线，并向右侧移动鼠标指针，其尺寸将随鼠标指针的移动而移动，再次单击，将弹出【修改】对话框，在该对话框中输入【10.00mm】，单击 【确定】按钮。单击直槽口下端圆弧，向右下方移动鼠标指针，其尺寸将随鼠标指针的移动而移动，再次单击，将弹出【修改】对话框，在该对话框中输入【5.00mm】，

单击 ✓【确定】按钮，如图 1-47 所示。

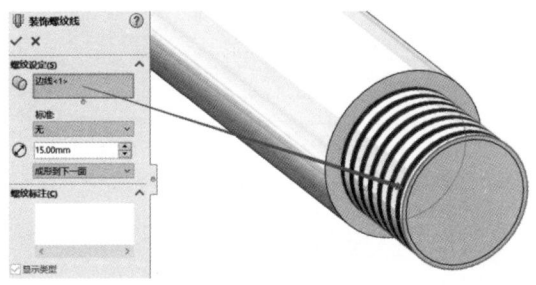

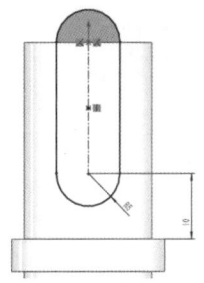

图 1-46　装饰螺纹线特征　　　　　　　　图 1-47　绘制草图

（3）单击绘图区域右上方的【确定】按钮，完成草图的绘制。

（4）单击【特征】工具栏中的【拉伸切除】按钮，弹出的【切除 - 拉伸 1】属性管理器，按图 1-48 进行参数设置。参数设置完成后，绘图区域中将出现黄色的切除区域，可以单击【方向】按钮来调整切除区域，要保证切除区域处于中心平面的一侧。单击 ✓【确定】按钮，完成拉伸切除特征的建立。

（5）按住鼠标中键并移动鼠标指针，可以看到模型的侧面，向前推动鼠标中键，可以缩小模型，如图 1-49 所示，阶梯轴模型建立完成。

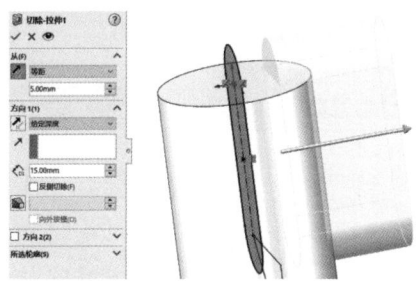

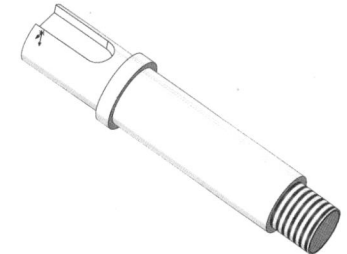

图 1-48　切除 - 拉伸属性设置　　　　　　图 1-49　阶梯轴模型

1.8　本章小结

本章介绍了 SOLIDWORKS 的主要特点，常用文件操作的步骤，常用工具栏的命令，鼠标的使用方法；也介绍了常见的参考几何体，包括基准轴和基准面；还介绍了 SOLIDWORKS 2025 的新增功能。最后，针对初学者，本章通过介绍一个简单的三维模型的建立过程，让用户体会 SOLIDWORKS 的快捷、方便和易用等特点。

第 2 章
草图绘制

本章介绍

草图绘制与哪些 SOLIDWORKS 的功能紧密相关？草图编辑主要包括哪些操作？如何在 SOLIDWORKS 中正确标注草图的尺寸？

本章主要介绍草图绘制，内容包括基础知识、草图命令、草图编辑、尺寸标注、几何关系及草图绘制案例。二维草图是建立三维特征的基础。

重点与难点

- 基础知识
- 草图命令
- 草图编辑
- 尺寸标注
- 几何关系

思维导图

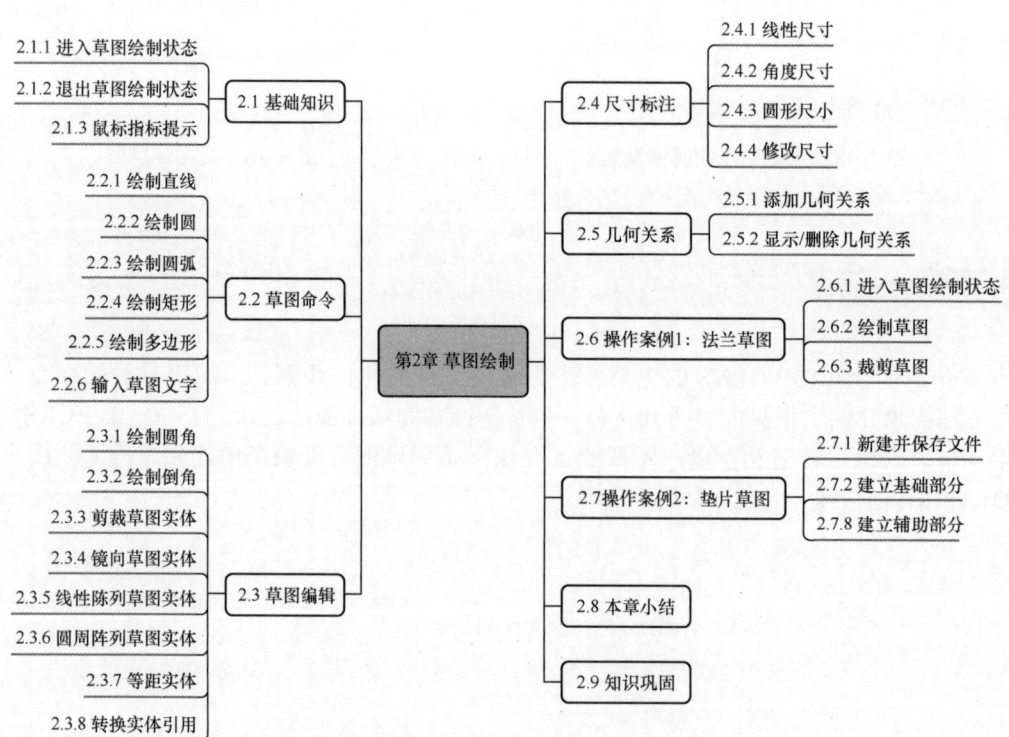

2.1 基础知识

在使用草图绘制命令前,要了解草图绘制的基本概念,以更好地掌握草图绘制和草图编辑的方法。本节主要介绍草图的基本操作,认识草图绘制工具栏,熟悉绘制草图时鼠标指针的显示状态。

2.1.1 进入草图绘制状态

草图必须绘制在平面上,这个平面既可以是基准面,也可以是三维模型上的平面。初始进入草图绘制状态时,系统默认有3个基准面:前视基准面、右视基准面和上视基准面,如图 2-1 所示。由于没有其他基准面,因此零件的初始草图绘制是从系统默认的基准面开始的。

图 2-2 所示为常用的【草图】工具栏,该工具栏中有绘制草图、编辑草图的按钮及其他草图按钮。

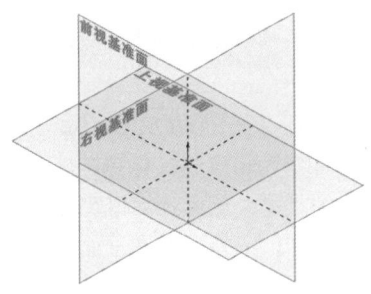

图 2-1 系统默认的基准面

图 2-2 【草图】工具栏

绘制草图既可以先指定草图所在的平面,也可以先选择草图实体,具体根据实际情况灵活选择。进入草图绘制状态的操作步骤如下。

(1)在特征管理器设计树中选择要绘制草图的基准面,即前视基准面、右视基准面或上视基准面。

(2)单击【草图】工具栏中的 ☐【草图绘制】按钮,或者单击【草图】工具栏上要绘制的草图实体,进入草图绘制状态。

2.1.2 退出草图绘制状态

零件是由多个特征组成的,有些特征需要由一个草图生成,有些特征(如扫描实体、放样实体等)则需要由多个草图生成。因此草图绘制完成后,才可建立特征。退出草图绘制状态的方式主要有以下几种,在实际中可灵活运用。

● 菜单方式。

草图绘制完成后,选择【插入】|【退出草图】命令,如图 2-3 所示,退出草图绘制状态。

● 工具栏按钮方式。

单击【草图】工具栏中的 【退出草图】按钮,或者单击【标准】工具栏中的 【重建模型】按钮,退出草图绘制状态。

● 快捷菜单方式。

在绘图区域中单击鼠标右键,弹出如图 2-4 所示的快捷菜单,在其中选择【退出草图】命令,退出草图绘制状态。

● 绘图区域退出图标方式。

在进入草图绘制状态的过程中,在绘图区域右上角会出现草图提示图标(见图 2-5)。单击【退出草图】图标,确定绘制的草图,并退出草图绘制状态。

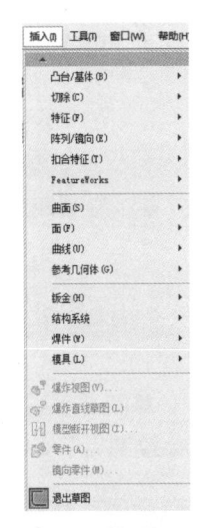

图 2-3 以菜单方式
退出草图绘制状态

图 2-4 以快捷菜单方式退出草图绘制状态 　　　　图 2-5 草图提示图标

2.1.3 鼠标指针提示

在 SOLIDWORKS 中，绘制或者编辑草图实体时，鼠标指针会根据所选择的命令，在绘制草图时变为相应的鼠标指针。执行不同的命令时，鼠标指针会在不同的草图实体及特征实体上显示不同的类型。鼠标指针既可以在草图实体上形成，也可以在特征实体上形成。在特征实体上形成的鼠标指针，只能在绘图平面的实体边缘产生。

下面为常见的鼠标指针类型。

- 【点】鼠标指针：选择【绘制点】命令时鼠标指针的显示。
- 【线】鼠标指针：选择【绘制直线】或者【中心线】命令时鼠标指针的显示。
- 【圆弧】鼠标指针：选择【绘制圆弧】命令时鼠标指针的显示。
- 【圆】鼠标指针：选择【绘制圆】命令时鼠标指针的显示。
- 【椭圆】鼠标指针：选择【绘制椭圆】命令时鼠标指针的显示。
- 【抛物线】鼠标指针：选择【绘制抛物线】命令时鼠标指针的显示。
- 【样条曲线】鼠标指针：选择【绘制样条曲线】命令时鼠标指针的显示。
- 【矩形】鼠标指针：选择【绘制矩形】命令时鼠标指针的显示。
- 【多边形】鼠标指针：选择【绘制多边形】命令时鼠标指针的显示。
- 【草图文字】鼠标指针：选择【绘制草图文字】命令时鼠标指针的显示。
- 【剪裁草图实体】鼠标指针：选择【剪裁草图实体】命令时鼠标指针的显示。
- 【延伸草图实体】鼠标指针：选择【延伸草图实体】命令时鼠标指针的显示。
- 【分割草图实体】鼠标指针：选择【分割草图实体】命令时鼠标指针的显示。
- 【标注尺寸】鼠标指针：选择【标注尺寸】命令时鼠标指针的显示。
- 【圆周阵列草图】鼠标指针：选择【圆周阵列草图】命令时鼠标指针的显示。
- 【线性阵列草图】鼠标指针：选择【线性阵列草图】命令时鼠标指针的显示。

2.2 草图命令

草图命令是指绘制草图要素的基本命令，用户可以通过草图命令绘制用于实体建模的 2D 草图。

2.2.1 绘制直线

单击【草图】工具栏上的 【直线】按钮，或选择【工具】|【草图绘制实体】|【直线】命令，打开【插入线条】属性管理器，如图 2-6 所示。

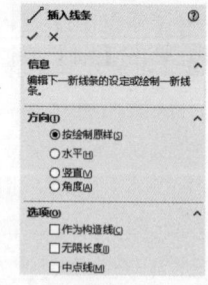

图 2-6 【插入线条】属性管理器

第 2 章 草图绘制

1. 直线的属性设置
- 【按绘制原样】单选项：以指定的点绘制直线。
- 【水平】单选项：以指定的长度在水平方向绘制直线。
- 【竖直】单选项：以指定的长度在竖直方向绘制直线。
- 【角度】单选项：以指定角度和长度绘制直线。

2. 绘制直线的操作方法

（1）新建零件文件，右击前视基准面，单击 【草图绘制】按钮，进入草图绘制状态。

（2）选择【工具】|【草图绘制实体】|【直线】命令，或者单击【草图】工具栏上的【直线】按钮，鼠标指针变为 【直线】鼠标指针。

（3）在绘图区域单击确定起点，移动【直线】鼠标指针，再次单击确定终点。此时直线绘制状态仍然处于激活状态，可以继续单击以绘制其他的直线。

（4）单击鼠标右键，弹出快捷菜单，选择【选择】命令，结束直线绘制状态。

2.2.2 绘制圆

单击【草图】工具栏上的 【圆】按钮，或选择【工具】|【草图绘制实体】|【圆】命令，打开【圆】属性管理器。圆有中心圆和周边圆两种，当以某一种方式绘制圆后，【圆】属性管理器如图 2-7 所示。

1. 圆的属性设置
- ：绘制基于中心的圆。
- ：绘制基于周边的圆。

2. 绘制中心圆的操作方法

（1）新建零件文件，右击前视基准面，单击 【草图绘制】按钮，进入草图绘制状态。选择【工具】|【草图绘制实体】|【圆】命令，或者单击【草图】工具栏上的 【圆】按钮，开始绘制圆。

（2）在【圆类型】选项组中，单击 【绘制基于中心的圆】按钮，再在绘图区域中单击以确定圆的圆心，如图 2-8 所示。

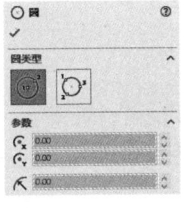   

图 2-7　【圆】属性管理器　　　　　图 2-8　确定圆心

（3）移动鼠标指针拖出一个圆，然后单击以确定圆的半径，如图 2-9 所示。

（4）单击【圆】属性管理器中的 【确定】按钮，完成圆的绘制，结果如图 2-10 所示。

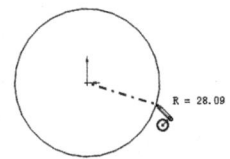   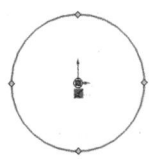

图 2-9　确定圆的半径　　　　　　图 2-10　绘制的圆

2.2.3 绘制圆弧

单击【草图】工具栏上的 【圆心/起/终点画弧】按钮、 【切线弧】按钮或 【3点圆弧】按钮，或者选择【工具】|【草图绘制实体】|【圆心/起/终点画弧】、【切线弧】或【3点圆弧】命令，打开【圆弧】属性管理器，如图2-11所示。

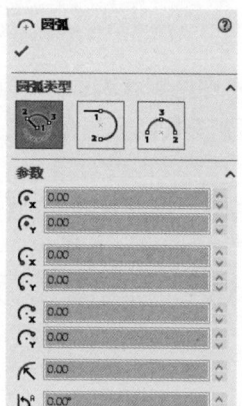

图2-11 【圆弧】属性管理器

1. 圆弧的属性设置

- ：以圆心/起/终点画弧方式绘制圆弧。
- ：以切线弧方式绘制圆弧。
- ：以3点圆弧方式绘制圆弧。

2. 绘制圆心/起/终点画弧的操作方法

（1）新建零件文件，右击前视基准面，单击 【草图绘制】按钮，进入草图绘制状态。选择【工具】|【草图绘制实体】|【圆心/起/终点画弧】命令，或者单击【草图】工具栏上的 【圆心/起/终点画弧】按钮，开始绘制圆弧。

（2）在绘图区域中单击，确定圆弧的圆心，如图2-12所示。

（3）在绘图区域其他的位置单击，确定圆弧的起点，如图2-13所示。

（4）在绘图区域其他的位置单击，确定圆弧的终点，如图2-14所示。

 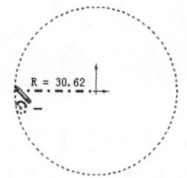 

图2-12 确定圆弧的圆心　　图2-13 确定圆弧的起点　　图2-14 确定圆弧的终点

（5）单击【圆弧】属性管理器中的 【确定】按钮，完成圆弧的绘制。

2.2.4 绘制矩形

单击【草图】工具栏上的 【矩形】按钮，打开【矩形】属性管理器，如图2-15所示。矩形有5种类型，分别是边角矩形、中心矩形、3点边角矩形、3点中心矩形和平行四边形。

1. 矩形的属性设置

- ：用于绘制标准矩形。
- ：绘制一个包括中心点的矩形。
- ：以所选的角度绘制矩形。
- ：以所选的角度绘制包括中心点的矩形。
- ：绘制标准平行四边形。

2. 绘制矩形的操作方法

（1）新建零件文件，右击前视基准面，单击 【草图绘制】按钮，进入草图绘制状态。选择【工具】|【草图绘制实体】|【矩形】命令。

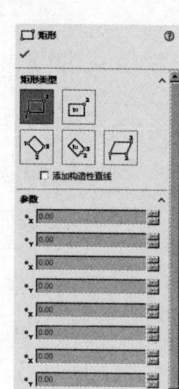

图2-15 【矩形】属性管理器

(2)在【矩形】属性管理器中单击 【边角矩形】按钮。
(3)在绘图区域中单击确定矩形左下角的端点,移动鼠标指针,再次单击确定右上角的端点。
(4)单击【矩形】属性管理器中的 【确定】按钮,完成矩形的绘制。

2.2.5 绘制多边形

【多边形】按钮用于绘制边数为 3～40 的等边多边形,单击【草图】工具栏上的 【多边形】按钮,或选择【工具】|【草图绘制实体】|【多边形】命令,弹出【多边形】属性管理器,如图 2-16 所示。

1. 多边形的属性设置

- ：在后面的文本框中输入多边形的边数,通常为 3～40 条边。
- 【内切圆】单选项:以内切圆方式生成多边形。
- 【外接圆】单选项:以外接圆方式生成多边形。
- ：显示多边形中心的 x 轴坐标。
- ：显示多边形中心的 y 轴坐标。
- ：显示内切圆或外接圆的直径。
- ：显示多边形的旋转角度。
- 【新多边形】按钮:单击该按钮,可以绘制另一个多边形。

图 2-16 【多边形】属性管理器

2. 绘制多边形的操作方法

(1)新建零件文件,右击前视基准面,单击 【草图绘制】按钮,进入草图绘制状态。选择【工具】|【草图绘制实体】|【多边形】命令,或者单击【草图】工具栏上的 【多边形】按钮,此时鼠标指针变为 【多边形】鼠标指针。
(2)在【多边形】属性管理器中的【参数】选项组中,设置多边形的边数,选择是以内切圆方式还是以外接圆方式生成多边形。
(3)在绘图区域中单击,确定多边形中心,拖动【多边形】鼠标指针,在合适的位置单击,确定多边形的大小。
(4)单击【多边形】属性管理器中的 【确定】按钮,完成多边形的绘制。

2.2.6 输入草图文字

草图文字只可以添加在连续曲线或边线组中,是由直线、圆弧或样条曲线组成的轮廓。单击【草图】工具栏上的 【文字】按钮,或选择【工具】|【草图绘制实体】|【文字】命令,弹出如图 2-17 所示的【草图文字】属性管理器,即可输入草图文字。

1. 文字的属性设置

(1)【曲线】选项组。
 ：选择边线、曲线、草图及草图线段。所选实体的名称显示在文本框中,输入的草图文字将沿所选实体排列。
(2)【文字】选项组。

- 文本框:在文本框中输入文字,文字在绘图区域中沿所选实体排列。

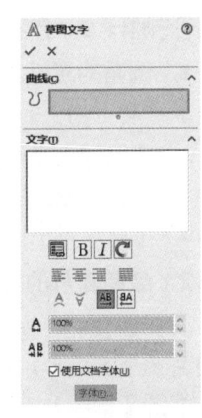

图 2-17 【草图文字】属性管理器

- 样式：有 3 种样式，分别是 B【加粗】，即将输入的文字加粗；I【斜体】，即将输入的文字以斜体方式显示；C【旋转】，即将选择的文字旋转指定的角度。
- 对齐：有 4 种样式，分别是【左对齐】、【居中】、【右对齐】和【两端对齐】。对齐只可用于沿曲线、边线或草图线段排列的文字。
- 反转：有 4 种样式，分别是 A【竖直反转】、【返回】、AB【水平反转】和【返回】，其中 A【竖直反转】只可用于沿曲线、边线或草图线段排列的文字。
- A：按指定的百分比均匀加宽每个字符。
- AB：按指定的百分比更改每个字符之间的间距。
- 【使用文档字体】复选框：勾选可以使用文档字体，取消勾选可以使用另一种字体。
- 【字体】按钮：单击可打开【选择字体】对话框，可以根据需要设置字体样式和大小。

2. 输入草图文字的操作方法

（1）新建零件文件，右击前视基准面，单击【草图绘制】按钮，进入草图绘制状态。

（2）在绘图区域中绘制一条直线。

（3）选择【工具】|【草图绘制实体】|【文字】命令，或者单击【草图】工具栏中的 A【文字】按钮，弹出【草图文字】属性管理器。在【草图文字】属性管理器的【文字】文本框中输入要添加的文字。此时，输入的文字会出现在绘图区域的直线上。

（4）单击【草图文字】属性管理器中的 ✓【确定】按钮，完成草图文字的输入。

2.3 草图编辑

草图绘制完成后，需要对草图进行编辑以符合设计的要求。本节将介绍常用的草图编辑方式，包括绘制圆角、绘制倒角、剪裁草图实体、镜向草图实体、线性阵列草图实体、圆周阵列草图实体、等距实体、转换实体引用等。

2.3.1 绘制圆角

选择【工具】|【草图绘制工具】|【绘制圆角】命令，或者单击【草图】工具栏上的【绘制圆角】按钮，弹出如图 2-18 所示的【绘制圆角】属性管理器，即可绘制圆角。

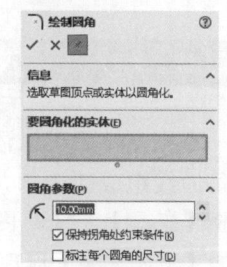

图 2-18 【绘制圆角】属性管理器

1. 圆角的属性设置
- K：指定绘制圆角的半径。
- 【保持拐角处约束条件】复选框：如果顶点具有尺寸或几何关系，勾选该复选框，将保留虚拟交点。
- 【标注每个圆角的尺寸】复选框：将尺寸添加到每个圆角。

2. 绘制圆角的操作方法

（1）新建一个零件文件，右击前视基准面，单击【草图绘制】按钮，进入草图绘制状态。再绘制一个五边形，如图 2-19 所示。然后选择【工具】|【草图绘制工具】|【绘制圆角】命令，或者单击【草图】工具栏上的【绘制圆角】按钮，弹出【绘制圆角】属性管理器。

（2）在【绘制圆角】属性管理器中，设置圆角的半径为"20.00mm"。

(3)依次单击五边形的各个端点。
(4)单击【绘制圆角】属性管理器中的✓【确定】按钮,完成圆角的绘制,结果如图2-20所示。

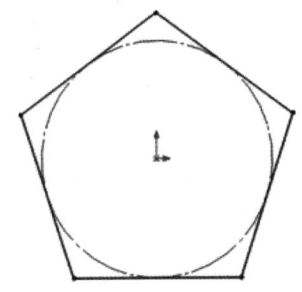

图 2-19 绘制圆角前的草图

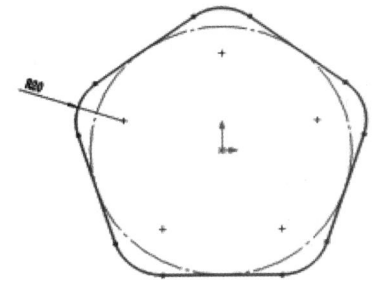

图 2-20 绘制圆角后的草图

2.3.2 绘制倒角

绘制倒角是指将倒角应用到相邻的草图实体中,此编辑方式在2D草图和三维草图中均可使用。选择【工具】|【草图绘制工具】|【倒角】命令,或者单击【草图】工具栏上的 【绘制倒角】按钮,弹出如图2-21所示的"距离-距离"方式的【绘制倒角】属性管理器。

1. 倒角的属性设置

- 【角度距离】单选项:以"角度-距离"方式绘制倒角。
- 【距离-距离】单选项:以"距离-距离"方式绘制倒角。
- 【相等距离】复选框:将设置的 文本框的值应用到两个草图实体中。
- 文本框:用于设置倒角的距离。

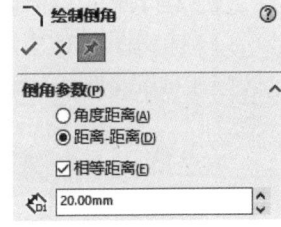

图 2-21 【绘制倒角】属性管理器

2. 绘制倒角的操作方法

(1)新建一个零件文件,右击前视基准面,单击 【草图绘制】按钮,进入草图绘制状态。再绘制一个多边形,如图2-22所示。然后选择【工具】|【草图绘制工具】|【倒角】命令,或者单击【草图】工具栏上的 【绘制倒角】按钮,弹出【绘制倒角】属性管理器。

(2)设置绘制倒角的方式,此处采用系统默认的"距离-距离"方式,在 文本框中输入【20.00mm】。

(3)单击多边形右上角的两条边线。

(4)单击【绘制倒角】属性管理器中的✓【确定】按钮,完成倒角的绘制,结果如图2-23所示。

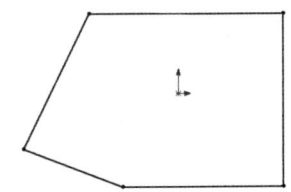

图 2-22 绘制倒角前的图形

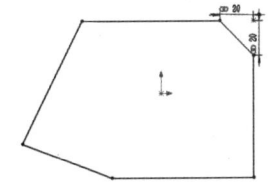

图 2-23 绘制倒角后的图形

2.3.3 剪裁草图实体

剪裁草图实体是比较常用的草图编辑方式，剪裁类型可以为 2D 草图及在三维基准面上绘制的 2D 草图。选择【工具】|【草图绘制工具】|【剪裁】命令，或者单击【草图】工具栏上的【剪裁实体】按钮，弹出如图 2-24 所示的【剪裁】属性管理器。

1. 剪裁草图实体的属性设置

- 【强劲剪裁】选项：通过将鼠标指针拖过每个草图实体来剪裁多个相邻的草图实体。
- 【边角】选项：剪裁两个草图实体，直到它们在虚拟边角处相交。
- 【在内剪除】选项：选择两个边界实体，剪裁位于两个边界实体内的草图实体。
- 【在外剪除】选项：选择两个边界实体，剪裁位于两个边界实体外的草图实体。
- 【剪裁到最近端】选项：将一个草图实体剪裁到最近交叉实体端。

2. 剪裁草图实体的操作方法

（1）新建一个零件文件，右击前视基准面，单击【草图绘制】按钮，进入草图绘制状态。再绘制一个图形，如图 2-25 所示。然后选择【工具】|【草图绘制工具】|【剪裁】命令，或者单击【草图】工具栏上的【剪裁实体】按钮，此时鼠标指针变为【剪裁草图实体】鼠标指针，弹出【剪裁】属性管理器。

（2）在【选项】选项组中，选择【剪裁到最近端】选项。

（3）单击图 2-25 中矩形外侧的线段，被选中的线段将被剪裁掉。

（4）单击【剪裁】属性管理器中的【确定】按钮，完成剪裁草图实体，结果如图 2-26 所示。

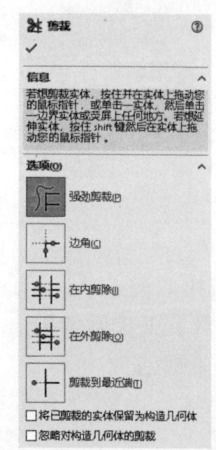
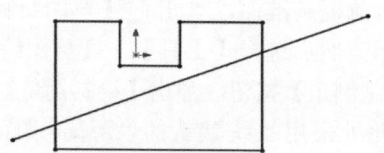
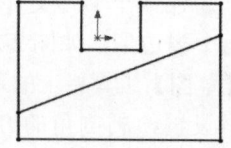

图 2-24 【剪裁】属性管理器　　　图 2-25 剪裁前的图形　　　图 2-26 剪裁后的图形

2.3.4 镜向草图实体

镜向草图实体适用于绘制对称的图形，镜向对象为 2D 草图或在三维草图基准面上绘制的 2D 草图。选择【工具】|【草图绘制工具】|【镜向】命令，或者单击【草图】工具栏上的【镜向实体】按钮，弹出的【镜向】属性管理器如图 2-27 所示。

1. 镜向草图实体的属性设置

- 【要镜向的实体】选择框：选择要镜向的草图实体，所选择的实体会出现在【要镜向的实体】文本框中。
- 【复制】复选框：勾选该复选框可以保留原始草图实体，并镜向草图实体。
- 【镜向轴】文本框：选择边线或直线作为镜向轴，所选择的对象会出现在【镜向轴】文本框中。

2. 镜向草图实体命令操作方法

（1）新建一个零件文件，右击前视基准面，单击【草图绘制】按钮，进入草图绘制状态。再利用多边形和直线工具绘制图形，如图2-28所示。选择【工具】|【草图绘制工具】|【镜向】命令，或者单击【草图】工具栏上的【镜向实体】按钮，弹出【镜向】属性管理器。

（2）单击【镜向】属性管理器中的【要镜向的实体】选择框，使其变为粉红色，然后在绘图区域中框选图2-28中的五边形作为要镜向的原始草图。

（3）单击【镜向】属性管理器中的【镜向轴】选择框，使其变为粉红色，然后在绘图区域中选取图2-28中的竖直直线作为镜向轴。

（4）单击【镜向】属性管理器中的【确定】按钮，镜向草图实体完毕，结果如图2-29所示。

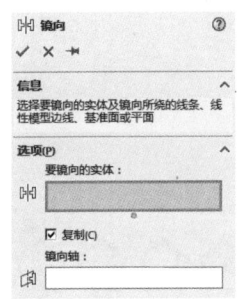

图2-27 【镜向】属性管理器

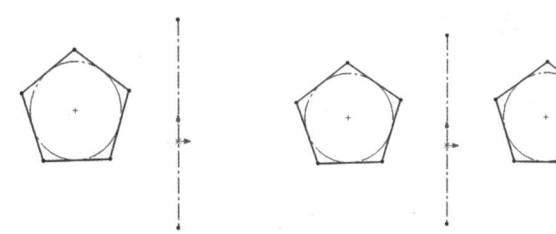

图2-28 镜向前的图形　　　图2-29 镜向后的图形

2.3.5 线性阵列草图实体

线性阵列草图实体是指将草图实体沿一个或者两个轴复制生成多个排列图形。选择【工具】|【草图绘制工具】|【线性阵列】命令，或者单击【草图】工具栏中的【线性草图阵列】按钮，弹出如图2-30所示的【线性阵列】属性管理器。

1. 线性阵列草图实体的属性设置

- 【反向】按钮：可以改变线性阵列的排列方向。
- 【间距】文本框：用于设置线性阵列 x 轴、y 轴相邻两个特征参数之间的距离。
- 【标注 X 间距】复选框：形成线性阵列后，在草图上自动标注特征尺寸。
- 【数量】文本框：用于设置经过线性阵列后形成的草图的总个数。
- 【角度】文本框：用于设置线性阵列的方向与 x 轴、y 轴之间的夹角。

2. 线性阵列草图实体的操作方法

（1）打开【配套数字资源/第2章/基本功能/2.3.5】的实例素材文件，右击前视基准面，单击【草图绘制】按钮，进入草图绘制状态。选择【工具】|【草图绘制工具】|【线性阵列】命令，或者单击【草图】工具栏中的【线性草图阵列】按钮，弹出【线性阵列】属性管理器。

（2）在【线性阵列】属性管理器中的【要阵列的实体】选择框中选取如图2-31所示的草图，其他设置如图2-32所示。

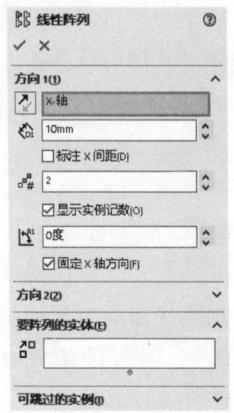 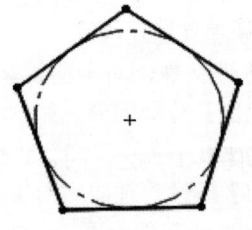

图 2-30 【线性阵列】属性管理器　　图 2-31 线性阵列草图实体前的图形

（3）单击【线性阵列】属性管理器中的 ✔【确定】按钮，结果如图 2-33 所示。

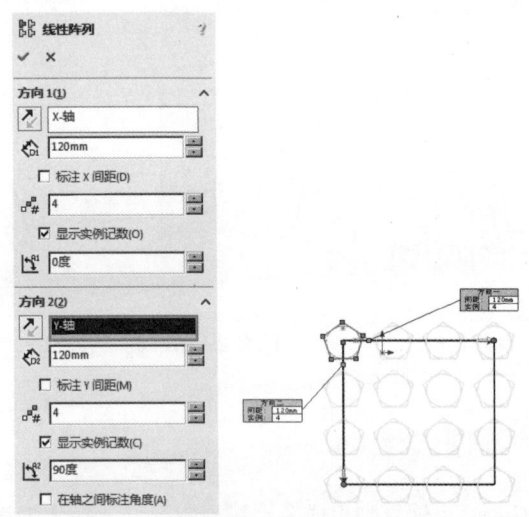 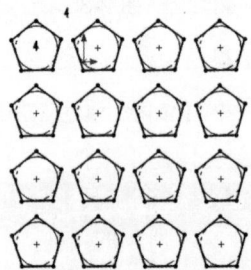

图 2-32 【线性阵列】属性管理器的设置　　图 2-33 线性阵列草图实体后的图形

2.3.6 圆周阵列草图实体

圆周阵列草图实体是指将草图实体沿一个指定大小的圆弧进行环状阵列。选择【工具】|【草图绘制工具】|【圆周阵列】命令，或者单击【草图】工具栏上的 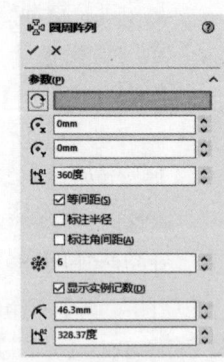【圆周草图阵列】按钮，弹出如图 2-34 所示的【圆周阵列】属性管理器。

1. 圆周阵列草图实体的属性设置

- 【反向旋转】文本框：用于设置圆周阵列围绕原点旋转的方向。
- 【中心 X】文本框：用于设置圆周阵列旋转中心的 x 轴坐标。
- 【中心 Y】文本框：用于设置圆周阵列旋转中心的 y 轴坐标。
- 【间距】文本框：用于设定圆周阵列中的总度数。

图 2-34 【圆周阵列】属性管理器

- ※【实例数】文本框：经过圆周阵列后形成的草图的总个数。
- 【半径】文本框：用于设置圆周阵列的旋转半径。
- 【圆弧角度】：用于设置圆周阵列旋转中心与要阵列的草图重心之间的夹角。

2. 圆周阵列草图实体的操作方法

（1）打开【配套数字资源/第2章/基本功能/2.3.6】的实例素材文件，右击前视基准面，单击【草图绘制】按钮，进入草图绘制状态。选择【工具】|【草图绘制工具】|【圆周阵列】命令，或者单击【草图】工具栏上的【圆周草图阵列】按钮，弹出【圆周阵列】属性管理器。

（2）在【圆周阵列】属性管理器中的【要阵列的实体】选择框中选取如图2-35所示的圆外的三角形草图，在【参数】选项组的【中心X】文本框、【中心Y】文本框中输入旋转中心的坐标，在【实例数】文本框中输入【6】，在【间距】文本框中输入【360度】。

（3）单击【圆周阵列】属性管理器中的✔【确定】按钮，结果如图2-36所示。

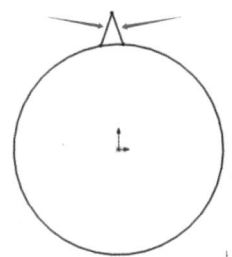
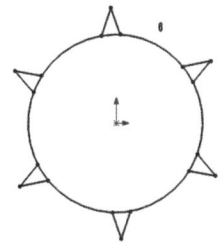

图2-35　圆周阵列前的图形　　　图2-36　圆周阵列后的图形

2.3.7　等距实体

等距实体是指按指定的距离生成一个或者多个草图实体、所选模型边线或模型面。选择【工具】|【草图绘制工具】|【等距实体】命令，或者单击【草图】工具栏上的【等距实体】按钮，弹出如图2-37所示的【等距实体】属性管理器。

1. 等距实体的属性设置

- 【等距距离】文本框：用于以特定距离来生成等距实体。
- 【添加尺寸】复选框：勾选后可为等距的草图添加距离的尺寸标注。
- 【反向】复选框：勾选后可更改单向等距实体的方向。
- 【选择链】复选框：勾选后可生成所有连续草图实体的等距实体。
- 【双向】复选框：勾选后可在绘图区域中双向生成等距实体。
- 【顶端加盖】复选框：在草图实体的顶部添加一个顶盖来封闭原有草图实体。

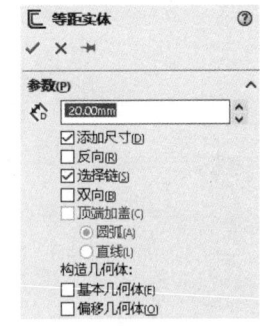

图2-37　【等距实体】属性管理器

2. 等距实体的操作方法

（1）打开【配套数字资源/第2章/基本功能/2.3.7】的实例素材文件，右击前视基准面，单击【草图绘制】按钮，进入草图绘制状态。选择【工具】|【草图绘制工具】|【等距实体】命令，或者单击【草图】工具栏上的【等距实体】按钮，弹出【等距实体】属性管理器。

（2）在绘图区域中选择如图2-38所示的草图，在【等距距离】文本框中输入【20.00mm】，勾选【添加尺寸】和【双向】复选框，其他保留默认设置。

（3）单击【等距实体】属性管理器中的 ✓【确定】按钮，完成等距实体的绘制，结果如图2-39所示。

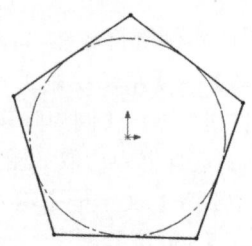 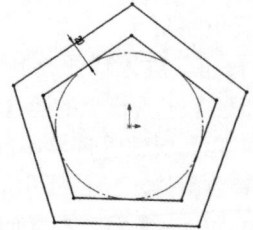

图2-38 绘制等距实体前的图形　　　　图2-39 绘制等距实体后的图形

2.3.8 转换实体引用

转换实体引用是指通过已有模型或者草图，将其边线、环、面、曲线、外部草图轮廓线、一组边线或一组草图曲线投影到基准面上，进而生成新的草图。使用该编辑方式时，如果引用的草图实体发生更改，那么转换的草图实体也会相应地改变。

转换实体引用的操作方法如下。

（1）打开【配套数字资源/第2章/基本功能/2.3.8】的实例素材文件，单击如图2-40所示的基准面1，然后单击【草图】工具栏上的 【草图绘制】按钮，进入草图绘制状态。

（2）单击实体左侧的前端面。

（3）选择【工具】|【草图绘制工具】|【转换实体引用】命令，或者单击【草图】工具栏上的 【转换实体引用】按钮，结果如图2-41所示。

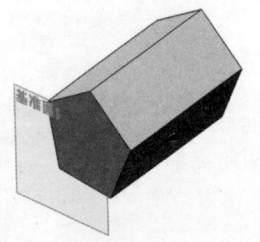 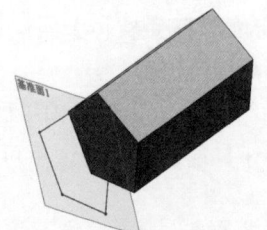

图2-40 转换实体引用前的图形　　　　图2-41 转换实体引用后的图形

2.4 尺寸标注

绘制完草图后，需要标注草图的尺寸。

2.4.1 线性尺寸

（1）打开【配套数字资源/第2章/基本功能/2.4.1】的实例素材文件，单击【草图】工具栏

中的 【智能尺寸】按钮，或者选择【工具】|【标注尺寸】|【智能尺寸】命令，也可以在绘图区域中单击鼠标右键，然后在弹出的菜单中选择【智能尺寸】命令。默认尺寸类型为平行尺寸。

（2）定位智能尺寸项目。移动鼠标指针时，智能尺寸会自动捕捉最近的方位。当预览显示想要的位置及类型时，可以单击鼠标右键锁定该智能尺寸。

智能尺寸项目有下列几种。
- 直线或者边线的长度：选择要标注尺寸的直线，拖动到标注的位置。
- 直线之间的距离：选择两条平行直线，或者1条直线与1条平行的模型边线。
- 点到直线的垂直距离：选择1个点及1条直线或者模型上的1条边线。
- 点到点距离：选择两个点，然后为每个尺寸选择不同的位置，生成如图2-42所示的线性尺寸。

（3）单击以确定尺寸数值的位置。

2.4.2 角度尺寸

要在两条直线或者1条直线和1条模型边线之间放置角度尺寸，可以先选择两个草图实体，然后在其周围拖曳鼠标指针来显示智能尺寸的预览。如果鼠标指针位置改变，要标注的角度尺寸的数值也会随之改变。

（1）打开【配套数字资源/第2章/基本功能/2.4.2】的实例素材文件，单击【草图】工具栏中的 【智能尺寸】按钮。
（2）单击其中一条直线。
（3）单击另一条直线或者模型边线。
（4）拖动鼠标指针显示角度尺寸的预览。
（5）单击以确定尺寸数值的位置，生成如图2-43所示的角度尺寸。

2.4.3 圆形尺寸

可以在任意角度位置处放置圆形尺寸，尺寸数值显示为直径。若将尺寸数值竖直或者水平放置，尺寸数值会显示为线性尺寸。

（1）打开【配套数字资源/第2章/基本功能/2.4.3】的实例素材文件，单击【草图】工具栏中的 【智能尺寸】按钮。
（2）选择圆形。
（3）拖动鼠标指针显示圆形尺寸的预览。
（4）单击以确定尺寸数值的位置，生成如图2-44所示的圆形尺寸。

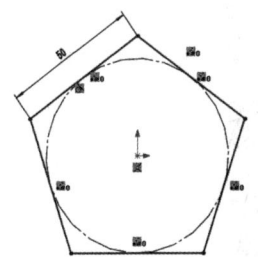
图2-42　生成点到点的线性尺寸

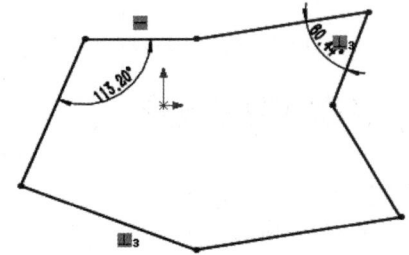
图2-43　生成角度尺寸

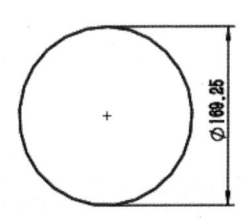
图2-44　生成圆形尺寸

2.4.4 修改尺寸

要修改尺寸，可以双击草图的尺寸标注，在弹出的【修改】属性管理器中进行设置，如图 2-45 所示，然后单击 ✓【确定】按钮完成操作。

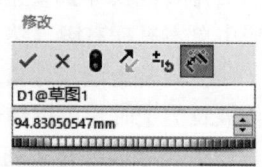

图 2-45 【修改】属性管理器

2.5 几何关系

绘制草图时使用几何关系可以让用户更容易控制草图形状，表达设计意图。表 2-1 详细介绍了各种几何关系要选择的草图实体及使用后的效果。

表 2-1 几何关系

图标	几何关系	要选择的草图实体	使用后的效果
―	水平	1 条或者多条直线，两个或者多个点	使直线水平，使点水平对齐
∣	竖直	1 条或者多条直线，两个或者多个点	使直线竖直，使点竖直对齐
╱	共线	两条或者多条直线	使草图实体位于同一条直线上
◯	全等	两段或者多段圆弧	使草图实体位于同一段圆弧上
⊥	垂直	两条直线	使草图实体相互垂直
╲	平行	两条或者多条直线	使草图实体相互平行
⌔	相切	直线和圆弧、椭圆弧或者其他曲线，曲面和直线，曲面和平面	使草图实体相切
◎	同心	两个或者多个圆	使草图实体共用 1 个圆心
╲	中点	1 条直线或者 1 段圆弧和 1 个点	使点位于直线或者圆弧的中心
✕	交叉点	两条直线和 1 个点	使点位于两条直线的交叉点处
╱	重合	1 条直线、1 段圆弧或者其他曲线和 1 个点	使点位于直线、圆弧或者其他曲线上
=	相等	两条或者多条直线，两段或者多段圆弧	使草图实体的所有尺寸参数相等
⌀	对称	两个点、两条直线、两个圆、椭圆，或者其他曲线和 1 条中心线	使草图实体保持相对中心线对称
⌂	固定	任何草图实体	使草图实体的尺寸和位置固定，不可更改
⚒	穿透	1 条基准轴、1 条边线、直线或者样条曲线和 1 个草图点	草图点与基准轴、边线、直线或者样条曲线在草图基准面上穿透的位置重合
✓	合并	两个草图点或者端点	使两个点合并为 1 个点

2.5.1 添加几何关系

添加几何关系命令用来为已有的实体添加约束，此命令只能在草图绘制状态中使用。

生成草图实体后，按住 Ctrl 键选择两个草图元素，再单击【尺寸/几何关系】工具栏中的 ┷【添加几何关系】按钮，或者选择【工具】|【几何关系】|【添加】命令，弹出如图 2-46 所示的【添加几何关系】属性管理器。在该属性管理器中，可以在草图实体之间，或者在草图实体与基准面、基准轴、边线、顶点之间添加几何关系。

添加几何关系时，必须至少有 1 个项目是草图实体，其他项目可以是草图实体、边线、面、顶点、原点、基准面、基准轴，也可以是其他草图的曲线投影到草图基准面上所形成的直线或者圆弧。

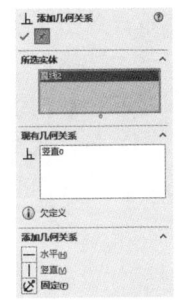

图 2-46 【添加几何关系】属性管理器

2.5.2 显示/删除几何关系

显示/删除几何关系命令用来显示已经应用到草图实体中的几何关系，或者删除不再需要的几何关系。

单击【尺寸/几何关系】工具栏中的 ┷【显示/删除几何关系】按钮，可以显示手动或者自动应用到草图实体的几何关系，也可以删除不再需要的几何关系，还可以通过替换列出的参考引用修正错误的草图实体。

2.6 操作案例 1：法兰草图

操作案例视频

【学习要点】法兰的作用是为管道、容器或机械部件提供连接平台，通过螺栓紧固实现紧密配合，确保结构具有稳定性和密封性，广泛应用于流体输送和机械组装中。本节通过绘制法兰垫片轮廓来介绍草图的绘制方法，用到的草图绘制命令主要有【中心线】、【圆】、【圆弧】、【直线】、【镜向实体】，最终效果如图 2-47 所示。

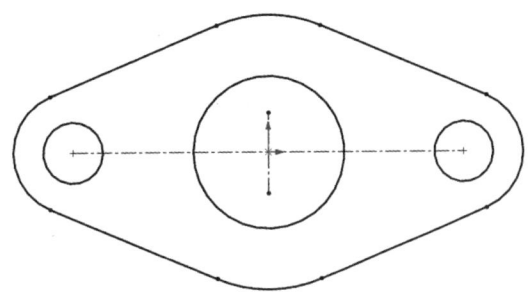

图 2-47 草图实例

【案例思路】绘制用于定位的中心线，绘制圆和直线，使用镜向命令快速生成对称部分。
【案例所在位置】配套数字资源\第 2 章\操作案例\2.6。
下面将介绍具体步骤。

2.6.1 进入草图绘制状态

（1）启动 SOLIDWORKS，单击【标准】工具栏中的 【新建】按钮，弹出【新建 SOLIDWORKS 文件】

对话框，单击【零件】按钮，再单击【确定】按钮，如图2-48所示。

（2）选择【文件】|【另存为】命令，弹出【另存为】对话框，在【文件名】文本框中输入【2-1】，单击【保存】按钮，如图2-49所示。

（3）单击【草图】工具栏中的 【草图绘制】按钮，进入草图绘制状态，单击【前视基准面】图标，使前视基准面成为草图绘制平面。

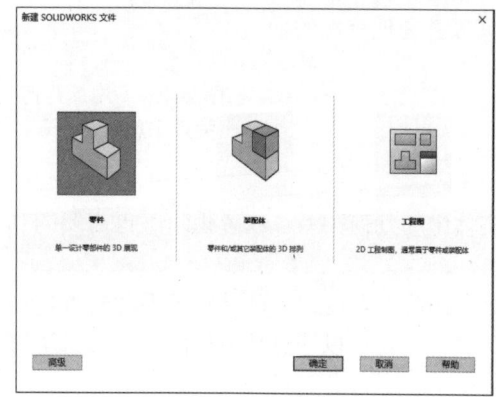

图2-48　新建零件文件　　　　　　　图2-49　【另存为】对话框

2.6.2　绘制草图

（1）单击【草图】工具栏中的 【圆】按钮，在前视基准面上，选中坐标原点并单击生成圆心，向外拖曳鼠标指针画圆。单击鼠标右键，选择【选择】命令，完成圆的绘制，结果如图2-50所示。

（2）单击【草图】工具栏中的 【直线】按钮后的下拉按钮，选择 【中心线】命令。过圆心绘制两条中心线，如图2-51所示。

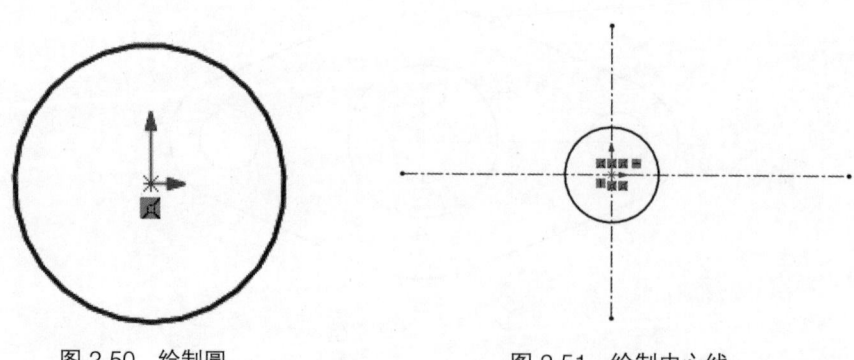

图2-50　绘制圆　　　　　　　　　　图2-51　绘制中心线

（3）单击【草图】工具栏中的 【圆】按钮，在坐标原点处绘制一个与前一个圆的圆心重合的同心圆，如图2-52所示。

（4）单击【草图】工具栏中的 【圆】按钮，在左侧端点处绘制第一个圆，如图2-53所示。

（5）单击【草图】工具栏中的 【圆】按钮，在左侧端点处绘制第二个圆，使其与第一个圆的圆心重合，然后单击鼠标右键，选择【选择】命令，完成圆的绘制，如图2-54所示。

（6）单击【草图】工具栏中的 【镜向实体】按钮，弹出【镜向】属性管理器，如图2-55所示。选择【选项】选项组下的【要镜向的实体】选择框,依次单击左侧两个同心圆。再选择【选项】选项组下的【镜向轴】选择框,单击绘图区域的竖直中心线,完成左侧两个同心圆的镜向。单击 ✓【确定】按钮,完成两个同心圆的镜向,如图 2-56 所示。

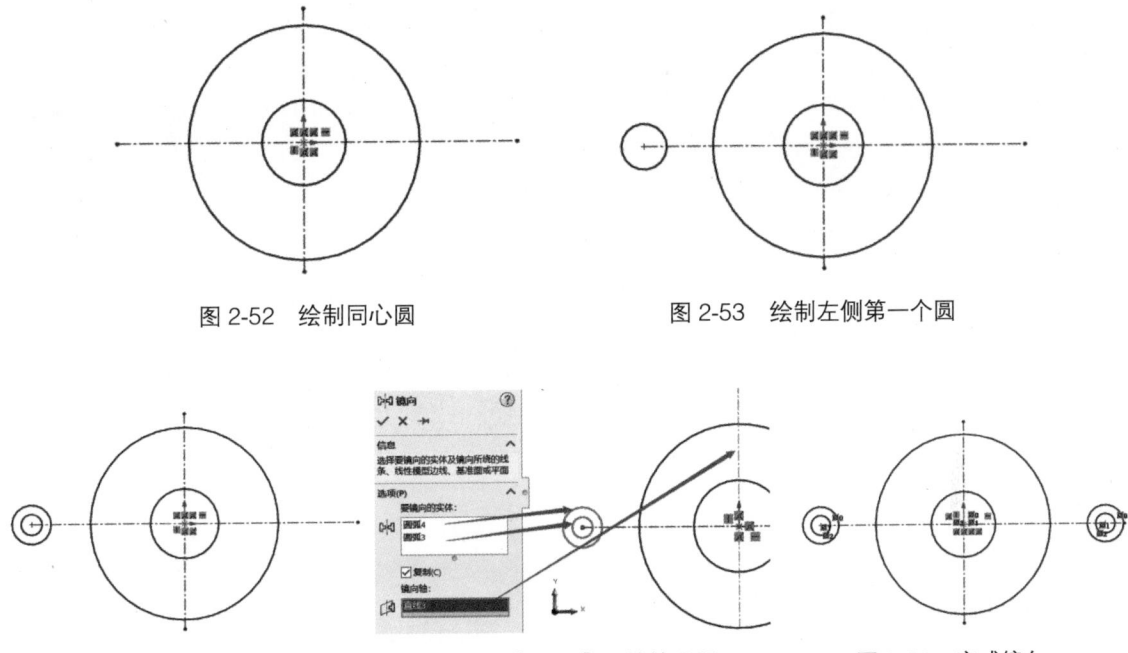

图 2-52 绘制同心圆　　　　　　　　图 2-53 绘制左侧第一个圆

图 2-54 绘制左侧第二个同心圆　　图 2-55 【镜向】属性管理器　　图 2-56 完成镜向

(7) 单击【尺寸/几何关系】工具栏中的 ❖【智能尺寸】按钮,选中坐标原点处的小圆,输入直径【10.00mm】,再选中坐标原点处的大圆,输入直径【18.00mm】。其次,选中左侧的小圆,输入直径【4.00mm】,再选中左侧的大圆,输入直径【8.00mm】。然后,选中左侧的圆心和右侧的圆心,向下放置距离尺寸,输入距离【26.00mm】。当所选对象变成黑色时,表示尺寸已被固定,结果如图 2-57 所示。

(8) 单击 ╱【直线】按钮,在左侧的大圆处生成第一个端点,然后移动鼠标指针至原点处的大圆处生成第二个端点,完成直线的绘制。注意,该直线不要与圆有任何几何关系,如图 2-58 所示。

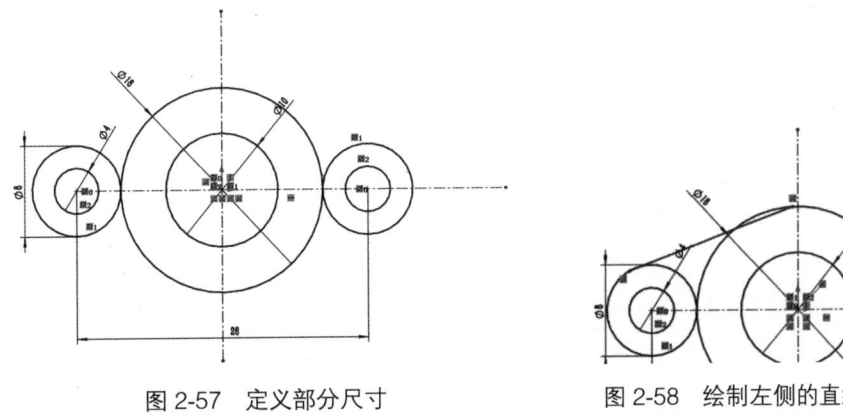

图 2-57 定义部分尺寸　　　　　　图 2-58 绘制左侧的直线

（9）选中步骤（8）中绘制的直线，按住 Ctrl 键，选中左侧的大圆，弹出如图 2-59 所示的【添加几何关系】属性管理器。在【所选实体】选择框中，能看到所选择的两个对象，分别是圆弧 2 和直线 3。单击【相切】按钮，再单击✔【确定】按钮。

（10）选中步骤（8）中绘制的直线，按住 Ctrl 键，再选中原点处的大圆，弹出【添加几何关系】属性管理器，单击【相切】按钮，再单击✔【确定】按钮，结果如图 2-60 所示。

（11）单击【草图】工具栏中的 【镜向实体】按钮，弹出【镜向】属性管理器，在【要镜向的实体】选择框中选择所绘制的直线，在【镜向轴】选择框中选择竖直的中心线，单击✔【确定】按钮，完成左侧直线到右侧的镜向，如图 2-61 所示。

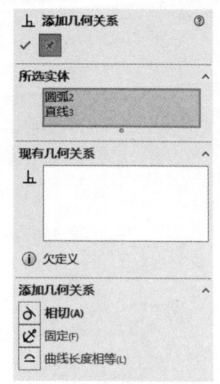
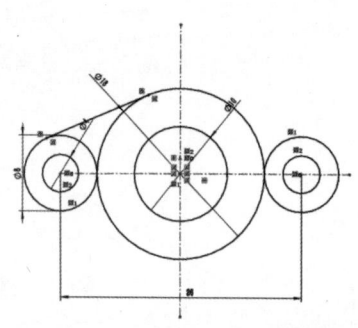
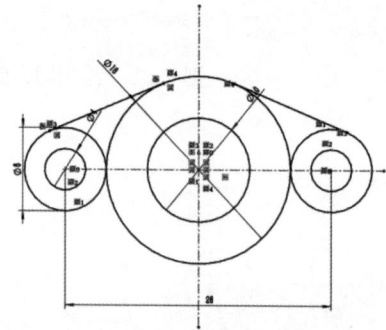

图 2-59　【添加几何关系】　　图 2-60　完成直线与两个圆的相切　　图 2-61　完成直线的镜向
　　　　属性管理器

（12）单击【草图】工具栏中的【镜向实体】按钮，弹出【镜向】属性管理器，在【要镜向的实体】选择框选择左侧的直线和右侧的直线，在【镜向轴】选择框选择水平的中心线，单击✔【确定】按钮，完成左侧和右侧直线到水平中心线另一侧的镜向，如图 2-62 所示。

2.6.3　裁剪草图

单击【草图】工具栏中的 【剪裁实体】按钮，按住鼠标左键，然后选择要裁剪的线段，拖动鼠标指针，即可裁剪掉需要裁剪的线段，最后单击✔【确定】按钮，完成裁剪。裁剪后的效果如图 2-63 所示。

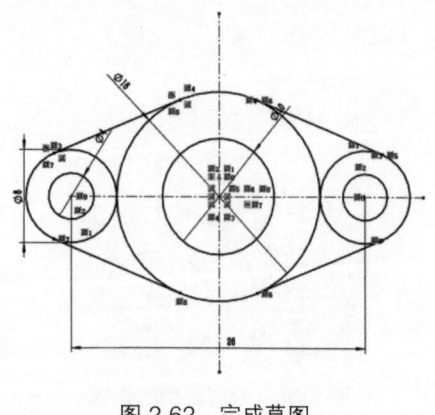
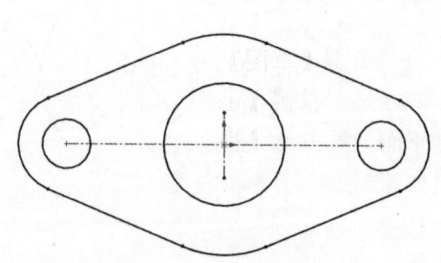

图 2-62　完成草图　　　　　　　　　　　图 2-63　裁剪后的效果

2.7 操作案例2：垫片草图

操作案例
视频

【学习要点】 垫片用于填充两个连接件之间的间隙，起密封作用，防止液体或气体泄漏。它还能减缓冲击和振动，减少连接件间的直接摩擦，延长使用寿命，并简化装配和维修过程。本节通过绘制垫片轮廓来介绍草图的绘制方法，用到的草图绘制命令主要有【中心线】、【圆】、【圆弧】、【直线】、【镜向实体】、【绘制圆角】，最终效果如图2-64所示。

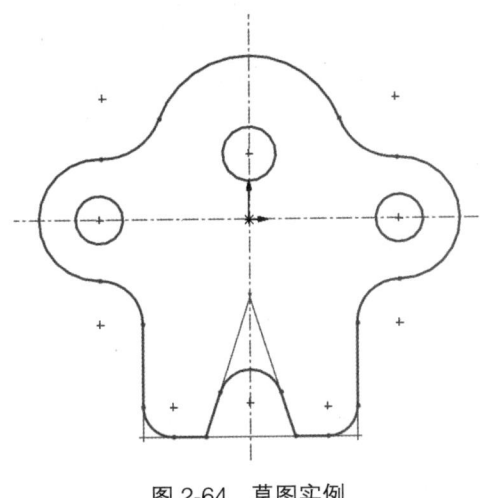

图 2-64 草图实例

【案例思路】 绘制用于定位的中心线，绘制圆和直线，使用镜向命令、剪裁命令和圆角命令生成草图。

【案例所在位置】 配套数字资源 \ 第 2 章 \ 操作案例 \2.7。

下面将介绍具体步骤。

2.7.1 新建并保存文件

（1）启动 SOLIDWORKS，单击【标准】工具栏中的 【新建】按钮，弹出【新建 SOLIDWORKS 文件】对话框，单击【零件】按钮，再单击【确定】按钮。

（2）选择【文件】|【另存为】命令，弹出【另存为】对话框，在【文件名】文本框中输入【2-2】，单击【保存】按钮。

2.7.2 建立基础部分

（1）单击【草图】工具栏中的 【草图绘制】按钮，进入草图绘制状态。单击【上视基准面】图标，使上视基准面成为草图绘制平面。单击 【视图定向】下拉列表中的 【正视于】按钮，结果如图2-65所示。

（2）单击【草图】工具栏中的 【中心线】按钮，弹出【插入线条】属性管理器，在【方向】选项组中选中【水平】单选项，在【选项】选项组中勾选【作为构造线】和【中点线】复选框，

图 2-65 正视于上视基准面

在【参数】选项组的【距离】文本框中输入【300.00】,单击坐标原点确定中心线的中点,再单击以确定所插入的线条,插入后单击✓【确定】按钮,如图 2-66 所示。

(3)继续绘制竖直中心线,在【插入线条】属性管理器中的【方向】选项组中选中【竖直】单选项,在【选项】选项组中勾选【作为构造线】和【中点线】复选框,在【参数】选项组中的【距离】中输入【300.00】,单击坐标原点确定中心线的中点,再单击以确定所插入的线条,插入后单击✓【确定】按钮,如图 2-67 所示。

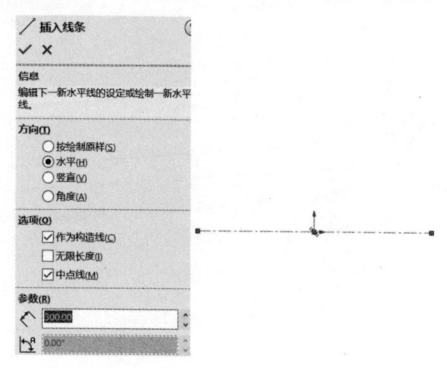

图 2-66　插入水平中心线　　　　图 2-67　插入竖直中心线

(4)单击【草图】工具栏中的 ⊙【圆】按钮,以竖直中心线的中点上方一点为圆心绘制圆,如图 2-68 所示。

(5)标注圆的直径。单击【草图】工具栏中的 ❖【智能尺寸】按钮,单击圆并在合适位置单击以放置尺寸,然后在【动态尺寸】输入栏中输入圆的直径为 25,如图 2-69 所示。

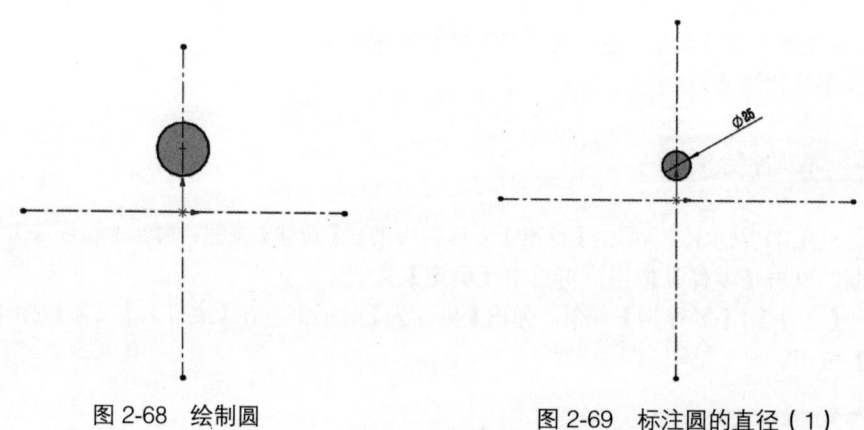

图 2-68　绘制圆　　　　图 2-69　标注圆的直径(1)

(6)标注圆的位置。继续执行【智能尺寸】命令,单击圆的圆心和水平中心线并在合适位置单击以放置尺寸,然后在【动态尺寸】输入栏中输入 30。单击✓【确定】按钮,如图 2-70 所示。

(7)单击【草图】工具栏中的 ⊙【圆】按钮,在水平中心线左右各绘制一个圆,如图 2-71 所示。

(8)标注圆的直径。单击【草图】工具栏中的 ❖【智能尺寸】按钮,单击圆并在合适位置单击以放置尺寸,然后在【动态尺寸】输入栏中输入圆的直径为 22,如图 2-72 所示。

(9)标注圆的位置。继续执行【智能尺寸】命令,单击圆的圆心和竖直中心线并在合适位置单击以放置尺寸,然后在【动态尺寸】输入栏中输入 50。单击✓【确定】按钮,如图 2-73 所示。

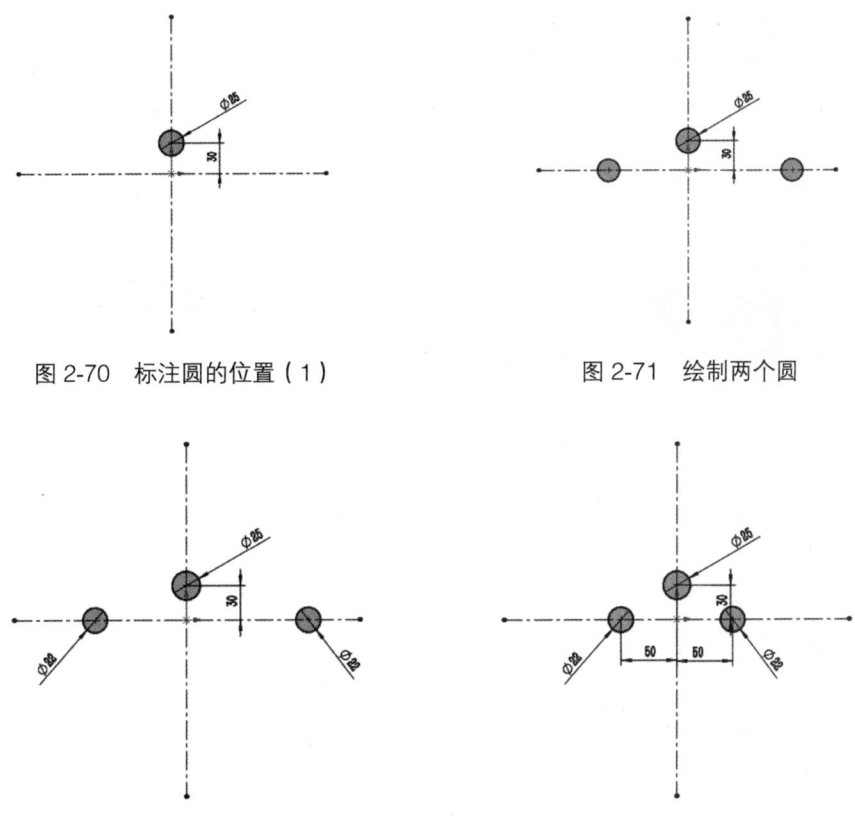

图 2-70　标注圆的位置（1）　　　　　图 2-71　绘制两个圆

图 2-72　标注圆的直径（2）　　　　　图 2-73　标注圆的位置（2）

（10）单击【草图】工具栏中的 ⊙【圆】按钮，以竖直中心线上方的圆心为原点绘制一个大圆，如图 2-74 所示。

（11）标注圆的直径。单击【草图】工具栏中的 【智能尺寸】按钮，单击圆并在合适位置单击以放置尺寸，然后在【动态尺寸】输入栏中输入圆的直径为 90。单击 【确定】按钮，如图 2-75 所示。

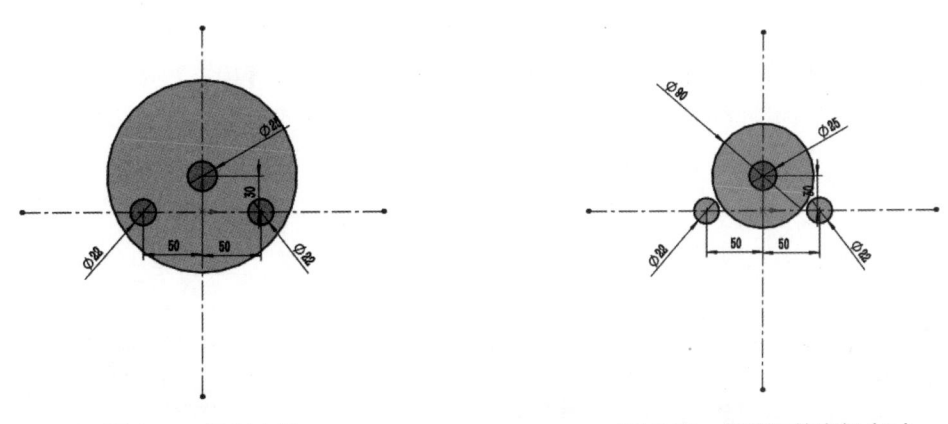

图 2-74　绘制大圆　　　　　　　　　图 2-75　标注圆的直径（3）

（12）单击【草图】工具栏中的 ⊙【圆】按钮，以水平中心线左右两个圆的圆心为圆心各绘制一个大圆，如图 2-76 所示。

（13）标注圆的直径。单击【草图】工具栏中的【智能尺寸】按钮，单击圆并在合适位置单击以放置尺寸，然后在【动态尺寸】输入栏中输入圆的直径为56。单击【确定】按钮，如图2-77所示。

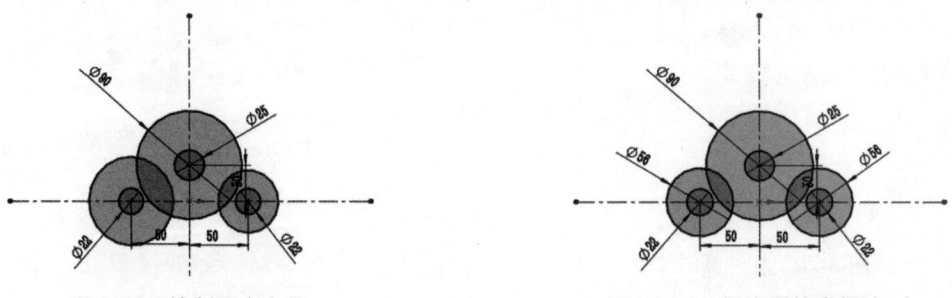

图2-76　绘制两个大圆　　　　　　　　图2-77　标注圆的直径（4）

（14）单击【草图】工具栏中的【剪裁实体】按钮，弹出【剪裁】属性管理器，在【选项】选项组中选择【强劲剪裁】选项，在要剪裁的一边按住鼠标左键，将鼠标指针拖至要剪裁的另一边，结果如图2-78所示。

（15）继续执行【剪裁实体】命令，以同样的步骤在图形右侧的对应位置剪裁实体，单击【确定】按钮，如图2-79所示。

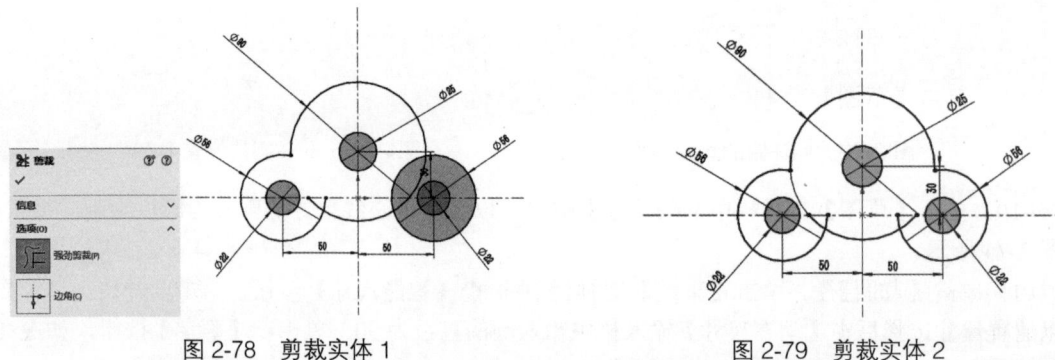

图2-78　剪裁实体1　　　　　　　　图2-79　剪裁实体2

（16）单击【草图】工具栏中的【绘制圆角】按钮，弹出【绘制圆角】属性管理器。在【要圆角化的实体】选择框中选择需要绘制圆角的两条相邻边，在【圆角参数】选项组中的【半径】文本框中输入【28.00mm】，勾选【保持拐角处约束条件】复选框，单击【确定】按钮，如图2-80所示。

（17）继续执行【绘制圆角】命令，以同样的步骤在图形右侧的对应位置绘制圆角，单击【确定】按钮，如图2-81所示。

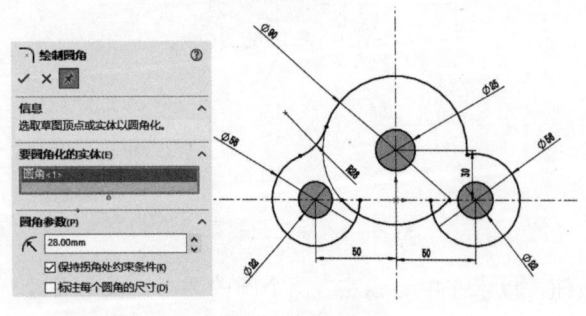 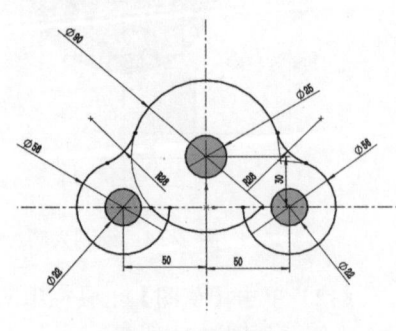

图2-80　圆角1　　　　　　　　图2-81　圆角2

（18）单击【草图】工具栏中的 /【直线】按钮，绘制起点为与左侧圆重合的点，路径为向下的竖直直线，放置在一定位置并向右绘制一条连续的水平直线，再向上绘制一条连续的竖直直线，并与右侧圆重合。单击 ✓【确定】按钮，如图2-82所示。

（19）单击【草图】工具栏中的 ✧【智能尺寸】按钮，标注步骤（18）中绘制的直线尺寸，单击 ✓【确定】按钮，如图2-83所示。

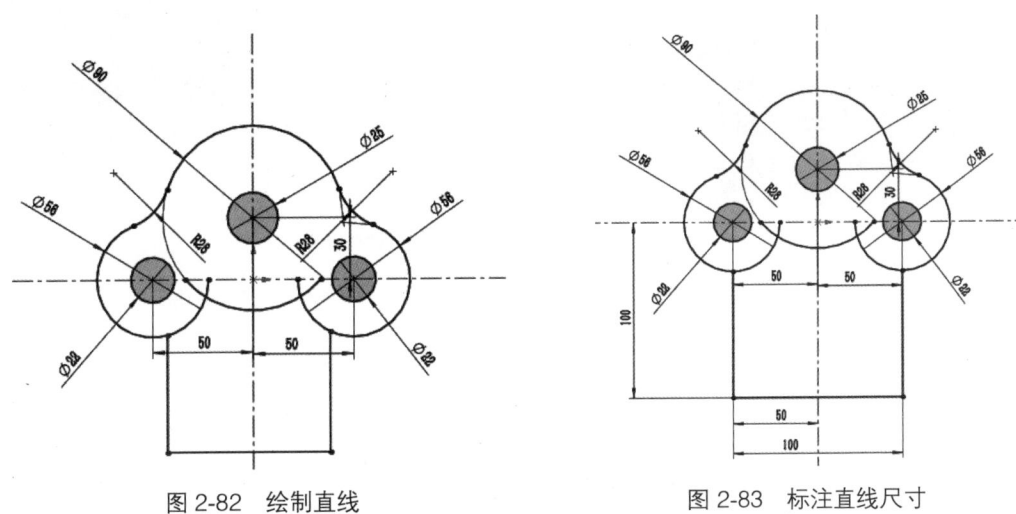

图 2-82　绘制直线　　　　　　　　　图 2-83　标注直线尺寸

（20）单击【草图】工具栏中的 ⌿【剪裁实体】按钮，弹出【剪裁】属性管理器，在【选项】选项组中选择【强劲剪裁】选项，将图形中的部分线段剪裁，单击 ✓【确定】按钮，如图2-84所示。

2.7.3　建立辅助部分

（1）单击【草图】工具栏中的 ⌐【绘制圆角】按钮，弹出【绘制圆角】属性管理器。在【要圆角化的实体】选择框中选择需要绘制圆角的两条相邻边，在【圆角参数】选项组中的【半径】文本框中输入【20.00mm】，勾选【保持拐角处约束条件】复选框，单击 ✓【确定】按钮，如图2-85所示。

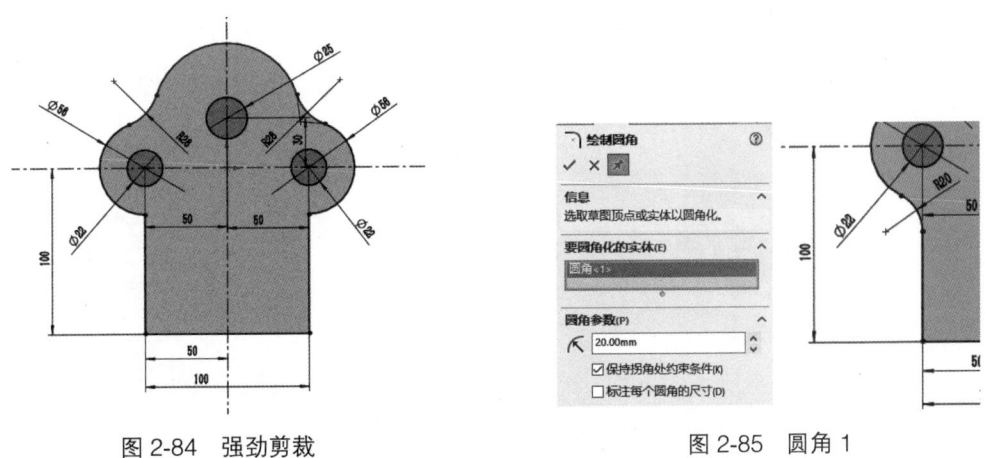

图 2-84　强劲剪裁　　　　　　　　　图 2-85　圆角 1

（2）继续执行【绘制圆角】命令，以同样的步骤在图形右侧的相同位置绘制圆角，单击 ✓【确定】按钮，如图2-86所示。

（3）单击【草图】工具栏中的【绘制圆角】按钮，弹出【绘制圆角】属性管理器。在【要圆角化的实体】选择框中选择左下角的两条相邻边，在【圆角参数】选项组中的【半径】文本框中输入【14.00mm】，勾选【保持拐角处约束条件】复选框，单击✔【确定】按钮，如图2-87所示。

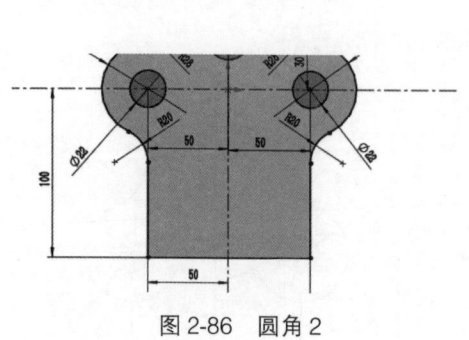

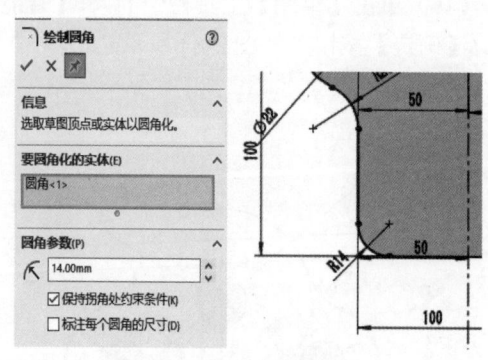

图2-86　圆角2　　　　　　　　　　　图2-87　圆角3

（4）继续执行【绘制圆角】命令，以同样的步骤在图形右侧的相同位置绘制圆角，单击✔【确定】按钮，如图2-88所示。

（5）单击【草图】工具栏中的【直线】按钮，绘制起点为与底边重合的点，路径为向右上并与竖直中心线重合的直线。单击✔【确定】按钮，如图2-89所示。

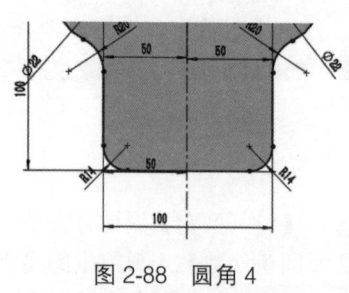

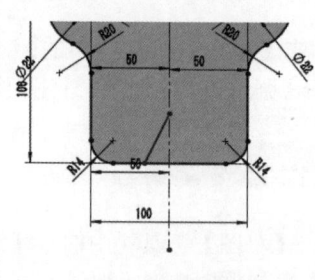

图2-88　圆角4　　　　　　　　　　　图2-89　直线

（6）单击【草图】工具栏中的【智能尺寸】按钮，标注步骤（5）中绘制的直线尺寸。标注直线第一顶点到竖直中心线的距离为21，如图2-90所示。

（7）标注直线第二顶点到底边线的距离为64，单击✔【确定】按钮，如图2-91所示。

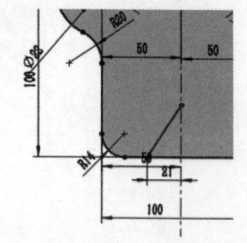

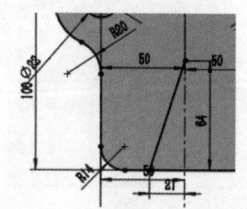

图2-90　标注直线尺寸（1）　　　　　　图2-91　标注直线尺寸（2）

（8）单击【草图】工具栏中的【镜向】按钮，在【选项】选项组中【要镜向的实体】文本框中选择步骤（5）中绘制的倾斜直线，勾选【复制】复选框，在【镜向轴】文本框中选择竖直中心线，单击✔【确定】按钮，如图2-92所示。

(9)单击【草图】工具栏中的 ⊙【圆】按钮,以竖直中心线下方一点为圆心,绘制一个与倾斜直线相切的圆,如图 2-93 所示。

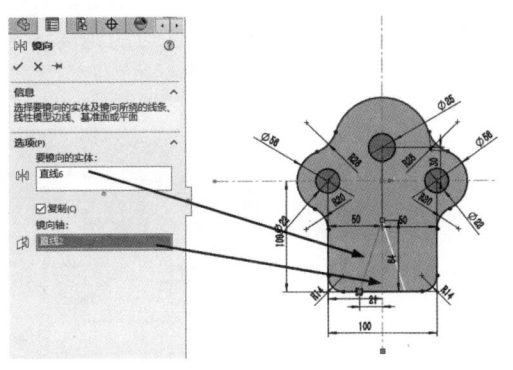
图 2-92 镜向

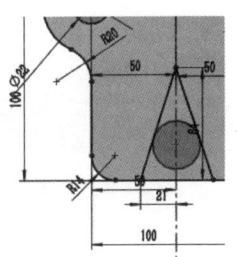
图 2-93 绘制圆

(10)标注圆的直径。单击【草图】工具栏中的 ✎【智能尺寸】按钮,单击圆并在合适位置单击以放置尺寸,然后在【动态尺寸】输入栏中输入圆的直径为 30,如图 2-94 所示。

(11)单击【草图】工具栏中的 ⊁【剪裁实体】按钮,弹出【剪裁】属性管理器,在【选项】选项组中选择【强劲剪裁】选项,在要剪裁的一边按住鼠标左键,将鼠标指针拖至要剪裁的另一边,将图形下边不需要的边线剪裁,如图 2-95 所示。

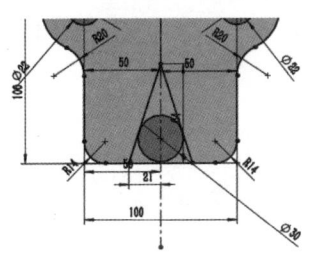
图 2-94 标注圆的直径

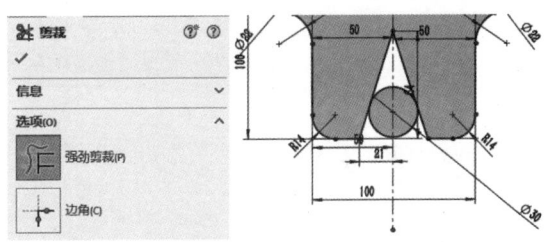
图 2-95 剪裁实体 1

(12)继续执行【剪裁实体】命令,以同样的步骤将图形其他位置剪裁,单击 ✓【确定】按钮,如图 2-96 所示。

(13)单击【草图】工具栏中的 ⁄【中心线】按钮,弹出【插入线条】属性管理器,以上方交点为起点绘制辅助线,该辅助线与圆弧相切并交于竖直中心线,出现【相切】和【交点】标志即与圆弧相切并与竖直中心线相交,如图 2-97 所示。

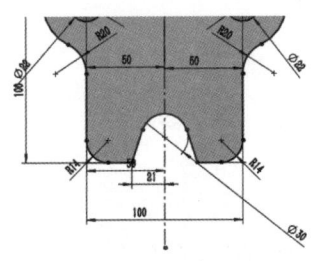
图 2-96 剪裁实体 2

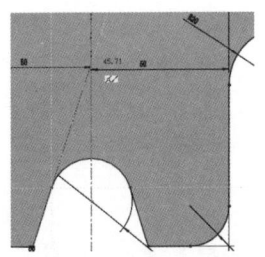
图 2-97 延长辅助线 1

（14）继续执行【中心线】命令，在右方相同位置用同样方式绘制辅助线，如图 2-98 所示。

（15）对图形进行剪裁后，会有一些已经标注的尺寸缺失（辅助线顶端距离底部的尺寸），需要重新标注缺失的尺寸。单击【草图】工具栏中的【智能尺寸】按钮，单击上方圆弧并在合适位置单击以放置尺寸（不需要修改尺寸），标注辅助线的顶点到图形的底边的距离（不需要修改尺寸），如图 2-99 所示。

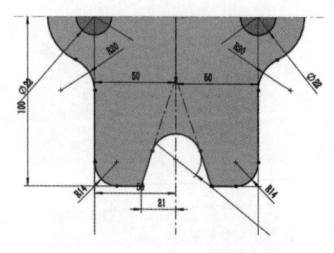

图 2-98 延长辅助线 2　　　　　　　图 2-99 标注距离尺寸

至此，垫片草图已经绘制完成。

2.8 本章小结

本章介绍了草图绘制的基础知识，草图绘制的常用命令，草图编辑的常用方法，各种尺寸标注的方法，并介绍了添加草图几何关系的方法。最后，以两个典型草图为例，介绍了草图绘制的基本流程。

2.9 知识巩固

利用如图 2-100 所示的尺寸建立草图。

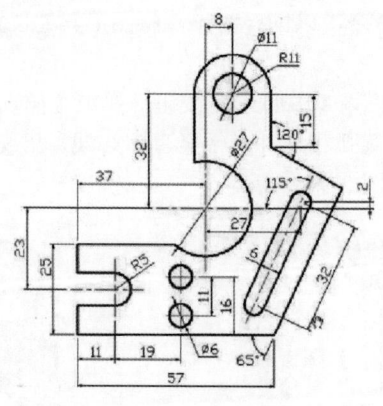

图 2-100 草图尺寸

【习题知识要点】使用直线和圆的命令绘制主体模型，使用槽口命令绘制槽，使用剪裁命令剪裁掉多余部分，使用尺寸标注命令标注尺寸。

【素材所在位置】配套数字资源 \ 第 2 章 \ 知识巩固 \。

第 3 章
基于草图的实体建模特征

本章介绍

SOLIDWORKS 的实体建模命令分为哪几类？基于草图的实体建模的前置步骤有哪些？基于草图的 SOLIDWORKS 实体建模常用命令有哪些？

实体建模是 SOLIDWORKS 三大功能之一。实体建模命令分为两大类：第一类是需要草图才能建立特征的命令；第二类是在现有特征的基础上进行特征编辑的命令。本章介绍基于草图的实体建模特征，包括拉伸凸台/基体特征、旋转凸台/基体特征、扫描特征、放样特征、筋特征、螺丝刀建模实例和蜗杆建模实例。

重点与难点

- 拉伸凸台/基体特征
- 旋转凸台/基体特征
- 扫描特征
- 放样特征
- 筋特征

思维导图

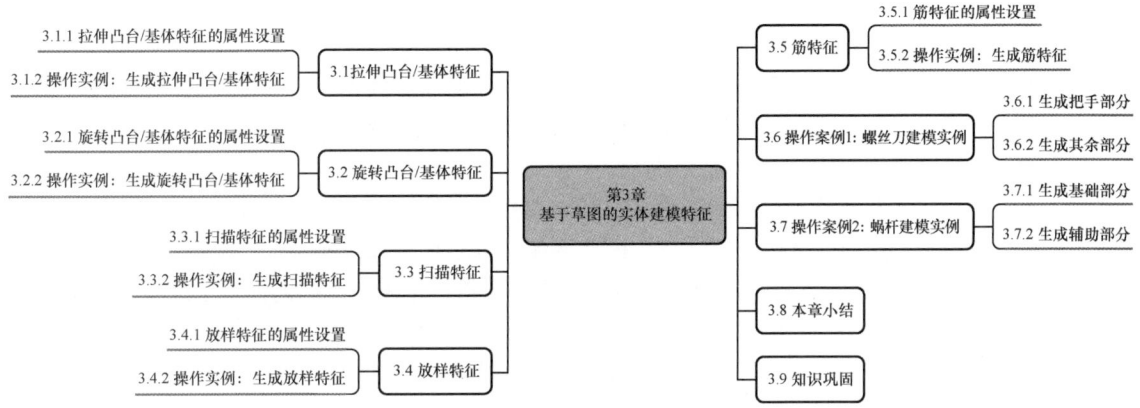

3.1 拉伸凸台/基体特征

拉伸凸台/基体特征是将 2D 草图沿着直线方向（常用的是 2D 草图的垂直方向）平移而形成实体的特征。

3.1.1 拉伸凸台/基体特征的属性设置

单击【特征】工具栏中的【拉伸凸台/基体】按钮，或者选择【插入】|【凸台/基体】|【拉伸】命令，弹出【凸台-拉伸】属性管理器，如图 3-1 所示。

【凸台-拉伸】属性管理器中常用到【方向】选项组，如果拉伸方向只有一个，则只需用到【方向 1】选项组。如果需要同时从一个基准面向两个方向拉伸，则需要同时用到【方向 1】和【方向 2】选项组。

此处重点介绍【方向】选项组的用法。

（1）【给定深度】选项：用于设置特征拉伸的终止条件，其选项如图 3-2 所示。单击【反向】按钮，可以沿预览所示的相反方向拉伸特征。

图 3-1 【凸台-拉伸】属性管理器

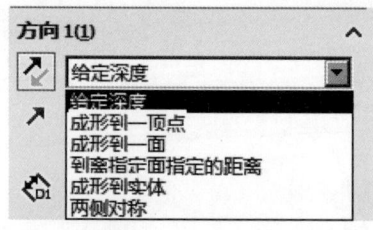
图 3-2 终止条件选项

- 【成形到一顶点】选项：拉伸到在绘图区域中选择的顶点处。
- 【成形到一面】选项：拉伸到在绘图区域中选择的一个面或者基准面处。
- 【到离指定面指定的距离】选项：拉伸到和选择的面具有一定距离处。
- 【成形到实体】选项：拉伸到在绘图区域中选择的实体或者曲面实体处。
- 【两侧对称】选项：按照草图所在平面的两侧对称距离生成拉伸特征。

（2）【拉伸方向】文本框：在绘图区域选择方向向量，草图以此方向向量生成拉伸特征。

（3）【深度】文本框：用于指定二维草图沿拉伸方向平移的距离。

（4）【拔模开/关】文本框：按下此按钮，可以设置拔模的角度。

3.1.2 操作实例：生成拉伸凸台/基体特征

通过下列操作步骤，简单练习生成拉伸凸台/基体特征的方法。

（1）打开【配套数字资源/第 3 章/基本功能/3.1.2】的实例素材文件，如图 3-3 所示。

（2）单击【特征】工具栏中的【拉伸凸台/基体】按钮，或者选择【插入】|【凸台/基体】|【拉伸】命令，弹出【凸台-拉伸 1】属性管理器，按图 3-4 进行参数设置，单击【确定】按钮，

生成拉伸特征，如图 3-5 所示。

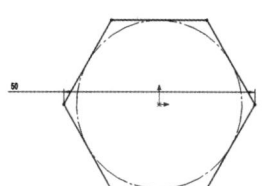 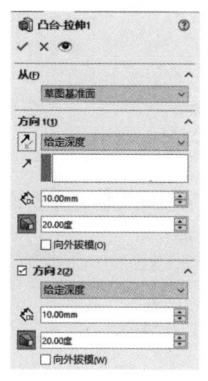 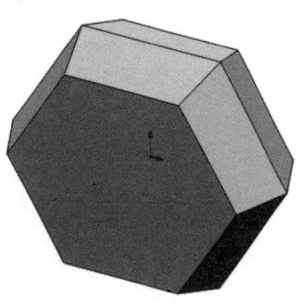

图 3-3　打开文件　　　　图 3-4　【凸台-拉伸 1】属性管理器　　　图 3-5　生成拉伸特征

3.2 旋转凸台/基体特征

旋转凸台/基体特征是将 2D 封闭草图沿着某一轴线旋转而形成实体的特征。

3.2.1 旋转凸台/基体特征的属性设置

单击【特征】工具栏中的【旋转凸台/基体】按钮，或者选择【插入】|【凸台/基体】|【旋转】命令，弹出【旋转】属性管理器，如图 3-6 所示。常用选项组介绍如下。

1．【旋转轴】选项组

● 【旋转轴】选择框：指定草图旋转的轴线。

2．【方向】选项组

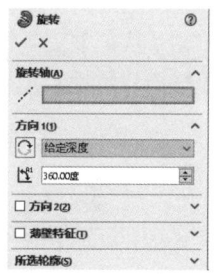

图 3-6　【旋转】属性管理器

【方向】选项组包括【方向 1】选项组和【方向 2】选项组，两者分别用于设置草图从两个方向进行旋转。【方向】选项组的常用选项如下。

（1）【旋转类型】选项：从草图基准面中定义旋转方向，包括如下各项。

● 【给定深度】选项：从草图以单一方向生成旋转凸台/基体特征。
● 【成形到一顶点】选项：从草图基准面生成旋转凸台/基体特征到指定顶点。
● 【成形到一面】选项：从草图基准面生成旋转凸台/基体特征到指定曲面。
● 【到离指定面指定的距离】选项：从草图基准面生成旋转凸台/基体特征到指定曲面的指定等距处。
● 【两侧对称】选项：从草图基准面以顺时针和逆时针方向旋转相同角度。

（2）【角度】选项：设置旋转角度，旋转角度以顺时针方向从所选草图开始测量。

3.2.2 操作实例：生成旋转凸台/基体特征

通过下列操作步骤，简单练习生成旋转凸台/基体特征的方法。

（1）打开【配套数字资源/第 3 章/基本功能/3.2.2】的实例素材文件，如图 3-7 所示。

（2）单击【特征】工具栏中的 【旋转凸台/基体】按钮，或者选择【插入】|【凸台/基体】|【旋转】命令，弹出【旋转】属性管理器，在绘图区域中单击竖直的中心线，按图3-8进行参数设置，单击 【确定】按钮，结果如图3-9所示。

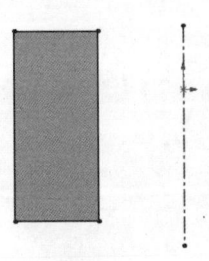
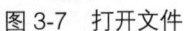

图3-7 打开文件

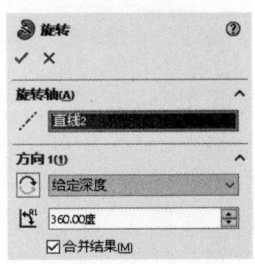

图3-8 【旋转】属性管理器

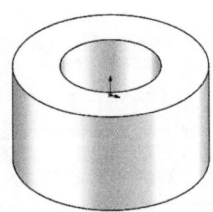

图3-9 生成旋转特征

3.3 扫描特征

扫描特征是通过沿着一条路径移动轮廓以生成基体、凸台、切除或者曲面的一种特征。

3.3.1 扫描特征的属性设置

单击【特征】工具栏中的 【扫描】按钮，或者选择【插入】|【凸台/基体】|【扫描】命令，弹出【扫描】属性管理器，如图3-10所示。常用选项介绍如下。

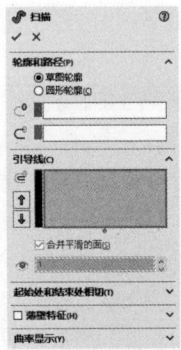

图3-10 【扫描】属性管理器

1. 【轮廓和路径】选项组
- 【轮廓】文本框：设置用来生成扫描特征的草图轮廓。
- 【路径】文本框：设置轮廓的路径。

2. 【引导线】选项组
- 【引导线】文本框：在轮廓沿路径扫描时加以引导以生成扫描特征。
- 【上移】、【下移】按钮：调整引导线的顺序。
- 【合并平滑的面】复选框：改进带引导线扫描的性能，并在引导线或者路径不是曲率连续的所有点处分割扫描。

3.3.2 操作实例：生成扫描特征

通过下列操作步骤，简单练习生成扫描特征的方法。

（1）打开【配套数字资源 / 第 3 章 / 基本功能 /3.3.2】的实例素材文件，选择【插入】|【凸台 / 基体】|【扫描】命令，弹出【扫描 1】属性管理器，按图 3-11 进行参数设置。

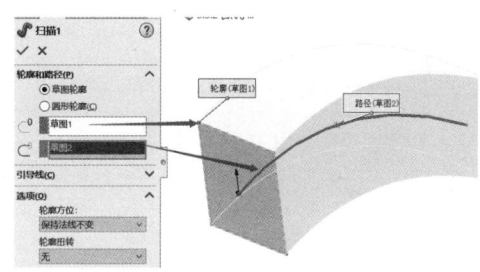

图 3-11 【扫描 1】属性管理器

（2）在【选项】选项组中，设置【轮廓方位】为【随路径变化】，【轮廓扭转】为【无】，单击 ✓【确定】按钮，结果如图 3-12 所示。

（3）在【选项】选项组中，设置【轮廓方位】为【保持法线不变】，单击 ✓【确定】按钮，结果如图 3-13 所示。

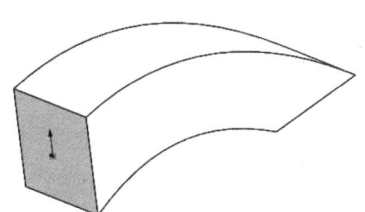 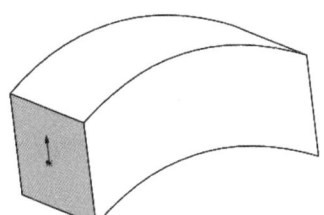

图 3-12 随路径变化的扫描特征　　　图 3-13 保持法线不变的扫描特征

3.4 放样特征

放样特征是在轮廓之间进行过渡的特征，放样的对象可以是基体、凸台、切除或者曲面，可以使用两个或者多个轮廓生成放样特征，但仅第一个或者最后一个对象的轮廓可以是点。

3.4.1 放样特征的属性设置

选择【插入】|【凸台 / 基体】|【放样】命令，弹出【放样】属性管理器，如图 3-14 所示。常用选项介绍如下。

1. 【轮廓】选项组

- 【轮廓】选择框：用来生成放样的轮廓，可以选择草图轮廓、面或者边线。

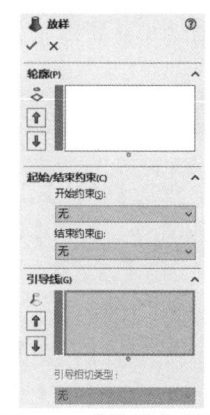

图 3-14 【放样】属性管理器

- 【上移】、【下移】按钮：用来调整轮廓的顺序。

2.【起始/结束约束】选项组

【开始约束】、【结束约束】列表框：应用约束以控制开始和结束轮廓的相切，包括如下选项。

- 【无】选项：不应用相切约束（即曲率为0）。
- 【方向向量】选项：根据所选的方向向量应用相切约束。
- 【垂直于轮廓】选项：应用在垂直于开始或者结束轮廓处的相切约束。

3.【引导线】选项组

（1）【引导线】选择框：选择引导线来控制放样。
（2）【上移】、【下移】按钮：调整引导线的顺序。

3.4.2 操作实例：生成放样特征

通过下列操作步骤，简单练习生成放样特征的方法。

（1）打开【配套数字资源/第3章/基本功能/3.4.2】的实例素材文件。
（2）选择【插入】|【凸台/基体】|【放样】命令，弹出【放样】属性管理器。在【轮廓】选项组中，单击【轮廓】选择框，在绘图区域中分别选择两个草图，如图3-15所示，单击【确定】按钮，结果如图3-16所示。

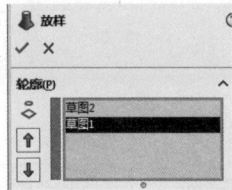

图3-15 【放样】属性管理器

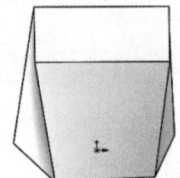

图3-16 生成放样特征

3.5 筋特征

筋特征是在轮廓与现有零件之间沿指定方向和厚度以进行延伸的特征。可以使用单个或者多个草图生成筋特征，也可以使用拔模，或者选择要拔模的参考轮廓生成筋特征。

3.5.1 筋特征的属性设置

单击【特征】工具栏中的【筋】按钮，或者选择【插入】|【特征】|【筋】命令，弹出【筋1】属性管理器，如图3-17所示。常用选项介绍如下。

（1）【厚度】：在草图边缘添加筋的厚度。

- 【第一边】选项：只延伸草图轮廓到草图的一边。
- 【两侧】选项：均匀延伸草图轮廓到草图的两边。
- 【第二边】选项：只延伸草图轮廓到草图的另一边。

（2）【筋厚度】文本框：设置筋的厚度。

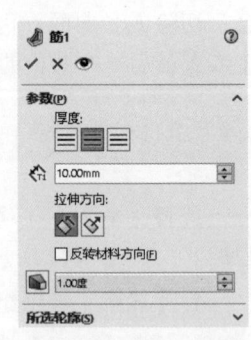

图3-17 【筋1】属性管理器

（3）【拉伸方向】：设置筋的拉伸方向。
- ◇【平行于草图】选项：平行于草图生成筋特征。
- ◇【垂直于草图】选项：垂直于草图生成筋特征。

（4）【反转材料方向】复选框：更改拉伸的方向。

（5）【拔模开/关】文本框：添加拔模特征到筋特征中，可以设置拔模的角度。

3.5.2 操作实例：生成筋特征

通过下列操作步骤，简单练习生成筋特征的方法。

（1）打开【配套数字资源/第 3 章/基本功能/3.5.2】的实例素材文件，单击特征管理器设计树中的【草图2】图标，选择【插入】|【特征】|【筋】命令，弹出【筋8】属性管理器。按图 3-18 进行参数设置，单击 ✓【确定】按钮，结果如图 3-19 所示。

图 3-18 【筋 8】属性管理器（1）

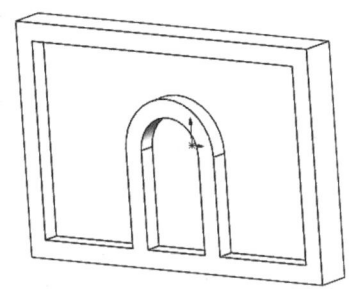

图 3-19 生成筋特征（1）

（2）在【参数】选项组中，按图 3-20 进行参数设置，单击 ✓【确定】按钮，结果如图 3-21 所示。

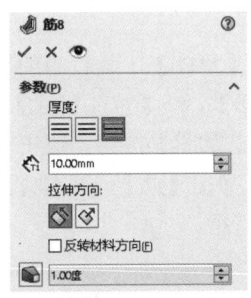

图 3-20 【筋 8】属性管理器（2）

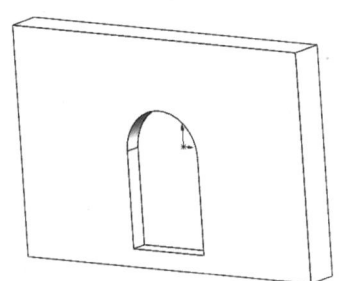

图 3-21 生成筋特征（2）

3.6 操作案例 1：螺丝刀建模实例

操作案例视频

【学习要点】螺丝刀在机械中非常常用，用于拧紧或松开螺丝。本节应用本章前面所介绍的知识完成 1 个螺丝刀的建模，最终效果如图 3-22 所示。

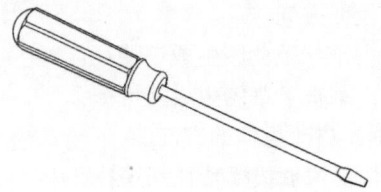

图 3-22　螺丝刀模型

【**案例思路**】把手部分呈六棱形，可以用拉伸特征来实现。其余部分呈轴对称形，可以用旋转特征来实现。前端包含曲线过渡的形状，可以用扫描特征来实现。后端有凸起的形状，可以用圆顶特征来实现。建模大体过程如图 3-23 所示。

【**案例所在位置**】配套数字资源 \ 第 3 章 \ 操作案例 \3.6。

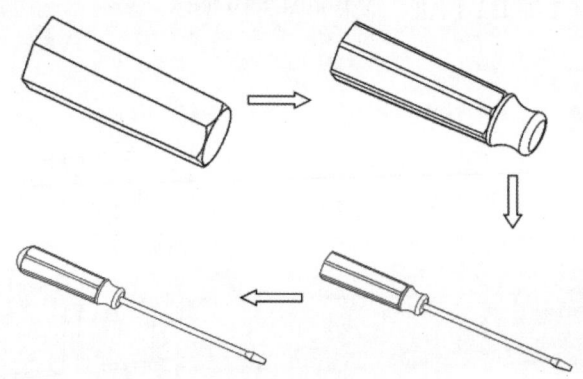

图 3-23　螺丝刀建模大体过程

下面介绍具体步骤。

3.6.1　生成把手部分

（1）右击特征管理器设计树中的【上视基准面】图标，单击【草图】工具栏中的 【草图绘制】按钮，进入草图绘制状态。使用【草图】工具栏中的 【多边形】、 【智能尺寸】工具，绘制如图 3-24 所示的草图并标注尺寸。单击绘图区域右上方的 【退出草图】按钮，退出草图绘制状态。

（2）单击【特征】工具栏中的 【拉伸凸台 / 基体】按钮，弹出【凸台 - 拉伸 1】属性管理器，按图 3-25 进行参数设置，单击 【确定】按钮，生成拉伸凸台特征。

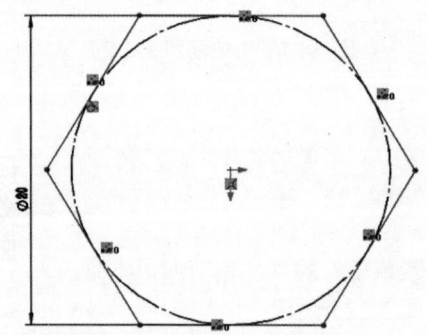

图 3-24　绘制草图并标注尺寸（1）

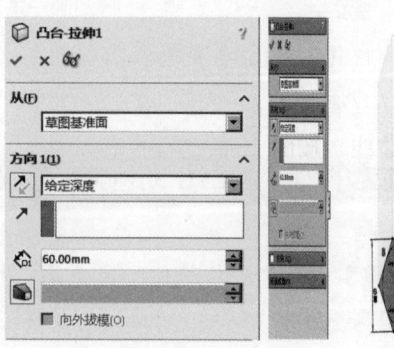

图 3-25　拉伸特征

(3)选择【插入】|【特征】|【拔模】命令,弹出【拔模1】属性管理器,设置如图3-26所示,单击✓【确定】按钮,生成拔模特征。

(4)右击特征管理器设计树中的【前视基准面】图标,单击【草图】工具栏中的【草图绘制】按钮,进入草图绘制状态。使用【草图】工具栏中的【直线】、【智能尺寸】工具,绘制如图3-27所示的草图并标注尺寸。单击【退出草图】按钮,退出草图绘制状态。

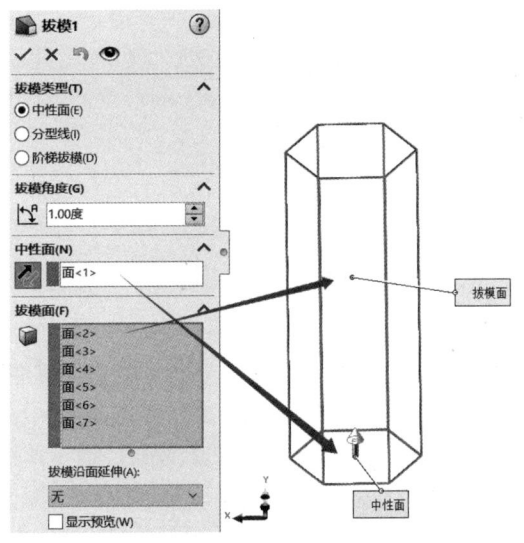
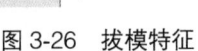
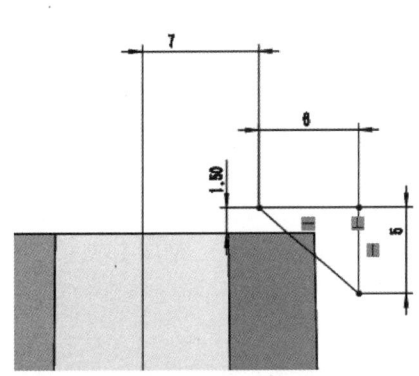

图3-26 拔模特征　　　　　　　　图3-27 绘制草图并标注尺寸(2)

(5)选择【插入】|【参考几何体】|【基准轴】命令,弹出【基准轴1】属性管理器,按图3-28进行参数设置,单击✓【确定】按钮,生成基准轴1。

(6)单击特征树中的【草图2】图标,再单击【特征】工具栏中的【旋转切除】按钮,弹出【切除-旋转1】属性管理器,设置如图3-29所示。

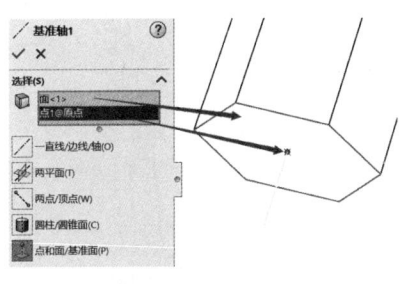
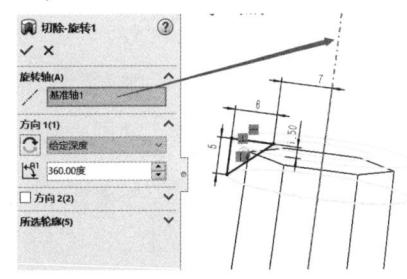

图3-28 生成基准轴　　　　　　　　图3-29 切除旋转特征

(7)单击【特征】工具栏中的【圆角】按钮,弹出【圆角1】属性管理器,依次单击六棱柱外侧的六条边线,按图3-30进行参数设置,单击✓【确定】按钮,生成圆角特征。

 注意

可以在特征管理器设计树上以拖动放置方式来改变特征的顺序。

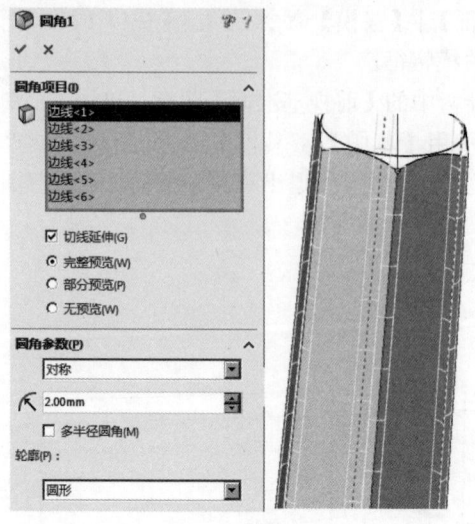

图 3-30　生成圆角特征

（8）右击特征管理器设计树中的【前视基准面】图标，单击【草图】工具栏中的【草图绘制】按钮，进入草图绘制状态。使用【草图】工具栏中的【直线】、【圆心/起/终点画弧】、【智能尺寸】工具，绘制如图 3-31 所示的草图并标注尺寸。单击【退出草图】按钮，退出草图绘制状态。

（9）单击特征树中新建立的草图图标，再单击【特征】工具栏中的【旋转凸台/基体】按钮，弹出【旋转 1】属性管理器，按图 3-32 进行参数设置，单击【确定】按钮，生成旋转特征。

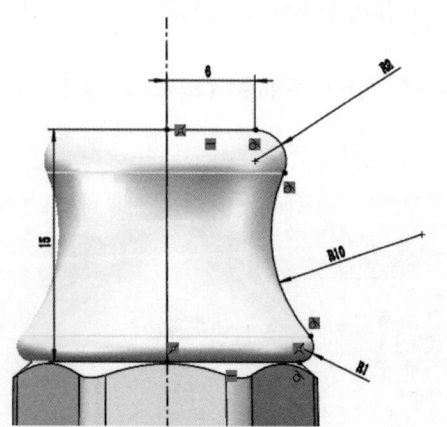

图 3-31　绘制草图并标注尺寸（3）

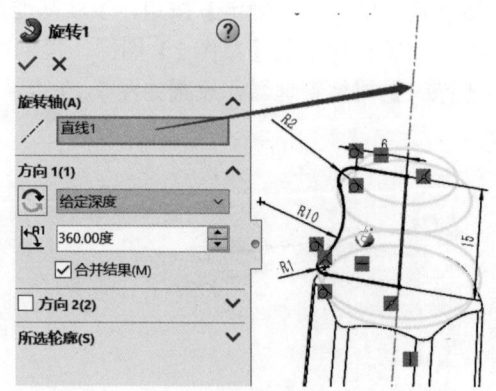

图 3-32　生成旋转特征

3.6.2　生成其余部分

（1）右击旋转特征的上表面，单击【草图】工具栏中的【草图绘制】按钮，进入草图绘制状态。使用【草图】工具栏中的【圆】、【智能尺寸】工具，绘制如图 3-33 所示的草图并标注尺寸。单击【退出草图】按钮，退出草图绘制状态。

（2）单击【特征】工具栏中的【拉伸凸台/基体】按钮，弹出【凸台-拉伸 2】属性管理器，按图 3-34 进行参数设置，单击【确定】按钮，生成拉伸特征。

第 3 章　基于草图的实体建模特征

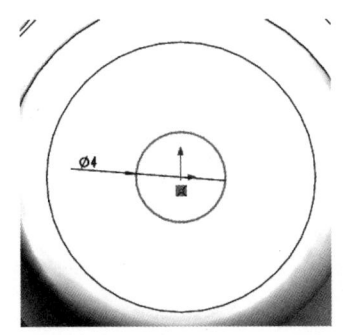

图 3-33　绘制草图并标注尺寸（4）

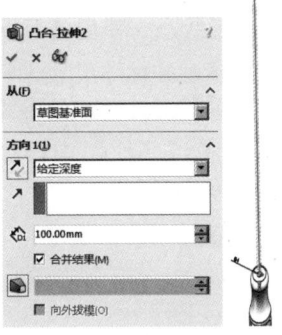

图 3-34　生成拉伸特征

（3）选择【插入】|【参考几何体】|【基准面】命令，弹出【基准面 1】属性管理器，单击刚建立的拉伸特征的上表面，按图 3-35 进行参数设置，在绘图区域显示出新建基准面的预览，单击 ✔【确定】按钮，生成基准面 1。

（4）选择【插入】|【参考几何体】|【基准面】命令，弹出【基准面 2】属性管理器，单击刚建立的拉伸特征的上表面，按图 3-36 进行参数设置，在绘图区域显示出新建基准面的预览，单击 ✔【确定】按钮，生成基准面 2。

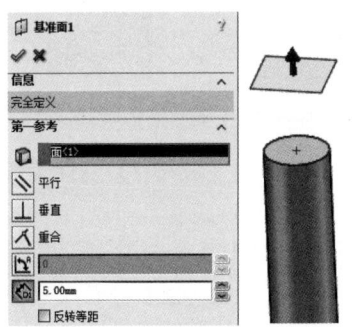

图 3-35　生成基准面 1

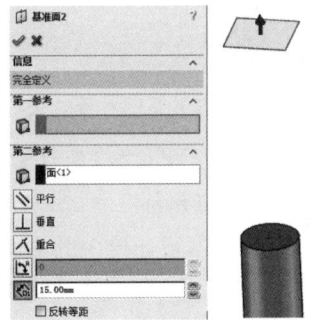

图 3-36　生成基准面 2

（5）右击特征管理器设计树中的【基准面 1】图标，单击【草图】工具栏中的【草图绘制】按钮，进入草图绘制状态。使用【草图】工具栏中的【中心矩形】、【智能尺寸】工具，绘制如图 3-37 所示的草图并标注尺寸。单击【退出草图】按钮，退出草图绘制状态。

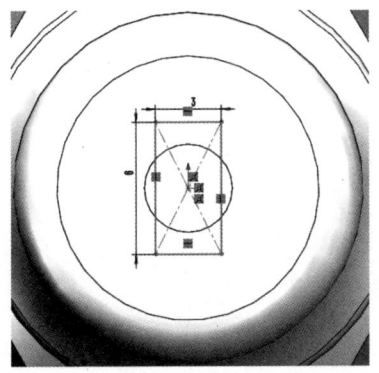

图 3-37　绘制草图并标注尺寸（5）

59

（6）右击特征管理器设计树中的【基准面2】图标，单击【草图】工具栏中的 ▭【草图绘制】按钮，进入草图绘制状态。使用【草图】工具栏中的 ▭【中心矩形】、✎【智能尺寸】按钮，绘制如图3-38所示的草图并标注尺寸。单击 ⤶【退出草图】按钮，退出草图绘制状态。

（7）单击【草图】工具栏中的 ⬚【三维草图】按钮，进入草图绘制状态。使用【草图】工具栏中的 ╱【直线】、✎【智能尺寸】工具，绘制如图3-39所示的草图并标注尺寸。单击 ⤶【退出草图】按钮，退出草图绘制状态。

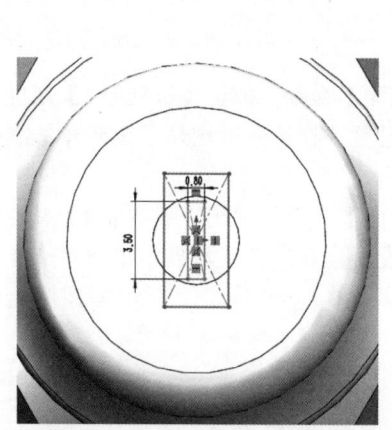

图3-38　绘制草图并标注尺寸（6）

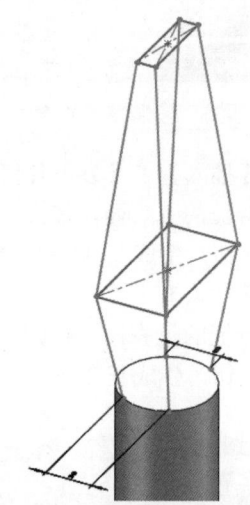

图3-39　绘制草图并标注尺寸（7）

（8）选择【插入】|【凸台/基体】|【放样】命令，弹出【放样1】属性管理器。按图3-40进行参数设置，生成放样特征。

（9）右击特征管理器设计树中的【前视基准面】图标，单击【草图】工具栏中的【草图绘制】按钮，进入草图绘制状态。使用【草图】工具栏中的 ╱【直线】、✎【智能尺寸】工具，绘制如图3-41所示的草图并标注尺寸。单击 ⤶【退出草图】按钮，退出草图绘制状态。

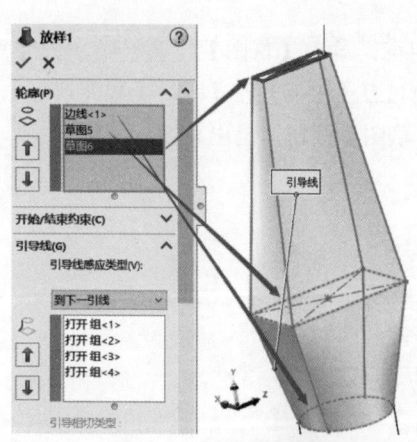

图3-40　生成放样特征

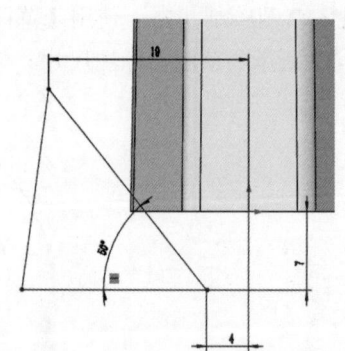

图3-41　绘制草图并标注尺寸（8）

（10）单击【特征】工具栏中的 ▥【旋转切除】按钮，弹出【切除-旋转2】属性管理器，按图3-42进行参数设置，单击 ✓【确定】按钮，生成旋转切除特征。

（11）单击模型的下表面，使其处于被选择状态。选择【插入】|【特征】|【圆顶】命令，弹出【圆顶1】属性管理器，按图3-43进行参数设置，单击 ✓【确定】按钮，生成圆顶特征。至此，螺丝刀模型制作完成。

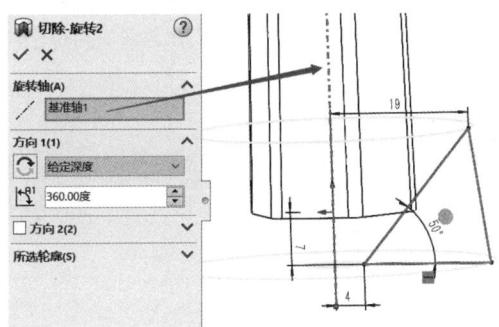

图 3-42　切除旋转特征

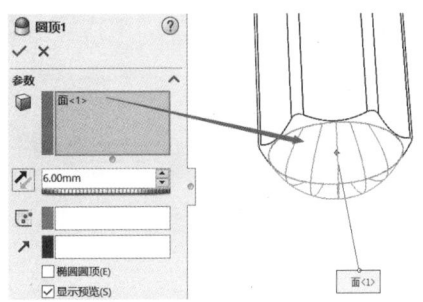

图 3-43　生成圆顶特征

3.7 操作案例2：蜗杆建模实例

【学习要点】蜗杆是一种传动元件，主要用于将旋转运动转换为直线运动，或将直线运动转换为旋转运动。它通常与蜗轮配合使用，实现减速增矩，提高扭矩输出，广泛应用于需要精细调整或大减速比的机械装置中。本节应用本章所前面介绍的知识完成蜗杆的建模，最终效果如图3-44所示。

【案例思路】基础部分呈轴对称形，可以用旋转特征来实现。蜗杆齿呈螺旋形，可以用扫描切除特征来实现。键槽是去除材料，可以用拉伸切除特征来实现。建模大体过程如图3-45所示。

【案例所在位置】配套数字资源\第3章\操作案例\3.7。

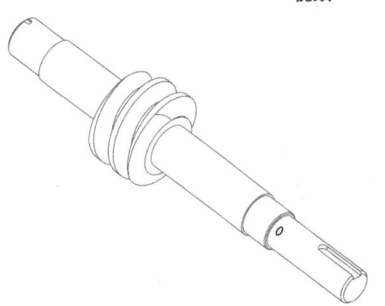

图 3-44　蜗杆模型

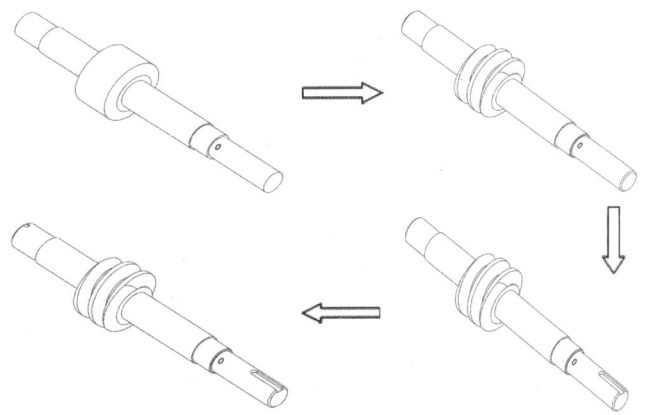

图 3-45　蜗杆建模大致过程

下面将介绍具体步骤。

3.7.1 生成基础部分

（1）右击特征管理器设计树中的【前视基准面】图标，单击【草图】工具栏中的 【草图绘制】按钮，进入草图绘制状态。使用【草图】工具栏中的 【直线】、 【中心线】、 【智能尺寸】工具，绘制如图 3-46 所示的草图并标注尺寸。单击 【退出草图】按钮，退出草图绘制状态。

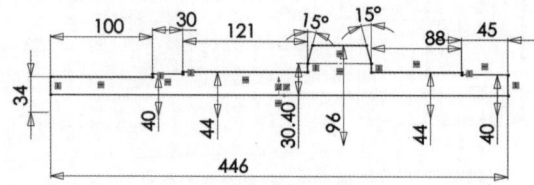

图 3-46　绘制草图并标注尺寸（1）

（2）单击【特征】工具栏中的 【旋转凸台/基体】按钮，弹出【旋转1】属性管理器，按图 3-47 进行参数设置，单击 【确定】按钮，生成旋转特征。

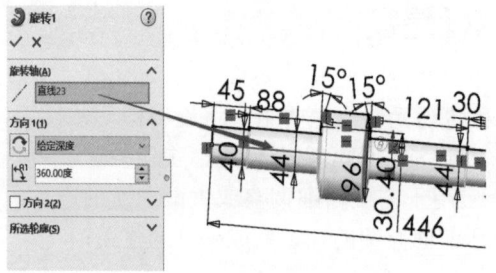

图 3-47　生成旋转特征

（3）右击图 3-48 所指的面，单击【草图】工具栏中的 【草图绘制】按钮，进入草图绘制状态。使用【草图】工具栏中的 【圆】、 【智能尺寸】工具，绘制如图 3-48 所示的草图并标注尺寸。单击 【退出草图】按钮，退出草图绘制状态。

（4）选择【插入】|【曲线】|【螺旋线/涡状线】命令，弹出【螺旋线1】属性管理器，按图 3-49 进行参数设置。

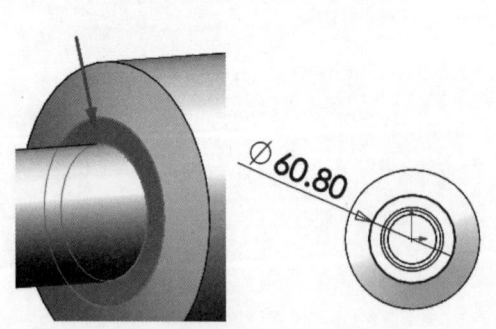

图 3-48　绘制草图并标注尺寸（2）

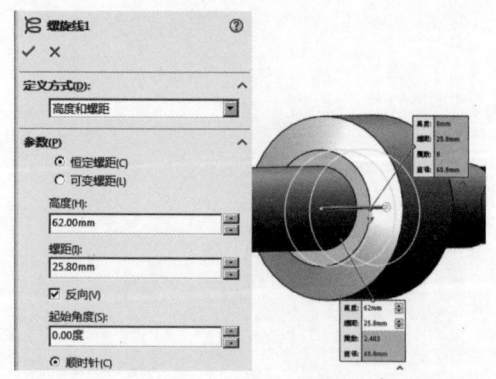

图 3-49　建立螺旋线

（5）右击特征管理器设计树中的【上视基准面】图标，单击【草图】工具栏中的 【草图绘制】按钮，进入草图绘制状态。使用【草图】工具栏中的【直线】、【中心线】、【智能尺寸】工具，绘制如图3-50所示的草图并标注尺寸。单击【退出草图】按钮，退出草图绘制状态。

（6）选择【插入】|【切除】|【扫描】命令，弹出【扫描切除1】属性管理器，按图3-51进行参数设置，单击【确定】按钮。

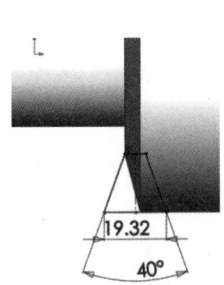

图 3-50 绘制草图并标注尺寸（3）

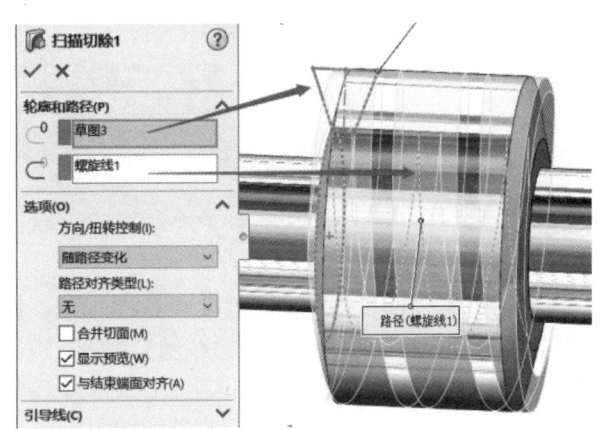

图 3-51 扫描切除特征

3.7.2 生成辅助部分

（1）选择【插入】|【注解】|【装饰螺纹线】命令，弹出【装饰螺纹线】属性管理器。在绘图区域中单击蜗杆端部的圆边线，【装饰螺纹线】属性管理器的设置如图3-52所示，单击【确定】按钮，完成装饰螺纹线特征的建立。

（2）再次选择【插入】|【注解】|【装饰螺纹线】命令，弹出【装饰螺纹线】属性管理器。在绘图区域中单击蜗杆中部端面的圆曲线，【装饰螺纹线】属性管理器的设置如图3-53所示，单击【确定】按钮，完成装饰螺纹线特征的建立。

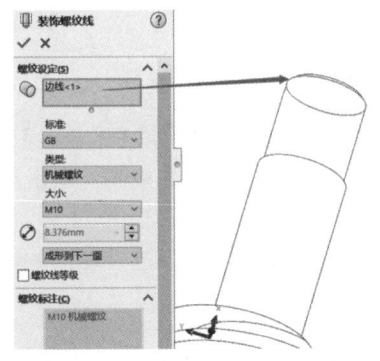

图 3-52 生成装饰螺纹线（1）

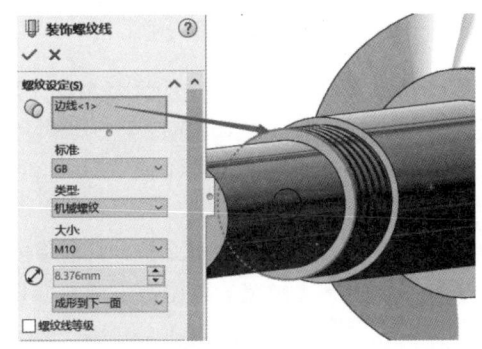

图 3-53 生成装饰螺纹线（2）

（3）选择【插入】|【特征】|【倒角】命令，弹出【倒角1】属性管理器，按图3-54进行参数设置，单击【确定】按钮，生成倒角特征。

（4）选择【插入】|【特征】|【倒角】命令，弹出【倒角2】属性管理器，按图3-55进行参数设置，单击【确定】按钮，生成倒角特征。

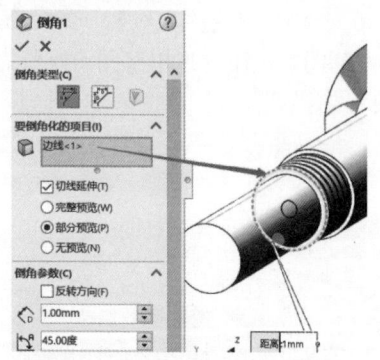
图 3-54 生成倒角特征（1）

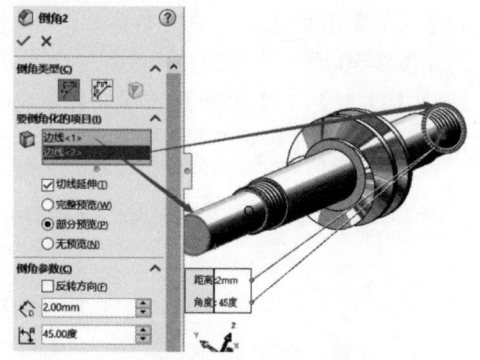
图 3-55 生成倒角特征（2）

（5）右击特征管理器设计树中的【前视基准面】图标，单击【草图】工具栏中的【草图绘制】按钮，进入草图绘制状态。使用【草图】工具栏中的【点】、【智能尺寸】工具，绘制如图 3-56 所示的草图并标注尺寸。单击【退出草图】按钮，退出草图绘制状态。

（6）单击特征管理器设计树中的【上视基准面】图标，选择【插入】|【参考几何体】|【基准面】命令，弹出【基准面 1】属性管理器，按图 3-57 进行参数设置并标注尺寸，在绘图区域中显示出新建基准面的预览，单击【确定】按钮，生成基准面 1。

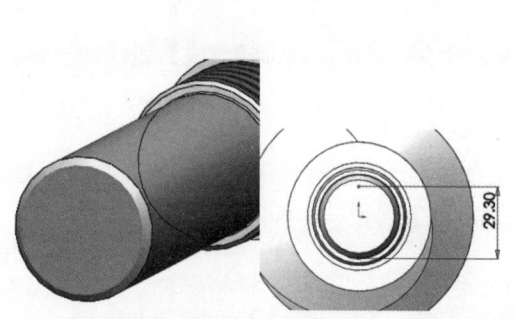
图 3-56 绘制草图并标注尺寸（1）

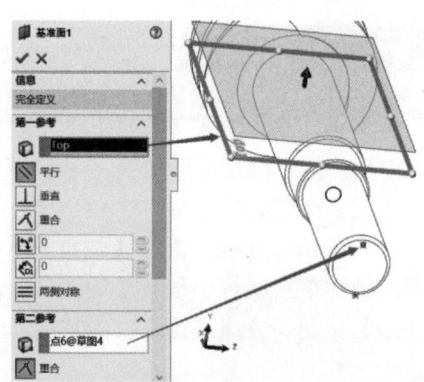
图 3-57 生成基准面 1

（7）右击特征管理器设计树中的【基准面 1】图标，单击【草图】工具栏中的【草图绘制】按钮，进入草图绘制状态。使用【草图】工具栏中的【直线】、【圆弧】、【中心线】、【智能尺寸】工具，绘制如图 3-58 所示的草图并标注尺寸。单击【退出草图】按钮，退出草图绘制状态。

（8）单击【特征】工具栏中的【拉伸切除】按钮，弹出【切除-拉伸 1】属性管理器，按图 3-59 进行参数设置，单击【确定】按钮，生成拉伸切除特征。

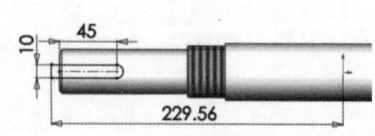
图 3-58 绘制草图并标注尺寸（2）

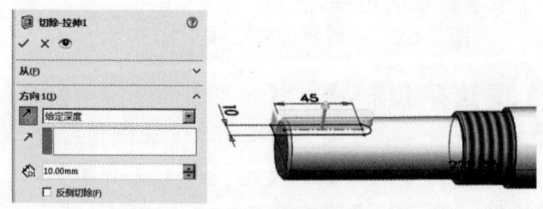
图 3-59 生成拉伸切除特征（1）

(9)右击模型的端面,单击【草图】工具栏中的 【草图绘制】按钮,进入草图绘制状态。使用【草图】工具栏中的 【点】、 【智能尺寸】工具,绘制如图 3-60 所示的草图并标注尺寸。单击 【退出草图】按钮,退出草图绘制状态。

(10)选择【插入】|【参考几何体】|【基准面】命令,按图 3-61 进行参数设置,在绘图区域中显示出新建基准面的预览,单击 【确定】按钮,生成基准面 2。

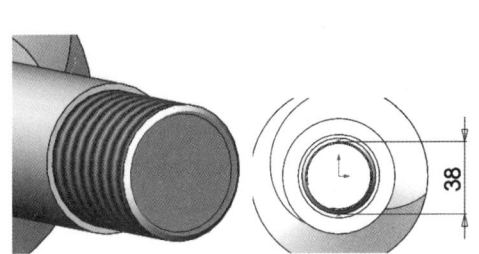

图 3-60 绘制草图并标注尺寸(3)

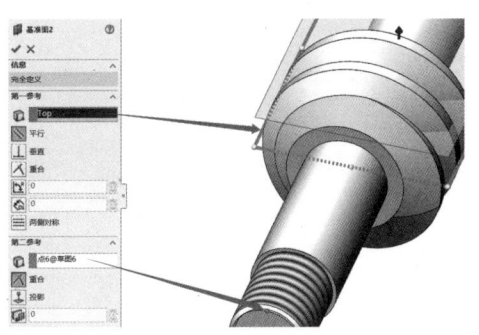

图 3-61 生成基准面 2

(11)右击特征管理器设计树中的【基准面 2】图标,单击【草图】工具栏中的 【草图绘制】按钮,进入草图绘制状态。使用【草图】工具栏中的 【直线】、 【圆弧】、 【中心线】、 【智能尺寸】工具,绘制如图 3-62 所示的草图并标注尺寸。单击 【退出草图】按钮,退出草图绘制状态。

(12)单击【特征】工具栏中的 【拉伸切除】按钮,弹出【切除-拉伸 2】属性管理器,按图 3-63 所示参数设置,单击 【确定】按钮,生成拉伸切除特征。至此,蜗杆模型制作完成。

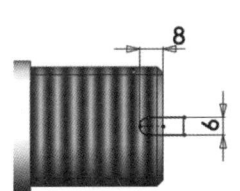

图 3-62 绘制草图并标注尺寸(4)

图 3-63 生成拉伸切除特征(2)

3.8 本章小结

本章介绍了实体建模的常用命令,包括拉伸凸台/基体特征、旋转凸台/基体特征、扫描特征和放样特征,建立这些特征时都需要先建立草图。最后,本章以机械中常用的螺丝刀和蜗杆为例,介绍了三维建模的过程。

3.9 知识巩固

利用附赠数字资源中的尺寸信息建立三维模型,如图 3-64 所示。

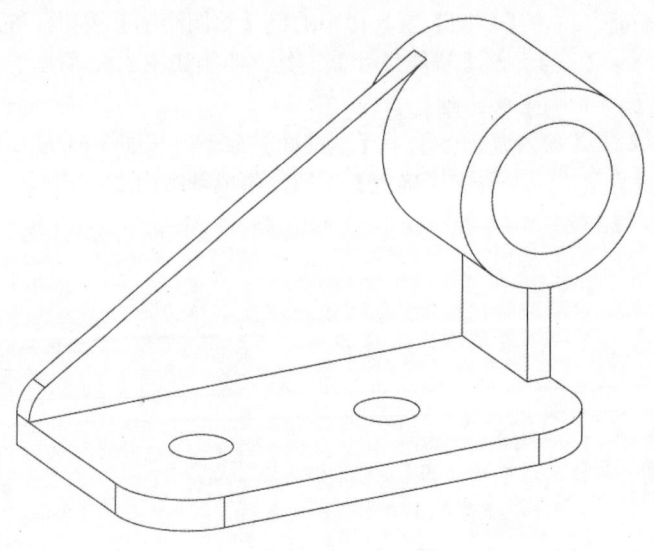

图 3-64　模型示意图

【习题知识要点】使用拉伸命令生成底板,使用旋转命令生成上方的圆筒,使用筋命令生成两侧的加强筋,使用切除命令生成底板的两个孔。

【素材所在位置】配套数字资源 \ 第 3 章 \ 知识巩固 \。

第 4 章
直接实体建模特征

Chapter 4

本章介绍

在 SOLIDWORKS 实体建模中,不需要草图,可直接对实体进行编辑的特征有哪些?在 SOLIDWORKS 中,如何使用圆角特征和倒角特征来改善模型外观?抽壳特征在 SOLIDWORKS 实体建模中有什么作用?"特征阵列"和"镜向"命令如何提高 SOLIDWORKS 实体建模效率?

本章介绍的特征是 SOLIDWORKS 实体建模的第二类特征,即在现有特征的基础上进行二次编辑的特征。第二类特征都不需要草图,可以直接对实体进行编辑操作。本章的内容包括圆角特征、倒角特征、抽壳特征、特征阵列、镜向(SOLIDWORKS 中使用"镜向",所以本书正文中均使用"镜向")特征和实体建模实例。

重点与难点

- 圆角特征与倒角特征
- 抽壳特征与阵列特征
- 镜向特征

思维导图

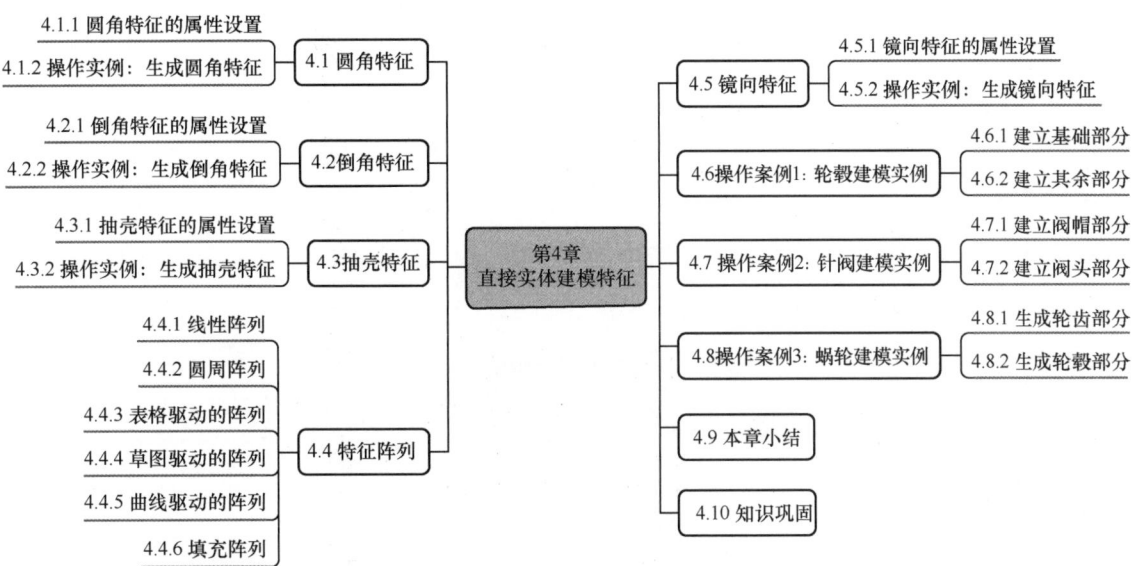

4.1 圆角特征

圆角特征是在零件上生成内圆角面或者外圆角面的一种特征，可以在一个面的所有边线、所选的多组面、所选的边线或者边线环上生成圆角。

4.1.1 圆角特征的属性设置

单击【特征】工具栏中的【圆角】按钮，或者选择【插入】|【特征】|【圆角】命令，弹出【圆角】属性管理器，如图 4-1 所示。常用选项介绍如下。

(1)【要圆角化的项目】选项组。
- 【边线、面、特征和环】选择框：在绘图区域选择要进行圆角处理的实体。
- 【切线延伸】复选框：将圆角延伸到所有与所选面相切的面。
- 【完整预览】单选项：显示所有边线的圆角预览。
- 【部分预览】单选项：只显示一条边线的圆角预览。
- 【无预览】单选项：可以缩短复杂模型的重建时间。

(2)【圆角参数】选项组。
- 【半径】文本框：设置圆角的半径。
- 【多半径圆角】复选框：以不同边线的半径生成圆角。

4.1.2 操作实例：生成圆角特征

通过下列操作步骤，简单练习生成圆角特征的方法。

(1) 打开【配套数字资源 / 第 4 章 / 基本功能 /4.1.2】的实例素材文件，选择【插入】|【特征】|【圆角】命令，弹出【圆角】属性管理器。单击模型上表面的 4 条边线，按图 4-2 进行参数设置，单击【确定】按钮，生成等半径圆角特征，如图 4-3 所示。

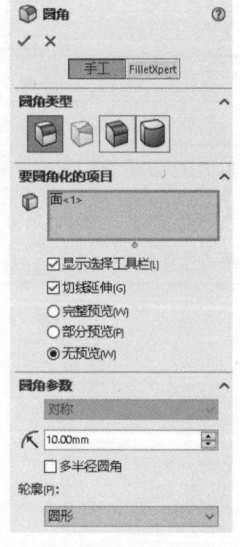
图 4-1 【圆角】属性管理器

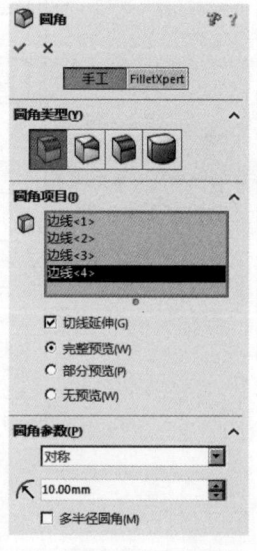
图 4-2 设置等半径圆角特征

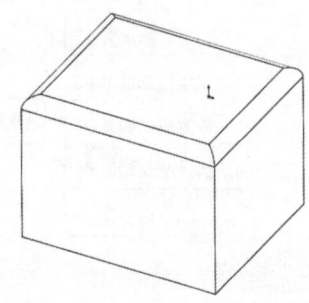
图 4-3 生成等半径圆角特征

（2）在【圆角类型】选项组中单击 【变半径】按钮。在【圆角项目】选项组中单击 【边线、面、特征和环】选择框，在绘图区域选择模型正面的一条边线，按图4-4进行参数设置，单击 【确定】按钮，生成变半径圆角特征，如图4-5所示。

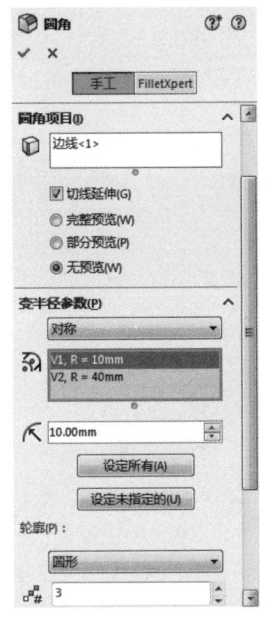
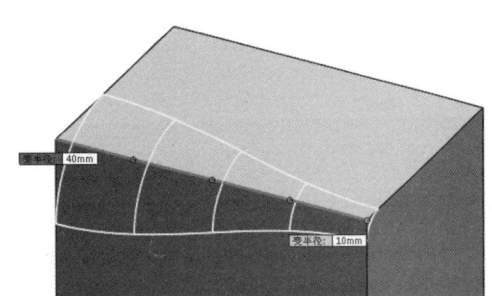

图4-4　设置变半径圆角特征　　　　图4-5　生成变半径圆角特征

4.2　倒角特征

倒角特征是在所选边线、面或者顶点上生成倾斜的特征。

4.2.1　倒角特征的属性设置

选择【插入】|【特征】|【倒角】命令，弹出【倒角】属性管理器，如图4-6所示。常用选项介绍如下。

- 【角度距离】选项：通过设置角度和距离来生成倒角。
- 【距离-距离】选项：通过设置两个面的距离来生成倒角。
- 【顶点】选项：通过设置顶点来生成倒角。
- 【等距面】选项：通过偏移选定边线旁边的面来等距倒角。
- 【面-面】选项：创建对称、非对称、包络控制线和弦宽度的倒角。

4.2.2　操作实例：生成倒角特征

通过下列操作步骤，简单练习生成倒角特征的方法。

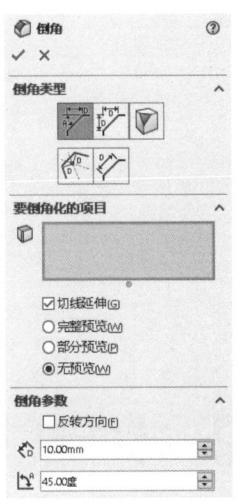

图4-6　【倒角】属性管理器

（1）打开【配套数字资源 / 第 4 章 / 基本功能 /4.2.2】的实例素材文件，选择【插入】|【特征】|【倒角】命令，弹出【倒角2】属性管理器，单击模型的一条边线，按图 4-7 进行参数设置，单击 ✓【确定】按钮，生成不保持特征的倒角特征，如图 4-8 所示。

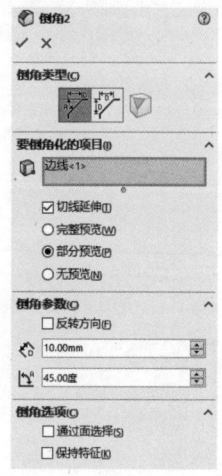
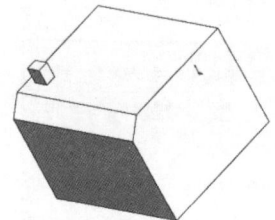

图 4-7 【倒角 2】属性管理器的设置　　　　图 4-8 生成不保持特征的倒角特征

（2）在【倒角选项】选项组中，勾选【保持特征】复选框，单击 ✓【确定】按钮，生成保持特征的倒角特征，如图 4-9 所示。

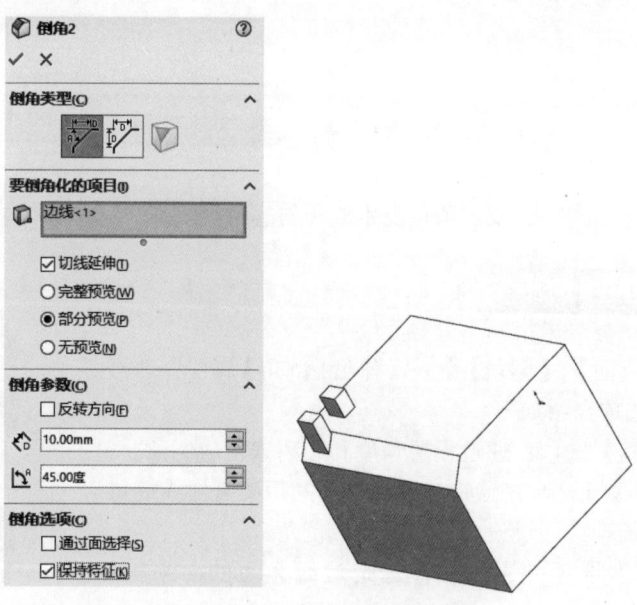

图 4-9 生成保持特征的倒角特征

4.3 抽壳特征

抽壳特征可以掏空零件，使所选择的面敞开，在其他面上生成薄壁的特征。

4.3.1 抽壳特征的属性设置

单击【特征】工具栏中的 【抽壳】按钮，或者选择【插入】|
【特征】|【抽壳】命令，弹出如图 4-10 所示的【抽壳 1】属性管理器。常用选项介绍如下。

- 【厚度】文本框：设置保留面的厚度。
- 【移除的面】选择框：在绘图区域可以选择一个或者多个面。
- 【壳厚朝外】复选框：增加模型的外部尺寸。
- 【显示预览】复选框：显示抽壳特征的预览。

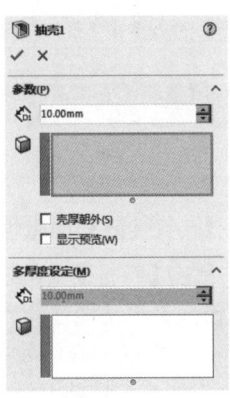

图 4-10 【抽壳 1】属性管理器

4.3.2 操作实例：生成抽壳特征

通过下列操作步骤，简单练习生成抽壳特征的方法。

（1）打开【配套数字资源 / 第 4 章 / 基本功能 /4.3.2】的实例素材文件，选择【插入】|【特征】|
【抽壳】命令，弹出【抽壳 1】属性管理器。在绘图区域中选择模型的上表面，按图 4-11 进行参数设置，单击 【确定】按钮，生成抽壳特征，如图 4-12 所示。

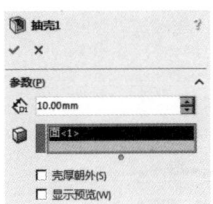

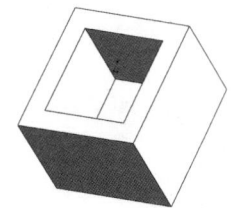

图 4-11 【抽壳 1】属性管理器的设置　　　　图 4-12 生成抽壳特征

（2）在【多厚度设定】选项组中单击 【多厚度面】选择框，选择模型的前侧面和右侧面，按图 4-13 进行参数设置，单击 【确定】按钮，生成多厚度抽壳特征，如图 4-14 所示。

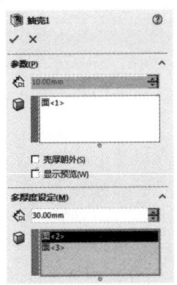

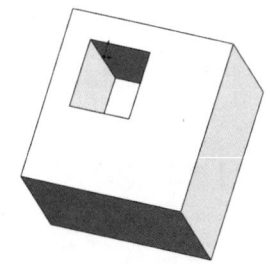

图 4-13 设置多厚度抽壳特征　　　　图 4-14 生成多厚度抽壳特征

4.4 特征阵列

特征阵列包括线性阵列、圆周阵列、表格驱动的阵列、草图驱动的阵列和曲线驱动的阵列等。

选择【插入】|【阵列/镜向】命令，弹出特征阵列的菜单，如图 4-15 所示。

4.4.1 线性阵列

线性阵列用于在一个或者几个方向上生成多个指定的源特征。

1. 线性阵列的属性设置

单击【特征】工具栏中的【线性阵列】按钮，或者选择【插入】|【阵列/镜向】|【线性阵列】命令，弹出【线性阵列】属性管理器，如图 4-16 所示。常用选项介绍如下。

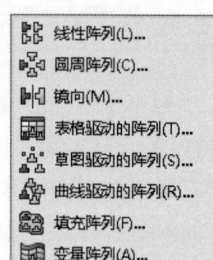

图 4-15 特征阵列的菜单

- 【阵列方向】选择框：设置阵列方向，可以选择线性边线、直线或者轴。
- 【间距】文本框：设置阵列实例之间的间距。
- 【实例数】文本框：设置阵列实例的数量。

2. 操作实例：生成线性阵列

通过下列操作步骤，简单练习生成线性阵列的方法。

（1）打开【配套数字资源/第 4 章/基本功能/4.4.1】的实例素材文件，单击特征管理器设计树中的【凸台-拉伸 2】图标，使之处于被选择的状态。

（2）单击【特征】工具栏中的【线性阵列】按钮，或者选择【插入】|【阵列/镜向】|【线性阵列】命令，弹出【阵列（线性）1】属性管理器。按图 4-17 进行参数设置，单击【确定】按钮，生成线性阵列。

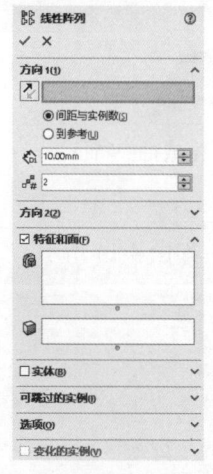

图 4-16 【线性阵列】属性管理器　　　　图 4-17 生成线性阵列

4.4.2 圆周阵列

圆周阵列用于将源特征围绕指定的轴线复制以生成多个特征。

1. 特征圆周阵列的属性设置

单击【特征】工具栏中的【圆周阵列】按钮，选择【插入】|【阵列/镜向】|【圆周阵列】命令，弹出【阵列（圆周）1】属性管理器，如图 4-18 所示。常用选项介绍如下。

- 【阵列轴】选择框：在绘图区域选择轴或者模型边线，作为生成圆周阵列的轴。

- 【等间距】单选项：自动设置总角度为360°。
- 【角度】文本框：设置每个实例之间的角度。
- 【实例数】文本框：设置源特征的实例数。

2. 操作实例：生成圆周阵列

通过下列操作步骤，简单练习生成圆周阵列的方法。

（1）打开【配套数字资源/第4章/基本功能/4.4.2】的实例素材文件，单击特征管理器设计树中的【凸台-拉伸2】图标，使之处于被选择的状态。

（2）单击【特征】工具栏中的【圆周阵列】按钮，或者选择【插入】|【阵列/镜向】|【圆周阵列】命令，弹出【阵列（圆周）1】属性管理器。按图4-19进行参数设置，单击【确定】按钮，生成圆周阵列。

图4-18 【阵列（圆周）1】属性管理器

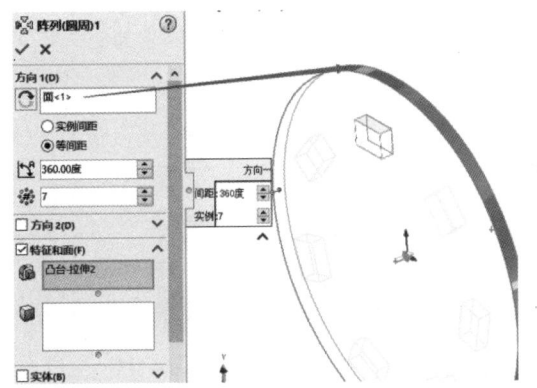

图4-19 生成圆周阵列

4.4.3 表格驱动的阵列

表格驱动的阵列可以使用 *x* 轴、*y* 轴坐标对指定的源特征进行阵列。使用 *x* 轴、*y* 轴坐标的孔阵列是表格驱动的阵列的常见应用。

1. 表格驱动的阵列的属性设置

选择【插入】|【阵列/镜向】|【表格驱动的阵列】命令，弹出【由表格驱动的阵列】对话框，如图4-20所示。常用选项介绍如下。

（1）【读取文件】栏：输入含 *x* 轴、*y* 轴坐标的阵列表或者文字文件。

（2）【参考点】栏：指定在放置阵列实例时 *x* 轴、*y* 轴坐标所适用的点。

- 【所选点】单选项：将参考点设置为所选顶点或者草图点。
- 【重心】单选项：将参考点设置为源特征的重心。

（3）【坐标系】选择框：设置用来生成表格驱动的阵列的坐标系。

（4）【要复制的实体】选择框：根据多实体零件生成阵列。

（5）【要复制的特征】选择框：根据特征生成阵列，可以选择多个特征。

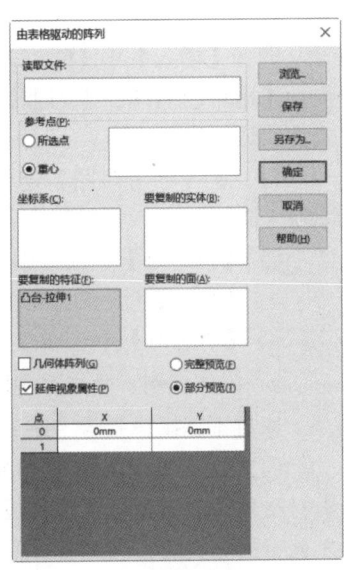

图4-20 【由表格驱动的阵列】对话框

（6）【要复制的面】选择框：根据构成特征的面生成阵列，可以选择绘图区域的所有面。

2. 操作实例：生成表格驱动的阵列

通过下列操作步骤，简单练习生成表格驱动的阵列的方法。

（1）打开【配套数字资源/第4章/基本功能/4.4.3】的实例素材文件，单击特征管理器设计树中的【凸台-拉伸2】图标，使之处于被选择的状态。

（2）选择【插入】|【阵列/镜向】|【表格驱动的阵列】命令，弹出【由表格驱动的阵列】对话框。按图4-21进行参数设置，单击【确定】按钮，生成表格驱动的阵列。

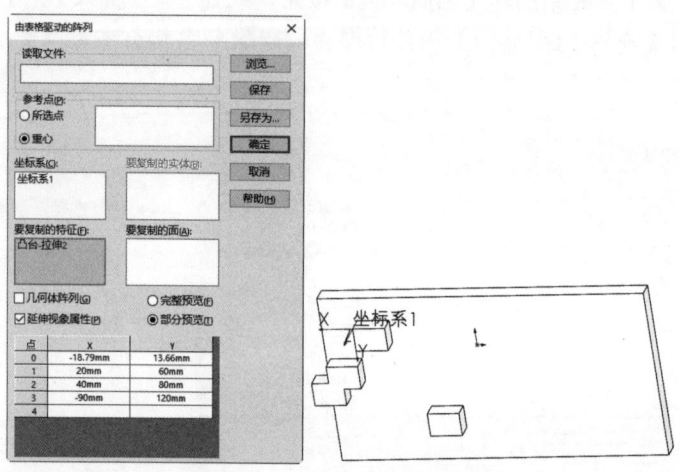

图4-21　生成表格驱动的阵列

4.4.4　草图驱动的阵列

草图驱动的阵列是通过草图中的特征点复制源特征的一种阵列方式。

1. 草图驱动的阵列的属性设置

选择【插入】|【阵列/镜向】|【草图驱动的阵列】命令，弹出【由草图驱动的阵列】属性管理器，如图4-22所示。常用选项介绍如下。

（1）【参考草图】选择框：在特征管理器设计树中选择草图用于阵列。

（2）【参考点】选项：进行阵列时所需的特征点。
- 【重心】单选项：根据源特征的类型决定重心。
- 【所选点】单选项：在绘图区域选择1个点作为特征点。

2. 操作实例：生成草图驱动的阵列

通过下列操作步骤，简单练习生成草图驱动的阵列的方法。

（1）打开【配套数字资源/第4章/基本功能/4.4.4】的实例素材文件，单击特征管理器设计树中的【凸台-拉伸2】图标，使之处于被选择的状态。

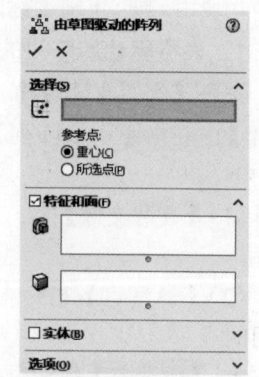

图4-22　【由草图驱动的阵列】属性管理器

（2）选择【插入】|【阵列/镜向】|【草图驱动的阵列】命令，弹出【由草图驱动的阵列】属性管理器。按图4-23进行参数设置，单击 ✓【确定】按钮，生成草图驱动的阵列。

第 4 章　直接实体建模特征

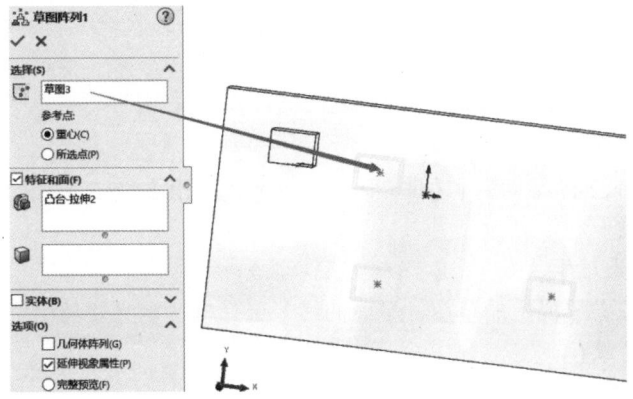

图 4-23　生成草图驱动的阵列

4.4.5　曲线驱动的阵列

曲线驱动的阵列是通过草图中的平面或者三维曲线复制源特征的一种阵列方式。

1. 曲线驱动的阵列的属性设置

选择【插入】|【阵列/镜向】|【曲线驱动的阵列】命令，弹出【曲线驱动的阵列】属性管理器，如图 4-24 所示。常用选项介绍如下。

（1）【阵列方向】选择框：选择曲线、边线、草图实体。
（2）【实例数】文本框：设置阵列中源特征的实例数。
（3）【等间距】复选框：使每个阵列实例之间的距离相等。
（4）【间距】文本框：设置沿曲线的阵列实例之间的距离。

2. 操作实例：生成曲线驱动的阵列

通过下列操作步骤，简单练习生成曲线驱动的阵列的方法。

（1）打开【配套数字资源/第 4 章/基本功能/4.4.5】的实例素材文件。单击特征管理器设计树中的【凸台-拉伸2】图标，使之处于被选择的状态。

（2）选择【插入】|【阵列/镜向】|【曲线驱动的阵列】命令，弹出【曲线驱动的阵列】属性管理器。按图 4-25 进行参数设置，单击【确定】按钮，生成曲线驱动的阵列。

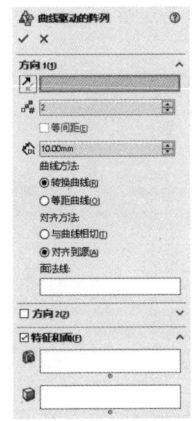

图 4-24　【曲线驱动的阵列】属性管理器

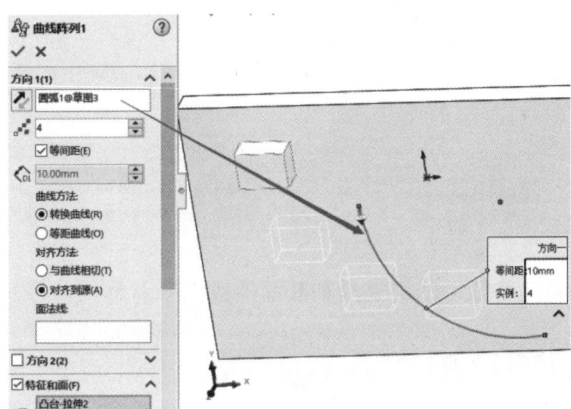

图 4-25　生成曲线驱动的阵列

4.4.6 填充阵列

填充阵列是在限定的实体平面或者草图区域内进行阵列复制的阵列。

1. 填充阵列的属性设置

选择【插入】|【阵列/镜向】|【填充阵列】命令，弹出【填充阵列】属性管理器，如图 4-26 所示。常用选项介绍如下。

(1)【填充边界】选项组。

- 【选择面或共平面上的草图、平面曲线】选择框：定义要使用阵列填充的区域。

(2)【阵列布局】选项组。

- 【穿孔】选项：为钣金穿孔式阵列生成网格。
- 【实例间距】文本框：设置实例中心之间的距离。
- 【交错断续角度】文本框：设置各实例行之间的交错断续角度。
- 【边距】文本框：设置填充边界与最远端实例之间的边距。
- 【阵列方向】文本框：设置参考方向。

图 4-26 【填充阵列】属性管理器

2. 操作实例：生成填充阵列

通过下列操作步骤，简单练习生成填充阵列的方法。

(1) 打开【配套数字资源/第 4 章/基本功能/4.4.6】的实例素材文件。

(2) 选择【插入】|【阵列/镜向】|【填充阵列】命令，弹出【填充阵列 1】属性管理器。按图 4-27 进行参数设置，单击 ✓【确定】按钮，生成填充阵列。

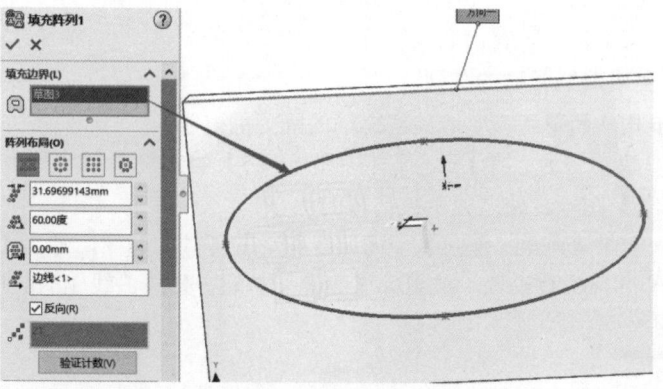

图 4-27 生成填充阵列

4.5 镜向特征

镜向特征可以用来沿基准面生成一个对称的特征。

4.5.1 镜向特征的属性设置

单击【特征】工具栏中的【镜向】按钮，或者选择【插入】|【阵列/镜向】|【镜向】命令，

弹出【镜向】属性管理器,如图 4-28 所示。常用选项介绍如下。
(1)【镜向面/基准面】选项组:在绘图区域中选择 1 个面或基准面作为镜向面。
(2)【要镜向的特征】选项组:单击模型中 1 个或者多个特征。
(3)【要镜向的面】选项组:在绘图区域中单击要镜向的特征的面。

4.5.2 操作实例:生成镜向特征

通过下列操作步骤,简单练习生成镜向特征的方法。
(1)打开【配套数字资源/第 4 章/基本功能/4.5.2】的实例素材文件,单击特征管理器设计树中的【切除-拉伸 1】图标,使之处于被选择的状态。
(2)单击【特征】工具栏中的 【镜向】按钮,或者选择【插入】|【阵列/镜向】|【镜向】命令,弹出【镜向 1】属性管理器。按图 4-29 进行参数设置,单击 【确定】按钮,生成镜向特征。

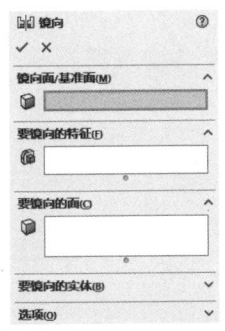 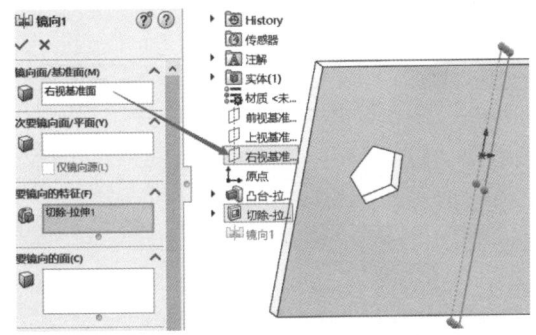

图 4-28 【镜向】属性管理器　　　　图 4-29 生成镜向特征

4.6 操作案例 1:轮毂建模实例

操作案例
视频

【学习要点】汽车轮毂用于支撑轮胎,连接车辆与地面,承受载荷,保证车辆行驶稳定,并提供转向和制动功能。本节应用本章前面所介绍的知识完成轮毂三维模型的建立,最终效果如图 4-30 所示。

图 4-30 轮毂三维模型

【案例思路】基体呈轴对称形,可以用旋转特征来实现。减重孔是对称分布的,可以用特征圆周阵列来实现。外缘部分具有浮雕的特点，可以用包覆特征来实现。建模大体过程如图 4-31 所示。

【案例所在位置】配套数字资源 \ 第 4 章 \ 操作案例 \4.6。

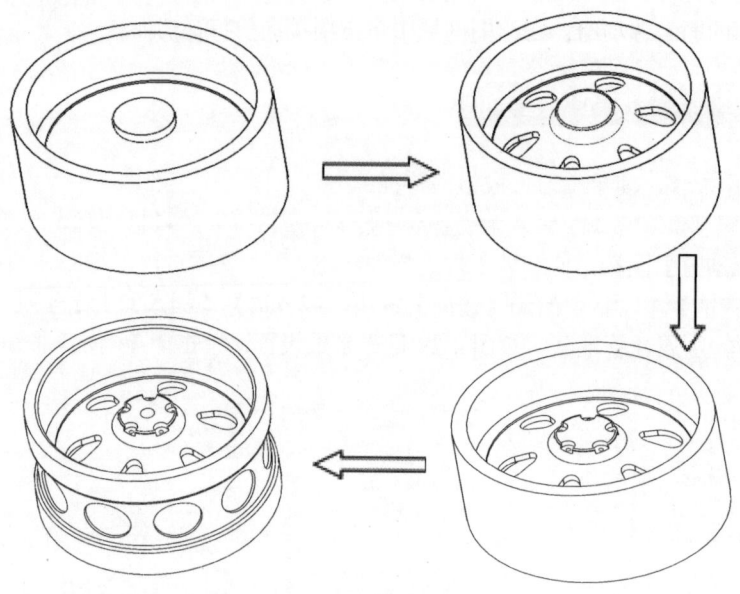

图 4-31　轮毂建模大体过程

下面将介绍具体步骤。

4.6.1　建立基础部分

（1）单击特征管理器设计树中的【前视基准面】图标，使前视基准面成为草图绘制平面。单击【草图】工具栏中的 【草图绘制】按钮，进入草图绘制状态。使用【草图】工具栏中的 【直线】、 【智能尺寸】工具，绘制如图 4-32 所示的草图并标注尺寸。单击 【退出草图】按钮，退出草图绘制状态。

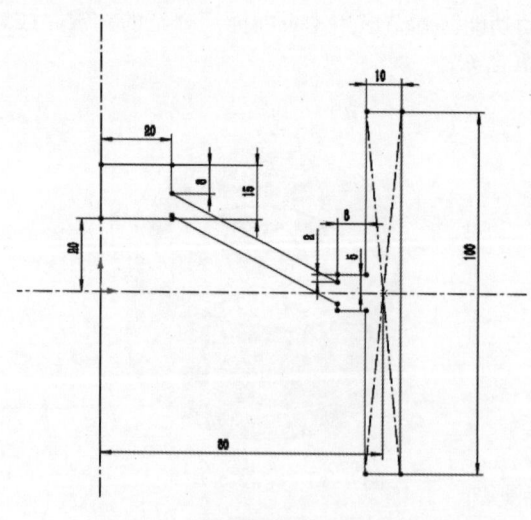

图 4-32　绘制草图并标注尺寸（1）

（2）单击【特征】工具栏中的【旋转凸台/基体】按钮，弹出【旋转1】属性管理器。在【旋转轴】选项组中，单击【旋转轴】选择框，在绘图区域中选择直线2，单击【确定】按钮，生成旋转特征，如图4-33所示。

（3）单击【特征】工具栏中的【圆角】按钮，弹出【圆角1】属性管理器。在【圆角参数】选项组中，设置【半径】为10.00mm，单击【边线、面、特征和环】选择框，在绘图区域中选择模型旋转特征中心小凸台底部的1条边线，单击【确定】按钮，生成圆角特征，如图4-34所示。

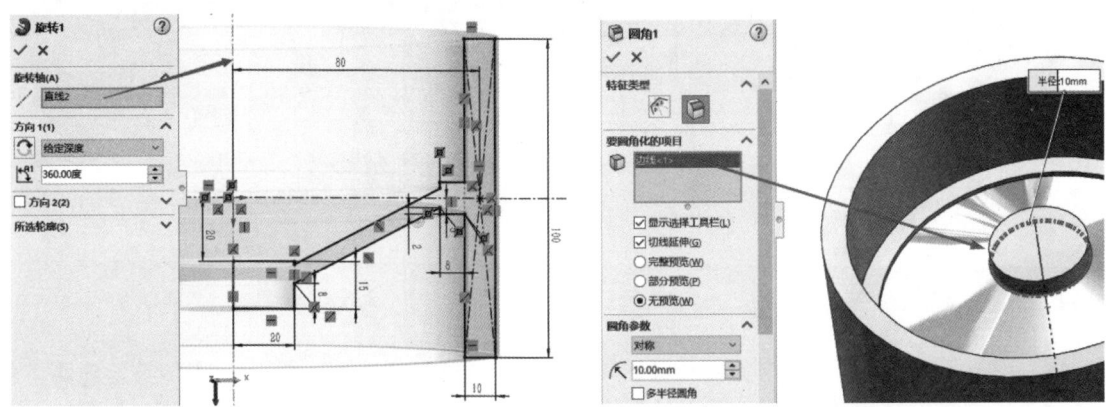

图4-33　生成旋转特征　　　　　　　图4-34　生成圆角特征（1）

（4）单击【特征】工具栏中的【圆角】按钮，弹出【圆角2】属性管理器。在【圆角参数】选项组中，设置【半径】为1.00mm，单击【边线、面、特征和环】选择框，在绘图区域中选择模型旋转特征中心小凸台顶部的边线，单击【确定】按钮，生成圆角特征，如图4-35所示。

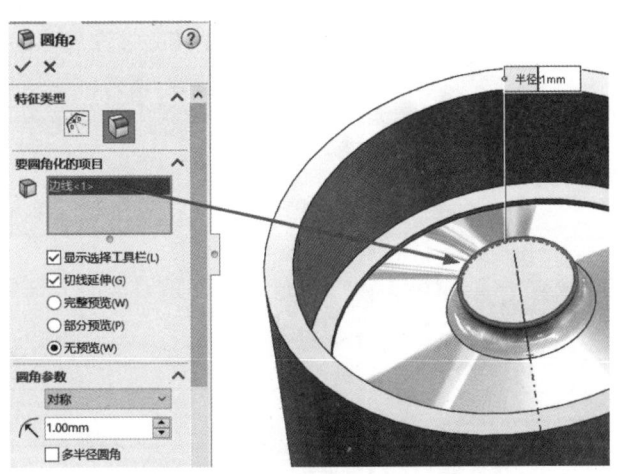

图4-35　生成圆角特征（2）

（5）单击特征管理器设计树中的【上视基准面】图标，使上视基准面成为草图绘制平面。单击【草图】工具栏中的【草图绘制】按钮，进入草图绘制状态。使用【草图】工具栏中的【直线】、【圆心/起/终点画弧】、【智能尺寸】工具，绘制如图4-36所示的草图并标注尺寸。单击【退出草图】按钮，退出草图绘制状态。

（6）单击【特征】工具栏中的【拉伸切除】按钮，弹出【切除-拉伸1】属性管理器。在【方向1】选项组中,设置【终止条件】为【完全贯穿】,单击 ✓【确定】按钮,生成拉伸切除特征,如图4-37所示。

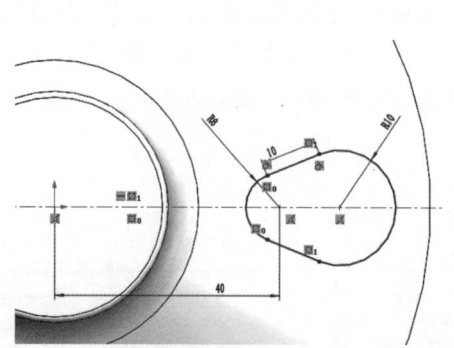

图4-36 绘制草图并标注尺寸(2)

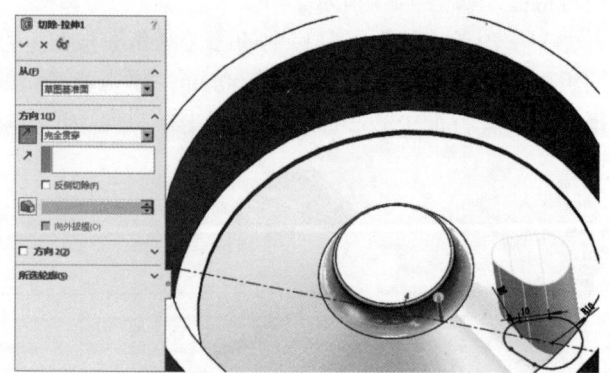

图4-37 生成拉伸切除特征

4.6.2 建立其余部分

(1)单击【特征】工具栏中的【圆周阵列】按钮,弹出【阵列(圆周)1】属性管理器。在【方向1】选项组中,单击【阵列轴】选择框,在特征管理器设计树中单击【基准轴1】图标,设置【实例数】为6,选中【等间距】单选项;在【特征和面】选项组中,单击【要阵列的特征】选择框,在绘图区域中选择模型的【切除-拉伸1】特征,单击 ✓【确定】按钮,生成圆周阵列,如图4-38所示。

(2)单击模型旋转特征中心小凸台的上表面,使其成为草图绘制平面。单击【草图】工具栏中的【草图绘制】按钮,进入草图绘制状态。使用【草图】工具栏中的【直线】、【圆心/起/终点画弧】、【智能尺寸】工具,绘制如图4-39所示的草图并标注尺寸。单击【退出草图】按钮,退出草图绘制状态。

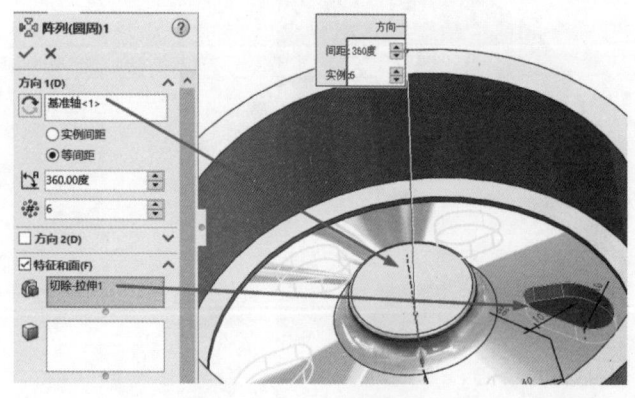

图4-38 生成圆周阵列

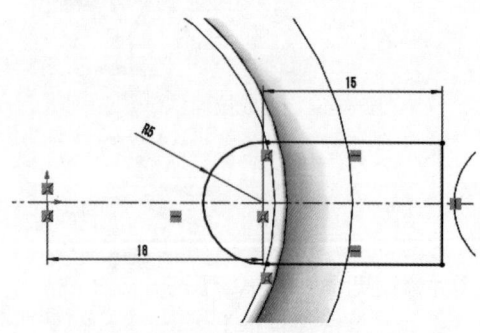

图4-39 绘制草图并标注尺寸(1)

(3)单击【特征】工具栏中的【拉伸切除】按钮,弹出【切除-拉伸2】属性管理器。在【方向1】选项组中,设置【终止条件】为【给定深度】,【深度】为5.00mm,单击 ✓【确定】按钮,生成拉伸切除特征,如图4-40所示。

(4)单击【切除-拉伸2】特征的底面,使其成为草图绘制平面。单击【草图】工具栏中的【草图绘制】按钮，进入草图绘制状态。使用【草图】工具栏中的 ⊙【圆】、✎【智能尺寸】工具，绘制如图 4-41 所示的草图并标注尺寸。单击 ▭【退出草图】按钮，退出草图绘制状态。

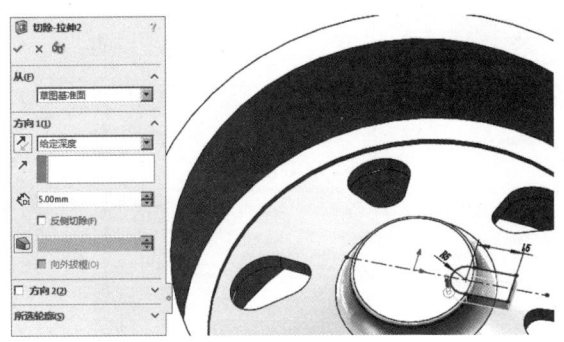
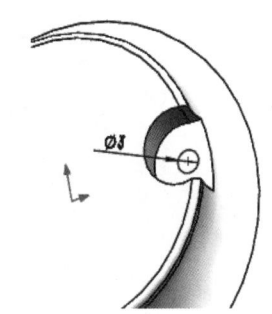

图 4-40　生成拉伸切除特征（1）　　　　图 4-41　绘制草图并标注尺寸（2）

（5）单击【特征】工具栏中的【拉伸切除】按钮，弹出【切除 - 拉伸 3】属性管理器。在【方向 1】选项组中，设置【终止条件】为【完全贯穿】，单击 ✓【确定】按钮，生成拉伸切除特征，如图 4-42 所示。

（6）单击【特征】工具栏中的【圆周阵列】按钮，弹出【阵列（圆周）2】属性管理器。在【方向 1】选项组中，单击【阵列轴】选择框，在绘图区域中选择模型最外层的圆柱面，设置【实例数】为 5，选中【等间距】单选项；在【特征和面】选项组中，单击【要阵列的特征】选择框，在绘图区域中选择模型的【切除 - 拉伸 2】和【切除 - 拉伸 3】特征，单击 ✓【确定】按钮，生成圆周阵列，如图 4-43 所示。

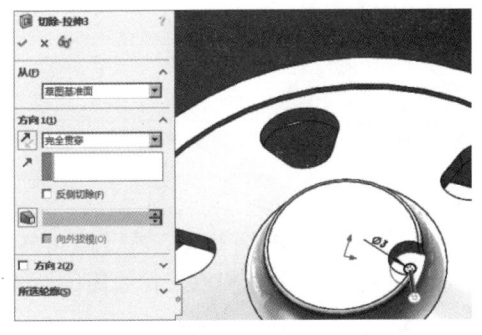
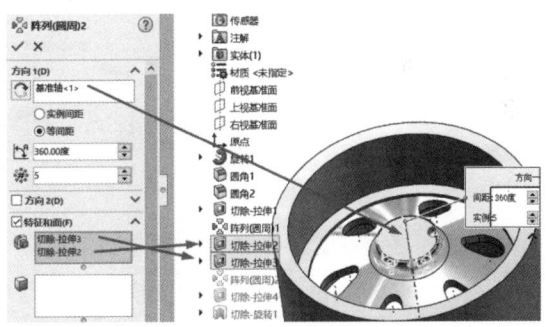

图 4-42　生成拉伸切除特征（2）　　　　图 4-43　生成圆周阵列

（7）单击模型旋转特征中心小凸台的上表面，使其成为草图绘制平面。单击【草图】工具栏中的【草图绘制】按钮，进入草图绘制状态。使用【草图】工具栏中的 ⊙【圆】、✎【智能尺寸】工具，绘制如图 4-44 所示的草图并标注尺寸。单击 ▭【退出草图】按钮，退出草图绘制状态。

（8）单击【特征】工具栏中的【拉伸切除】按钮，弹出【切除 - 拉伸 4】属性管理器。在【方向 1】选项组中，设置【终止条件】为【完全贯穿】，单击 ✓【确定】按钮，生成拉伸切除特征，如图 4-45 所示。

（9）单击特征管理器设计树中的【前视基准面】图标，使前视基准面成为草图绘制平面。单击【草图】工具栏中的【草

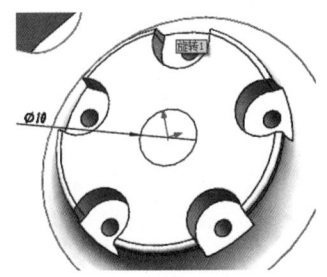

图 4-44　绘制草图并标注尺寸（3）

图绘制】按钮,进入草图绘制状态。使用【草图】工具栏中的 【直线】、 【智能尺寸】工具,绘制如图4-46所示的草图并标注尺寸。单击 【退出草图】按钮,退出草图绘制状态。

图4-45 生成拉伸切除特征(3)

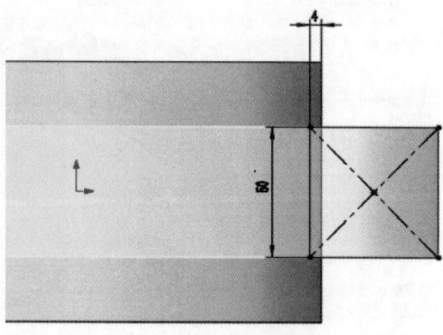
图4-46 绘制草图并标注尺寸(4)

(10)单击【特征】工具栏中的 【旋转切除】按钮,弹出【切除-旋转1】属性管理器。在【旋转轴】选项组中,选择【基准轴<1>】为旋转轴,单击 【确定】按钮,生成切除旋转特征,如图4-47所示。

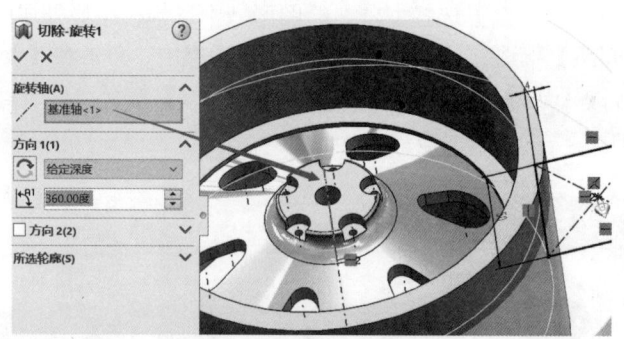
图4-47 生成切除旋转特征

(11)单击【特征】工具栏中的 【圆角】按钮,弹出【圆角3】属性管理器。在【圆角参数】选项组中,设置 【半径】为2.00mm,单击 【边线、面、特征和环】选择框,在绘图区域中选择模型切除旋转特征的4条边线,单击 【确定】按钮,生成圆角特征,如图4-48所示。

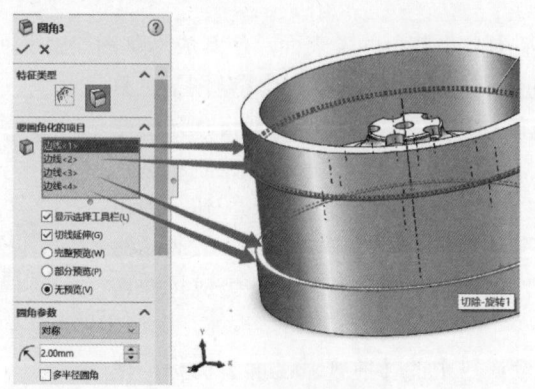
图4-48 生成圆角特征

第 4 章 直接实体建模特征

注意
可以用拖动特征管理器设计树上的退回控制棒来撤销其零件中的特征。

（12）选择【插入】|【参考几何体】|【基准面】命令，弹出【基准面 1】属性管理器。在【第一参考】选项组中，在绘图区域中选择前视基准面，在【距离】文本栏中输入【100.00mm】，如图 4-49 所示，在绘图区域中显示出新建基准面的预览，单击【确定】按钮，生成基准面。

（13）单击特征管理器设计树中的【基准面 1】图标，使基准面 1 成为草图绘制平面。单击【草图】工具栏中的【草图绘制】按钮，进入草图绘制状态。使用【草图】工具栏中的【圆】、【智能尺寸】工具，绘制如图 4-50 所示的草图并标注尺寸。单击【退出草图】按钮，退出草图绘制状态。

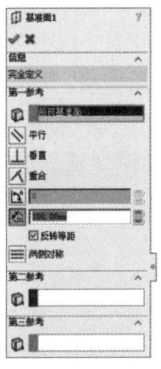
图 4-49 生成基准面

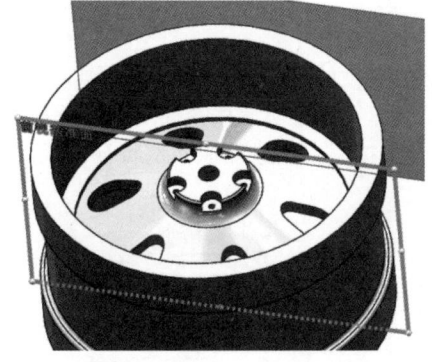
图 4-50 绘制草图并标注尺寸（5）

（14）选择【插入】|【特征】|【包覆】命令，弹出【包覆 1】属性管理器。在【包覆参数】选项组中，选中【蚀雕】单选项，在【要包覆的面】文本框中选择模型的旋转切除特征的表面，将【深度】设置为 2.00mm，在【源草图】文本框中选择【草图 7】，单击【确定】按钮，生成包覆特征，如图 4-51 所示。

（15）单击【特征】工具栏中的【圆周阵列】按钮，弹出【阵列（圆周）3】属性管理器。在【方向 1】选项组中，单击【阵列轴】选择框，在特征管理器设计树中单击【基准轴 1】图标，设置【实例数】为 10，选中【等间距】单选项；在【特征和面】选项组中，单击【要阵列的特征】选择框，在特征管理器设计树中选择【包覆 1】特征，单击【确定】按钮，生成圆周阵列，如图 4-52 所示。

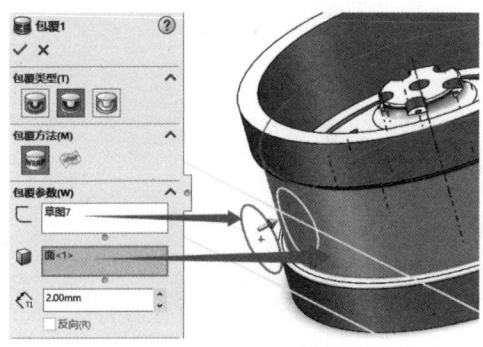
图 4-51 生成包覆特征

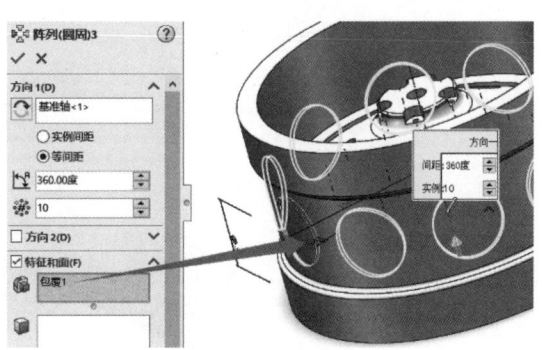
图 4-52 生成圆周阵列

83

（16）选择【插入】|【特征】|【倒角】命令，弹出【倒角 1】属性管理器。在【倒角参数】选项组中，单击 ⬚【边线和面或顶点】选择框，在绘图区域中选择模型旋转特征的上缘内边线，设置 ⬚【距离】为 2.00mm，⬚【角度】为 45.00 度，单击 ✓【确定】按钮，生成倒角特征，如图 4-53 所示。

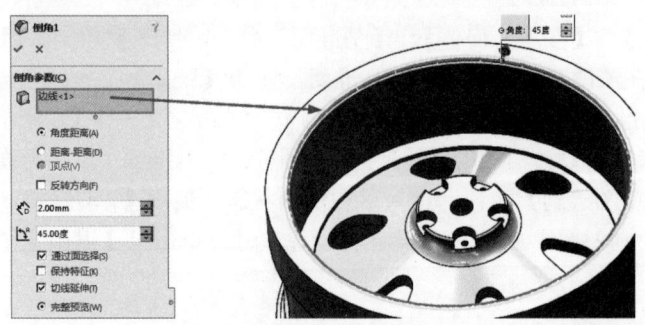

图 4-53　生成倒角特征

（17）选择【插入】|【特征】|【缩放比例】命令，弹出【缩放比例 1】属性管理器。在【比例缩放点】下拉列表框中选择【重心】选项，勾选【统一比例缩放】复选框，在【比例】文本框中输入【0.5】，如图 4-54 所示。单击 ✓【确定】按钮，生成缩放比例特征。至此，轮毂模型建立完成。

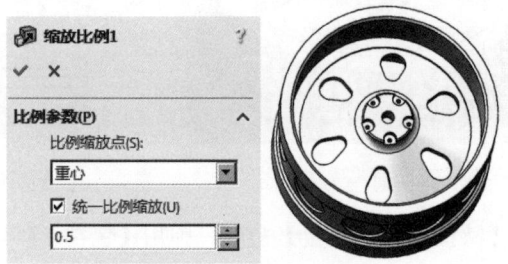

图 4-54　缩放比例特征

4.7　操作案例 2：针阀建模实例

操作案例视频

【学习要点】针阀用于精确控制流体流动，可通过调整针尖与阀座之间的间隙来调节流量大小，常用于实验室和精密化工过程。本节应用本章前面所介绍的知识完成针阀的建模，最终效果如图 4-55 所示。

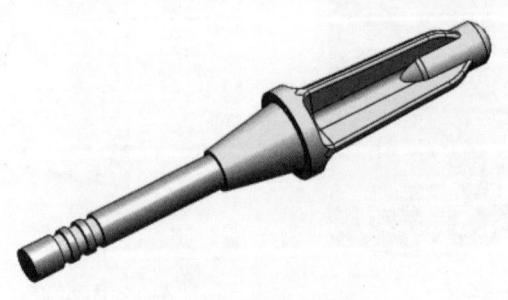

图 4-55　针阀三维模型

第 4 章 直接实体建模特征

【案例思路】基体呈轴对称形,可以用旋转特征来实现。单独的加强筋是等厚度的,可以用拉伸凸台特征来实现。3 个加强筋是对称分布的,可以用圆周阵列特征来实现。前端的环槽是等间距分布的,可以用线性阵列特征来实现。建模大体过程如图 4-56 所示。

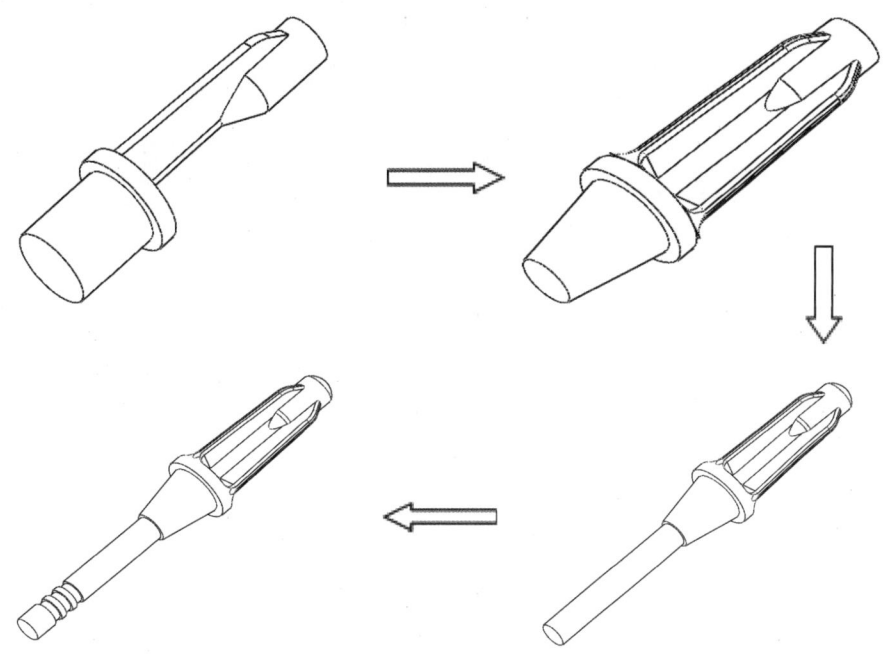

图 4-56 针阀大体建模过程

【案例所在位置】配套数字资源 \ 第 4 章 \ 操作案例 \4.7。

下面将介绍具体步骤。

4.7.1 建立阀帽部分

(1) 单击特征管理器设计树中的【前视基准面】图标,使前视基准面成为草图绘制平面。单击【草图】工具栏中的 【草图绘制】按钮,进入草图绘制状态。使用【草图】工具栏中的 【直线】、 【中心线】、 【智能尺寸】工具,绘制如图 4-57 所示的草图并标注尺寸。单击 【退出草图】按钮,退出草图绘制状态。

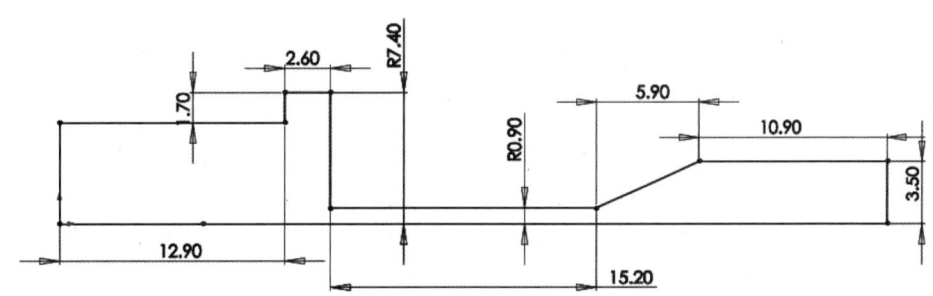

图 4-57 绘制草图并标注尺寸(1)

（2）单击【特征】工具栏中的【旋转凸台/基体】按钮，弹出【旋转】属性管理器。在【旋转轴】选项组中，单击【旋转轴】选择框，在绘图区域中选择草图的中轴线，单击【确定】按钮，生成旋转特征，如图4-58所示。

（3）单击特征管理器设计树中的【前视基准面】图标，使前视基准面成为草图绘制平面。单击【草图】工具栏中的【草图绘制】按钮，进入草图绘制状态。使用【草图】工具栏中的【直线】、【中心线】、【智能尺寸】工具，绘制如图4-59所示的草图并标注尺寸。单击【退出草图】按钮，退出草图绘制状态。

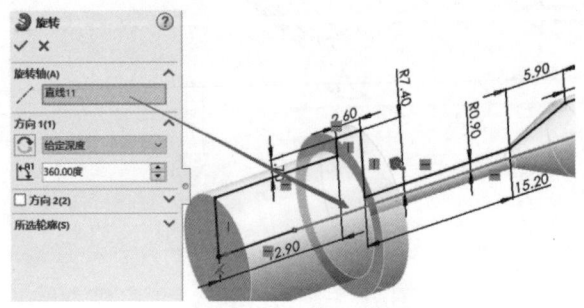

图 4-58　生成旋转特征

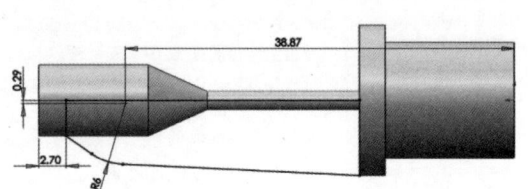

图 4-59　绘制草图并标注尺寸（2）

（4）单击【特征】工具栏中的【拉伸凸台/基体】按钮，弹出【凸台-拉伸1】属性管理器。按图4-60进行参数设置，单击【确定】按钮，生成拉伸特征。

（5）单击【特征】工具栏中的【圆角】按钮，弹出【圆角】属性管理器。在绘图区域中选择模型的两条边线，按图4-61进行参数设置，单击【确定】按钮，生成圆角特征。

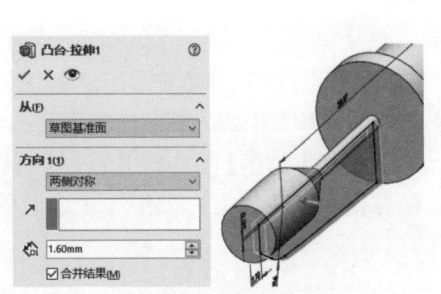

图 4-60　生成拉伸特征

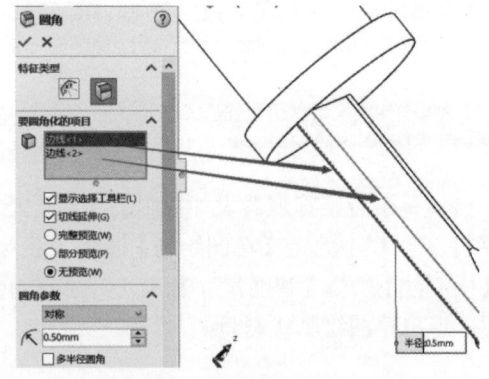

图 4-61　生成圆角特征（1）

（6）单击【特征】工具栏中的【圆周阵列】按钮，弹出【圆周阵列】属性管理器。按图4-62进行参数设置，单击【确定】按钮，生成圆周阵列。

（7）单击【特征】工具栏中的【圆角】按钮，弹出【圆角2】属性管理器。在绘图区域中选择模型的12条边线，按图4-63进行参数设置，单击【确定】按钮，生成圆角特征。

（8）选择【插入】|【特征】|【拔模】命令，弹出【拔模1】属性管理器，按图4-64进行参数设置。

（9）单击模型的上表面，使其处于被选择状态。选择【插入】|【特征】|【圆顶】命令，弹出【圆顶1】属性管理器。按图4-65进行参数设置，单击【确定】按钮，生成圆顶特征。

第 4 章　直接实体建模特征

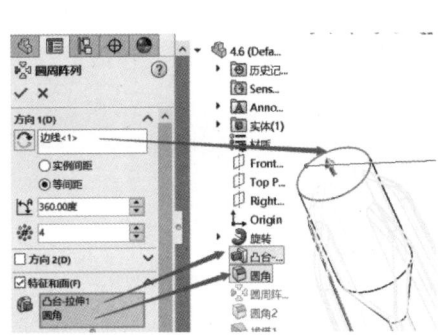

图 4-62　生成特征圆周阵列

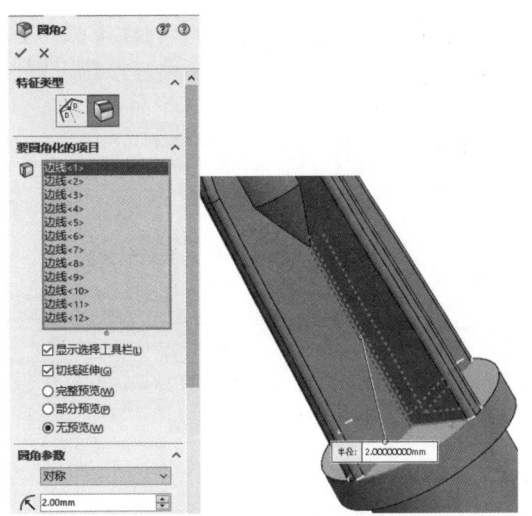

图 4-63　生成圆角特征（2）

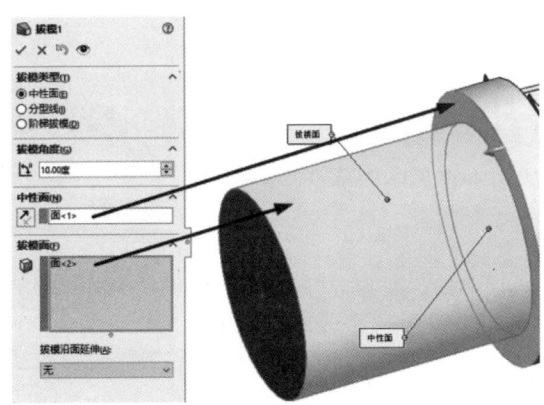

图 4-64　拔模特征

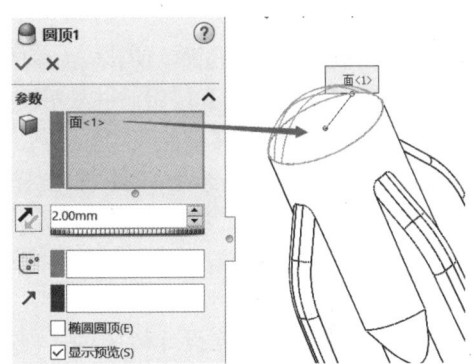

图 4-65　生成圆顶特征

（10）单击拔模特征的底面，使其成为草图绘制平面。单击【草图】工具栏中的【草图绘制】按钮，进入草图绘制状态。使用【草图】工具栏中的【圆】、【智能尺寸】工具，绘制如图 4-66 所示的草图并标注尺寸。单击【退出草图】按钮，退出草图绘制状态。

（11）单击【特征】工具栏中的【拉伸切除】按钮，弹出【切除 - 拉伸】属性管理器。按图 4-67 进行参数设置，勾选【反侧切除】复选框，单击【确定】按钮，生成拉伸切除特征。

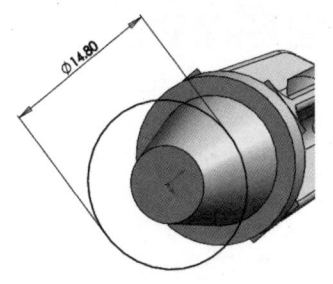

图 4-66　绘制草图并标注尺寸（3）

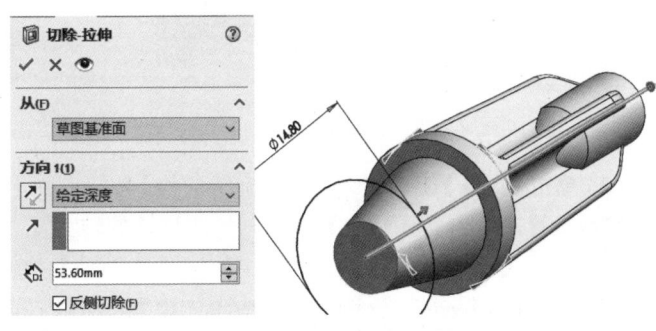

图 4-67　生成拉伸切除特征

（12）单击【特征】工具栏中的 【圆角】按钮，弹出【圆角3】属性管理器。在绘图区域中选择模型的4条边线，按图4-68进行参数设置，单击 【确定】按钮，生成圆角特征。

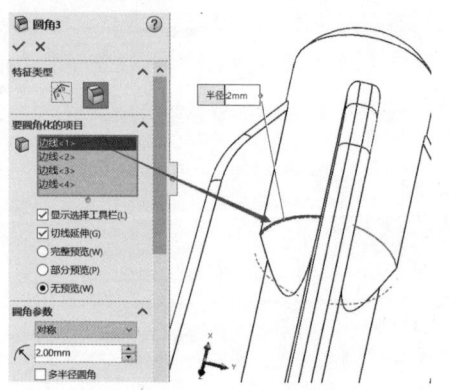

图4-68 生成圆角特征

4.7.2 建立阀头部分

（1）单击拔模特征的底面，使其成为草图绘制平面。单击【草图】工具栏中的 【草图绘制】按钮，进入草图绘制状态。使用【草图】工具栏中的 【圆】、 【智能尺寸】工具，绘制如图4-69所示的草图并标注尺寸。单击 【退出草图】按钮，退出草图绘制状态。

（2）单击【特征】工具栏中的 【拉伸凸台/基体】按钮，弹出【凸台-拉伸2】属性管理器。按图4-70进行参数设置，单击 【确定】按钮，生成拉伸特征。

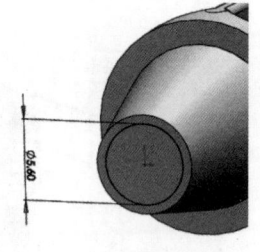

图4-69 绘制草图并标注尺寸

（3）单击特征管理器设计树中的【前视基准面】图标，使前视基准面成为草图绘制平面。单击【草图】工具栏中的 【草图绘制】按钮，进入草图绘制状态。使用【草图】工具栏中的 【直线】、 【中心线】、 【智能尺寸】工具，绘制如图4-71所示的草图并标注尺寸。单击 【退出草图】按钮，退出草图绘制状态。

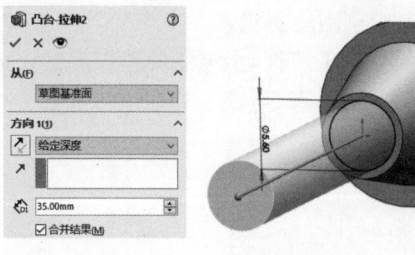

图4-70 生成拉伸特征

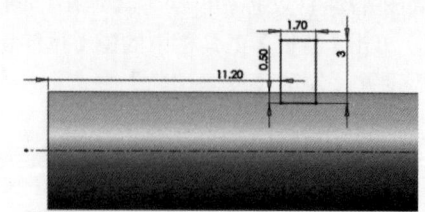

图4-71 绘制草图并标注尺寸

（4）单击【特征】工具栏中的 【旋转切除】按钮，弹出【切除-旋转1】属性管理器。按图4-72进行参数设置，单击 【确定】按钮，生成切除旋转特征。

（5）单击【参考几何体】工具栏中的 【基准轴】按钮，弹出【基准轴1】属性管理器。选择 【圆柱/圆锥面】选项，在绘图区域中单击模型的外圆柱面。单击 【确定】按钮，生成基准轴1，如图4-73所示。

第 4 章　直接实体建模特征

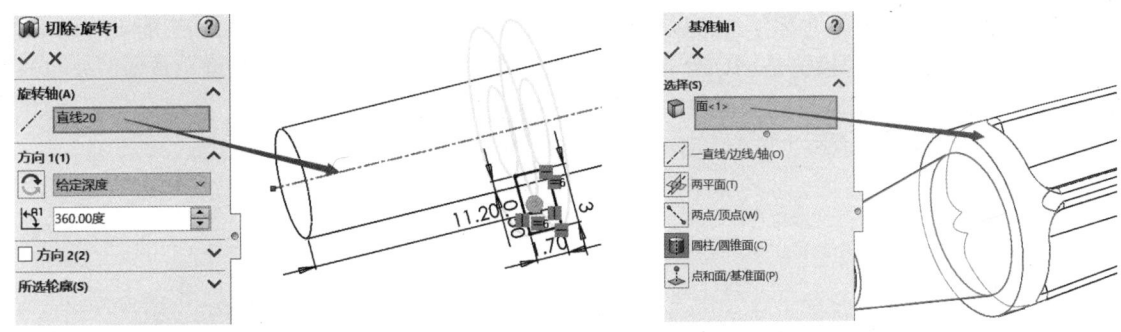

图 4-72　生成切除旋转特征　　　　　图 4-73　生成基准轴 1

（6）单击【特征】工具栏中的 【线性阵列】按钮，弹出【线性阵列】属性管理器，按图 4-74 进行参数设置。单击 【确定】按钮，生成线性阵列。至此，针阀模型制作完成。

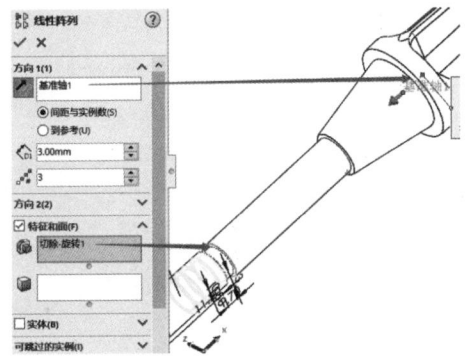

图 4-74　生成线性阵列

4.8　操作案例 3：蜗轮建模实例

操作案例
视频

【学习要点】配合使用蜗轮与蜗杆，可实现旋转运动的减速增矩，转换运动方向，其广泛应用于需要高扭矩和精确控制速度的场合。本节应用本章前面所介绍的知识完成蜗轮的建模，最终效果如图 4-75 所示。

图 4-75　蜗轮模型

【案例思路】基体呈轴对称形，可以用旋转特征来实现。齿槽是用盘形铣刀加工的，可以用旋转切除特征来实现。多个齿槽是均匀分布的，可以用圆周阵列特征来实现。减重孔是均匀分布的，可以用拉伸切除特征和圆周阵列特征来实现。建模大体过程如图4-76所示。

【案例所在位置】配套数字资源\第4章\操作案例\4.8。

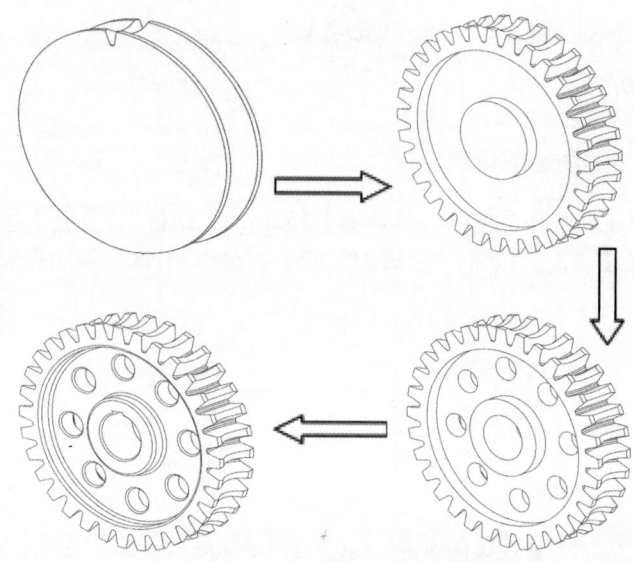

图4-76 蜗轮建模大体过程

下面将介绍具体步骤。

4.8.1 生成轮齿部分

（1）单击特征管理器设计树中的【前视基准面】图标，使前视基准面成为草图绘制平面。单击【草图】工具栏中的【草图绘制】按钮，进入草图绘制状态。使用【草图】工具栏中的【直线】、【圆弧】、【中心线】、【智能尺寸】工具，绘制如图4-77所示的草图并标注尺寸。单击【退出草图】按钮，退出草图绘制状态。

（2）单击【特征】工具栏中的【旋转凸台/基体】按钮，弹出【旋转1】属性管理器。在【方向1】选项组中，单击【旋转轴】选择框，在绘图区域中选择水平轴线，在【角度】文本框中输入【360.00度】，单击【确定】按钮，生成旋转特征，如图4-78所示。

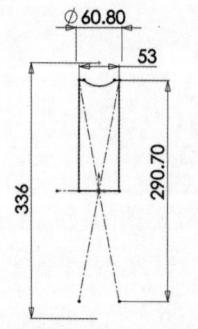

图4-77 绘制草图并标注尺寸（1）

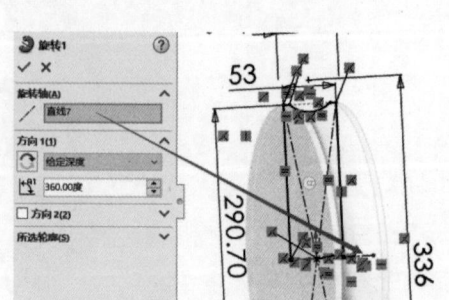

图4-78 生成旋转特征

（3）单击特征管理器设计树中的【右视基准面】图标，使右视基准面成为草图绘制平面。单击【草图】工具栏中的【草图绘制】按钮，进入草图绘制状态。使用【草图】工具栏中的【圆】、【中心线】、【智能尺寸】工具，绘制如图4-79所示的草图并标注尺寸。单击【退出草图】按钮，退出草图绘制状态。

（4）单击特征管理器设计树中的【右视基准面】图标，使右视基准面成为草图绘制平面。单击【草图】工具栏中的【草图绘制】按钮，进入草图绘制状态。使用【草图】工具栏中的【直线】、【圆弧】、【中心线】、【智能尺寸】工具，绘制如图4-80所示的草图并标注尺寸。单击【退出草图】按钮，退出草图绘制状态。

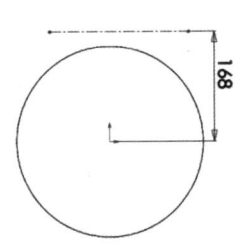

图4-79 绘制草图并标注尺寸（2）

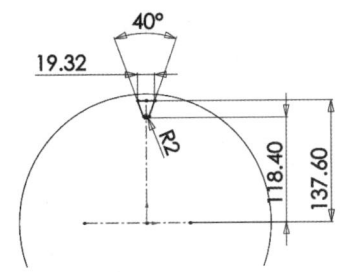

图4-80 绘制草图并标注尺寸（3）

（5）单击【特征】工具栏中的【旋转切除】按钮，弹出【切除-旋转1】属性管理器。在【旋转轴】选项组中选择【直线1@草图2】，单击【确定】按钮，生成切除旋转特征，如图4-81所示。

（6）单击【特征】工具栏中的【圆周阵列】按钮，弹出【圆周阵列1】属性管理器。在【方向1】选项组中，单击【阵列轴】选择框，在特征管理器设计树中单击【基准轴1】图标，设置【实例数】为32，选中【等间距】单选项；在【特征和面】选项组中，单击【要阵列的特征】选择框中选择【切除-旋转1】，单击【确定】按钮，生成圆周阵列，如图4-82所示。

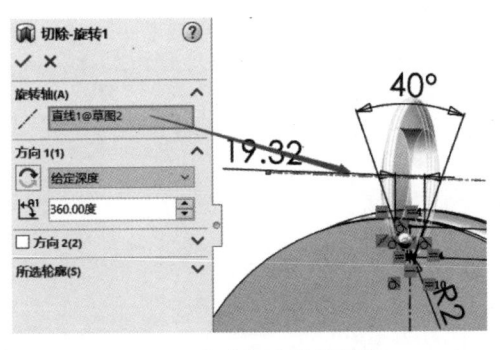

图4-81 生成切除旋转特征

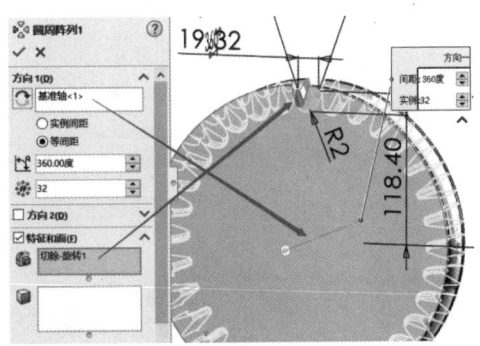

图4-82 生成圆周阵列

4.8.2 生成轮毂部分

（1）单击模型的侧面，使其成为草图绘制平面。单击【草图】工具栏中的【草图绘制】按钮，进入草图绘制状态。使用【草图】工具栏中的【圆】、【智能尺寸】工具，绘制如图4-83所示的草图并标注尺寸。单击【退出草图】按钮，退出草图绘制状态。

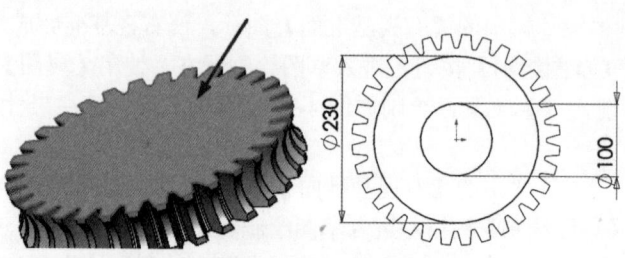

图 4-83　绘制草图并标注尺寸（1）

（2）单击【特征】工具栏中的【拉伸切除】按钮，弹出【切除-拉伸1】属性管理器。在【方向1】选项组中，设置【终止条件】为【给定深度】，【深度】为【16.00mm】，单击【确定】按钮，生成拉伸切除特征，如图4-84所示。

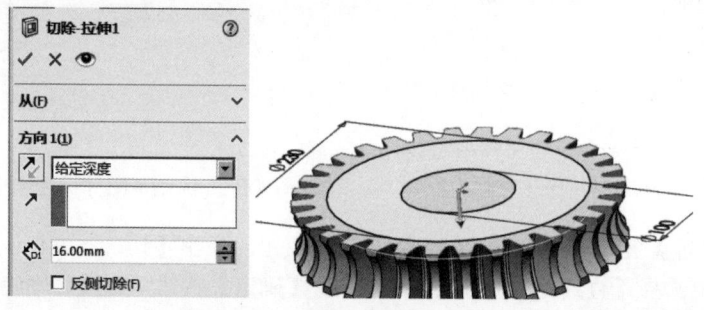

图 4-84　生成拉伸切除特征（1）

（3）单击【特征】工具栏中的【镜向】按钮，弹出【镜向1】属性管理器。在【镜向面/基准面】选项组中，单击【镜向面/基准面】选择框，在绘图区域中选择右视基准面；在【要镜向的特征】选项组中，单击【要镜向的特征】选择框，在特征管理器设计树中选择【切除-拉伸1】特征，单击【确定】按钮，生成镜向特征，如图4-85所示。

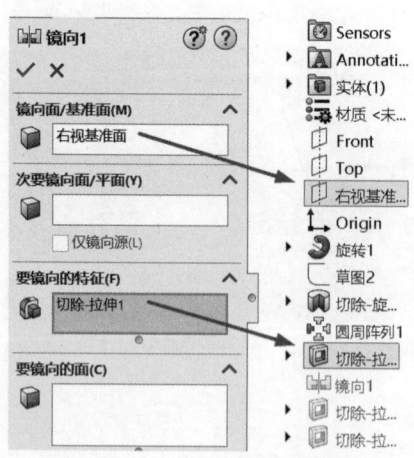

图 4-85　生成镜向特征

（4）单击模型的侧面，使其成为草图绘制平面。单击【草图】工具栏中的【草图绘制】按钮，进入草图绘制状态。使用【草图】工具栏中的【圆】、【中心线】、【智能尺寸】工具，绘制如图4-86所示的草图并标注尺寸。单击【退出草图】按钮，退出草图绘制状态。

（5）单击【特征】工具栏中的【拉伸切除】按钮，弹出【切除-拉伸2】属性管理器。在【方向1】选项组中，设置【终止条件】为【完全贯穿】，单击【确定】按钮，生成拉伸切除特征，如图4-87所示。

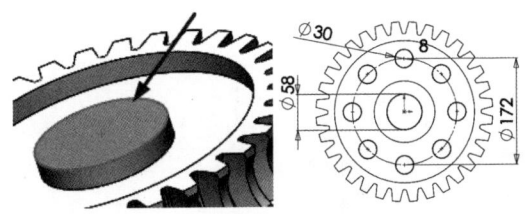

图4-86　绘制草图并标注尺寸（2）

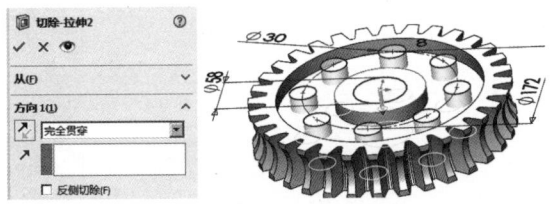

图4-87　生成拉伸切除特征（2）

（6）单击模型的侧面，使其成为草图绘制平面。单击【草图】工具栏中的【草图绘制】按钮，进入草图绘制状态。使用【草图】工具栏中的【直线】、【中心线】、【智能尺寸】工具，绘制如图4-88所示的草图并标注尺寸。单击【退出草图】按钮，退出草图绘制状态。

（7）单击【特征】工具栏中的【拉伸切除】按钮，弹出【切除-拉伸3】属性管理器。在【方向1】选项组中，设置【终止条件】为【完全贯穿】，单击【确定】按钮，生成拉伸切除特征，如图4-89所示。

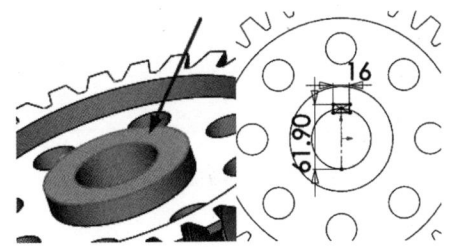

图4-88　绘制草图并标注尺寸（3）

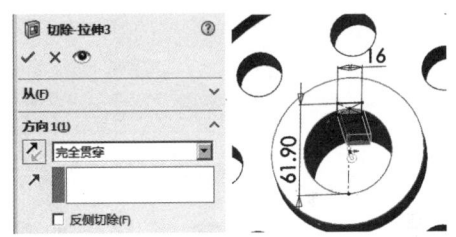

图4-89　生成拉伸切除特征（3）

（8）选择【插入】|【特征】|【倒角】命令，弹出【倒角1】属性管理器。在【倒角参数】选项组中，单击【边线和面或顶点】选择框，在绘图区域中选择两条边线，设置【距离】为【2.00mm】，【角度】为【45.00度】，单击【确定】按钮，生成倒角特征，如图4-90所示。

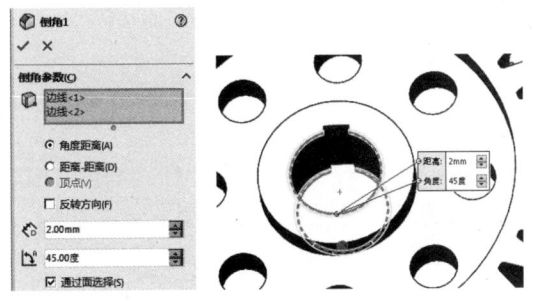

图4-90　生成倒角特征（1）

（9）单击【特征】工具栏中的【圆角】按钮，弹出【圆角1】属性管理器。在【要圆角化的项目】选项组中，单击【边线、面、特征和环】选择框，在绘图区域中选择模型的8条边线，设置【半径】为【3.00mm】，单击【确定】按钮，生成圆角特征，如图4-91所示。

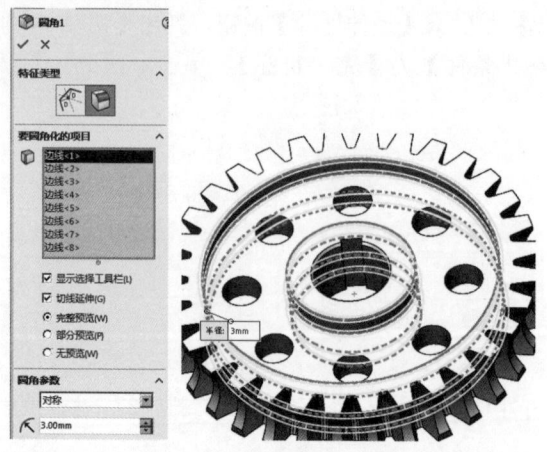

图 4-91　生成圆角特征

（10）选择【插入】|【特征】|【倒角】命令，弹出【倒角2】属性管理器。在【倒角参数】选项组中，单击 【边线和面或顶点】选择框，在绘图区域中选择 8 个圆柱面，设置 【距离】为【2.00mm】， 【角度】为【45.00度】，单击 【确定】按钮，生成倒角特征，如图 4-92 所示。

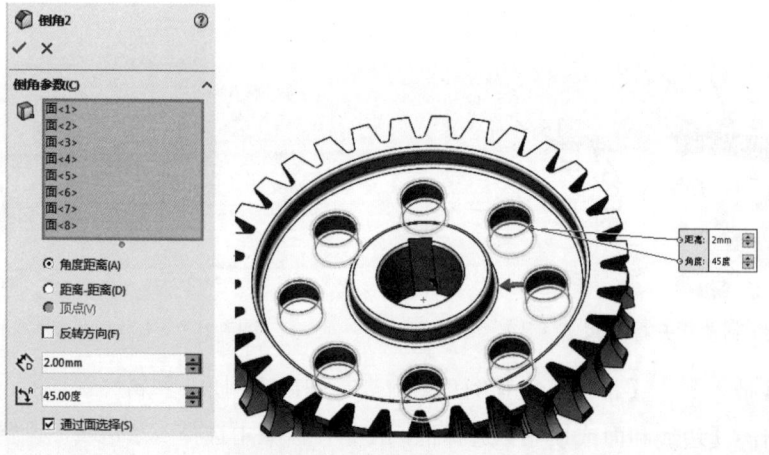

图 4-92　生成倒角特征（2）

4.9　本章小结

本章介绍了实体特征的常用编辑命令，包括圆角特征、倒角特征、抽壳特征、特征阵列和镜向特征，这些特征的特点是不需要草图，直接在三维模型上就可建立。最后，本章以机械中常用的 3 种零件为例，介绍了编辑实体特征的操作步骤。

4.10　知识巩固

利用附赠数字资源中的尺寸信息建立三维模型，如图 4-93 所示。

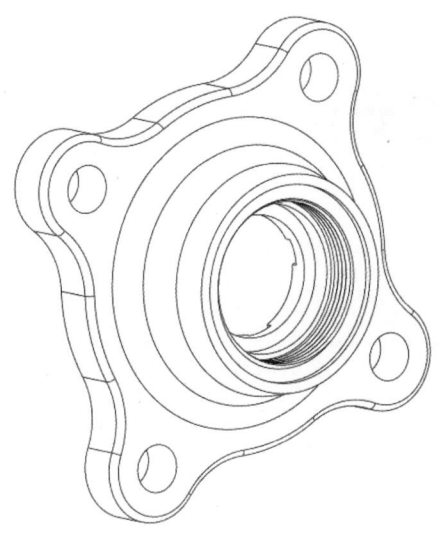

图 4-93 法兰模型

【习题知识要点】绘制草图并拉伸形成底板,使用孔特征和圆周阵列特征生成 4 个孔,使用旋转特征生成中间圆孔部分,使用螺纹特征生成中间的螺纹孔,使用切除特征生成背部的沟槽。

【素材所在位置】配套数字资源\第 4 章\知识巩固\。

第 5 章
曲线与曲面设计

本章介绍

　　SOLIDWORKS 的曲线与曲面设计功能有哪些亮点？在 SOLIDWORKS 中，如何生成复杂的曲线与曲面？SOLIDWORKS 提供了哪些工具来编辑曲面？

　　曲线与曲面设计功能是 SOLIDWORKS 的亮点之一。SOLIDWORKS 可以轻松地生成复杂的曲面与曲线。本章将介绍曲线与曲面设计功能，包括生成曲线、生成曲面、编辑曲面和叶片三维建模实例。

重点与难点

- 生成曲线的方法
- 生成曲面的方法
- 编辑曲面的方法

思维导图

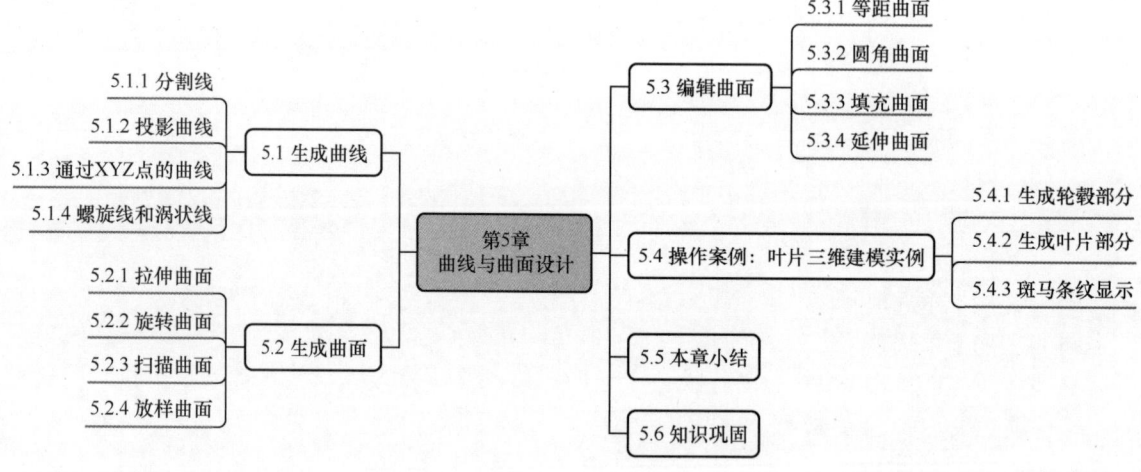

第 5 章 曲线与曲面设计

5.1 生成曲线

曲线是组成不规则实体模型的基本要素，SOLIDWORKS 提供了绘制曲线的工具和命令。选择【插入】|【曲线】命令即可选择绘制所需类型的曲线，如图 5-1 所示。本节主要介绍常用的几种曲线。

5.1.1 分割线

分割线是通过将实体投影到曲面或者平面上而生成的曲线。它将所选的面分割为多个分离面，从而可以选择其中一个分离面进行操作。分割线也可以通过将实体投影到曲面实体上而生成，投影的实体可以是草图、模型实体、曲面、面、基准面或者样条曲线。

1. 分割线的属性设置

选择【插入】|【曲线】|【分割线】命令，弹出如图 5-2 所示的【分割线】属性管理器。常用选项介绍如下。

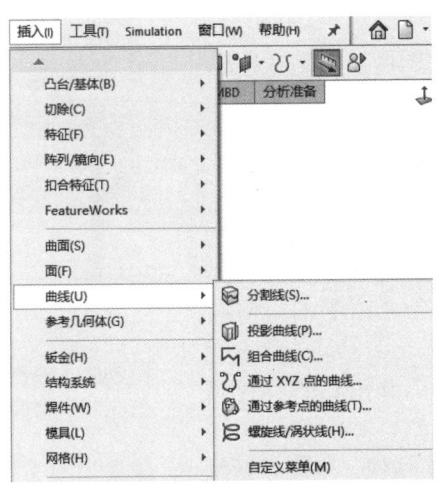

图 5-1 【曲线】命令

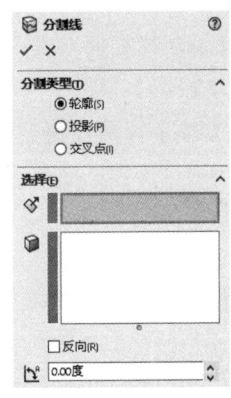

图 5-2 【分割线】属性管理器

- 【轮廓】单选项：在圆柱形零件上生成分割线。
- 【投影】单选项：将草图投影到平面上生成分割线。
- 【交叉点】单选项：通过交叉的曲面来生成分割线。
- 【拔模方向】选择框：确定拔模的基准面（中性面）。
- 【要分割的面】选择框：选择要分割的面。
- 【角度】文本框：设置分割的角度。

2. 操作实例：生成分割线

通过下列操作步骤，简单练习生成分割线的方法。

（1）打开【配套数字资源\第 5 章\基本功能\5.1.1】的实例素材文件。

（2）单击【曲线】工具栏中的 【分割线】按钮，或者选择【插入】|【曲线】|【分割线】命令，弹出【分割线】属性管理器。

（3）按图 5-3 进行参数设置，单击 【确定】按钮，生成分割线，结果如图 5-4 所示。

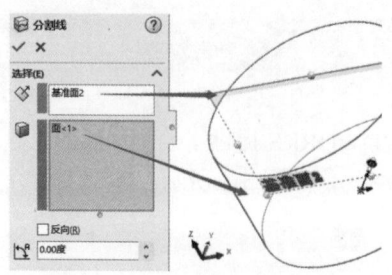 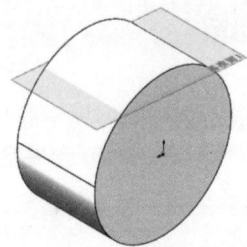

图 5-3 【分割线】属性管理器　　图 5-4 生成分割线

5.1.2 投影曲线

投影曲线可以通过将绘制的曲线投影到模型上的方式生成三维曲线,即草图到面的投影类型,也可以使用另一种方式生成,即草图到草图的投影类型。

1. 投影曲线的属性设置

选择【插入】|【曲线】|【投影曲线】命令,弹出如图 5-5 所示的【投影曲线】属性管理器。常用选项介绍如下。

- 【要投影的一些草图】选择框:在绘图区域中选择曲线草图。
- 【投影面】选择框:选择想要投影草图的平面。
- 【反转投影】复选框:取现有投影的反方向。

2. 操作实例:生成投影曲线

通过下列操作步骤,简单练习生成投影曲线的方法。

(1) 打开【配套数字资源\第 5 章\基本功能\5.1.2】的实例素材文件。

(2) 选择【插入】|【曲线】|【投影曲线】命令,弹出【投影曲线】属性管理器。

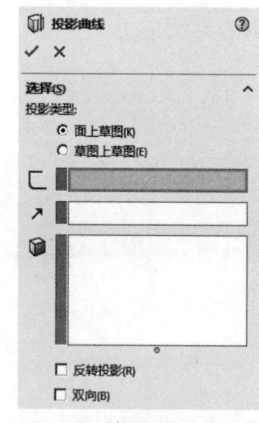

图 5-5 【投影曲线】属性管理器

(3) 按图 5-6 进行参数设置,单击 ✓【确定】按钮,生成投影曲线,结果如图 5-7 所示。

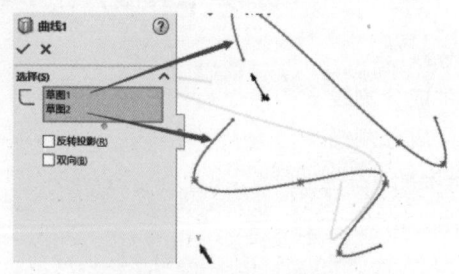 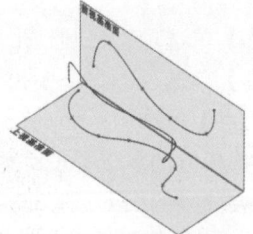

图 5-6 设置属性管理器　　图 5-7 生成投影曲线

5.1.3 通过 XYZ 点的曲线

通过用户定义的点生成的样条曲线被称为通过 XYZ 点的曲线。在 SOLIDWORKS 中,用户既可以自定义样条曲线通过的点,也可以利用点坐标文件生成样条曲线。

第 5 章 曲线与曲面设计

1. 通过 XYZ 点的曲线的属性设置

选择【插入】|【曲线】|【通过 XYZ 点的曲线】命令,弹出【曲线文件】对话框,如图 5-8 所示。常用选项介绍如下。

- 【点】、【X】、【Y】、【Z】:【点】的列坐标为生成曲线的点的顺序;【X】、【Y】、【Z】的列坐标为对应点的坐标值。
- 【浏览】按钮:通过读取已存储在硬盘中的曲线文件来生成曲线。
- 【保存】按钮:将坐标点保存为曲线文件。
- 【插入】按钮:插入一个新行。

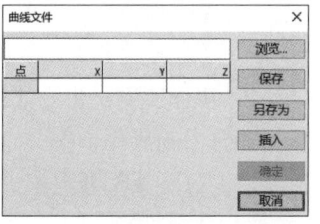

图 5-8 【曲线文件】对话框

2. 操作实例:生成通过 XYZ 点的曲线

通过下列操作步骤,简单练习生成通过 XYZ 点的曲线的方法。

(1)打开【配套数字资源\第 5 章\基本功能\5.1.3】的实例素材文件。单击【曲线】工具栏中的 【通过 XYZ 点的曲线】按钮,或者选择【插入】|【曲线】|【通过 XYZ 点的曲线】命令,弹出【曲线文件】对话框。

(2)在【X】、【Y】、【Z】的单元格中输入用于生成曲线的坐标值,如图 5-9 所示,单击 ✔ 【确定】按钮,结果如图 5-10 所示。

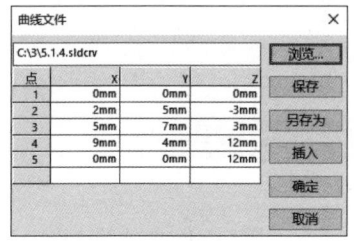

图 5-9 设置【曲线文件】对话框

图 5-10 生成通过 XYZ 点的曲线

5.1.4 螺旋线和涡状线

螺旋线和涡状线可以作为扫描特征的路径或者引导线,也可以作为放样特征的引导线,通常用来生成螺纹、弹簧和发条等零件,也可以在工业设计中作为装饰使用。

1. 螺旋线和涡状线的属性设置

选择【插入】|【曲线】|【螺旋线/涡状线】命令,弹出【螺旋线/涡状线】属性管理器,如图 5-11 所示。常用选项介绍如下。

(1)【定义方式】选项组。

- 【螺距和圈数】选项:通过设置螺距和圈数的数值来生成螺旋线。
- 【高度和圈数】选项:通过设置高度和圈数的数值来生成螺旋线。
- 【高度和螺距】选项:通过设置高度和螺距的数值来生成螺旋线。
- 【涡状线】选项:通过设置螺距和圈数的数值来生成涡状线。

(2)【参数】选项组。

- 【恒定螺距】单选项:以恒定螺距方式生成螺旋线。
- 【可变螺距】单选项:以可变螺距方式生成螺旋线。

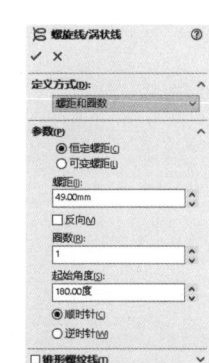

图 5-11 【螺旋线/涡状线】属性管理器

- 【螺距】文本框：设置螺距。
- 【圈数】文本框：设置螺旋线旋转的圈数。
- 【起始角度】文本框：设置在螺旋线开始旋转时的角度。
- 【顺时针】单选项：设置螺旋线的旋转方向为顺时针。
- 【逆时针】单选项：设置螺旋线的旋转方向为逆时针。

2. 操作实例：生成螺旋线

通过下列操作步骤，简单练习生成螺旋线的方法。

（1）打开【配套数字资源 \ 第 5 章 \ 基本功能 \5.1.6】的实例素材文件。

（2）选择特征树中的【草图 1】图标，使之处于被选择的状态。

（3）选择【插入】|【曲线】|【螺旋线 / 涡状线】命令，弹出【螺旋线 / 涡状线 1】属性管理器。按图 5-12 进行参数设置，单击 ✔【确定】按钮，生成螺旋线，结果如图 5-13 所示。

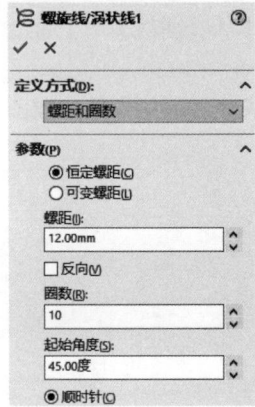
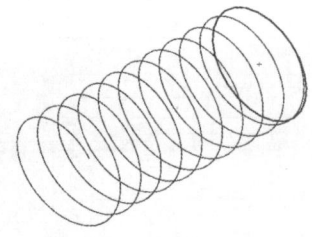

图 5-12　设置【螺旋线 / 涡状线 1】属性管理器　　图 5-13　生成螺旋线

3. 操作实例：生成涡状线

通过下列操作步骤，简单练习生成涡状线的方法。

（1）打开【配套数字资源 \ 第 5 章 \ 基本功能 \5.1.6】的实例素材文件。

（2）选择特征管理器设计树中的【草图 2】，使之处于被选择的状态。

（3）选择【插入】|【曲线】|【螺旋线 / 涡状线】命令，弹出【螺旋线 / 涡状线】属性管理器。按图 5-14 进行参数设置，单击 ✔【确定】按钮，生成涡状线，结果如图 5-15 所示。

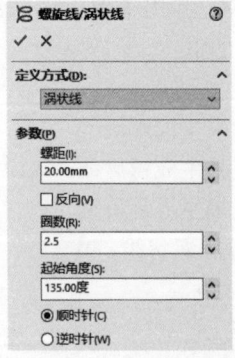
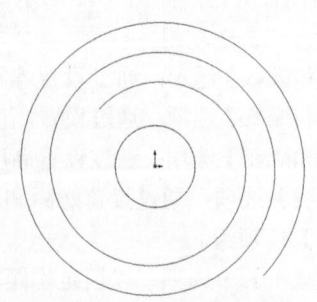

图 5-14　【螺旋线 / 涡状线】属性管理器　　图 5-15　生成涡状线

5.2 生成曲面

曲面是一种可以用来生成实体特征的几何体（如圆角曲面等）。一个零件中可以有多个曲面实体。

SOLIDWORKS 提供了用来生成曲面的工具和命令。选择【插入】|【曲面】命令即可选择生成所需类型的曲面。选择【视图】|【工具栏】|【曲面】命令，可以调出如图 5-16 所示的【曲面】工具栏。本节主要介绍常用的几种曲面。

图 5-16 【曲面】工具栏

5.2.1 拉伸曲面

拉伸曲面用于将 1 条曲线拉伸为曲面。

1. 拉伸曲面的属性设置

选择【插入】|【曲面】|【拉伸曲面】命令，弹出【曲面-拉伸】属性管理器，如图 5-17 所示。

【曲面-拉伸】属性管理器中常用到【方向】选项组，如果拉伸方向只有一个，则只需用到【方向1】选项组；如果需要同时从一个基准面向两个方向拉伸，则也会用到【方向2】选项组。【方向】选项组中的常用选项介绍如下。

- 【终止条件】下拉列表框：决定拉伸曲面的终止方式。
- 【拉伸方向】选择框：选择拉伸方向。
- 【深度】文本框：设置曲面拉伸的距离。
- 【拔模开\关】文本框：设置拔模角度。
- 【向外拔模】复选框：设置向外拔模或向内拔模。

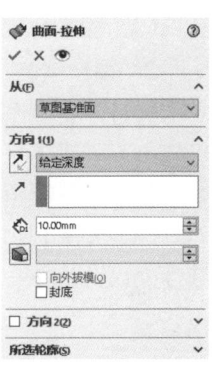

图 5-17 【曲面-拉伸】属性管理器

2. 操作实例：生成拉伸曲面

通过下列操作步骤，简单练习生成拉伸曲面的方法。

（1）打开【配套数字资源\第 5 章\基本功能\5.2.1】的实例素材文件。
（2）选择【插入】|【曲面】|【拉伸曲面】命令，弹出【曲面-拉伸】属性管理器。
（3）按图 5-18 进行参数设置，单击 ✓【确定】按钮，生成拉伸曲面，结果如图 5-19 所示。

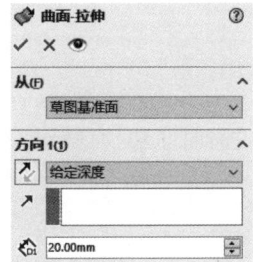

图 5-18 设置【曲面-拉伸】属性管理器

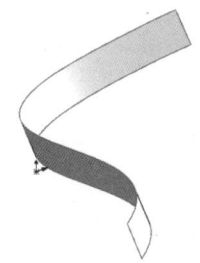

图 5-19 生成拉伸曲面

5.2.2 旋转曲面

从交叉或者非交叉的草图中选择不同的草图，并用所选轮廓生成的旋转的曲面为旋转曲面。

1. 旋转曲面的属性设置

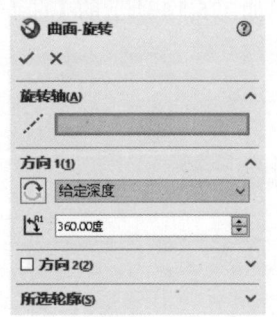

图 5-20 【曲面-旋转】属性管理器

选择【插入】|【曲面】|【旋转曲面】命令，弹出【曲面-旋转】属性管理器，如图 5-20 所示。

（1）【旋转轴】选项组：设置曲面旋转所围绕的轴线。

（2）【旋转类型】下拉列表框：设置生成的旋转曲面的类型，包括如下选项。

- 【给定深度】选项：从草图以单一方向生成旋转曲面。
- 【成形到顶点】选项：从草图基准面生成旋转曲面到指定顶点。
- 【成形到面】选项：从草图基准面生成旋转曲面到指定曲面。
- 【到离指定面指定的距离】选项：从草图基准面生成旋转曲面到指定曲面的指定等距。
- 【两侧对称】选项：从草图基准面以顺时针和逆时针方向生成旋转曲面。

（3）【角度】文本框：设置旋转曲面的角度。

2. 操作实例：生成旋转曲面

通过下列操作步骤，简单练习生成旋转曲面的方法。

（1）打开【配套数字资源\第 5 章\基本功能\5.2.2】的实例素材文件。

（2）选择绘图区域中的中心线，使之处于被选择的状态。

（3）选择【插入】|【曲面】|【旋转曲面】命令，弹出【曲面-旋转 3】属性管理器。按图 5-21 进行参数设置，单击【确定】按钮，生成旋转曲面，如图 5-22 所示。

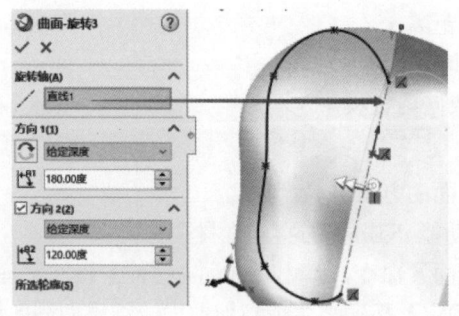

图 5-21 设置【曲面-旋转 3】属性管理器

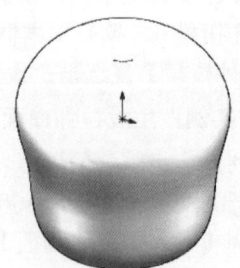

图 5-22 生成旋转曲面

5.2.3 扫描曲面

利用轮廓和路径生成的曲面被称为扫描曲面。扫描曲面和扫描特征类似，也可以通过引导线生成。

1. 扫描曲面的属性设置

选择【插入】|【曲面】|【扫描曲面】命令，弹出【曲面-扫描】属性管理器，如图 5-23 所示。

常用选项介绍如下。

(1)【轮廓和路径】选项组。

- 【轮廓】选择框：设置扫描曲面的轮廓。扫描曲面的轮廓可以是开环的，也可以是闭环的。
- 【路径】选择框：设置扫描曲面的路径。

(2)【引导线】选项组。

- 【引导线】选择框：在轮廓沿路径扫描时加以引导。
- 【上移】按钮：调整引导线的顺序，使指定的引导线上移。
- 【下移】按钮：调整引导线的顺序，使指定的引导线下移。

2. 操作实例：生成扫描曲面

通过下列操作步骤，简单练习生成扫描曲面的方法。

(1) 打开【配套数字资源\第 5 章\基本功能\5.2.3】的实例素材文件。

(2) 选择【插入】|【曲面】|【扫描曲面】命令，弹出【曲面 - 扫描 1】属性管理器。

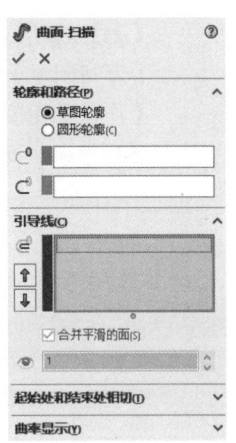

图 5-23 【曲面 – 扫描】属性管理器

(3) 按图 5-24 进行参数设置，单击 ✓【确定】按钮，生成扫描曲面，结果如图 5-25 所示。

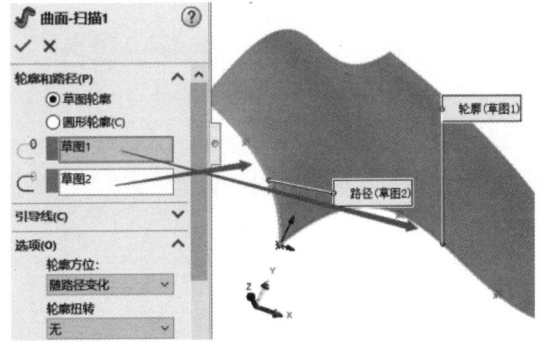

图 5-24 设置【曲面 - 扫描 1】属性管理器

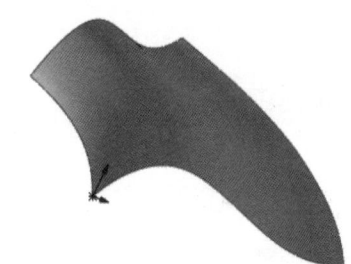

图 5-25 生成扫描曲面

5.2.4 放样曲面

通过曲线之间的平滑过渡生成的曲面被称为放样曲面。放样曲面由放样的轮廓组成，也可以根据需要使用引导线。

1. 放样曲面的属性设置

选择【插入】|【曲面】|【放样曲面】命令，弹出【曲面 - 放样】属性管理器，如图 5-26 所示。常用选项介绍如下。

(1)【轮廓】选项组。

- 【轮廓】选择框：设置放样曲面的轮廓。
- 【上移】按钮：调整轮廓的顺序，选择轮廓，使其上移。
- 【下移】按钮：调整轮廓的顺序，选择轮廓，使其下移。

(2)【起始/结束约束】选项组。

【开始约束】下拉列表框和【结束约束】下拉列表框包括如下相同的选项。

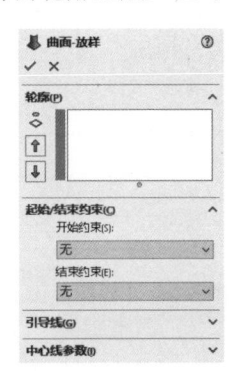

图 5-26 【曲面 – 放样】属性管理器

- 【无】选项：不应用相切约束，即曲率为 0。
- 【方向向量】选项：根据方向向量所选实体而应用相切约束。
- 【垂直于轮廓】选项：应用垂直于起始或者结束轮廓的相切约束。

2. **操作实例：生成放样曲面**

通过下列操作步骤，简单练习生成放样曲面的方法。

（1）打开【配套数字资源\第 5 章\基本功能\5.2.4】的实例素材文件。

（2）选择【插入】|【曲面】|【放样曲面】命令，弹出【曲面-放样 1】属性管理器。

（3）按图 5-27 进行参数设置，单击 ✓【确定】按钮，生成放样曲面，如图 5-28 所示。

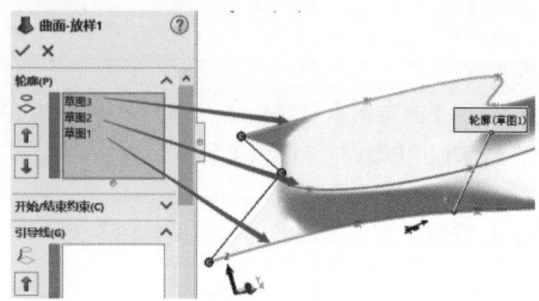
图 5-27　设置【曲面-放样 1】属性管理器

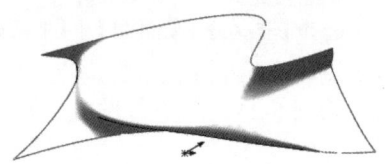
图 5-28　生成放样曲面

5.3 编辑曲面

编辑曲面是指在现有的曲面基础上进行二次编辑的操作。

5.3.1 等距曲面

将已经存在的曲面以指定距离生成的另一个曲面被称为等距曲面。等距曲面既可以是模型的轮廓，也可以是绘制的曲面。

1. **等距曲面的属性设置**

选择【插入】|【曲面】|【等距曲面】命令，弹出【曲面-等距】属性管理器，如图 5-29 所示。常用选项介绍如下。

- 【要等距的曲面或面】选择框：在绘图区域中选择要等距的曲面或者平面。
- 【等距距离】文本框：可以输入等距的距离。

2. **操作实例：生成等距曲面**

通过下列操作步骤，简单练习生成等距曲面的方法。

（1）打开【配套数字资源\第 5 章\基本功能\5.3.1】的实例素材文件。

（2）选择特征树中的【曲面-放样 1】，使之处于被选择的状态。

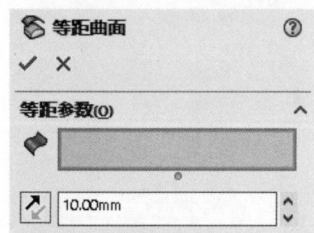
图 5-29　【等距曲面】属性管理器

（3）选择【插入】|【曲面】|【等距曲面】命令，弹出【曲面-等距 2】属性管理器。按图 5-30 进行参数设置，单击 ✓【确定】按钮，生成等距曲面，如图 5-31 所示。

第 5 章 曲线与曲面设计

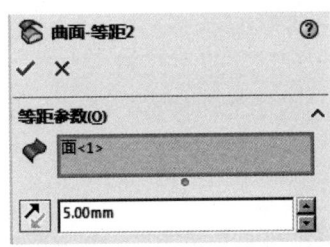

图 5-30 设置【曲面-等距 2】属性管理器

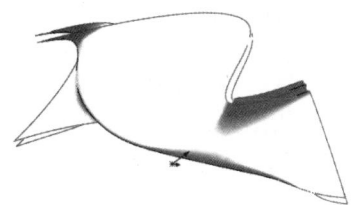

图 5-31 生成等距曲面

5.3.2 圆角曲面

使用圆角将曲面实体中以一定角度相交的两个相邻面之间的边线进行平滑过渡，则生成的曲面被称为圆角曲面。

1. 圆角曲面的属性设置

选择【插入】|【曲面】|【绘制圆角】命令，弹出【圆角】属性管理器，如图 5-32 所示。常用选项介绍如下。

(1)【要圆角化的项目】选项组。

- 【边线、面、特征和环】选择框：在绘图区域中选择要进行圆角处理的实体。
- 【切线延伸】复选框：将圆角延伸到所有与所选面相切的面。
- 【完整预览】单选项：显示所有边线的圆角预览。

(2)【圆角参数】选项组。

- 【半径】文本框：设置圆角的半径。
- 【多半径圆角】复选框：以不同边线的半径生成圆角。

2. 操作实例：生成圆角曲面

通过下列操作步骤，简单练习生成圆角曲面的方法。

(1) 打开【配套数字资源\第 5 章\基本功能\5.3.2】的实例素材文件。

(2) 选择【插入】|【曲面】|【绘制圆角】命令，弹出【圆角 1】属性管理器。按图 5-33 进行参数设置，单击 ✓【确定】按钮，生成圆角曲面。

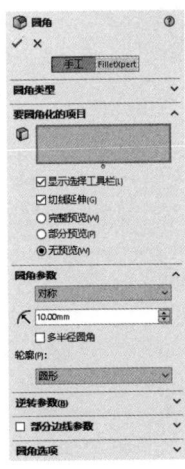

图 5-32 【圆角】属性管理器

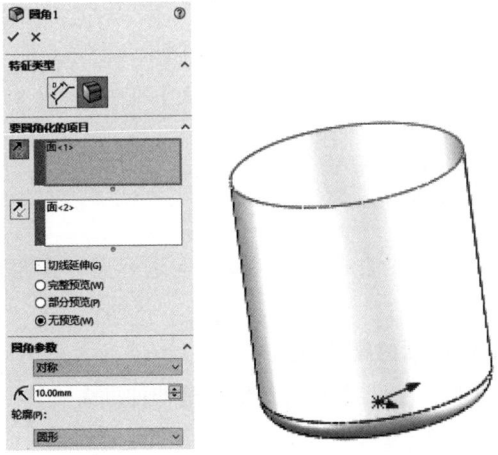

图 5-33 设置【圆角 1】属性管理器

5.3.3 填充曲面

在现有模型边线、草图或者曲线的边界内生成任何边数的曲面修补，被称为填充曲面。填充曲面可以用来构造填充模型中的缝隙。

1. 填充曲面的属性设置

选择【插入】|【曲面】|【填充】命令，弹出【填充曲面】属性管理器，如图 5-34 所示。常用选项介绍如下。

(1)【修补边界】选项组。

- 【修补边界】选择框：选择需要修补的曲面的边线。
- 【交替面】按钮：用于控制修补的反转边界面。
- 【应用到所有边线】复选框：可以将相同的曲率控制应用到所有边线中。
- 【优化曲面】复选框：用于对曲面进行优化。

(2)【约束曲线】选项组。

- 【约束曲线】选择框：在填充曲面时添加斜面控制。

2. 操作实例：生成填充曲面

通过下列操作步骤，简单练习生成填充曲面的方法。

(1) 打开【配套数字资源 \ 第 5 章 \ 基本功能 \5.3.3】的实例素材文件。
(2) 选择绘图区域中模型的上边线，使之处于被选择的状态。
(3) 选择【插入】|【曲面】|【填充】命令，弹出【填充曲面】属性管理器。按图 5-35 进行参数设置，单击 ✓【确定】按钮，生成填充曲面，如图 5-36 所示。

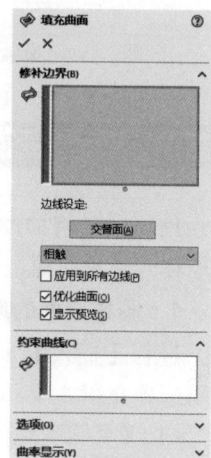

图 5-34 【填充曲面】属性管理器

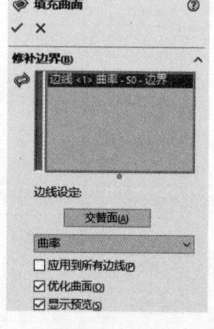

图 5-35 设置【填充曲面】属性管理器

图 5-36 生成填充曲面

5.3.4 延伸曲面

将现有曲面的边缘沿着切线方向进行延伸所形成的曲面被称为延伸曲面。

1. 延伸曲面的属性设置

选择【插入】|【曲面】|【延伸曲面】命令，弹出【延伸曲面】属性管理器，如图 5-37 所示。常用选项介绍如下。

(1)【拉伸的边线 \ 面】选项组。

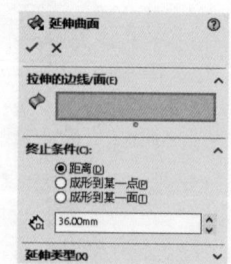

图 5-37 【延伸曲面】属性管理器

- 🔗【所选面\边线】选择框：在绘图区域中选择需要延伸的边线或者面。

（2）【终止条件】选项组。
- 【距离】单选项：按照设置的距离确定延伸曲面的距离。
- 【成形到某一点】单选项：在绘图区域中选择某一点，将曲面延伸到指定的点。
- 【成形到某一面】单选项：在绘图区域中选择某一面，将曲面延伸到指定的面。

2. 操作实例：生成延伸曲面

通过下列操作步骤，简单练习生成延伸曲面的方法。

（1）打开【配套数字资源\第5章\基本功能\5.3.4】的实例素材文件。
（2）选择绘图区域中模型的上边线，使之处于被选择的状态。
（3）选择【插入】|【曲面】|【延伸曲面】命令，弹出【曲面 - 延伸 1】属性管理器。按图 5-38 进行参数设置，单击 ✔【确定】按钮，生成延伸曲面，如图 5-39 所示。

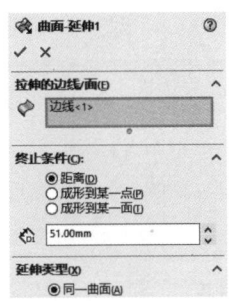

图 5-38　设置【曲面 - 延伸 1】属性管理器

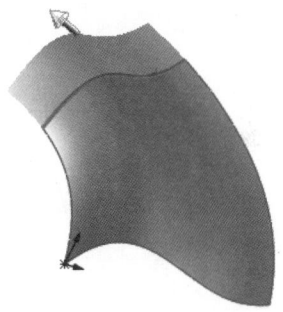

图 5-39　生成延伸曲面

5.4 操作案例：叶片三维建模实例

操作案例视频

【学习要点】风扇叶片的作用是产生气流，通过旋转将空气加速并定向推送，以实现散热或通风的目的。本节应用本章前面所介绍的知识完成叶片曲面模型的制作，最终效果如图 5-40 所示。

图 5-40　叶片曲面模型

【案例思路】基体呈圆柱形，可以用旋转特征来实现。叶片呈空间连续过渡的形状，可以用放样曲面来实现。叶片具有一定的厚度，可以用加厚特征来实现。多个叶片是均匀分布的，可以用圆周阵列特征来实现。建模大体过程如图 5-41 所示。

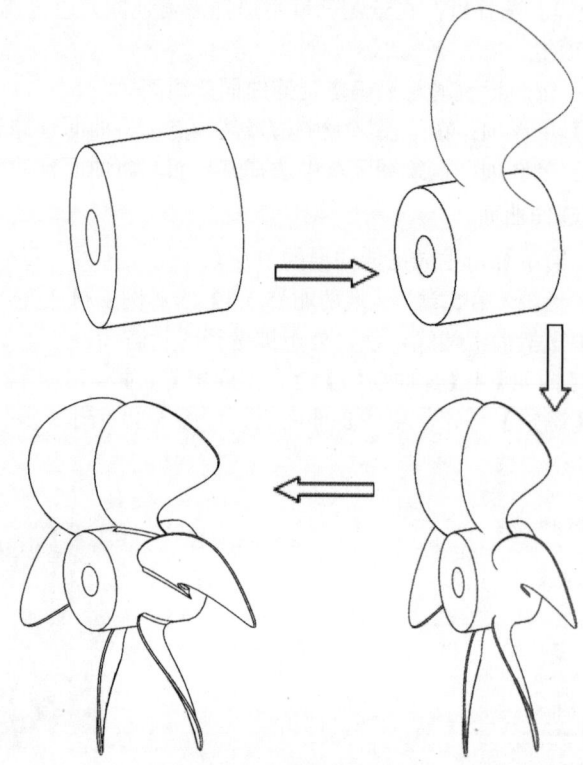

图 5-41 叶片建模大体过程

【案例所在位置】配套数字资源 \ 第 5 章 \ 操作案例 \5.4。

下面将介绍具体步骤。

5.4.1 生成轮毂部分

（1）单击特征管理器设计树中的【前视基准面】图标，使前视基准面成为草图绘制平面。单击【草图】工具栏中的 【草图绘制】按钮，进入草图绘制状态。使用【草图】工具栏中的 【圆心/起/终点画弧】、【智能尺寸】工具，绘制如图 5-42 所示的草图并标注尺寸。单击 【退出草图】按钮，退出草图绘制状态。

（2）单击【特征】工具栏中的 【拉伸凸台/基体】按钮，弹出【拉伸凸台1】属性管理器。按图 5-43 进行参数设置，单击 【确定】按钮，生成拉伸特征。

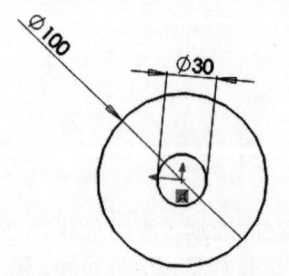

图 5-42 绘制草图并标注尺寸

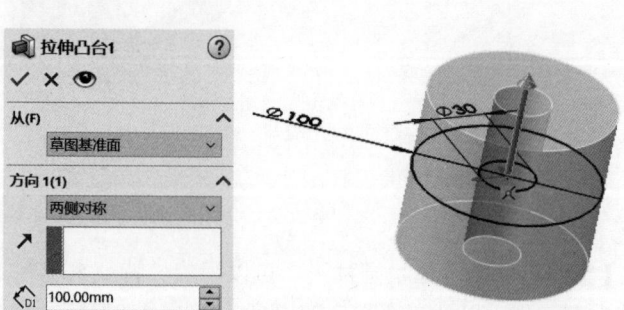

图 5-43 拉伸特征

5.4.2 生成叶片部分

（1）单击【参考几何体】工具栏中的【基准面】按钮，弹出【基准面】属性管理器。按图 5-44 进行参数设置，在绘图区域中显示出新建基准面的预览，单击【确定】按钮，生成基准面。

（2）单击特征管理器设计树中的【基准面 1】图标，使基准面 1 成为草图绘制平面。单击【草图】工具栏中的【草图绘制】按钮，进入草图绘制状态。使用【草图】工具栏中的【直线】、【智能尺寸】工具，绘制如图 5-45 所示的草图并标注尺寸。单击【退出草图】按钮，退出草图绘制状态。

图 5-44　生成基准面 1

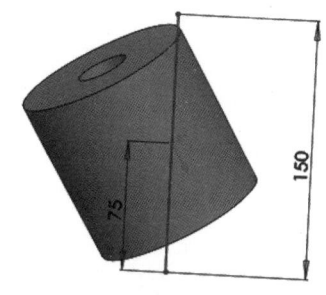

图 5-45　绘制草图并标注尺寸（1）

（3）单击【参考几何体】工具栏中的【基准面】按钮，弹出【基准面】属性管理器。按图 5-46 进行参数设置，在绘图区域中显示出新建基准面的预览，单击【确定】按钮，生成基准面。

（4）单击特征管理器设计树中的【基准面 2】图标，使基准面 2 成为草图绘制平面。单击【草图】工具栏中的【草图绘制】按钮，进入草图绘制状态。使用【草图】工具栏中的【直线】、【智能尺寸】工具，绘制如图 5-47 所示的草图并标注尺寸。单击【退出草图】按钮，退出草图绘制状态。

图 5-46　生成基准面 2　　　　　　　　图 5-47　绘制草图并标注尺寸（2）

（5）单击【曲面】工具栏中的【放样曲面】按钮，弹出【曲面 - 放样】属性管理器，在【轮廓】文本框中选择【草图 2】和【草图 3】，单击【确定】按钮，如图 5-48 所示。

（6）单击【参考几何体】工具栏中的【基准面】按钮，弹出【基准面】属性管理器。按图 5-49 进行参数设置，在绘图区域中显示出新建基准面的预览，单击【确定】按钮，生成基准面。

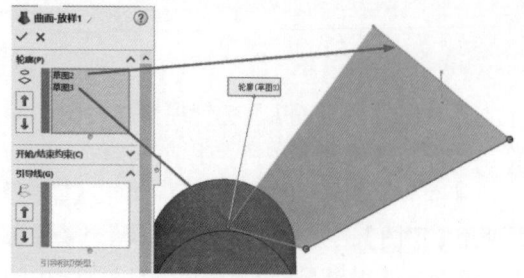
图 5-48 放样曲面

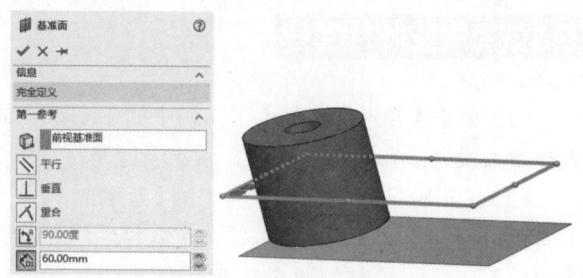
图 5-49 生成基准面 3

（7）单击特征管理器设计树中的【基准面 3】图标，使基准面 3 成为草图绘制平面。单击【草图】工具栏中的 【草图绘制】按钮，进入草图绘制状态。使用【草图】工具栏中的 【样条曲线】、 【智能尺寸】工具，绘制如图 5-50 所示的草图并标注尺寸。单击 【退出草图】按钮，退出草图绘制状态。

（8）选择【插入】|【曲线】|【投影曲线】命令，在 【要投影的草图】选择框中选择【草图 4】，在 【要投影的面】选择框中选择【面 <1>】，如图 5-51 所示，单击 【确定】按钮。

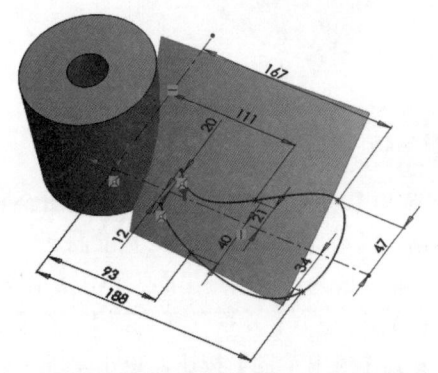
图 5-50 绘制草图并标注尺寸（3）

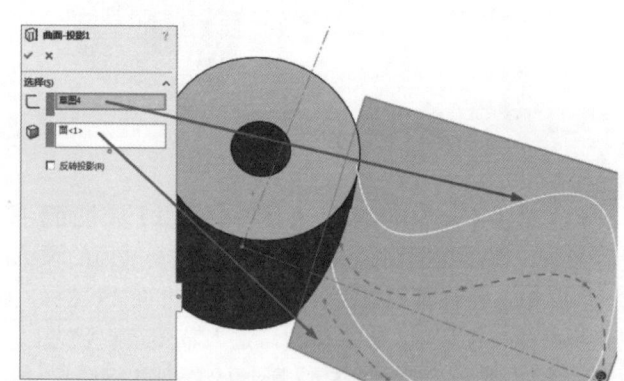
图 5-51 生成分割线

（9）单击【曲面】工具栏中的 【剪裁曲面】按钮，弹出【曲面 - 修剪 1】属性管理器，按图 5-52 进行参数设置，单击 【确定】按钮，生成剪裁曲面。

（10）选择【插入】|【凸台/基体】|【加厚】命令，弹出【加厚 1】属性管理器，按图 5-53 进行参数设置，单击 【确定】按钮，生成加厚曲面。

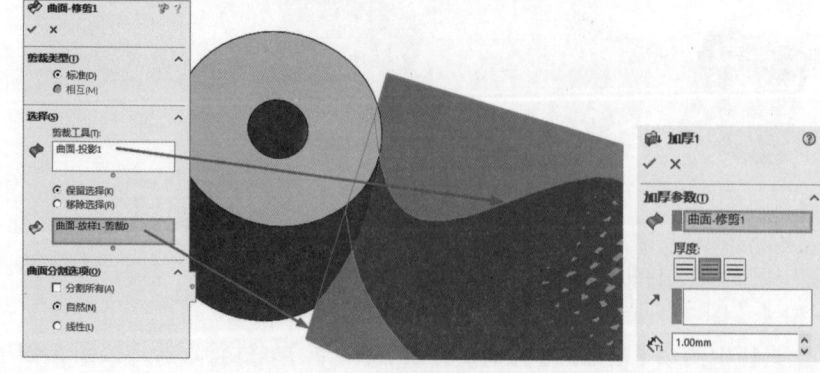
图 5-52 生成剪裁曲面

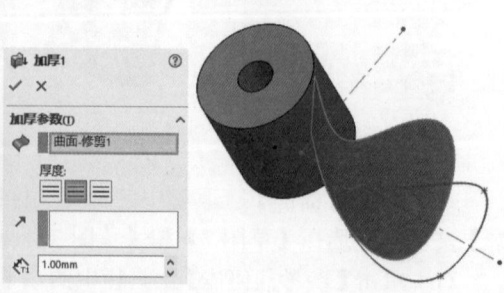
图 5-53 生成加厚曲面

> **注意**
>
> 可将曲面直接输入 SOLIDWORKS。SOLIDWORKS 支持的文件格式有 Parasolid、IGES、ACIS、VRML，以及 VDAFS。

（11）单击【参考几何体】工具栏中的【基准轴】按钮，弹出【基准轴1】属性管理器。选择【圆柱/圆锥面】选项，选择模型的外圆面，单击【确定】按钮，生成基准轴，如图5-54所示。

（12）单击【特征】工具栏中的【圆周阵列】按钮，弹出【圆周阵列1】属性管理器。按图5-55进行参数设置，单击【确定】按钮，生成圆周阵列。

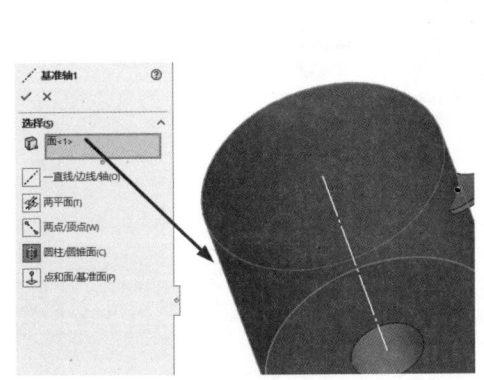

图 5-54　生成基准轴

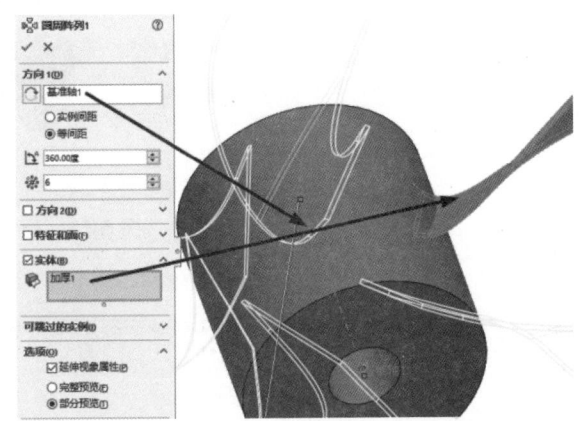

图 5-55　生成圆周阵列

（13）选择【插入】|【特征】|【组合】命令，弹出【组合1】属性管理器。在【操作类型】选项组中，选中【添加】单选项，在【要组合的实体】选择框中选择刚建立的实体，如图5-56所示，单击【确定】按钮，生成组合特征。

（14）选择【插入】|【特征】|【绘制圆角】命令，弹出【圆角1】属性管理器。按图5-57进行参数设置，单击【确定】按钮，生成圆角特征。

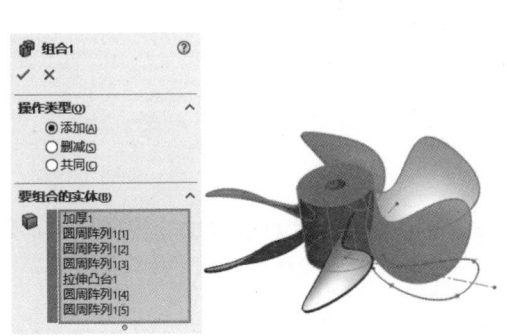

图 5-56　组合特征

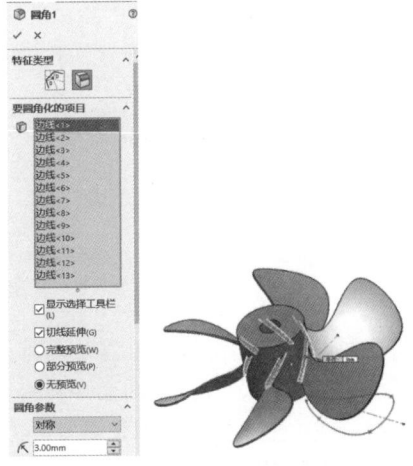

图 5-57　生成圆角特征

5.4.3 斑马条纹显示

选择【视图】|【显示】|【斑马条纹】命令，弹出【斑马条纹】属性管理器，如图5-58所示。在【斑马条纹】属性管理器中显示了斑马条纹的设置信息。可以通过拖动鼠标指针来设置 【条纹数】、【条纹宽度】和 【条纹精度】的数值。

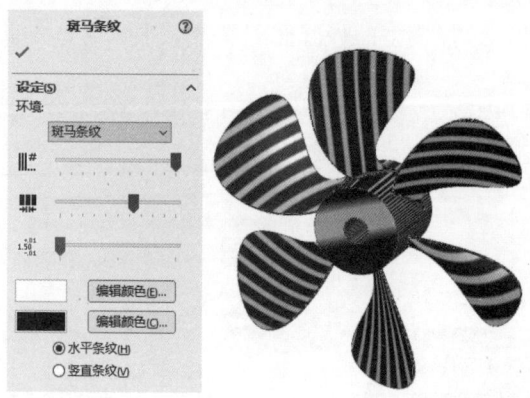

图5-58 斑马条纹

5.5 本章小结

本章介绍了建立曲线的常用方法，以及生成曲面和编辑曲面的常用命令。最后，本章以一个叶片建模为例，详细介绍了曲面模型的建模过程。

5.6 知识巩固

利用附赠数字资源中的基本草图建立瓶盖的曲面模型，如图5-59所示。

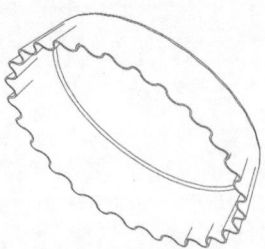

图5-59 瓶盖模型

【习题知识要点】使用圆和圆周阵列命令绘制轮廓草图，使用放样曲面命令生成曲面，使用平面区域生成平底部分，使用弯曲命令将模型弯曲。

【素材所在位置】配套数字资源\第5章\知识巩固\。

第 6 章
装配体设计

本章介绍

在 SOLIDWORKS 装配体设计中,如何建立零件之间的配合关系?SOLIDWORKS 提供了哪些附加功能来优化装配体设计过程?爆炸视图在 SOLIDWORKS 装配体设计中有什么作用?

装配体设计是 SOLIDWORKS 三大功能之一,用于将零件在软件环境中进行虚拟装配,并可进行相关的分析。SOLIDWORKS 可以为装配体文件建立零件之间的配合关系,并具有干涉检查、装配体统计和爆炸视图等功能。本章主要介绍装配体概述、建立配合、干涉检查、装配体中零部件的压缩状态、爆炸视图、万向联轴器装配实例、机械配合装配实例,以及装配体高级配合应用实例。

重点与难点

- 基础知识
- 建立配合
- 干涉检查
- 装配体中零部件的压缩状态
- 爆炸视图

思维导图

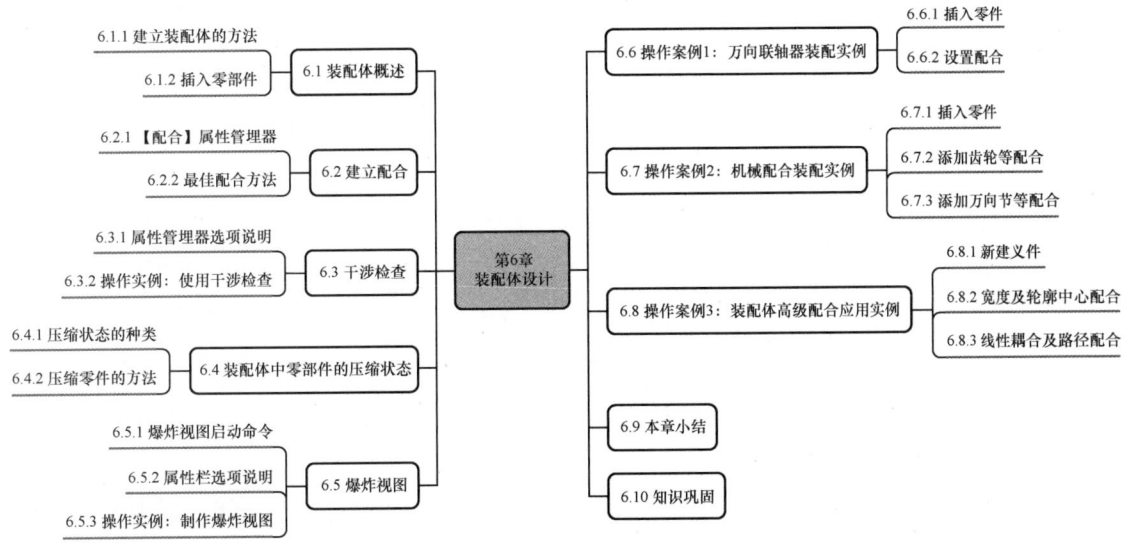

6.1 装配体概述

SOLIDWORKS 可以生成由多个零部件组成的复杂装配体，这些零部件可以是零件，也可以是其他装配体（被称为子装配体）。对于大多数操作而言，零件和装配体的行为方式是相同的。当在 SOLIDWORKS 中打开装配体文件时，将自动查找零部件文件以便在装配体中显示，同时零部件的更改将自动反映在装配体中。

6.1.1 建立装配体的方法

（1）"自下而上"设计法。"自下而上"设计法是比较传统的方法，先设计并建立三维模型，然后将其插入装配体中，再使用配合定位零部件。如果需要更改零部件，必须单独编辑零部件，但零部件的更改可以反映在装配体中。"自下而上"设计法对于先前制造、现售的零部件，以及如金属器件、皮带轮、电动机等标准零部件而言属于理想的方法。这些零部件不根据装配体的改变而更改其形状和大小，除非选择不同的零部件。

（2）"自上而下"设计法。在"自上而下"设计法中，零部件的形状、大小及位置可以在装配体中进行设计。"自上而下"设计法的优点是在发生设计更改时变动更少，零部件根据所生成的方法而自动更新。可以在零部件的某些特征、完整零部件或者整个装配体中使用"自上而下"设计法。设计师通常在实践中使用"自上而下"设计法对装配体进行整体布局，并捕捉装配体特定的自定义零部件的关键环节。

6.1.2 插入零部件

选择【文件】|【新建】菜单命令，在弹出的对话框中单击【装配体】按钮，进入装配体状态。选择【插入】|【零部件】|【现有零件/装配体】菜单命令，弹出图 6-1 所示的【插入零部件】属性管理器。常用选项介绍如下。

（1）单击【要插入的零件/装配体】选项组中的【浏览】按钮可以打开现有零件文件。

（2）【选项】选项组。
- 【生成新装配体时开始命令】复选框：当生成新装配体时，勾选此复选框可以打开相关属性以便进行设置。
- 【图形预览】复选框：在绘图区域中生成所选文件的预览。
- 【使成为虚拟】复选框：使零部件成为虚拟零件。

在绘图区域中单击，将零件添加到装配体。在默认情况下，装配体中的第一个零部件是固定的，但是可以随时使之浮动。

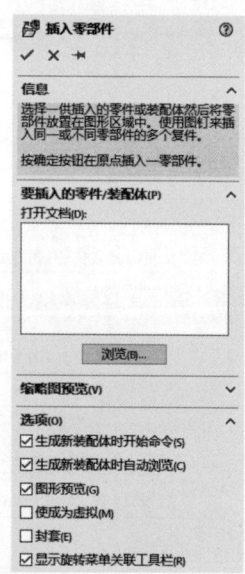

图 6-1 【插入零部件】属性管理器

6.2 建立配合

配合是指在装配体零部件之间生成几何关系。在添加配合，定义零部件线性或旋转运动所允许的方向后，可在其自由度之内移动零部件，从而直观地显示装配体的行为。

6.2.1 【配合】属性管理器

单击装配体工具栏中的 【配合】按钮，或者选择菜单栏中【插入】|【配合】命令，弹出【配合】属性管理器，如图 6-2 所示。常用选项介绍如下。

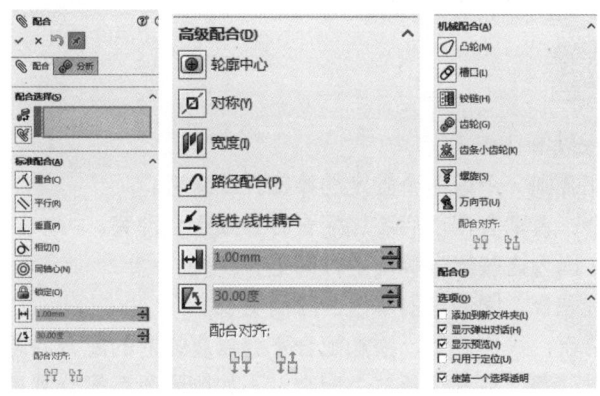

图 6-2 【配合】属性管理器

(1)【配合选择】选项组。

- 【要配合的实体】选项：选择要配合的面、边线、基准面等。
- 【多配合模式】选项：以单一模式将多个零部件与一个普通参考进行配合。

(2)【标准配合】选项组。

- 【重合】选项：将所选面、边线及基准面定位，这样它们共享同一个基准面。
- 【平行】选项：放置所选实体，这样它们彼此间保持等间距。
- 【垂直】选项：将所选实体以垂直方式放置。
- 【相切】选项：将所选实体以彼此间相切放置。
- 【同轴心】选项：将所选实体放置于共享同一中心线。
- 【锁定】选项：保持两个零部件之间的相对位置和方向。
- 【距离】文本框：将所选实体以彼此间指定的距离放置。
- 【角度】文本框：将所选实体以彼此间指定的角度放置。

(3)【高级配合】选项组。

- 【轮廓中心】选项：将矩形和圆形轮廓的中心对齐，并完全定义组件。
- 【对称】选项：使两个相同实体绕基准面或平面对称。
- 【宽度】选项：将两个零件所选择面的中心对称面对齐。
- 【路径配合】选项：将零部件上所选的点约束到路径。
- 【线性/线性耦合】选项：在一个零部件的平移和另一个零部件的平移之间生成几何关系。
- 【距离限制】文本框：允许零部件在距离配合的一定数值范围内移动。
- 【角度限制】文本框：允许零部件在角度配合的一定数值范围内移动。

(4)【机械配合】选项组。

- 【凸轮】选项：使圆柱、基准面或点与一系列相切的拉伸特征重合或相切。
- 【槽口】选项：使滑块在槽口中滑动。
- 【铰链】选项：将两个零部件之间的移动限制在一定的旋转范围内。

- 【齿轮】选项：使两个零件按照齿轮的传动方式运动。
- 【齿条小齿轮】选项：一个零件的线性平移引起另一个零件的旋转。
- 【螺旋】选项：将两个零部件约束为同心，还在一个零部件的旋转和另一个零部件的平移之间添加纵倾几何关系。
- 【万向节】选项：一个零部件绕其轴的旋转是由另一个零部件绕其轴的旋转驱动的。

6.2.2 最佳配合方法

使用配合时，要注意以下几点。
- 将所有零部件配合到一个或两个固定的零部件或参考。
- 不生成环形配合，否则会在以后添加配合时导致配合冲突。
- 避免冗余配合，因为这些配合解出的时间更长。
- 尽量少使用限制配合，因为它们解出的时间更长。
- 一旦出现配合错误，尽快修复，添加配合不会修复先前的配合问题。
- 如果零部件引起问题，与其诊断每个配合，不如删除所有配合并重新创建。

6.3 干涉检查

在一个复杂的装配体中，如果通过视觉检查零部件之间是否存在干涉的情况是一件困难的事情，可借助 SOLIDWORKS 中的干涉检查。

单击【评估】工具栏中的 【干涉检查】按钮，或者选择【工具】|【评估】|【干涉检查】菜单命令，弹出如图 6-3 所示的【干涉检查】属性管理器。

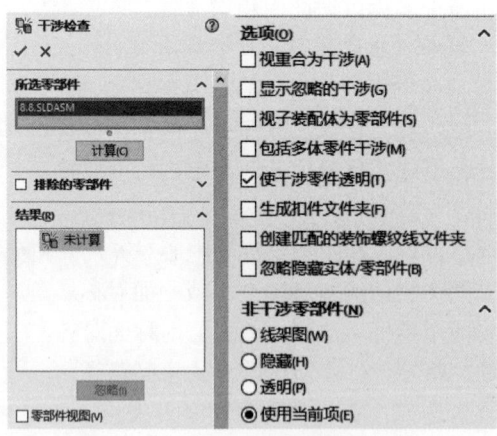

图 6-3 【干涉检查】属性管理器

6.3.1 属性管理器选项说明

（1）【所选零部件】选项组。
- 【所选部件】选择框：显示为干涉检查所选择的零部件。

- 【计算】按钮：单击此按钮，检查干涉情况。

(2)【结果】选项组。
- 【忽略】、【解除忽略】按钮：为所选干涉在忽略和解除忽略模式之间进行转换。
- 【零部件视图】复选框：按照零部件名称而非干涉标号显示干涉。

6.3.2 操作实例：使用干涉检查

通过下列操作步骤，简单练习使用干涉检查的方法。

(1) 打开【配套数字资源 \ 第 6 章 \ 基本功能 \6.3.2】的实例素材文件。

(2) 单击【评估】工具栏中的【干涉检查】按钮，或选择【工具】|【评估】|【干涉检查】菜单命令，弹出属性管理器。

(3) 单击【计算】按钮，此时在【结果】选项组中显示检查结果，如图 6-4 所示。

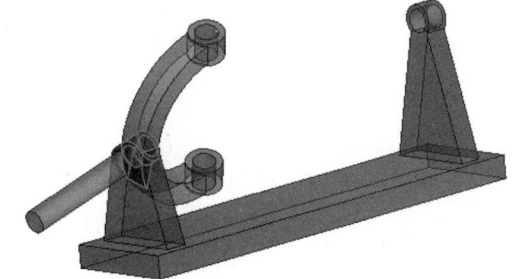

图 6-4　干涉检查结果

6.4 装配体中零部件的压缩状态

根据某段时间内的工作范围可以指定合适的零部件压缩状态，这样可以减少工作时装入和计算的数据量，使装配体的显示和重建速度更快，也更有利于装配体使用系统资源。

6.4.1 压缩状态的种类

装配体中的零部件共有 3 种压缩状态。

1. 还原

还原是装配体中零部件的正常状态。完全还原的零部件会完全装入内存，可以使用所有功能及模型数据，并可以完全访问、选取、参考、编辑，以及在配合中使用其实体。

2. 压缩

(1) 可以使用压缩状态暂时将零部件从装配体中移除（而不是删除）。压缩的零部件不装入内存，也不再是装配体中有功能的部分，用户既无法看到压缩的零部件，也无法选择这个零部件的实体。

(2) 压缩的零部件将从内存中移除，因此装入速度、重建模型速度和显示性能均有提高。由于减小了复杂程度，其余零部件的计算速度会更快。

(3) 压缩的零部件包含的配合关系也被压缩，因此装配体中零部件的位置可能变为"欠定义"。

3. 轻化

用户可以在装配体中激活的零部件被完全还原或者轻化时装入装配体，零件和子装配体都可以被轻化。

（1）当零部件被完全还原时，其所有模型数据均被装入内存。

（2）当零部件被轻化时，只有部分模型数据被装入内存，其余的模型数据根据需要被装入内存。

零部件的完整模型数据只有在需要时才被装入内存，所以轻化的零部件的效率很高。只有受当前编辑进程中所做更改影响的零部件才被完全还原，可以对轻化的零部件不还原而进行多项装配体操作，包括添加（或者移除）配合、干涉检查、边线选择、零部件选择、碰撞检查、插入装配体特征、插入注解、插入测量、标注尺寸、显示截面属性、显示装配体参考几何体、显示质量属性、插入剖面视图、插入爆炸视图、物理模拟、高级显示（或者隐藏）零部件等。零部件压缩状态的比较如表 6-1 所示。

表 6-1 零部件压缩状态的比较

项目	还原	轻化	压缩	隐藏
存入内存	是	部分	否	是
可见	是	是	否	否
在特征管理器设计树中可以使用的特征	是	否	否	否
可以添加配合关系的面和边线	是	是	否	否
解出的配合关系	是	是	否	是
解出的关联特征	是	是	否	是
解出的装配体特征	是	是	否	是
在整体操作时考虑	是	是	否	是
可以在关联中编辑	是	是	否	否
装入和重建模型的速度	正常	较快	较快	正常
显示速度	正常	正常	较快	较快

6.4.2 压缩零件的方法

压缩零件的方法如下所述。

（1）在装配体界面中，在特征管理器设计树中右击零部件名称，或者在绘图区域中单击零部件。

（2）在弹出的菜单中选择【压缩】命令，被选择的零部件将被压缩，在绘图区域中该零件将被隐藏。

6.5 爆炸视图

在制作装配体时，经常需要分离装配体中的零部件以形象地分析零部件之间的相互关系。装配体的爆炸视图可以分离装配体中的零部件以便查看。一个爆炸视图由一个或者多个爆炸步骤组成，每一个爆炸视图都保存在所生成的装配体配置中，而每一个装配体配置都可以有一个爆炸视图。在爆炸视图中可以进行如下操作。

（1）自动将零部件制成爆炸视图。
（2）附加新的零部件到另一个零部件的现有爆炸步骤中。
（3）如果子装配体有爆炸视图，则可以在更高级别的装配体中重新使用此爆炸视图。

6.5.1 爆炸视图启动命令

单击【装配体】工具栏中的 【爆炸视图】按钮，或者选择【插入】|【爆炸视图】菜单命令，弹出【爆炸】属性管理器，如图 6-5 所示。

6.5.2 属性栏选项说明

1.【爆炸步骤】选项组

【爆炸步骤】选择框：爆炸到单一位置的一个或者多个所选零部件。

2.【添加阶梯】选项组

- 【爆炸步骤的零部件】选择框：显示当前爆炸步骤所选的零部件。
- 【爆炸方向】选择框：显示当前爆炸步骤所选的方向。
- 【反向】按钮：改变爆炸的方向。
- 【爆炸距离】文本框：设置当前爆炸步骤零部件移动的距离。
- 【角度】文本框：设置当前爆炸步骤零部件移动的角度。

6.5.3 操作实例：制作爆炸视图

通过下列操作步骤，简单练习制作爆炸视图的方法。
（1）打开【配套数字资源\第 6 章\基本功能\6.5.3】的实例素材文件，如图 6-6 所示。

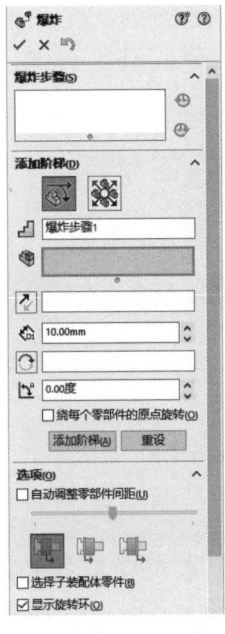

图 6-5 【爆炸】属性管理器

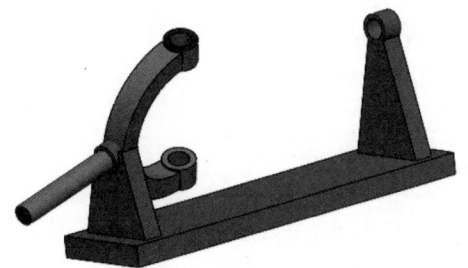

图 6-6 装配体

（2）单击【装配体】工具栏中的 【爆炸视图】按钮，或选择【插入】|【爆炸视图】菜单命令，弹出属性管理器。

（3）按图 6-7 进行参数设置。单击【添加阶梯】按钮，绘图区域中出现预览，再单击 【确定】按钮，显示装配体的爆炸视图，如图 6-8 所示。

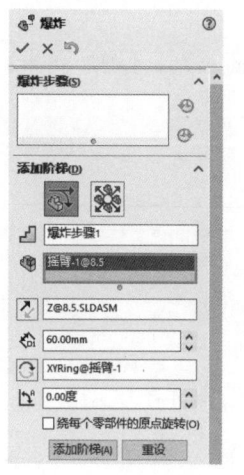
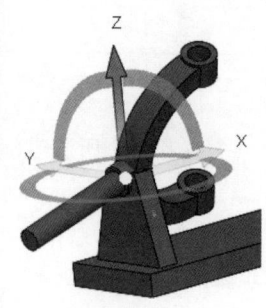

图 6-7　设置爆炸参数　　　　　　图 6-8　显示装配体爆炸视图

6.6 操作案例1：万向联轴器装配实例

操作案例
视频

【学习要点】本节介绍万向节模型的装配过程，模型如图 6-9 所示。

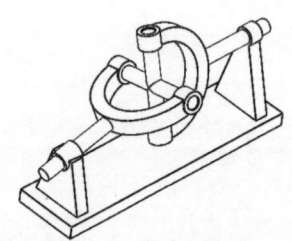

图 6-9　万向节模型

【案例思路】使用插入零件命令将零件装入装配体；使用同轴心配合约束圆柱面；使用重合配合约束零件的平面；使用距离配合约束端面的距离。

【案例所在位置】配套数字资源 \ 第 6 章 \ 操作案例 \6.6。

下面将介绍具体步骤。

6.6.1　插入零件

（1）启动 SOLIDWORKS，单击【标准】工具栏中的 【新建】按钮，弹出【新建 SOLIDWORKS 文件】对话框，单击【装配体】按钮，如图 6-10 所示，单击【确定】按钮。

（2）弹出【开始装配体】属性管理器，单击【浏览】按钮，在配套数字资源中选择【配套数字资源\第6章\实例文件\底座】，单击【打开】按钮，如图6-11所示，单击【确定】按钮。在绘图区域中单击以放置零件。

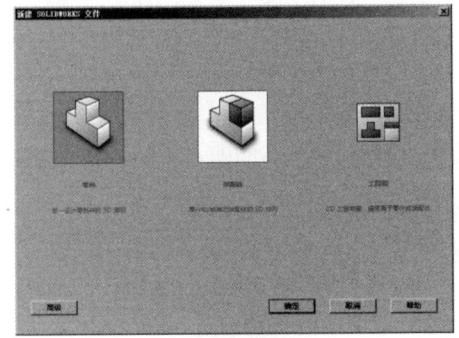

图6-10　新建装配体

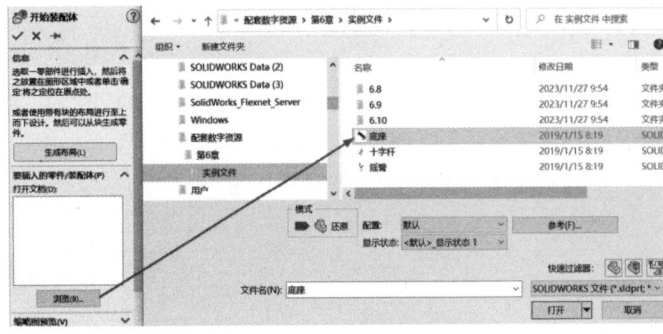

图6-11　插入零件

（3）单击【装配体】工具栏中的 【插入零部件】按钮，将装配体所需所有零件放置在绘图区域中，如图6-12所示。

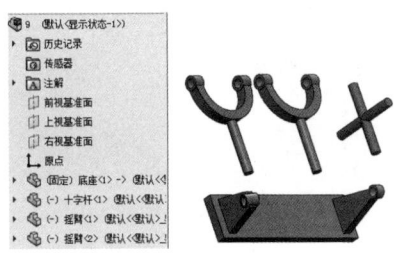

图6-12　插入所有零件

 注意

可以使用 Ctrl+Tab 组合键循环进入在 SOLIDWORKS 中打开的文件。

6.6.2　设置配合

（1）为了便于进行配合，将零部件进行旋转。单击【装配体】工具栏中的 【移动零部件】右侧的 下拉按钮，选择 【旋转零部件】选项，弹出【旋转零部件】属性管理器，旋转至合适位置后，单击 【确定】按钮，如图6-13所示。

图6-13　旋转零部件

> **注意**
>
> 使用方向键可以旋转模型。按 Ctrl 键加方向键可以移动模型。按 Alt 键加方向键可以将模型沿顺时针或逆时针方向旋转。

（2）单击【装配体】工具栏中的【配合】按钮，弹出属性管理器。选择【标准配合】选项组下的◎【同轴心】选项，在【要配合的实体】选择框中选择如图 6-14 所示的面，其他保持默认，单击✓【确定】按钮，完成同轴心配合。

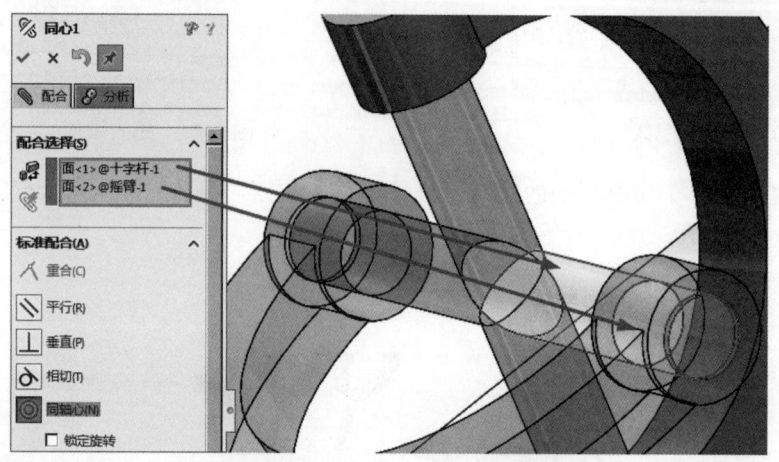

图 6-14　同轴心配合（1）

（3）单击【装配体】工具栏中的【配合】按钮，弹出属性管理器。选择【标准配合】选项组下的◎【同轴心】选项，在【要配合的实体】选择框中选择如图 6-15 所示的面，其他保持默认，单击✓【确定】按钮，完成同轴心配合。

（4）选择【标准配合】选项组下的◎【同轴心】选项，在【要配合的实体】选择框中选择如图 6-16 所示的面，其他保持默认，单击✓【确定】按钮，完成同轴心配合。

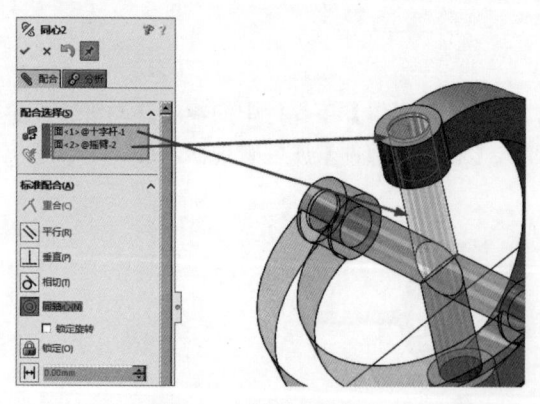 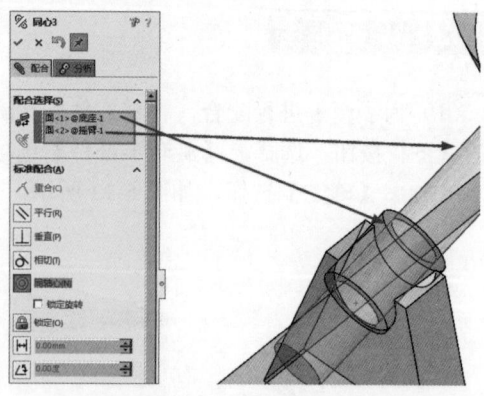

图 6-15　同轴心配合（2）　　　　　图 6-16　同轴心配合（3）

（5）选择【标准配合】选项组下的◎【同轴心】选项，在【要配合的实体】选择框中选择如图 6-17 所示的面，其他保持默认，单击✓【确定】按钮，完成同轴心配合。

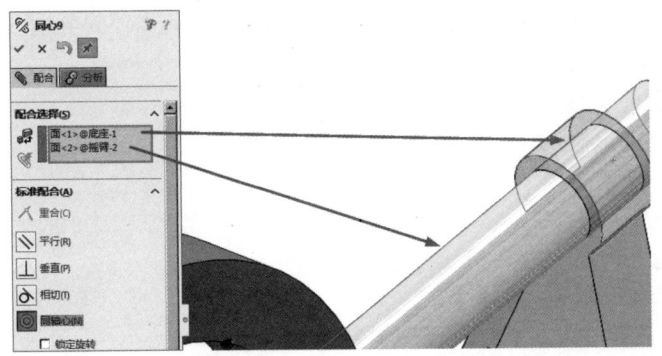

图 6-17　同轴心配合（4）

（6）选择【标准配合】选项组下的【距离】选项，在【要配合的实体】选择框中选择如图 6-18 所示的面，在【距离】文本框中输入【15.00mm】，其他保持默认，单击【确定】按钮，完成距离配合。

至此，完成装配体配合，如图 6-19 所示。

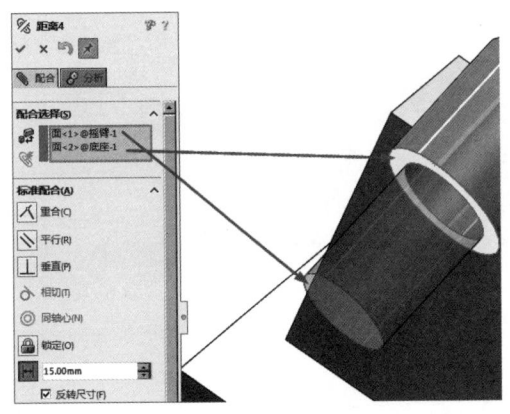

图 6-18　距离配合

图 6-19　完成装配体配合

6.7　操作案例 2：机械配合装配实例

【学习要点】本节将为一个机构添加机械配合，装配体模型如图 6-20 所示。

操作案例视频

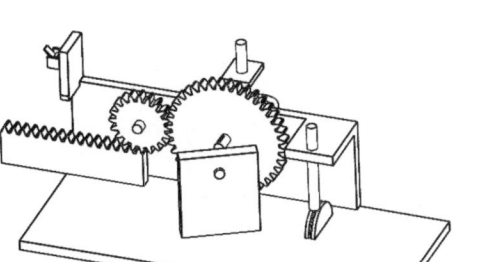

图 6-20　装配体模型

【案例思路】使用插入零件命令将零件装入装配体，在传动零件间分别设置齿轮配合、铰链配合、凸轮配合和万向节配合。

【案例所在位置】配套数字资源 \ 第 6 章 \ 操作案例 \6.7。

下面将介绍具体步骤。

6.7.1　插入零件

（1）启动 SOLIDWORKS，选择【文件】|【新建】命令，弹出【新建 SOLIDWORKS 文件】对话框，单击【装配体】按钮，单击 【确定】按钮。

（2）在【开始装配体】属性管理器中单击【浏览】按钮，选择【配套数字资源 \ 第 6 章 \ 实例文件 \6.9\ 机架】，如图 6-21 所示，单击【打开】按钮，再单击【确定】按钮。

（3）在绘图区域中单击将机架放在合适的位置，如图 6-22 所示。

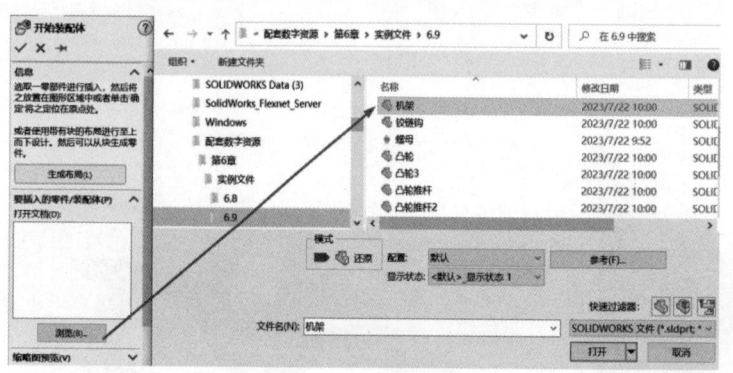

图 6-21　添加机架　　　　　　　　　图 6-22　放置机架

> **注意**
>
> 装配体中所放入的第一个零部件会默认固定。若要移动它，在该零部件上单击鼠标右键，并选择浮动选项。

（4）单击【装配体】工具栏中的 【插入零部件】按钮，弹出【插入零部件】属性管理器，单击【浏览】按钮，选择【配套数字资源 \ 第 6 章 \ 实例文件 \6.9\ 推杆 1】，单击 【确定】按钮。

（5）插入推杆 1 后的结果如图 6-23 所示。

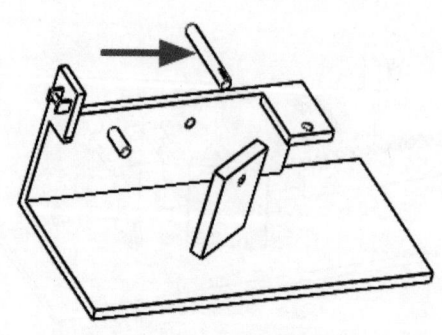

图 6-23　插入推杆后

6.7.2 添加齿轮等配合

（1）单击【装配体】工具栏中的 【配合】按钮，弹出属性管理器。在 【要配合的实体】文本框中选择机架的圆柱面和推杆的圆柱面，【标准配合】选项组中会自动选择【同轴心】选项，如图 6-24 所示。

（2）单击 【确定】按钮后完成同轴心配合。

（3）选择【高级配合】选项组下 【对称】选项，在 【要配合的实体】文本框中选择推杆的两个端面，在【对称基准面】文本框中选择机架的内表面，如图 6-25 所示，单击 【确定】按钮后完成对称配合。

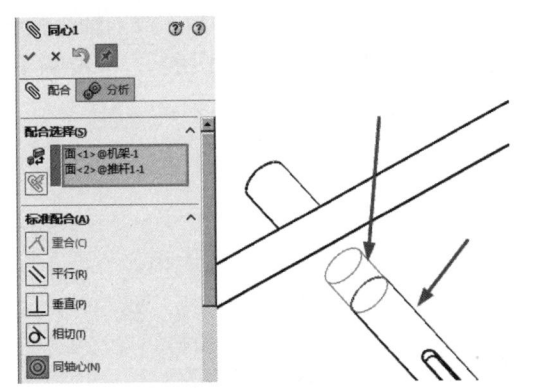

图 6-24 选择同轴心配合实体　　　　图 6-25 选择对称配合实体

（4）单击【装配体】工具栏中的 【插入零部件】按钮，弹出【插入零部件】属性管理器，单击【浏览】按钮，选择【配套数字资源\第 6 章\实例文件\6.9\小齿轮】，单击 【确定】按钮，添加一个小齿轮，如图 6-26 所示。

（5）单击【装配体】工具栏中的 【插入零部件】按钮，弹出【插入零部件】属性管理器，单击【浏览】按钮，选择【配套数字资源\第 6 章\实例文件\6.9\大齿轮】，单击 【确定】按钮，添加一个大齿轮，如图 6-27 所示。

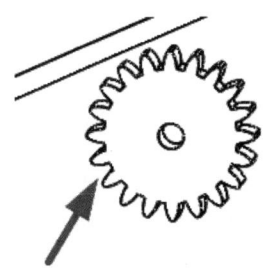 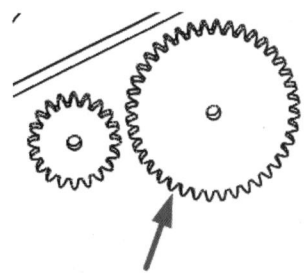

图 6-26 添加小齿轮　　　　图 6-27 添加大齿轮

（6）单击【装配体】工具栏中的 【配合】按钮，弹出属性管理器。在 【要配合的实体】选择框中选择两个齿轮的面，此时【标准配合】选项组中自动选择【重合】选项，如图 6-28 所示，单击 【确定】按钮后完成面与面的重合配合。

（7）在 【要配合的实体】选择框中选择小齿轮的内孔面和机架的一个圆柱面，此时【标准配合】选项组中自动选择【同轴心】选项，如图 6-29 所示，单击 【确定】按钮后完成同轴心配合。

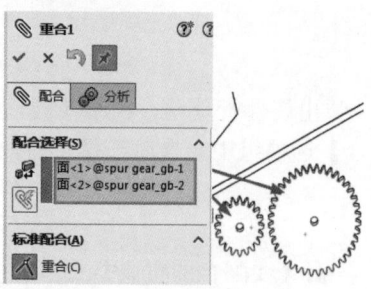

图 6-28 选择两个面（1）

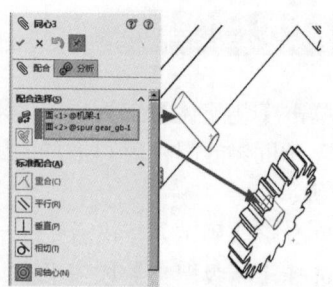

图 6-29 选择两个面（2）

（8）在 【要配合的实体】选择框中选择大齿轮的内孔面和推杆的一个圆柱面，此时【标准配合】选项组中自动选择【同轴心】选项，如图 6-30 所示，单击 【确定】按钮后完成同轴心配合。

（9）在【高级配合】选项组中选择 【宽度】选项，各个面的选择如图 6-31 所示，单击 【确定】按钮后完成宽度配合。

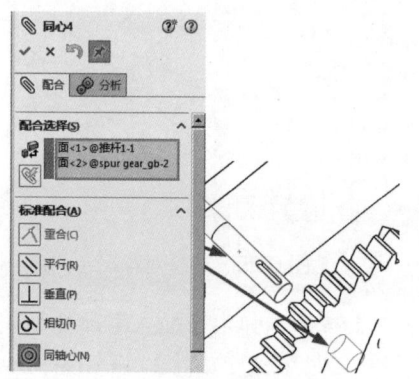

图 6-30 选择两个面（3）

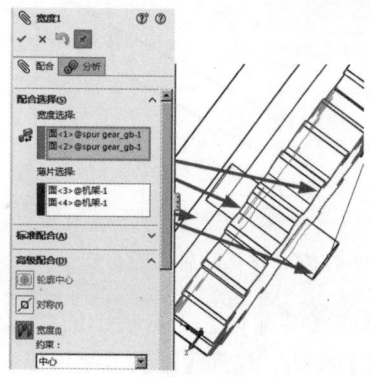

图 6-31 选择 4 个面

（10）在【机械配合】选项组中选择 【齿轮】选项，选择齿轮内圆的两条边线，如图 6-32 所示，单击 【确定】按钮后完成齿轮配合。

（11）在【标准配合】选项组中选择 【锁定】选项，选择大齿轮和推杆，如图 6-33 所示，单击 【确定】按钮后完成锁定配合，锁定之后齿轮和推杆将一起转动。

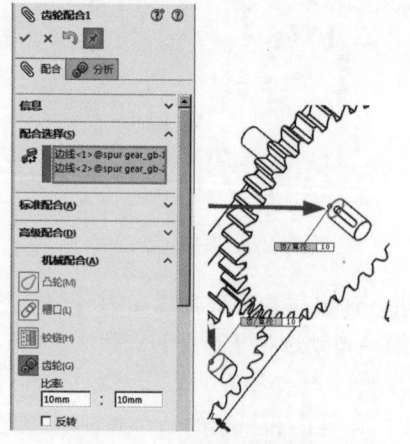

图 6-32 选择两条边线

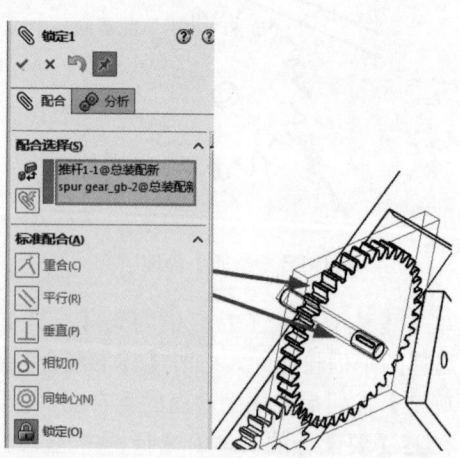

图 6-33 选择大齿轮和推杆

（12）单击【装配体】工具栏中的 【插入零部件】按钮，弹出【插入零部件】属性管理器，单击【浏览】按钮，选择【配套数字资源\第6章\实例文件\6.9\齿条】，单击 【确定】按钮，添加一个齿条，如图6-34所示。

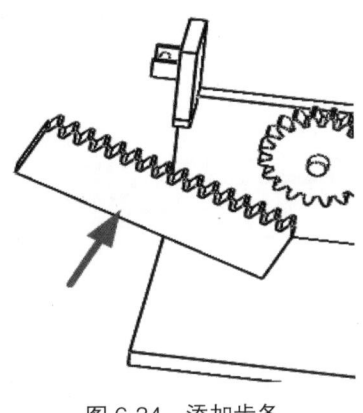

图6-34　添加齿条

> **注意**
> 如果将一个零件拖动到装配体的特征管理器设计树中，它将以重合零件和装配体的原点方式放置，并且零件的各默认基准面将与装配体各默认基准面对齐。

（13）单击【装配体】工具栏中 【配合】按钮，弹出属性管理器。在 【要配合的实体】选择框中选择齿条的底面和机架底板的上表面，此时【标准配合】选项组中自动选择【重合】选项，如图6-35所示，单击 【确定】按钮后完成面与面的重合配合。

（14）单击选择【装配体】工具栏中 【配合】按钮，弹出属性管理器。在 【要配合的实体】选择框中选择齿条的外侧面和小齿轮的外侧面，此时【标准配合】选项组中自动选择【重合】选项，如图6-36所示，单击 【确定】按钮后完成面与面的重合配合。

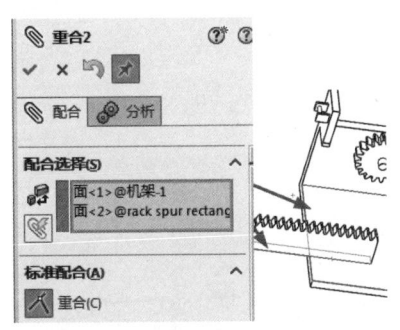

图6-35　选择两个面（4）

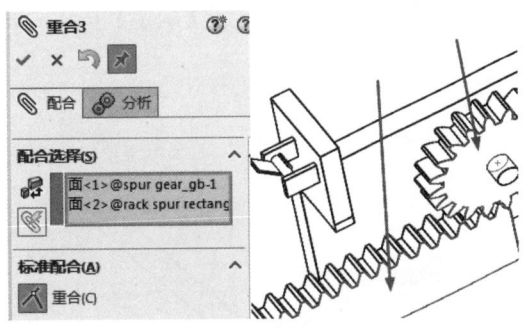

图6-36　选择两个面（5）

（15）在【机械配合】选项组中选择 【齿条小齿轮】选项，在【配合】选项卡的 【齿条】选择框中选择齿条的边线，在【小齿轮/齿轮】选择框中选择齿轮的边线，单击 【确定】按钮后完成齿条小齿轮的配合，如图6-37所示。

（16）单击【装配体】工具栏中 【配合】按钮，弹出属性管理器。在【高级配合】选项组中的 【距离】文本框中输入【68.84503671mm】，在 【最大距离】文本框输入【100.00mm】；在

【最小距离】文本框输入【30.00mm】，在 【要配合的实体】选择框中选择齿条的右侧面和机架的一个面，如图6-38所示，单击 【确定】按钮后完成距离配合，拖曳活动钳身可在该距离范围内活动。

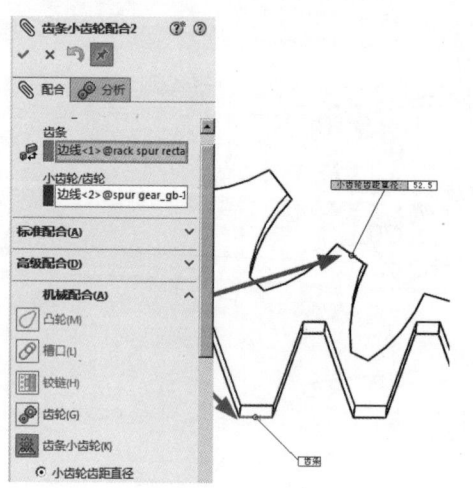

图6-37　选择边线　　　　　　　图6-38　选择距离配合实体

（17）单击【装配体】工具栏中的 【插入零部件】按钮，弹出【插入零部件】属性管理器，单击【浏览】按钮，选择【配套数字资源\第6章\实例文件\6.9\铰链钩】，单击 【确定】按钮。

（18）单击【装配体】工具栏中 【配合】按钮，弹出属性管理器。在【机械配合】选项组中选择 【铰链】选项，在 【同轴心选择】选择框中选择机架上的圆柱面和铰链钩内凹面，在 【重合选择】选择框中选择机架上的一个面和铰链钩一个面，如图6-39所示，单击 【确定】按钮后完成铰链配合。

（19）单击【装配体】工具栏中 【配合】按钮，弹出属性管理器。在【高级配合】选项组中 【角度】文本框中输入【135.00度】。在 【最大角度】文本框中输入【135.00度】，在 【最小角度】文本框中输入【45.00度】，在 【要配合的实体】选择框中选择铰链钩的内表面和机架的一个面，如图6-40所示，单击 【确定】按钮后完成角度配合。

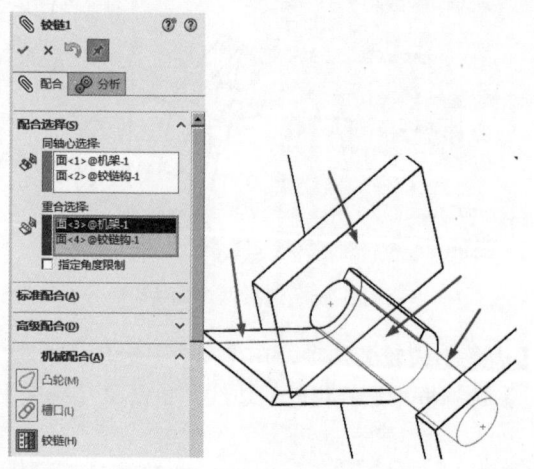 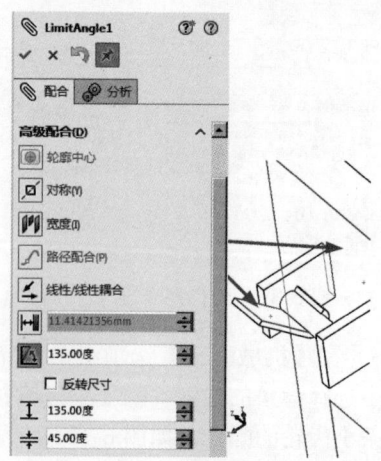

图6-39　选择重合配合实体　　　　　　　图6-40　选择角度配合实体

6.7.3 添加万向节等配合

（1）单击【装配体】工具栏中的 【插入零部件】按钮，弹出属性管理器，单击【浏览】按钮，选择【配套数字资源\第6章\实例文件\6.9\万向节杆】，单击【打开】按钮，再单击 【确定】按钮。

（2）单击【装配体】工具栏中的 【配合】按钮，弹出属性管理器。在 【要配合的实体】选择框中选择机架中孔的圆柱面和万向节杆的圆柱面，在【标准配合】选项组中会自动选择【同轴心】选项，如图 6-41 所示，单击 【确定】按钮后完成同轴心配合。

（3）单击【装配体】工具栏中的 【配合】按钮，弹出属性管理器。在【标准配合】选项组中的 【距离】文本框中输入【23.00mm】，在 【要配合的实体】选择框中选择机架的一个面和万向节杆的一个面，如图 6-42 所示，单击 【确定】按钮后完成距离配合。

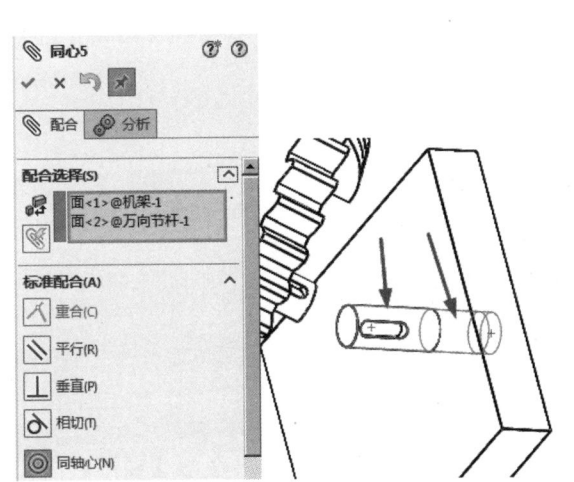

图 6-41 选择同轴心配合实体（1）

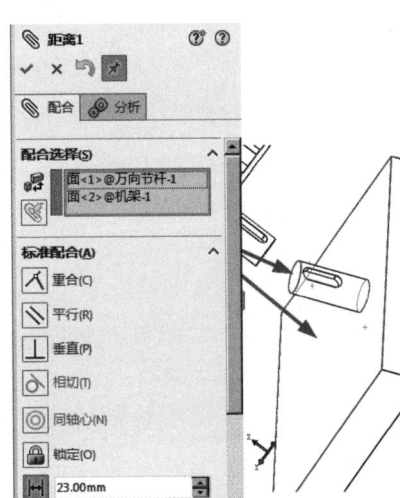

图 6-42 选择距离配合实体

（4）单击【装配体】工具栏中的 【配合】按钮，弹出属性管理器。在【机械配合】选项组中选择 【万向节】选项，在 【要配合的实体】选择框中选择推杆的圆柱面和万向节杆的圆柱面，如图 6-43 所示，单击 【确定】按钮后完成万向节配合。

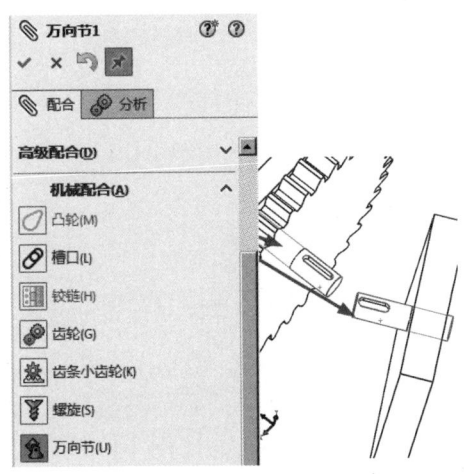

图 6-43 选择万向节配合实体

> **注意**
>
> 使用 Z 键来缩小模型或使用 Shift+Z 组合键来放大模型。

（5）单击【装配体】工具栏中的 【插入零部件】按钮，弹出属性管理器，单击【浏览】按钮，选择【配套数字资源 \ 第 6 章 \ 实例文件 \6.9\ 支撑板】，单击【打开】按钮，再单击 【确定】按钮，在机架的合适位置固定该支撑板。

（6）单击【装配体】工具栏中的 【插入零部件】按钮，弹出属性管理器，单击【浏览】按钮，选择【配套数字资源 \ 第 6 章 \ 实例文件 \6.9\ 凸轮推杆 2】，单击【打开】按钮，再单击 【确定】按钮。

（7）插入凸轮推杆 2 后的结果如图 6-44 所示。

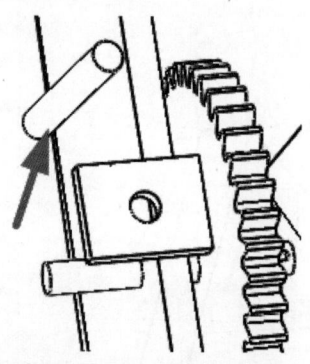

图 6-44 凸轮推杆 2

（8）单击【装配体】工具栏中的 【配合】按钮，弹出属性管理器。在 【要配合的实体】选择框中选择支撑板的圆柱孔面和凸轮推杆 2 的圆柱面，在【标准配合】选项组中会自动选择【同轴心】选项，如图 6-45 所示，单击 【确定】按钮后完成同轴心配合。

（9）单击【装配体】工具栏中的 【插入零部件】按钮，弹出【插入零部件】属性管理器，单击【浏览】按钮，选择【配套数字资源 \ 第 6 章 \ 实例文件 \6.9\ 凸轮】，单击【打开】按钮。

（10）插入凸轮后的结果如图 6-46 所示。

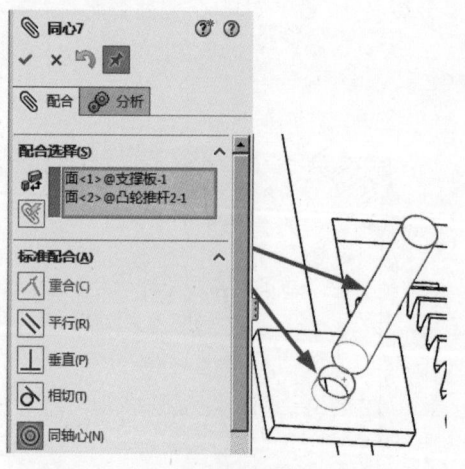

图 6-45 选择同轴心配合实体（2）

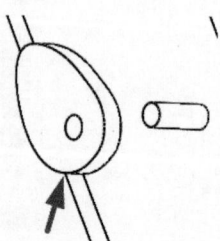

图 6-46 插入凸轮

(11)单击【装配体】工具栏中的 【配合】按钮,弹出属性管理器。在 【要配合的实体】选择框中选择推杆的圆柱面和凸轮的圆柱孔,在【标准配合】选项组中会自动选择【同轴心】选项,如图6-47所示,单击 【确定】按钮后完成同轴心配合。

(12)单击【装配体】工具栏中的 【配合】按钮,弹出属性管理器。在【标准配合】选项组中选择 【锁定】选项,在 【要配合的实体】选择框中选择凸轮和推杆,如图6-48所示,单击 【确定】按钮后完成锁定配合,锁定之后凸轮和推杆是一个整体。

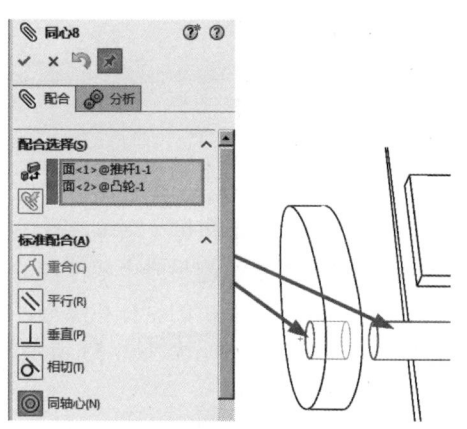 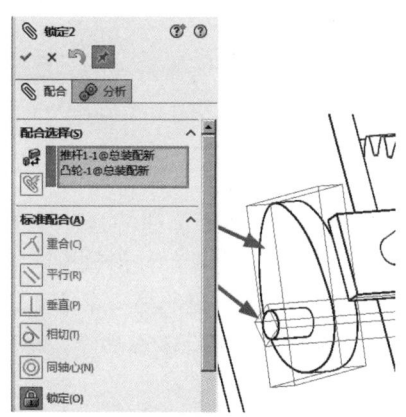

图6-47 选择同轴心配合实体(3)　　　　图6-48 选择凸轮和推杆

(13)单击【装配体】工具栏中的 【配合】按钮,弹出属性管理器。在【机械配合】选项组中选择 【凸轮】选项,在【凸轮槽】选择框中选择凸轮的柱面,在【凸轮推杆】选择框中选择凸轮推杆的下表面,如图6-49所示,单击 【确定】按钮后完成凸轮配合。

(14)单击【装配体】工具栏中的 【插入零部件】按钮,弹出【插入零部件】属性管理器,单击【浏览】按钮,选择【配套数字资源\第6章\实例文件\6.9\螺母】,单击【打开】按钮。

(15)单击【装配体】工具栏中 【配合】按钮,弹出属性管理器。在 【要配合的实体】选择框中选择推杆的圆柱面和螺母的圆柱面,在【标准配合】选项组中会自动选择【同轴心】选项,如图6-50所示,单击 【确定】按钮后完成同轴心配合。

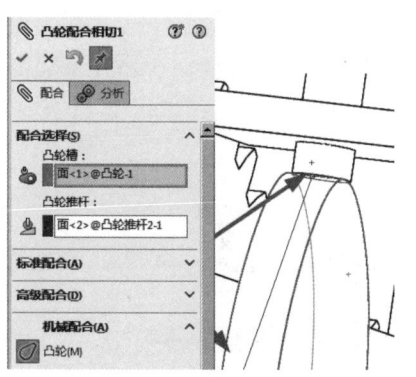 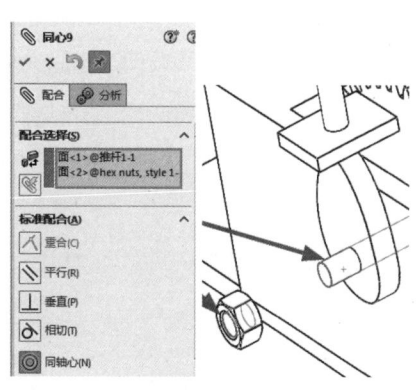

图6-49 选择凸轮配合实体　　　　图6-50 选择同轴心配合实体(4)

(16)单击【装配体】工具栏中的 【配合】按钮,弹出属性管理器。在【机械配合】选项组中选择 【螺旋】选项,在 【要配合的实体】选择框中选择推杆的圆柱面和螺母的边线,并设置【距离/圈数】为【1.00mm】,如图6-51所示,单击 【确定】按钮后完成螺旋配合。

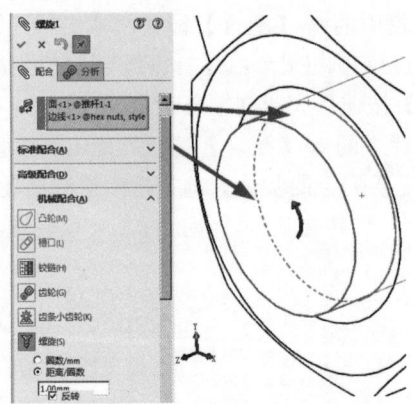

图 6-51 选择螺旋配合实体

（17）螺旋配合将两个零部件约束为同心，还在一个零部件的旋转和另一个零部件的平移之间添加纵倾几何关系。一个零部件沿轴方向的平移会根据纵倾几何关系引起另一个零部件的旋转。同样，一个零部件的旋转可引起另一个零部件的平移。对于添加螺旋配合后的推杆和螺母，推杆的旋转会引起螺母的平移，如图 6-52 所示；螺母的平移也会引起推杆的旋转，如图 6-53 所示。

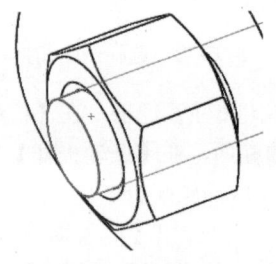

图 6-52 推杆旋转

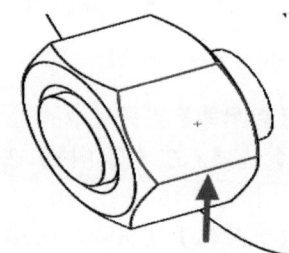

图 6-53 螺母平移

（18）单击【装配体】工具栏中的【插入零部件】按钮，弹出属性管理器，单击【浏览】按钮，选择【配套数字资源\第 6 章\实例文件\6.9\凸轮推杆】，单击【打开】按钮，再单击【确定】按钮。

（19）在【装配体】工具栏中单击【旋转零部件】按钮，将凸轮推杆旋转至合适的位置，如图 6-54 所示。

（20）单击【装配体】工具栏中【配合】按钮，弹出属性管理器。在【要配合的实体】选择框中选择机架的一个圆柱面和凸轮推杆的圆柱面，在【标准配合】选项组中会自动选择【同轴心】选项，如图 6-55 所示，单击【确定】按钮后完成同轴心配合。

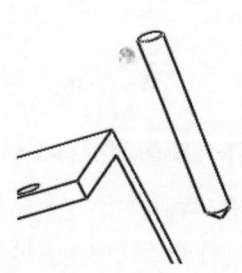

图 6-54 旋转凸轮推杆

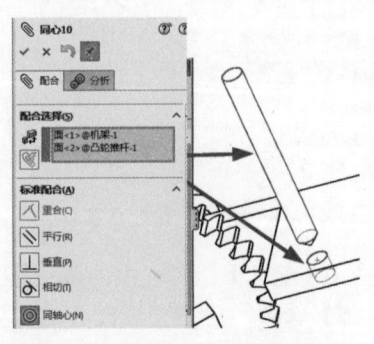

图 6-55 选择同轴心配合实体（5）

(21）单击【装配体】工具栏中的 【插入零部件】按钮，弹出属性管理器，单击【浏览】按钮，选择【配套数字资源\第 6 章\实例文件\6.9\凸轮 3】，单击【打开】按钮，再单击 【确定】按钮。

（22）插入凸轮 3 后的结果如图 6-56 所示。

（23）单击【装配体】工具栏中的 【配合】按钮，弹出属性管理器。在 【要配合的实体】选择框中选择机架上表面和凸轮 3 的下表面，此时【标准配合】选项组中自动选择【重合】选项，如图 6-57 所示，单击 【确定】按钮后完成面与面的重合配合。

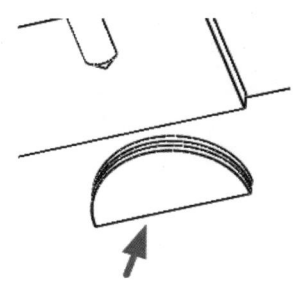

图 6-56　凸轮 3

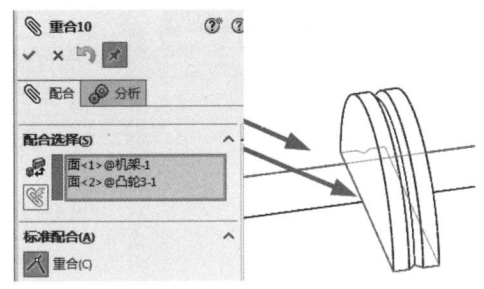

图 6-57　选择两个面

（24）单击【装配体】工具栏中的 【配合】按钮，弹出属性管理器。在 【要配合的实体】选择框中选择机架上表面和凸轮 3 的边线，此时【标准配合】选项组中自动选择【垂直】选项，如图 6-58 所示，单击【确定】按钮后完成线与面的垂直配合。

（25）单击【装配体】工具栏中的 【配合】按钮，弹出属性管理器。在【高级配合】选项组中选择 【路径配合】选项。在 【零部件顶点】文本框中选择凸轮推杆的一个顶点；在【路径选择】选择框中选择凸轮 3 的内凹线，如图 6-59 所示。

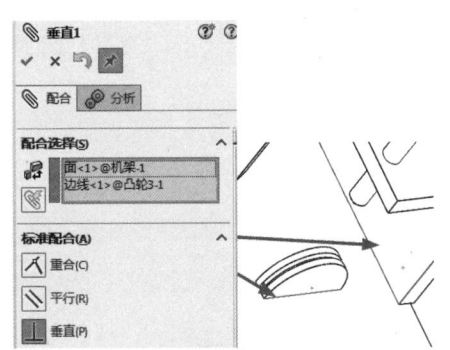

图 6-58　选择边线和面

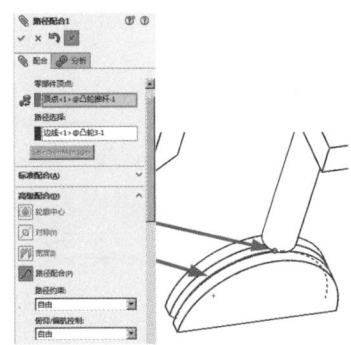

图 6-59　选择路径配合实体

（26）单击 【确定】按钮后完成路径配合。此时，凸轮推杆的顶点将沿着凸轮 3 的内凹线运动，其中初始位置如图 6-60 所示，运动后的位置如图 6-61 所示。

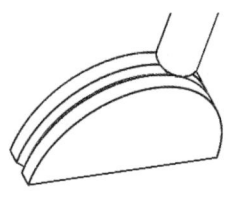

图 6-60　初始位置

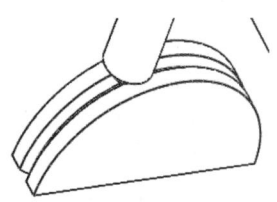

图 6-61　运动后的位置

（27）选择【工具】｜【评估】｜【干涉检查】菜单命令，弹出如图6-62所示的【干涉检查】属性管理器。在没有任何零件被选择的条件下，SOLIDWORKS将对整个装配体进行干涉检查。

（28）检查结果如图6-63所示。检查结果列在【结果】列表框中，装配体中存在6处干涉现象。

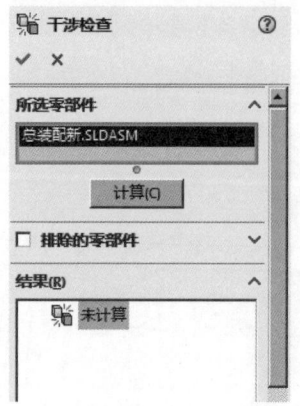 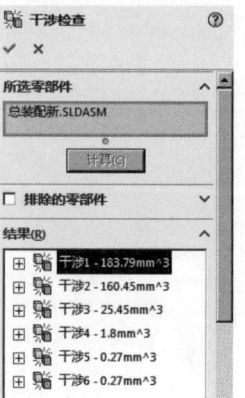

图6-62 【干涉检查】属性管理器　　　　图6-63 检查结果

（29）在【结果】列表框中选择一处干涉，可以在绘图区域中查看存在干涉的零件和部位，如图6-64所示。

（30）选择【工具】｜【评估】｜【质量属性】菜单命令，弹出【质量属性】窗口，系统将根据零件属性设置和装配体设置计算装配体的各种质量属性，如图6-65所示。

（31）绘图区域显示了装配体的重心位置，重心位置的坐标以装配体的原点为零点，如图6-66所示。单击【关闭】按钮完成计算。

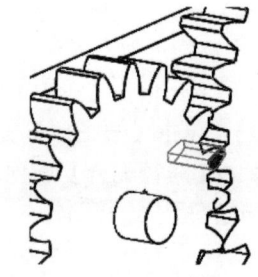

图6-64 存在干涉的零件和部位

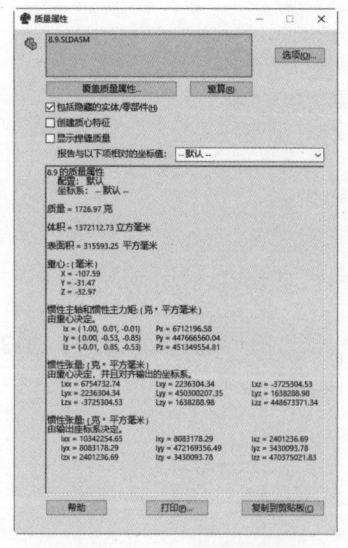 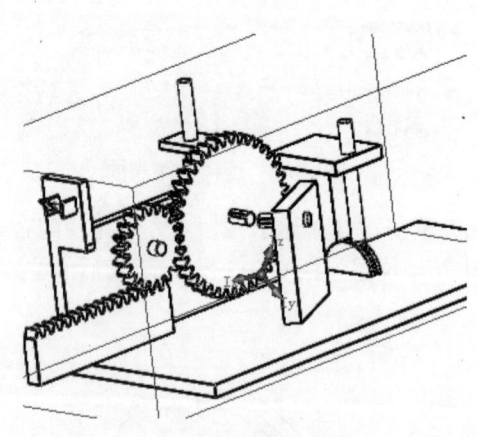

图6-65 计算质量属性　　　　图6-66 重心位置

（32）选择【工具】｜【评估】｜【性能评估】菜单命令，弹出【性能评估】对话框。在【性能评估】对话框中显示了零件或子装配体的统计信息，如图6-67所示。

（33）选择【文件】|【打包】菜单命令，弹出【Pac kand Go】对话框，如图6-68所示。在【保存到文件夹】文本框中指定要保存文件的目录，也可以单击【浏览】按钮查找目录。如果用户希望将打包的文件直接保存为压缩文件（*.zip），选中【保存到 Zip 文件】单选项，并指定压缩文件的名称和目录即可。

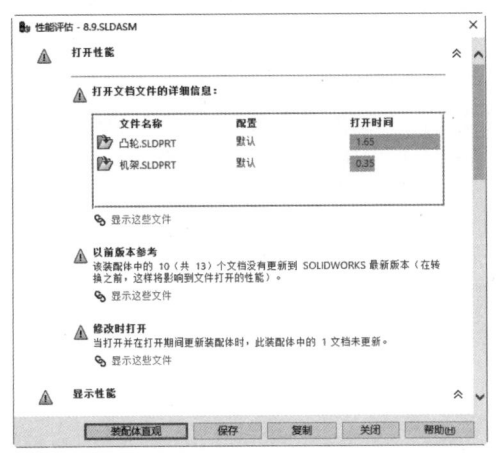

图 6-67　统计信息

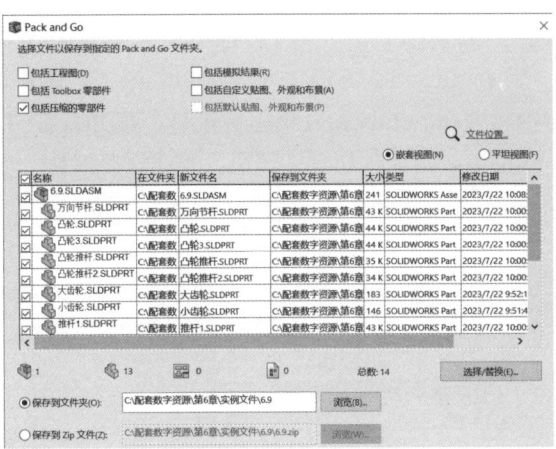

图 6-68　装配体文件打包

6.8　操作案例 3：装配体高级配合应用实例

操作案例视频

【学习要点】本节主要介绍配合中的高级配合的应用，装配体模型如图 6-69 所示。

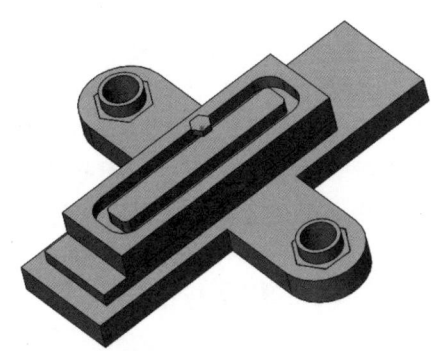

图 6-69　装配体模型

【案例思路】使用插入零件命令将零件装入装配体，在传动零件间分别添加宽度配合、轮廓中心配合、路径配合和线性耦合配合。

【案例所在位置】配套数字资源 \ 第 6 章 \ 操作案例 \6.8。

下面介绍具体步骤。

6.8.1　新建文件

（1）启动 SOLIDWORKS，单击【标准】工具栏中的【新建】按钮，弹出【新建 SOLIDWORKS

文件】对话框，单击【装配体】按钮，再单击【确定】按钮。

（2）弹出【插入零部件】属性管理器，单击【浏览】按钮，选择零件【1】，再单击【打开】按钮，单击✔【确定】按钮。选择【文件】|【另存为】菜单命令，弹出【另存为】对话框，在【文件名】文本框中输入装配体名称【高级配合应用】，单击【保存】按钮。

（3）右击零件【1】，在弹出的快捷菜单中选择【浮动】命令，此时零件由固定状态变为浮动状态，零件【1】前出现【(-)】图标，如图 6-70 所示。

（4）单击【装配体】工具栏中的◎【配合】按钮，弹出属性管理器，选择【标准配合】选项组中的△【重合】选项。单击▶图标，展开特征树，在◎【要配合的实体】选择框中选择如图 6-71 所示的前视基准轴和零件表面，其他保持默认，单击✔【确定】按钮，完成重合配合。

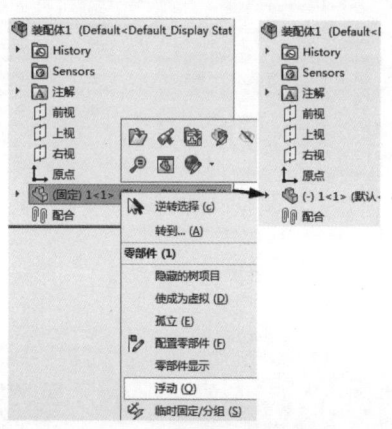

图 6-70　浮动基体零件

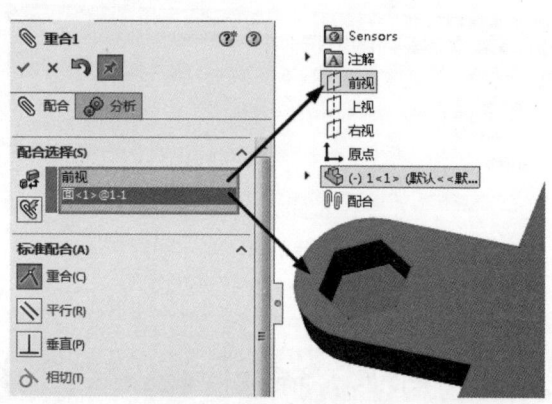

图 6-71　重合配合（1）

6.8.2　宽度及轮廓中心配合

（1）单击【装配体】工具栏中的❀【插入零部件】按钮，弹出【插入零部件】属性管理器。单击【浏览】按钮，选择零件【7】，单击【打开】按钮，在绘图区域合适位置单击，插入零件【7】，如图 6-72 所示。

（2）单击【装配体】工具栏中的◎【配合】按钮，弹出属性管理器，选择【标准配合】选项组中的△【重合】选项。单击▶图标，展开特征树，在◎【要配合的实体】选择框中选择如图 6-73 所示的零件表面，其他保持默认，单击✔【确定】按钮，完成重合配合。

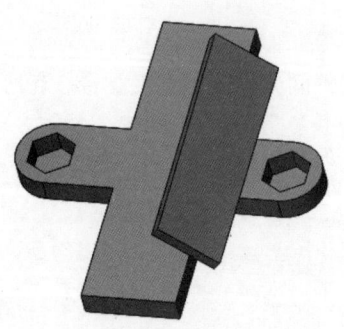

图 6-72　插入零件【7】

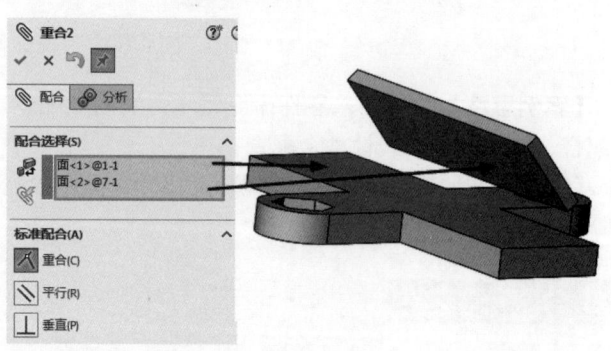

图 6-73　重合配合（2）

(3)在属性管理器中,选择【高级配合】选项组中的【宽度】选项,【约束】下拉列表框中选择【中心】。在【宽度选择】选择框中选择零件【1】的两个侧面,在【薄片选择】选择框中选择如图 6-74 所示的零件【7】的两个侧面,其他保持默认,单击【确定】按钮,完成宽度配合。

(4)单击【装配体】工具栏中的【插入零部件】按钮,弹出属性管理器。单击【浏览】按钮,选择子零件【2】,单击【打开】按钮,再单击【确定】按钮,在绘图区域的合适位置单击以插入零件【2】。重复插入零件【2】的步骤,再插入一个零件【2】,如图 6-75 所示。

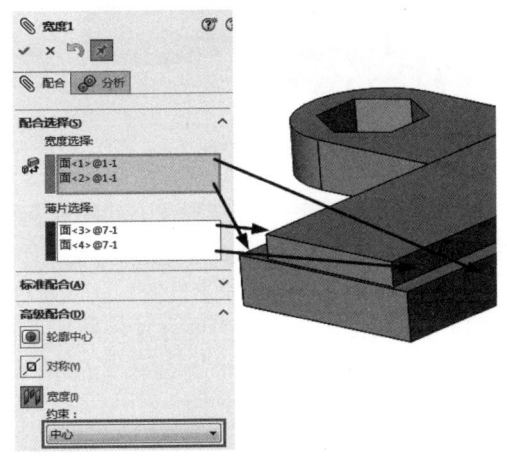

图 6-74　宽度配合　　　　　　　　　图 6-75　插入两个零件【2】

(5)单击【装配体】工具栏中的【配合】按钮,弹出属性管理器,选择【高级配合】选项组中的【轮廓中心】选项。在【配合选择】选择框中选择零件【2<1>】的下表面和零件【1】左侧凹槽底面,如图 6-76 所示,其他保持默认,单击【确定】按钮,完成轮廓中心配合。

(6)采用同样的方法,完成零件【2<2>】与右侧凹槽的轮廓中心配合,如图 6-77 所示。

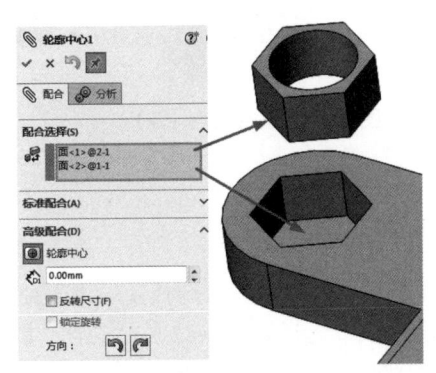

图 6-76　轮廓中心配合(1)　　　　　图 6-77　轮廓中心配合(2)

(7)单击【装配体】工具栏中的【参考几何体】按钮,在下拉菜单中选择【基准面】命令。在第一参考与第二参考的选择框中分别选择零件【1】的两个侧面,如图 6-78 所示,其他保持默认,单击【确定】按钮,建立基准面1。

(8)单击【装配体】工具栏中的【插入零部件】按钮,弹出【插入零部件】属性管理器。单击【浏览】按钮,选择子零件【4】,单击【打开】按钮,在绘图区域合适位置单击,插入零件【4】,如图 6-79 所示。

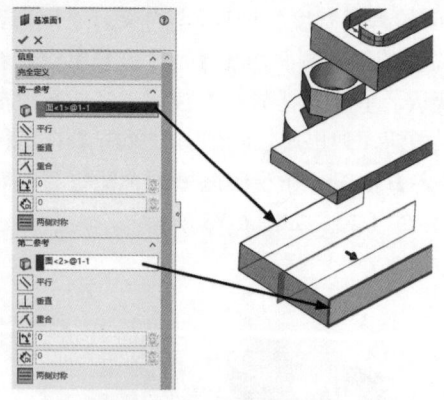

图 6-78　建立基准面 1　　　　　　图 6-79　插入零件【4】

（9）单击【装配体】工具栏中的 【配合】按钮，弹出属性管理器。选择【高级配合】选项组中的 【对称】选项。在【对称基准面】文本框中选择【基准面 1】，在 【配合选择】文本框中选择零件【4】的两个侧面，如图 6-80 所示，其他保持默认，单击 【确定】按钮，完成对称配合。

（10）单击【装配体】工具栏中的 【配合】按钮，弹出属性管理器，选择【标准配合】选项组中的 【重合】选项。在 【配合选择】选择框中选择零件【7】的上表面和零件【4】的下表面，如图 6-81 所示，其他保持默认，单击 【确定】按钮，完成重合配合。

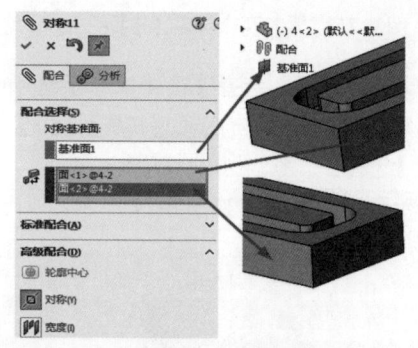
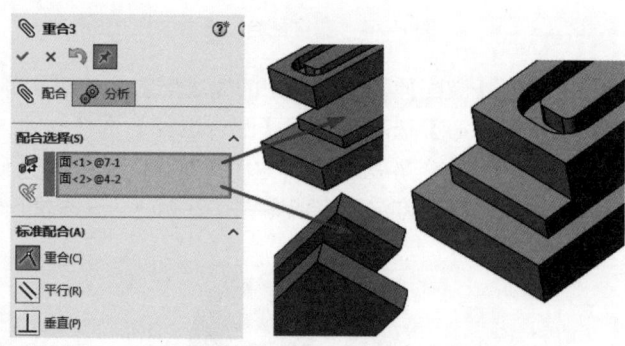

图 6-80　对称配合　　　　　　图 6-81　重合配合（3）

6.8.3　线性耦合及路径配合

（1）单击【装配体】工具栏中的 【配合】按钮，弹出属性管理器。选择【高级配合】选项组中的 【线性 / 线性耦合】选项。在 【配合选择】选择框中选择如图 6-82 所示的面，【比率】处改为 1mm ：2mm，这样零件【7】和零件【4】运动时的比率即 1：2，其他保持默认，单击 【确定】按钮，完成线性耦合配合。

接下来进行路径配合，需要选择一条运动轨迹。此处先在零件上绘制一条运动轨迹，为路径配合做好准备。

（2）选中零件【4】，单击【装配体】工具栏中的 【编辑零部件】按钮，进入零件【4】的编辑界面，如图 6-83 所示。

（3）右击零件【4】的表面，在弹出的菜单栏中单击 【草图绘制】按钮，进入草图绘制状态。按住 Ctrl 键，连续选中零件【4】中间凸台的全部边线，单击【草图】工具栏中的 【等距实体】

按钮，在 【等距距离】文本框中输入【5.00mm】，其他保持默认，单击 ✓【确定】按钮，完成等距曲线的绘制，如图 6-84 所示，这条曲线为运动轨迹，位于导轨中央。

（4）单击【草图】工具栏中的 【退出草图】按钮，退出草图绘制状态。再次单击 【编辑零部件】按钮，退出零件【4】的编辑界面。此时可以看到零件【4】的导轨中央有一条闭合曲线，如图 6-85 所示。

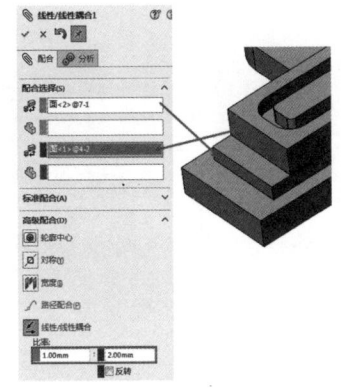

图 6-82　线性耦合配合

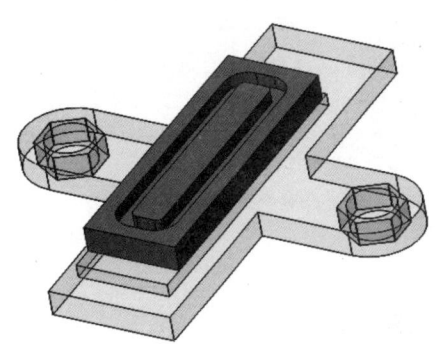

图 6-83　编辑零件【4】

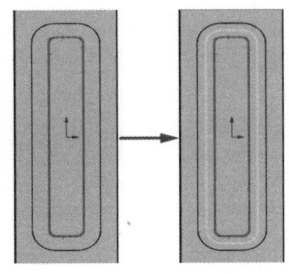

图 6-84　绘制等距曲线

图 6-85　完成运动轨迹的绘制

（5）单击【装配体】工具栏中的 【插入零部件】按钮，弹出属性管理器。单击【浏览】按钮，选择零件【6】，单击【打开】按钮，再单击【确定】按钮，在绘图区域合适位置单击，插入零件【6】，如图 6-86 所示。

路径配合即选择零部件一个顶点与某条运动轨迹相配合。此前已绘制好运动轨迹，现在根据运动轨迹绘制相应的点。

（6）选中零件【6】，单击【装配体】工具栏中的 【编辑零部件】按钮，进入零件【6】编辑界面，如图 6-87 所示。

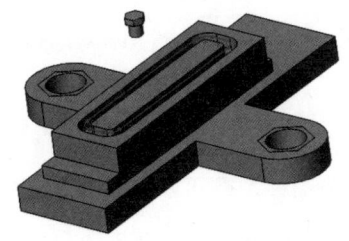

图 6-86　插入零件【6】

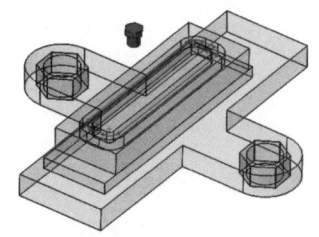

图 6-87　编辑零件【6】

(7）右击零件【6】的下表面，在弹出的菜单栏中单击□【草图绘制】按钮，如图6-88所示，进入草图绘制状态。

(8）在【草图】工具栏中单击■【点】按钮，选取如图6-89所示的圆的中心并绘制圆点，单击【草图】工具栏中的【退出草图】按钮，退出草图绘制状态。再次单击【编辑零部件】按钮，退出零件【6】的编辑界面。

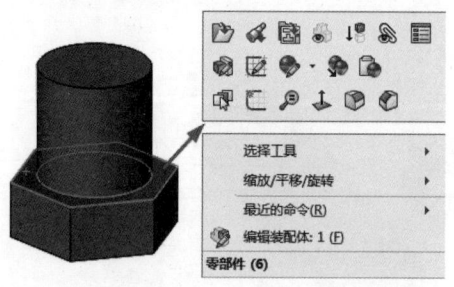

图6-88 草图绘制

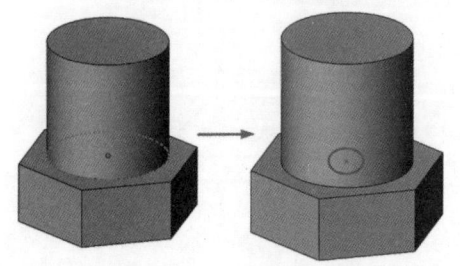

图6-89 绘制圆点

(9）单击【装配体】工具栏中的【配合】按钮，弹出属性管理器。选择【高级配合】选项组下的【路径配合】选项。在【零部件顶点】文本框中选择步骤（7）中创建的点，单击【路径选择】选择框下的【SelectionManager】按钮，在弹出的菜单栏中单击□【选择闭环】按钮，选择绘制的闭合曲线，单击菜单栏中的✓按钮，选择好闭合曲线；在【俯仰/偏航控制】下拉列表框中选择【随路径变化】选项，并选择【Y】单选项；在【滚转控制】下拉列表框中选择【上向量】选项，在【上向量】选择框中选择零件【6】的表面；单击【Z轴】，并勾选【反转】复选框，如图6-90所示，其他保持默认，单击✓【确定】按钮，完成路径配合。

(10）在装配体的特征管理器设计树中单击【配合】前的▶按钮，可以查看如图6-91所示的配合类型。

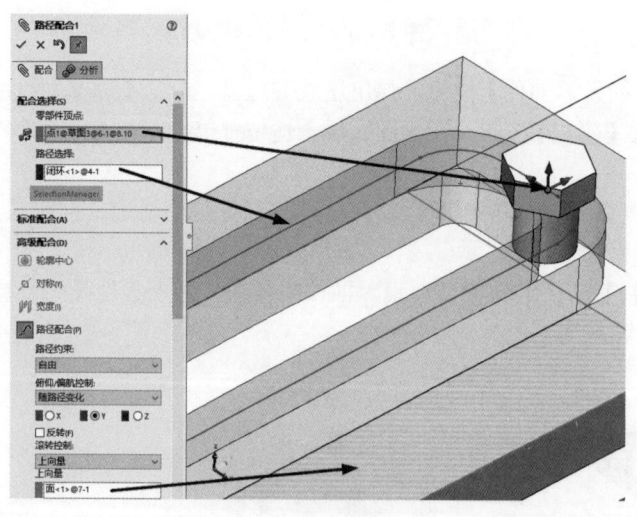

图6-90 路径配合　　　　　　　图6-91 查看配合类型

(11）在特征管理器设计树中双击零件【4】前的图标，展开零件【4】的特征树，右击运动轨迹所在草图【4】，在弹出的快捷菜单中单击【隐藏】按钮，如图6-92所示，将运动轨迹隐藏。用同样的操作将零件【6】中所创建的点隐藏。装配体配合完成，如图6-93所示。

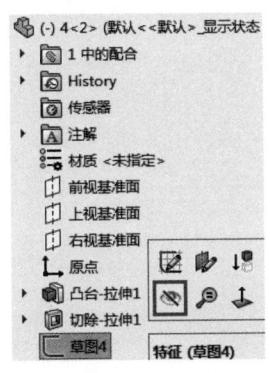

图 6-92　隐藏草图

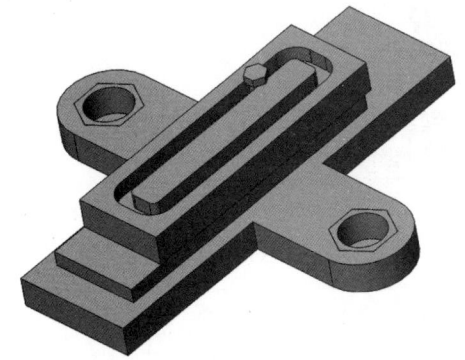

图 6-93　完成装配体配合

6.9　本章小结

本章介绍了 SOLIDWORKS 三大功能之一的装配体设计，包括零件配合的施加方法、零件间干涉检查的操作步骤、零部件的状态，以及爆炸视图的制作过程，最后以 3 个装配体为例，详细介绍了装配体的建模过程。

6.10　知识巩固

利用附赠数字资源中的已有零件建立装配体模型，如图 6-94 所示。

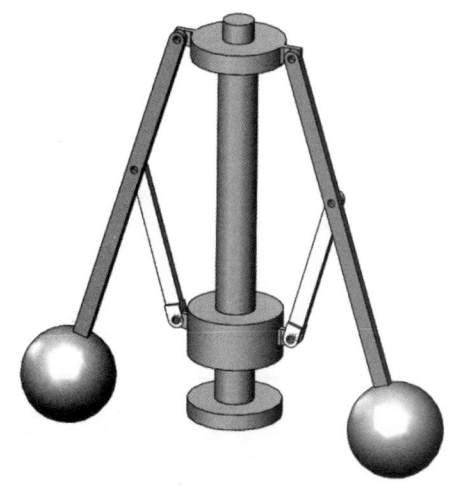

图 6-94　装配体模型

【习题知识要点】使用插入零件命令在装配体中插入相应的零件，使用重合配合将零件的平面对齐，使用同轴心配合将零件的孔对齐，使用距离配合对滑块与底面的距离进行限制。

【素材所在位置】配套数字资源\第 6 章\知识巩固\。

第 7 章
工程图设计

本章介绍

　　SOLIDWORKS 的工程图设计功能主要用于实现什么目的？在 SOLIDWORKS 工程图文件中，可以包含多少张图纸？在 SOLIDWORKS 中创建工程图时，基本设置包括哪些？如何在 SOLIDWORKS 工程图中建立视图并标注尺寸？

　　工程图设计是 SOLIDWORKS 三大功能之一。工程图文件是 SOLIDWORKS 的一种设计文件。在一个 SOLIDWORKS 工程图文件中，可以包含多张图纸，这使得用户可以利用同一个文件生成一个零件的多张图纸或者多个零件的工程图。本章主要介绍工程图基本设置、建立视图、标注尺寸、添加注释、主动轴零件图实例及虎钳装配图实例。

重点与难点

- 基本设置
- 建立视图
- 标注尺寸
- 添加注释

思维导图

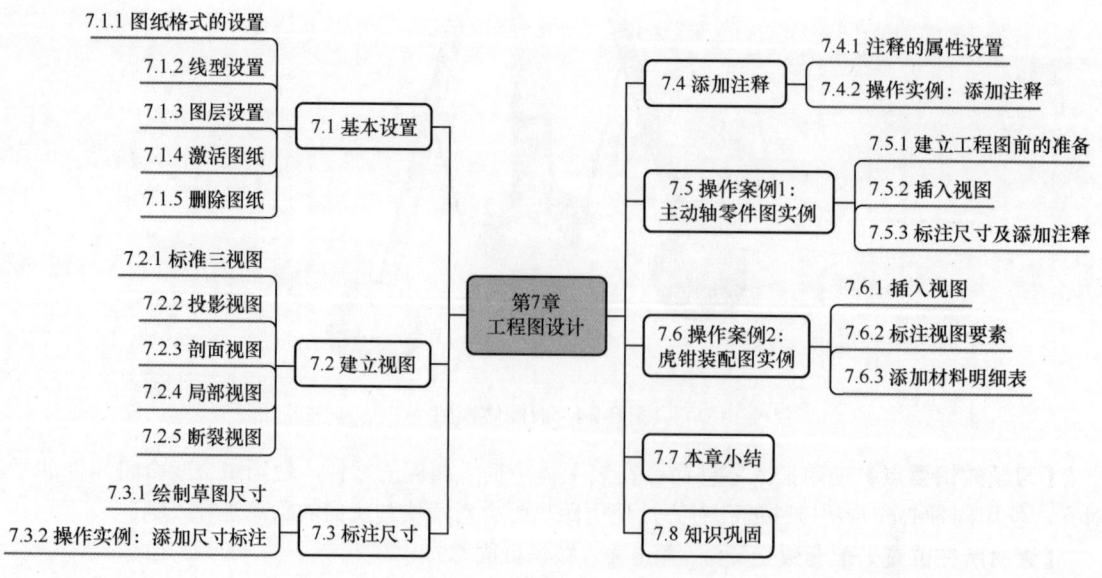

第 7 章 工程图设计

7.1 基本设置

在进行工程图设计之前，有些绘图参数，如图纸格式、线型、图层等需要提前设置。另外，设置好绘图参数后，可以根据需要激活和删除图纸。

7.1.1 图纸格式的设置

1. 标准图纸格式

SOLIDWORKS 提供了各种标准图纸格式，如图 7-1 所示。单击【浏览】按钮，可以加载用户自定义的图纸格式。

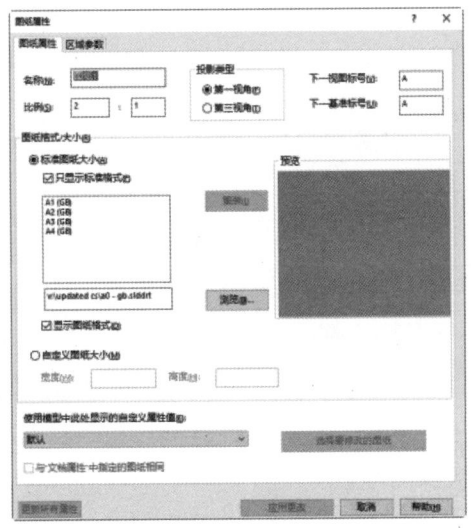

图 7-1 【图纸属性】对话框

2. 无图纸格式

通过【自定义图纸大小】单选项可以定义无图纸格式，即选择无边框、无标题栏的空白图纸。此单选项要求指定纸张大小，也可以自定义格式，如图 7-2 所示。

图 7-2 选中【自定义图纸大小】单选项

3. 使用图纸格式的操作方法

（1）单击【标准】工具栏中的【新建】按钮，弹出【新建 SOLIDWORKS 文件】对话框，在该对话框中单击【工程图】按钮，并单击【确定】按钮。在特征管理器设计树中单击✖【关闭】按钮。在特征管理器设计树中右击【图纸 1】图标，选择【属性】菜单命令，弹出如图 7-3 所示的【图纸属性】对话框，选中【标准图纸大小】单选项，在列表框中选择【A1(GB)】选项。

（2）在特征管理器设计树中单击✖【关闭】按钮，即可在绘图区域中弹出 A1 格式的图纸，如图 7-4 所示。

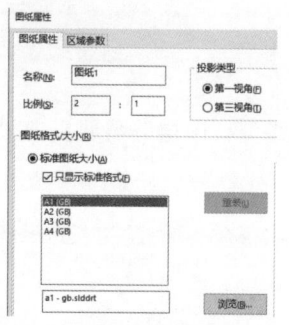 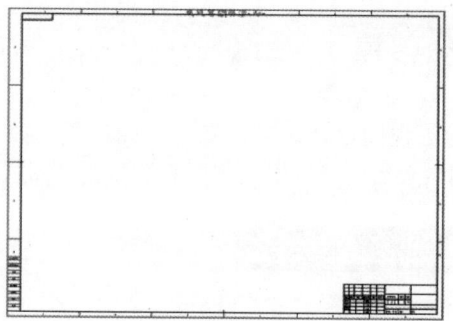

图 7-3　标准图纸格式的设置　　　　　图 7-4　A1 格式的图纸

7.1.2　线型设置

对于视图中图线的颜色、粗细、样式、颜色显示模式等，可以利用【线型】工具栏进行设置。【线型】工具栏如图 7-5 所示，其中的按钮介绍如下。

- 　【图层属性】按钮：设置图层属性（如颜色、厚度、样式等），将实体移动到图层中，然后为新的实体选择图层。
- 　【线色】按钮：对图线颜色进行设置。
- 　【线粗】按钮：单击该按钮，会弹出如图 7-6 所示的【线粗】菜单，可以对图线粗细进行设置。

 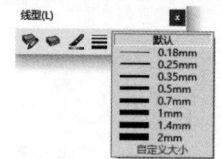

图 7-5　【线型】工具栏　　　　　图 7-6　【线粗】菜单

- 　【线条样式】按钮：单击该按钮，会弹出如图 7-7 所示的【线条样式】菜单，可以对图线样式进行设置。

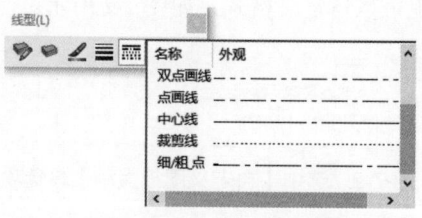

图 7-7　【线条样式】菜单

- 　【隐藏和显示边线】按钮：单击该按钮，可以隐藏或显示边线。
- 　【颜色显示模式】按钮：单击该按钮，可以控制线条颜色的显示方式。

在工程图中，如果需要对线型进行设置，一般在绘制草图实体之前，利用【线型】工具栏中的【线色】、【线粗】和【线条样式】按钮对将要绘制的图线设置所需的格式，这样可以对被添加到工程图中的草图实体使用指定的线型，直到重新设置另一种线型为止。

7.1.3 图层设置

在工程图中，可以根据用户需求建立图层，并为在每个图层上生成的新实体指定线条颜色、线条粗细和线条样式。新的实体会自动添加到激活的图层中，图层可以被隐藏或者显示。另外，可以将实体从一个图层移动到另一个图层。创建好工程图的图层后，可以分别为每个尺寸、注解、表格和视图标号等局部视图选择不同的图层设置。如果将 *.dxf 或者 *.dwg 文件输入 SOLIDWORKS 工程图中，会自动生成图层。在生成 *.dxf 或者 *.dwg 文件的系统中指定的图层信息（如名称、属性和实体位置等）将被保留。

建立图层的操作方法如下所述。

（1）新建一张空白的工程图。

（2）在工程图中，单击【线型】工具栏中的 ◎【图层属性】按钮，弹出如图 7-8 所示的【图层】对话框。

（3）单击【新建】按钮，输入新图层名称为"中心线"，如图 7-9 所示。

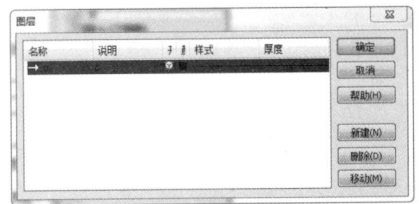
图 7-8 【图层】对话框

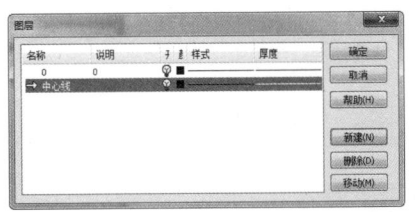
图 7-9 新建图层

（4）更改图层中图线的颜色、样式和粗细等。

① 颜色：单击【颜色】下的方框，弹出【颜色】对话框，可以设置图线颜色，如图 7-10 所示。

② 样式：单击【样式】下的图线，在弹出的菜单中选择图线样式，这里选择【中心线】选项，如图 7-11 所示。

图 7-10 【颜色】对话框

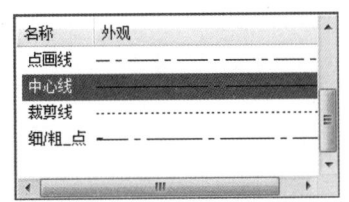
图 7-11 选择图线样式

③ 厚度：单击【厚度】下的直线，在弹出的菜单中选择图线粗细，这里选择【0.18mm】选项，如图 7-12 所示。

（5）单击【确定】按钮，完成为工程图建立图层的操作，如图 7-13 所示。

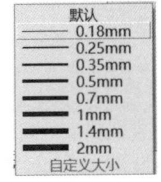
图 7-12 选择图线粗细

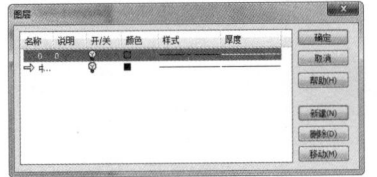
图 7-13 图层新建完成

当建立新的工程图时，必须选择图纸格式。可以采用标准图纸格式，也可以自定义和修改图纸格式。通过对图纸格式进行设置，有助于生成具有统一格式的工程图。

7.1.4 激活图纸

如果需要激活图纸，可以采用以下任意一种方法。
- 在图纸区域下方单击要激活的图纸的图标。
- 右击图纸区域下方要激活的图纸的按钮，在弹出的如图7-14所示的快捷菜单中选择【激活】菜单命令。
- 右击特征管理器设计树中要激活的图纸的图标，在弹出的如图7-15所示的快捷菜单中选择【激活】菜单命令。

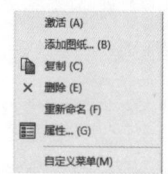

图7-14 快捷菜单

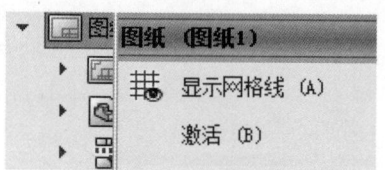

图7-15 快捷菜单

7.1.5 删除图纸

删除图纸的方法如下。
（1）右击特征管理器设计树中要删除的图纸的图标，在弹出的快捷菜单中选择【删除】菜单命令。
（2）弹出【确认删除】对话框，单击【是】按钮即可删除图纸，如图7-16所示。

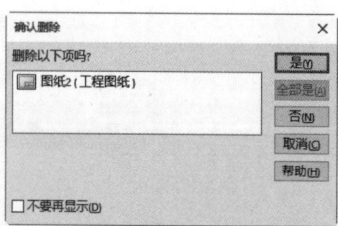

图7-16 【确认删除】对话框

7.2 建立视图

工程图中主要包含一系列视图，如标准三视图、投影视图、剖面视图、局部视图、断裂视图等。

7.2.1 标准三视图

标准三视图可以生成3个默认的正交视图，其中，主视图为零件或者装配体的前视图，其他两个视图依照投影方法的不同而不同。

在标准三视图中，主视图、俯视图及左视图有固定的对齐和相等关系。主视图与俯视图长度、方向对齐，主视图与左视图高度、方向对齐，俯视图与左视图宽度对齐。俯视图可以竖直移动，左视图可以水平移动。生成标准三视图的操作方法如下。

（1）打开【配套数字资源\第 7 章\基本功能\7.2.1】的实例素材文件。

（2）单击【工程图】工具栏中的 【标准三视图】按钮，或选择【插入】｜【工程图视图】｜【标准三视图】菜单命令，弹出【标准三视图】属性管理器，单击 【确定】按钮，工程图中自动生成标准三视图，如图 7-17 所示。

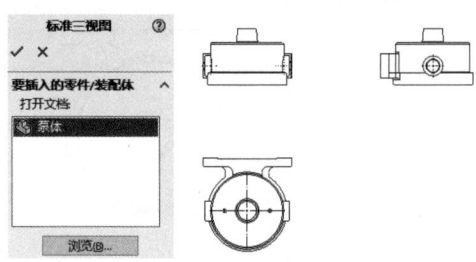

图 7-17 【标准三视图】属性管理器

7.2.2 投影视图

投影视图是在已有视图的基础上，利用正交投影生成的视图。投影视图的投影方法根据在【图纸属性】对话框中所设置的第一视角或者第三视角投影类型而确定。

1. 投影视图的属性设置

单击【工程图】工具栏中的 【投影视图】按钮，或者选择【插入】｜【工程图视图】｜【投影视图】菜单命令，弹出如图 7-18 所示的【投影视图】属性管理器。常用选项介绍如下。

（1）【箭头】选项组。
- 【标号】选择框：表示按相应父视图的投影方向得到的投影视图的名称。

（2）【显示样式】选项组。
- 【使用父关系样式】复选框：取消勾选此复选框，可以选择与父视图不同的显示样式，显示样式包括 【线架图】、 【隐藏线可见】、 【消除隐藏线】、 【带边线上色】和 【上色】。

（3）【比例】选项组。
- 【使用父关系比例】单选项：可以应用父视图使用的相同比例。
- 【使用图纸比例】单选项：可以应用工程图图纸使用的相同比例。
- 【使用自定义比例】单选项：可以根据需要应用自定义的比例。

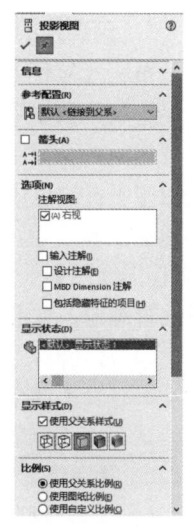

图 7-18 【投影视图】属性管理器

2. 操作实例：生成投影视图

通过下列操作步骤，简单练习生成投影视图的方法。

（1）打开【配套数字资源\第 7 章\基本功能\7.2.2】的实例素材文件。

（2）单击【工程图】工具栏中的 【投影视图】按钮，或选择【插入】｜【工程图视图】｜ 【投影视图】菜单命令，弹出【投影视图】属性管理器，单击已有的视图，向下移动鼠标指针，再次单击，生成投影视图，如图 7-19 所示。

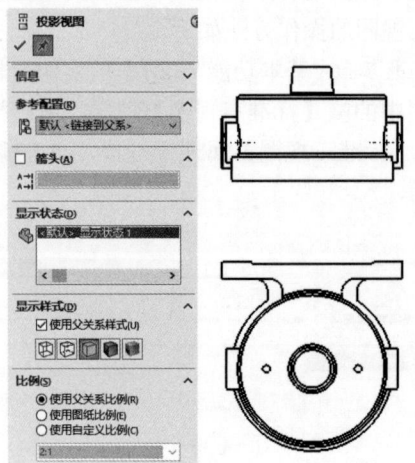

图 7-19　生成投影视图

7.2.3　剖面视图

剖面视图是通过一条剖切线切割父视图而生成的，属于派生视图，其可以显示模型内部的形状和尺寸。剖面视图可以是剖切面或者用阶梯剖切线定义的等距剖面视图，可以生成半剖视图。

1. 剖面视图的属性设置

单击【草图】工具栏中的【中心线】按钮，在激活的视图中绘制一条或者两条相互平行的中心线（也可以单击【草图】工具栏中的【直线】按钮，在激活的视图中绘制一条或者两条相互平行的直线）。选择绘制的中心线（或者直线），单击【工程图】工具栏中的【剖面视图】按钮，或者选择【插入】|【工程图视图】|【剖面视图】菜单命令，弹出【剖面视图 A-A】属性管理器，如图 7-20 所示。常用选项介绍如下。

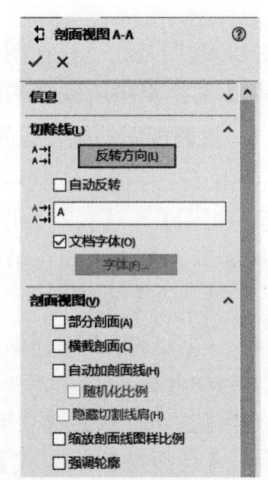

图 7-20　【剖面视图 A-A】属性管理器

（1）【切除线】选项组。
- 【反转方向】按钮：反转剖切的方向。
- 【标号】文本框：编辑与剖切线或者剖面视图相关的字母。
- 【字体】按钮：可以为剖切线或者剖面视图相关字母选择其他字体。

（2）【剖面视图】选项组。
- 【部分剖面】复选框：当剖切线没有完全切透视图中模型的边框线时，会弹出剖切线小于视图几何体的提示信息，并询问是否生成剖面视图。
- 【横截剖面】复选框：只有被剖切线切除的部分弹出在剖面视图中。
- 【自动加剖面线】复选框：勾选此复选框，系统可以自动添加必要的剖面（切）线。

2. 操作实例：生成剖面视图

通过下列操作步骤，简单练习生成剖面视图的方法。

(1)打开【配套数字资源\第7章\基本功能\7.2.3】的实例素材文件。

(2)单击【工程图】工具栏中的 【剖面视图】按钮，或选择【插入】|【工程图视图】|【剖面视图】菜单命令，弹出【剖面视图辅助】属性管理器。按图7-21进行参数设置。

(3)向下移动鼠标指针，再次单击，生成剖面视图，如图7-22所示。

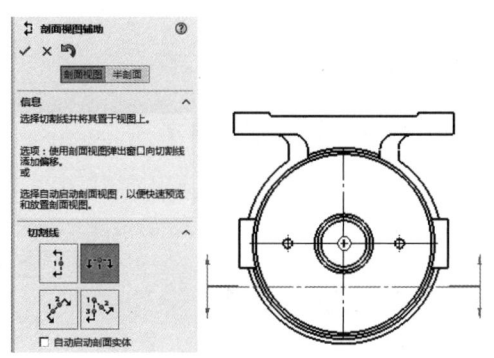
图 7-21　剖面视图的属性设置

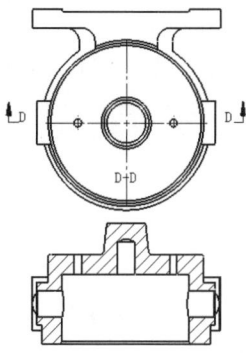
图 7-22　生成剖面视图

7.2.4　局部视图

局部视图是一种派生视图，可以用来显示父视图的某一局部形状，通常放大显示。局部视图的父视图可以是正交视图、空间（等轴测）视图、剖面视图、裁剪视图、爆炸视图或者另一局部视图，不能在透视图中生成模型的局部视图。

1. 局部视图的属性设置

单击【工程图】工具栏中的 【局部视图】按钮，或者选择【插入】|【工程图视图】|【局部视图】菜单命令，弹出如图7-23所示的【局部视图1】属性管理器。常用选项介绍如下。

(1)【局部视图图标】选项组。

- 【样式】下拉列表框：可以选择一种样式，如图7-24所示。
- 【标号】文本框：编辑与局部视图相关的字母。
- 【字体】按钮：如果要为局部视图标号选择文件字体以外的字体，取消勾选【文件字体】复选框，然后单击【字体】按钮。

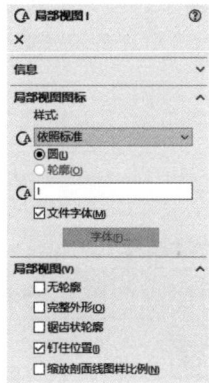
图 7-23　【局部视图1】属性管理器

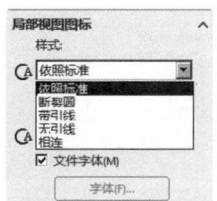
图 7-24　【样式】下拉列表框

2. 操作实例：生成局部视图

通过下列操作步骤，简单练习生成局部视图的方法。

（1）打开【配套数字资源 \ 第 7 章 \ 基本功能 \7.2.4】的实例素材文件。

（2）单击【工程图】工具栏中的 【局部视图】按钮，或选择【插入】|【工程图视图】|【局部视图】菜单命令，弹出【局部视图 1】属性管理器。在需要生成局部视图的位置绘制一个圆，按图 7-25 进行参数设置。

（3）向右移动鼠标指针，单击以生成局部视图，如图 7-26 所示。

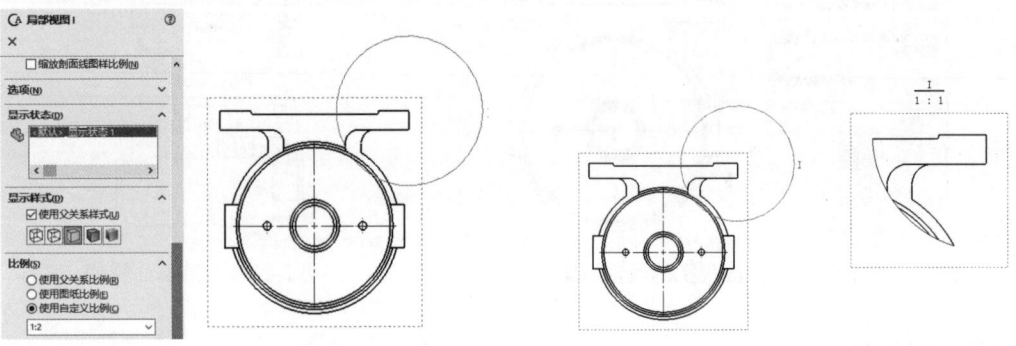

图 7-25　局部视图的属性设置　　　　　　图 7-26　生成局部视图

7.2.5 断裂视图

一些较长的零件（如轴、杆、型材等）如果沿着长度方向的形状统一（或者按一定规律）变化时，可以用折断显示的断裂视图来表示，这样就可以将零件以较大比例显示在较小的工程图纸上。断裂视图可以应用于多个视图，并可根据要求撤销断裂视图。

1. 断裂视图的属性设置

单击【工程图】工具栏中的 【断裂视图】按钮，或者选择【插入】|【工程图视图】|【断裂视图】菜单命令，弹出【断裂视图】属性管理器，如图 7-27 所示。常用选项介绍如下。

- 【添加竖直折断线】选项：生成断裂视图时，将视图沿竖直方向断开。
- 【添加水平折断线】选项：生成断裂视图时，将视图沿水平方向断开。
- 【缝隙大小】文本框：设置折断线缝隙之间的间距。
- 【折断线样式】选项：定义折断线的类型，如图 7-28 所示，不同折断线样式的效果如图 7-29 所示。

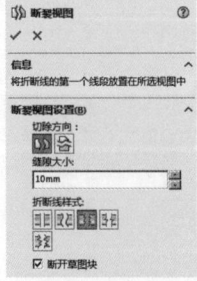 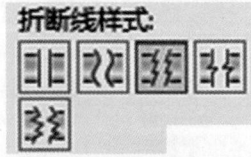

图 7-27　【断裂视图】属性管理器　　　　图 7-28　【折断线样式】选项

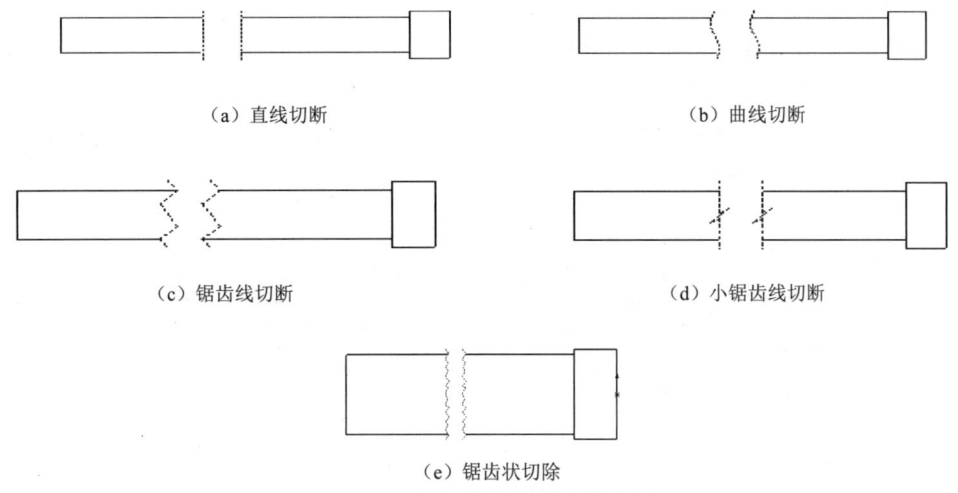

图 7-29　不同折断线样式的效果

2. 操作实例：生成断裂视图

通过下列操作步骤，简单练习生成断裂视图的方法。

（1）打开【配套数字资源 \ 第 7 章 \ 基本功能 \7.2.5】的实例素材文件。

（2）单击【工程图】工具栏中的 断裂视图 按钮，或选择【插入】|【工程图视图】| 【断裂视图】菜单命令，弹出【断裂视图】属性管理器，按图 7-30 进行参数设置。

（3）移动鼠标指针，选择两个位置放置折断线，单击以生成断裂视图，如图 7-31 所示。

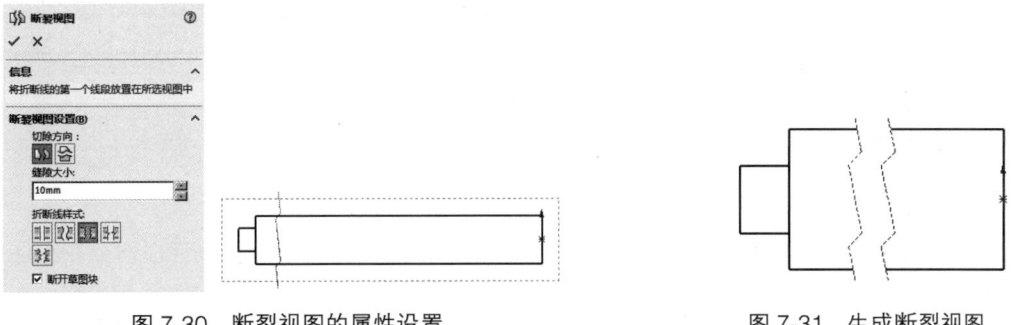

图 7-30　断裂视图的属性设置　　　　　图 7-31　生成断裂视图

7.3　标注尺寸

在工程图中要将必要的参数标注在视图中，因此需要进行尺寸标注。

7.3.1　标注草图尺寸

工程图中的尺寸标注是与模型相关联的，而且模型中的变更将直接反映到工程图中。尺寸标注的相关内容如下。

- 模型尺寸：通常在生成每个零件时生成尺寸，然后将这些尺寸插入各个工程图中。

- 参考尺寸：可以在工程图中添加尺寸，但是添加的尺寸是参考尺寸。
- 颜色：在默认情况下，模型尺寸标注为黑色。
- 箭头：尺寸被选中时鼠标指针变成圆形鼠标指针。
- 隐藏或显示尺寸：可单击【注解】工具栏中的 【隐藏/显示注解】按钮，或通过【视图】菜单来隐藏或显示尺寸。

标注项目与单击的对象间的关系如表 7-1 所示。

表 7-1 标注项目与单击的对象间的关系

标注项目	单击的对象
直线或边线的长度	直线
两条直线之间的角度	两条直线或一条直线和模型上的一条边线
两条直线之间的距离	两条平行直线或一条直线与一条平行的模型边线
点到直线的垂直距离	点及直线或模型边线
两点之间的距离	两个点
圆弧半径	圆弧
圆弧真实长度	圆弧及两个端点
圆的直径	圆周
一个或两个实体为圆弧或圆时的距离	圆心、圆弧或圆的圆周及其他实体（如直线、边线、点等）
线性边线的中点	右击要标注中点尺寸的边线，然后选择中点；接着选择第二个要标注尺寸的实体

7.3.2 操作实例：添加尺寸标注

（1）打开【配套数字资源\第 7 章\基本功能\7.3.2】的实例素材文件。

（2）单击【注解】工具栏中的 【智能尺寸】按钮，弹出【尺寸】属性管理器。在绘图区域中单击图纸的边线，将自动生成直线尺寸标注，如图 7-32 所示。

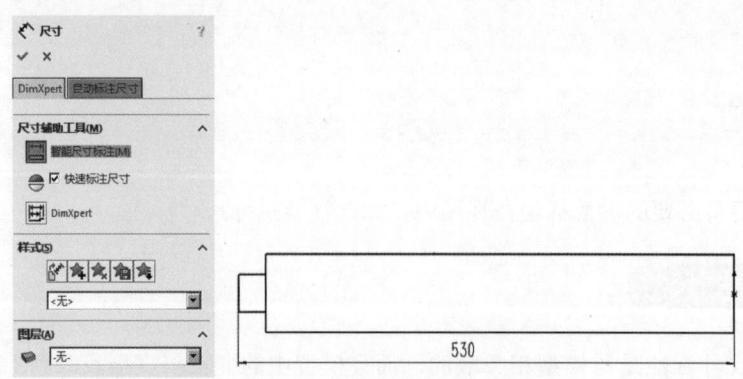

图 7-32 生成直线尺寸标注

（3）在绘图区域中继续单击圆形边线，将自动生成直径尺寸标注，如图 7-33 所示。

第 7 章 工程图设计

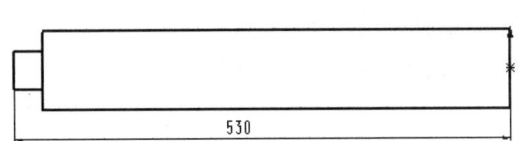
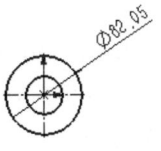

图 7-33　生成直径尺寸标注

7.4 添加注释

利用注释工具可以在工程图中添加文字信息和一些特殊要求的标注。注释可以独立浮动，也可以指向某个对象（如面、边线或者顶点等）。注释中可以包含文字、符号、参数文字或者超文本链接。如果注释中包含引线，则引线可以是直线、折弯线或者多转折引线。

7.4.1 注释的属性设置

单击【注解】工具栏中的 A 【注释】按钮，或者选择【插入】|【注解】|【注释】菜单命令，弹出【注释】属性管理器，如图 7-34 所示。常用选项介绍如下。

1.【文字格式】选项组

文字对齐方式包括 【左对齐】、 【居中】、 【右对齐】和 【两端对齐】。

- 【角度】文本框：设置注释的旋转角度（正角度值表示逆时针旋转）。
- 【插入超文本链接】按钮：单击该按钮，可以在注释中设置超文本链接。
- 【链接到属性】按钮：单击该按钮，可以将注释链接到文件属性。
- 【添加符号】按钮：单击该按钮，弹出【符号】列表框，如图 7-35 所示，选择一种符号后，符号会显示在注释中。

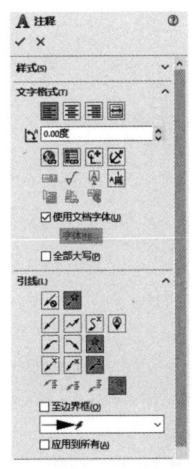
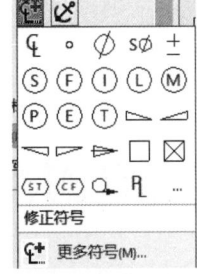

图 7-34　【注释】属性管理器　　　　图 7-35　选择符号

- 【锁定 / 解除锁定注释】按钮：将注释固定到指定位置。
- 【插入形位公差】按钮：可以在注释中插入形位公差符号。

- ✓【插入表面粗糙度符号】按钮：可以在注释中插入表面粗糙度符号。
- 【插入基准特征】按钮：可以在注释中插入基准特征符号。
- 【使用文档字体】复选框：勾选该复选框，使用文件设置的字体。

2.【引线】选项组

- 【引线】、【多转折引线】、【无引线】或者【自动引线】按钮：确定是否选择引线。
- 【引线靠左】、【引线向右】、【引线最近】按钮：确定引线的位置。
- 【直引线】、【折弯引线】、【下划线引线】按钮：确定引线样式。
- 【箭头样式】下拉列表框：选择一种箭头样式。
- 【应用到所有】复选框：将更改应用到所选注释的所有箭头。

7.4.2 操作实例：添加注释

（1）打开【配套数字资源\第7章\基本功能\7.4.2】的实例素材文件，如图7-36所示。

（2）单击【注解】工具栏中的 **A**【注释】按钮，弹出【注释】属性管理器，按图7-37进行参数设置。

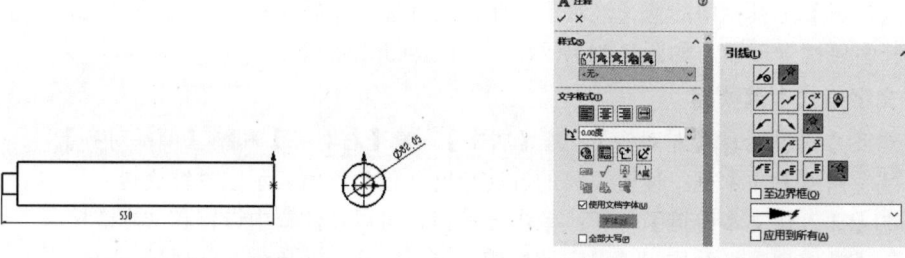

图 7-36　打开工程图　　　　　　图 7-37　注释的属性设置

（3）移动鼠标指针，在绘图区域中单击空白处，弹出文本框，在其中输入文字，生成注释，如图7-38所示。

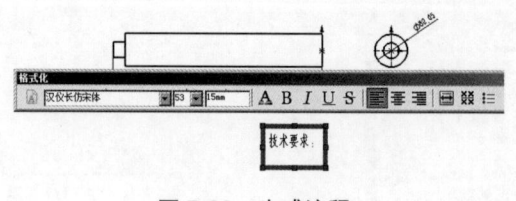

图 7-38　生成注释

7.5 操作案例1：主动轴零件图实例

【学习要点】零件图的主要作用是详细展示各个零件的几何形状、尺寸、公差和技术要求。它可为制造、检验和装配零件提供准确依据，确保零件满足设计规范和功能需求。本节将介绍生成主动轴零件图的方法，主动轴零件模型如图7-39所示，生成的主动轴零件图如图7-40所示。

第 7 章 工程图设计

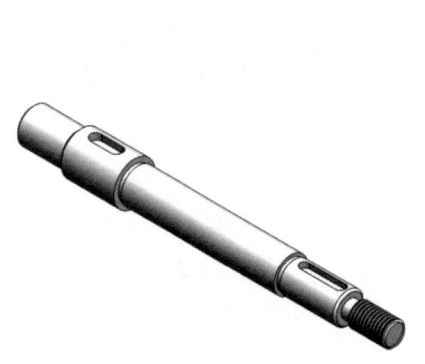

图 7-39 主动轴零件模型

图 7-40 主动轴零件图

【案例思路】建立工程图，使用标准三视图命令生成主视图；使用剖面视图命令生成剖面视图；使用模型尺寸命令标注尺寸。

【案例所在位置】配套数字资源 \ 第 7 章 \ 操作案例 \7.5。

下面将介绍具体步骤。

7.5.1 建立工程图前的准备

（1）打开【配套数字资源 \ 第 7 章 \ 操作案例 \7.5\7.5.SLDPRT】文件，选择【文件】|【新建】菜单命令，弹出【新建 SOLIDWORKS 文件】对话框，单击【工程图】按钮，如图 7-41 所示，再单击【确定】按钮。在特征管理器设计树中单击 ❌【关闭】按钮。

（2）设置绘图标准，选择【工具】|【选项】命令，弹出【文档属性】对话框，切换至【文档属性】选项卡，选择【总绘图标准】为【GB】，如图 7-42 所示。然后单击左侧【尺寸】选项，在【文本】栏中单击【字体】按钮，弹出【选择字体】对话框，保持【字体】为【汉仪长仿宋体】，选择【字体样式】为【倾斜】，如图 7-43 所示，单击【确定】按钮完成设置。

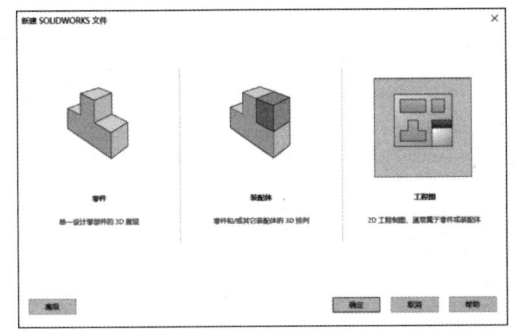

图 7-41 【新建 SOLIDWORKS 文件】对话框

图 7-42 【文档属性】对话框

7.5.2 插入视图

（1）选择【插入】|【工程图视图】|【标准三视图】命令，弹出【标准三视图】属性管理器，并在【打开文档】选择框中选择【主动轴】选项，如图 7-44 所示，然后单击 ✓【确定】按钮。

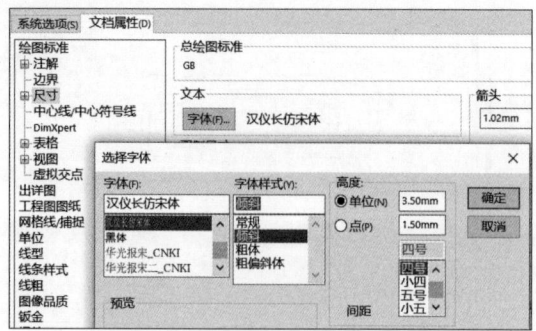
图 7-43 【选择字体】对话框

图 7-44 【标准三视图】属性管理器

（2）单击如图 7-45 所示的主视图，弹出如图 7-46 所示的【工程图视图 1】属性管理器，在【比例】选项组中选择【使用图纸比例】单选项，然后单击 ✔【确定】按钮。

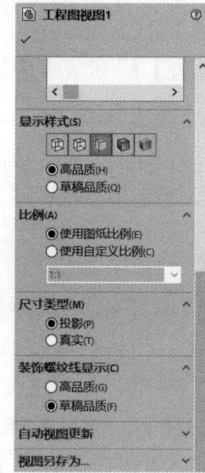

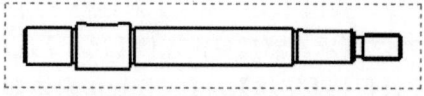

图 7-45 主动轴的主视图　　　　图 7-46 【工程图视图 1】属性管理器

（3）由于主动轴零件是轴体类零件，只需保留俯视图，因此可将如图 7-47 所示的主动轴的主视图和右视图删除。依次单击两个视图，然后按 Delete 键，会弹出【确认删除】对话框，单击【是】按钮，完成后如图 7-48 所示。

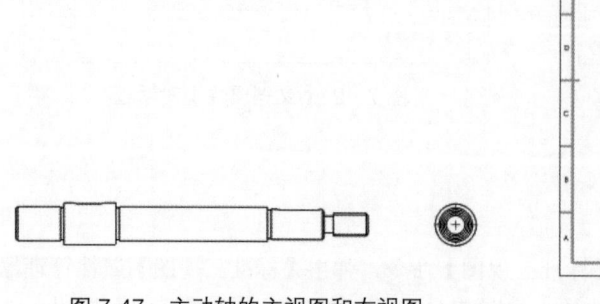

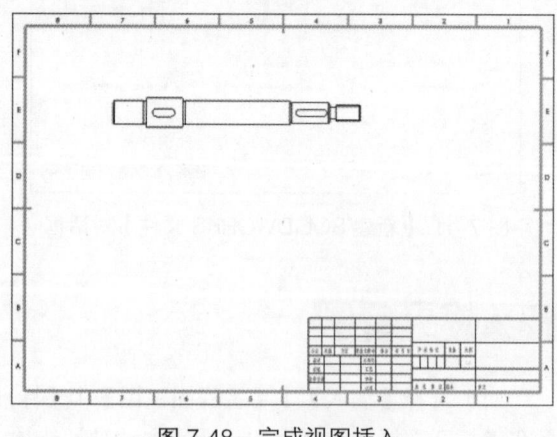

图 7-47 主动轴的主视图和右视图　　　　图 7-48 完成视图插入

(4)单击【草图】工具栏中的 ╱【直线】按钮,在俯视图的两个键槽处绘制直线,如图 7-49 所示,然后单击 ✓【确定】按钮。

(5)单击【工程图】工具栏,再单击左侧的直线,然后单击 【剖面视图】按钮,系统将按照直线所在位置生成剖面视图,并自动与俯视图对齐。在弹出的如图 7-50 所示的【剖面视图 A-A】属性管理器中,单击 【反转方向】按钮可以改变切除线的投影方向,勾选【横截剖面】复选框可以消除外轮廓线,然后单击 ✓【确定】按钮。

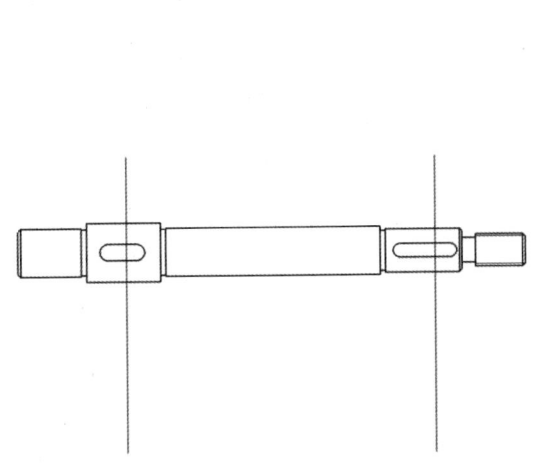
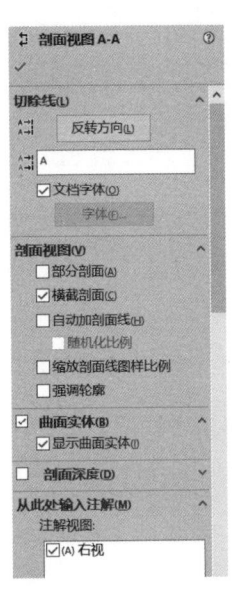

图 7-49 绘制直线　　　　　　　　　　图 7-50 【剖面视图 A–A】属性管理器

(6)在生成的剖面视图 A-A 处单击鼠标右键,打开如图 7-51 所示的快捷菜单,选择【视图对齐】|【解除对齐关系】菜单命令,然后长按鼠标左键将其移动到俯视图中切除线下方的对应位置,如图 7-52 所示,然后单击 ✓【确定】按钮。

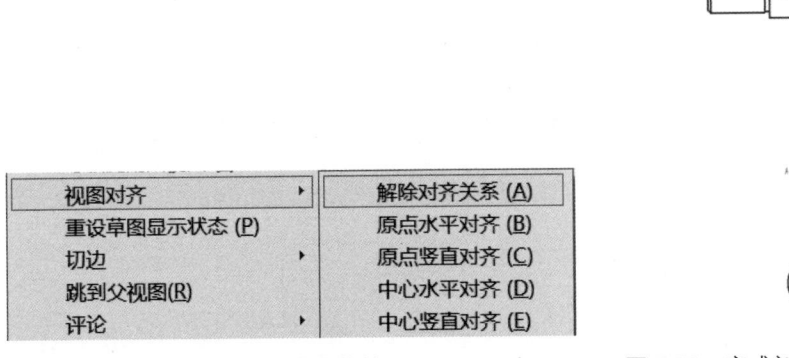

图 7-51 快捷菜单　　　　　　　　　　图 7-52 完成剖面视图 A-A 的绘制

(7)同理,依据步骤(5)、步骤(6)可以完成右侧直线对应的剖面视图 B-B 的绘制,完成后如图 7-53 所示。

（8）单击【注解】工具栏中的【中心线】按钮，弹出属性管理器，依次单击俯视图两侧的边线，系统将自动生成点划线。单击点划线的端点可以使其延长，直至完全贯穿整个俯视图，如图 7-54 所示，然后单击【确定】按钮。

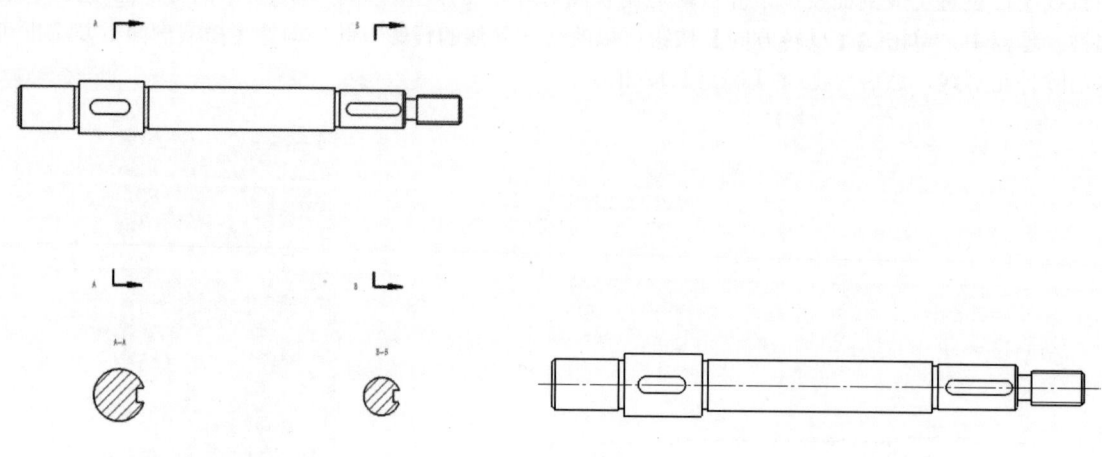

图 7-53 完成剖面视图 B-B 的绘制　　　　图 7-54 完成中心线的绘制

（9）单击【注解】工具栏中的【中心符号线】按钮，单击剖面视图 A-A 和剖面视图 B-B，系统自动生成中心符号线，如图 7-55 所示，然后单击【确定】按钮。

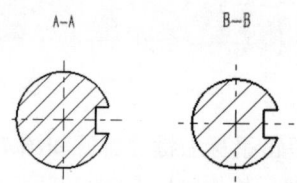

图 7-55 完成中心符号线的绘制

7.5.3　标注尺寸及添加注释

（1）对主动轴的轴向尺寸进行标注。单击【注解】工具栏中的【智能尺寸】按钮，分别单击主动轴左侧的顶端和第一阶梯的顶端，拖曳尺寸至合适位置后再次单击以放置尺寸，如图 7-56 所示。在如图 7-57 所示的【尺寸】属性管理器中，将【公差/精度】选项组中的【单位精度】设置为【无】，可以对基本尺寸的小数位数进行修改，然后单击【确定】按钮。同理对其余阶梯部分进行标注，完成后如图 7-58 所示。

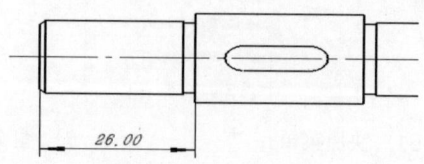

图 7-56 手动标注轴向尺寸

图 7-57 设置【单位精度】类型为【无】

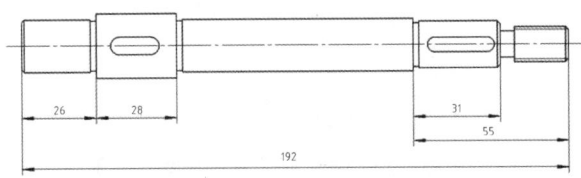

图 7-58 完成轴向尺寸标注

（2）对主动轴的 4 个退刀槽进行标注。退刀槽的标注方式有两种：第一种是"槽宽 × 槽深"；第二种是"槽宽 × 直径"。使用第一种标注方式时，在【注解】工具栏中单击 【智能尺寸】按钮，依次单击退刀槽两侧的边线，拖曳尺寸至合适位置后再次单击以放置尺寸，如图 7-59 所示。在【尺寸】属性管理器中，将【公差/精度】选项组中的 【单位精度】设置为【无】；在【标注尺寸文字】选项组第一栏中的【<DIM>】后手动输入【×0.5】，如图 7-60 所示，然后单击 【确定】按钮，同理对主动轴的其余两个退刀槽进行标注，如图 7-61 所示。

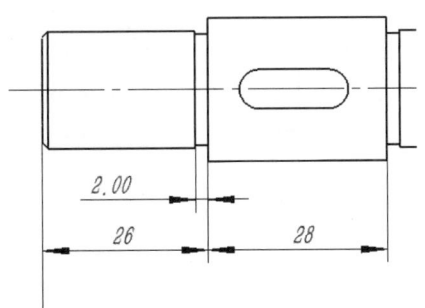

图 7-59 进行第一种退刀槽标注

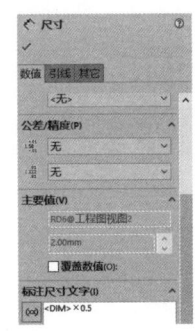

图 7-60 添加第一种【标注尺寸文字】

（3）使用第二种退刀槽的标注方式时，单击【注解】工具栏中的 【智能尺寸】按钮，单击螺纹处退刀槽两侧的边线，拖曳尺寸至合适位置后再次单击以放置尺寸，如图 7-62 所示。同理，按照步骤（2）将 【单位精度】设置为【无】，在【标注尺寸文字】选项组第一栏中的【<DIM>】后手动输入【×】，然后单击 【直径】按钮插入符号，再手动输入【9】，如图 7-63 所示，完成后单击 【确定】，结果如图 7-64 所示。

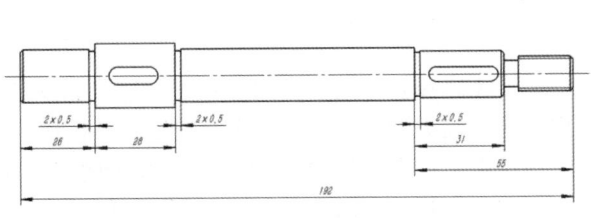

图 7-61 完成第一种退刀槽标注

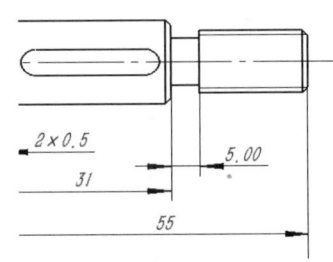

图 7-62 进行第二种退刀槽标注

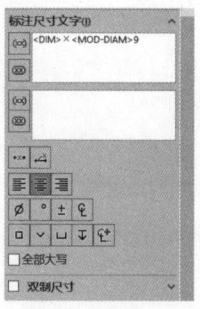
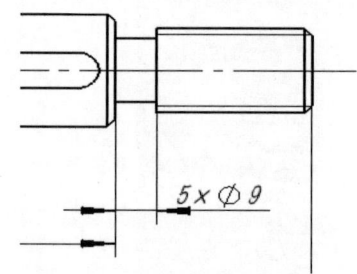

图 7-63　添加第二种【标注尺寸文字】　　　图 7-64　完成第二种退刀槽标注

（4）对键槽尺寸进行标注。单击【注解】工具栏中的 【模型项目】按钮，依次单击两个键槽的边线，系统会从零件中调取相应尺寸在此俯视图上进行标注，如图 7-65 所示，然后单击 【确定】按钮。根据实际和工程图标注的要求，将键槽的长度尺寸和边界位置尺寸水平对齐，按住鼠标左键并拖曳对应尺寸即可改变其位置。如果要删除键槽的宽度尺寸，单击宽度尺寸，然后按 Delete 键即可。单击该尺寸，将 【单位精度】设置为【无】；为使尺寸的标注更清晰，进入如图 7-66 所示的【尺寸】属性管理器，单击【引线】选项卡中【尺寸界线/引线显示】选项组中的 【里面】选项，然后单击 【确定】按钮，完成后如图 7-67 所示。

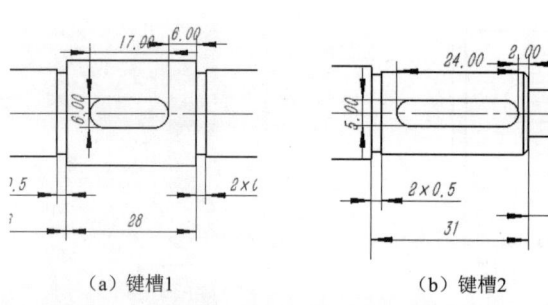
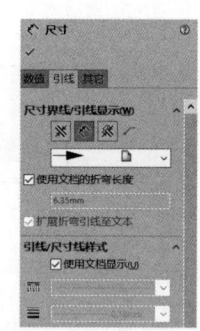

（a）键槽1　　　　　　　　（b）键槽2

图 7-65　完成【模型项目】的关联尺寸标注　　　图 7-66　更改引线类型

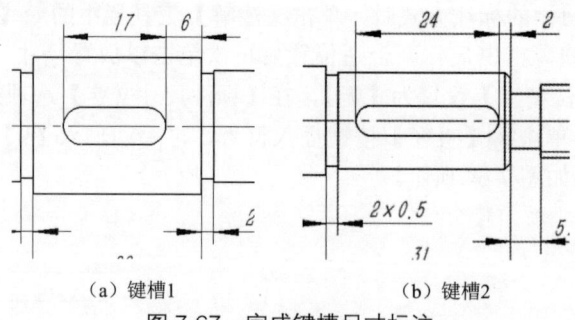

（a）键槽1　　　　　　　　（b）键槽2

图 7-67　完成键槽尺寸标注

（5）对带有公差的径向尺寸进行标注。单击【注解】工具栏中的 【智能尺寸】按钮，分别单击圆柱的上、下边线，系统会自动识别尺寸为直径类型，拖曳尺寸至合适位置后再次单击以放置尺寸，如图 7-68 所示。在【尺寸】属性管理器中，将【公差/精度】选项组中的 【公差类型】设置为【套合】，在 【轴套合】下拉列表框中选择【f7】，将 【单位精度】设置为【无】，如图 7-69 所示，然后单击【确定】按钮，完成后如图 7-70 所示。

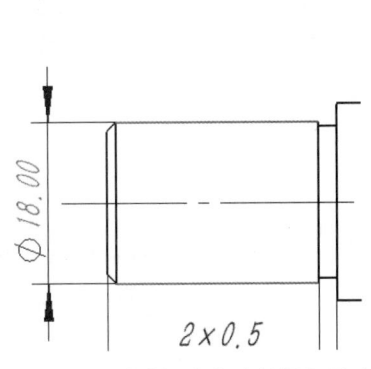

图 7-68 手动标注主动轴径向尺寸　　　图 7-69 【尺寸】属性管理器

（6）根据步骤（5）可以对主动轴不同阶梯的尺寸进行标注。除去最后一段螺纹，可将主动轴分为 4 段，第一段为步骤（5）所标注的【ϕ18 f7】，第二段为【ϕ22 k6】，第三段为【ϕ18 f7】，第 4 段为【ϕ16 h6】。根据步骤（4）可以将引线类型更改为【里面】，结果如图 7-71 所示。

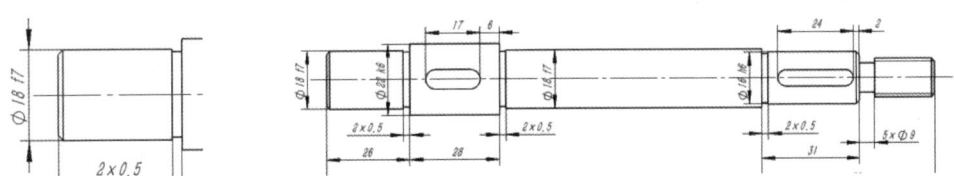

图 7-70 完成【公差类型】更改后的尺寸标注　　　图 7-71 完成带有公差的径向尺寸标注

（7）对螺纹进行标注。单击【注解】工具栏中的【智能尺寸】按钮，分别单击螺纹的外边界，拖曳尺寸至合适位置后再次单击以放置尺寸，如图 7-72 所示。在【尺寸】属性管理器的【公差 / 精度】选项组中，将【单位精度】设置为【无】，将【标注尺寸文字】选项组第一栏中的【<MOD-DIAM>】删除，在【<DIM>】前手动输入【M】，在【<DIM>】后手动输入【-6g】，如图 7-73 所示，单击【确定】按钮，结果如图 7-74 所示。

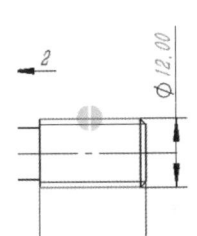
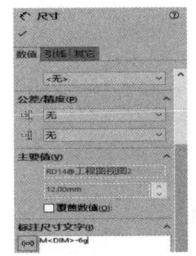
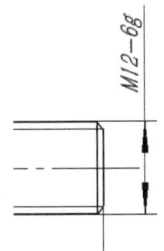

图 7-72 手动标注螺纹尺寸　　图 7-73 添加【标注尺寸文字】　　图 7-74 完成螺纹标注

（8）对两个剖面视图进行尺寸标注。由于在步骤（4）中进行了【模型项目】的关联尺寸标注，所以系统已经对键槽深度进行了标注，如图 7-75 所示。为使尺寸标注更清晰，单击剖面视图 A-A 中的尺寸，将其与剖面视图 B-B 的尺寸水平对齐，并根据步骤（5）在如图 7-76 所示的【尺寸】属性管理器中将【公差 / 精度】选项组中的【公差类型】设置为【双边】，设置 +【最大变量】

为【0.0mm】、【最小变量】为【-0.1mm】；将【公差精度】保持为【与标称相同】，然后单击【确定】按钮。同理，将剖面视图 B-B 的键槽深度尺寸的【公差类型】设置为【双边】，设置【最大变量】为【0.00mm】，设置【最小变量】为【-0.1mm】，将【单位精度】设置为【无】；将【公差精度】设置为【.1】，然后单击【确定】按钮，完成后如图 7-77 所示。

（a）剖面视图A-A　　（b）剖面视图B-B

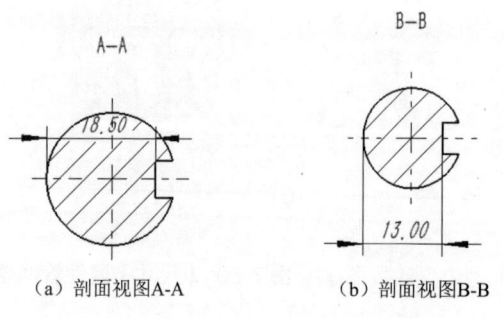

图 7-75 【模型项目】的关联尺寸标注

图 7-76　更改【公差类型】为【双边】

（a）剖面视图A-A　　（b）剖面视图B-B

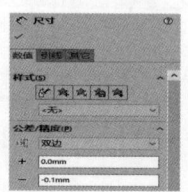

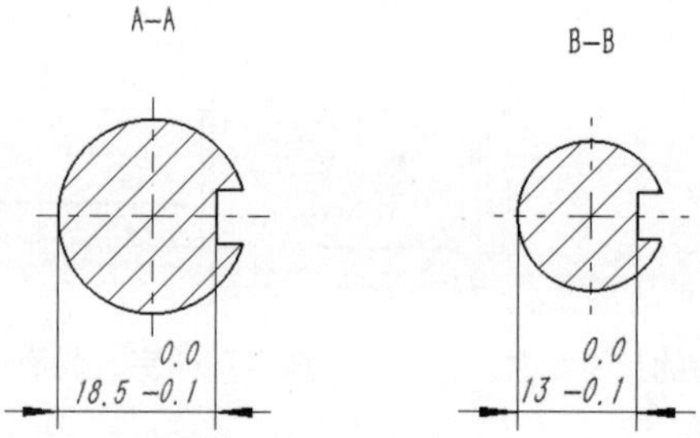

图 7-77　完成键槽深度尺寸标注

（9）单击【注解】工具栏中的【智能尺寸】按钮，分别单击剖面视图 A-A 中缺口的两侧，拖曳尺寸至合适位置后再次单击以放置尺寸。根据步骤（8），在【尺寸】属性管理器中，将【公差 / 精度】选项组中的【公差类型】设置为【双边】，设置【最大变量】为【0.0mm】，设置【最小变量】为【-0.1mm】，然后单击【确定】按钮。同理，对剖面视图 B-B 的键槽宽度尺寸进行标注，完成后单击【确定】按钮，结果如图 7-78 所示。

（a）剖面视图A-A　　（b）剖面视图B-B

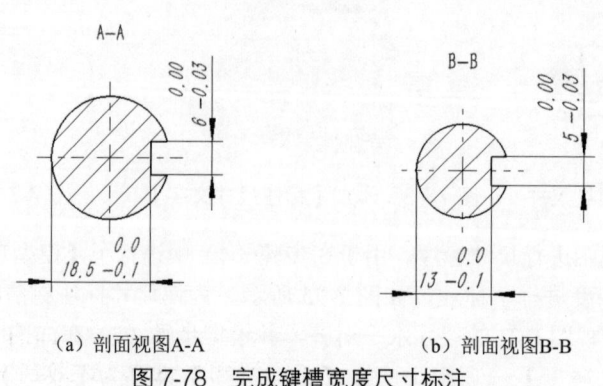

图 7-78　完成键槽宽度尺寸标注

（10）单击【注解】工具栏中的【基准特征】按钮，单击主动轴第一阶梯的尺寸线，然后移动鼠标指针使基准标识与尺寸线在同一直线上，再次单击以放置基准标识，然后单击【确定】按钮。为使基准标识更清晰，单击尺寸线并按照步骤（4）将引线类型设置为【里面】，完成更改后如图7-79所示。

（11）单击【注解】工具栏中的【形位公差】按钮，弹出形位公差的【属性】对话框，根据实际要求选择【同轴度】，然后在【范围】中输入【0.05】，如图7-80所示，然后单击【确定】按钮。

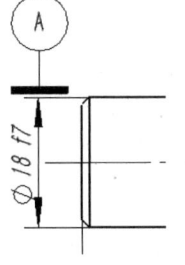

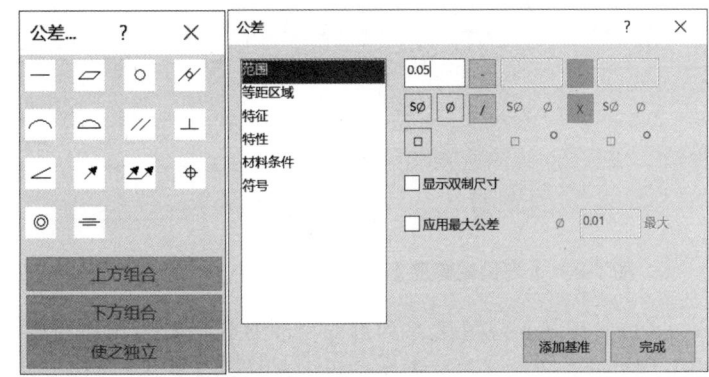

图 7-79 完成基准特征标注　　　　　图 7-80 形位公差的【属性】对话框

（12）此时系统会自动将形位公差框插入工程图中，按住鼠标左键即可将其移动到主动轴中间段的合适位置。选中形位公差框，系统会在左侧自动弹出如图7-81所示的【形位公差】属性管理器，在【引线】选项组中选择【引线】选项，并在第二行选择【垂直引线】选项，完成后单击【确定】按钮。

（13）在引线上长按鼠标左键即可拖曳引线，将其与主动轴中间段的尺寸线对齐，结果如图7-82所示。

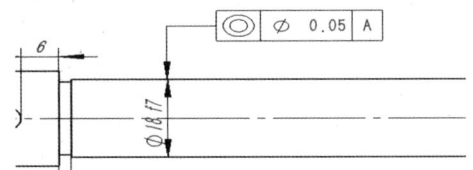

图 7-81 【形位公差】属性管理器　　　图 7-82 完成形位公差标注

（14）单击【注解】工具栏中的【表面粗糙度符号】按钮，系统会自动在左侧弹出【表面粗糙度】属性管理器。在【符号】选项组中选择【要求表面切削加工】选项，如图7-83所示。在【最小粗糙度】栏中输入要求的数值，首先进行主动轴表面粗糙度的标注，输入【1.6】，此时将鼠标指针移动到工程图区域会自动带有如【√】的表面粗糙度符号。将鼠标指针移至边线处，单击即可直接放置表面粗糙度符号。如需在尺寸线上进行标注，先单击尺寸线，再单击放置表面粗糙度符号。

163

若鼠标指针在尺寸线上方则为正向放置，表面粗糙度符号为【√】；若鼠标指针在尺寸线下方则为反向放置，表面粗糙度符号为【√】。从左向右依次进行标注，完成后单击【确定】按钮，结果如图 7-84 所示。

图 7-83 【表面粗糙度】属性管理器

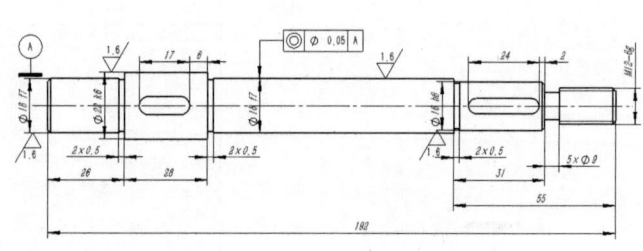

图 7-84 完成主动轴的表面粗糙度标注

（15）对剖面视图 A-A 和剖面视图 B-B 进行表面粗糙度标注。根据步骤（14），在【表面粗糙度】属性管理器的【符号】选项组中选择√【要求表面切削加工】选项，在【最小粗糙度】栏中输入【6.3】，然后分别在两个剖面视图的槽深尺寸线处进行标注，完成后如图 7-85 所示。

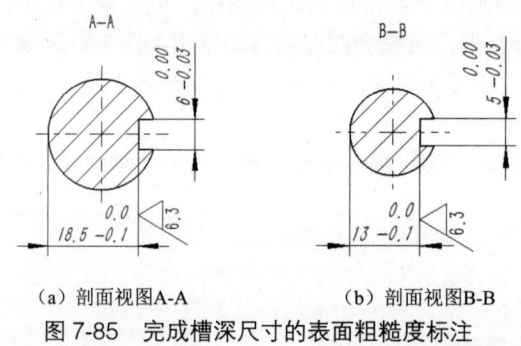

（a）剖面视图A-A　　　　　（b）剖面视图B-B

图 7-85 完成槽深尺寸的表面粗糙度标注

（16）单击【草图】工具栏中的【直线】按钮，绘制如图 7-86 所示的折线，然后单击【注解】工具栏中的√【表面粗糙度符号】按钮，在【表面粗糙度】属性管理器的【符号】选项组中选择√【要求表面切削加工】选项，在【最小粗糙度】栏中输入【3.2】，然后分别在两个折线的水平线处进行标注，单击√【确定】按钮，完成后如图 7-87 所示。

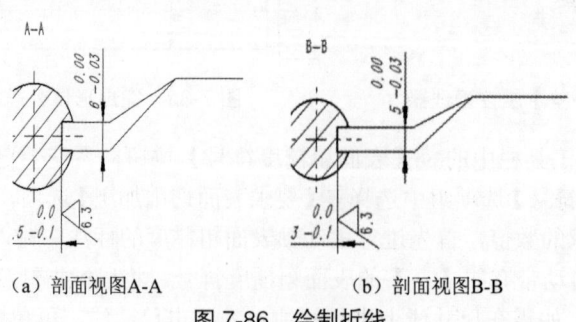

（a）剖面视图A-A　　　　　（b）剖面视图B-B

图 7-86 绘制折线

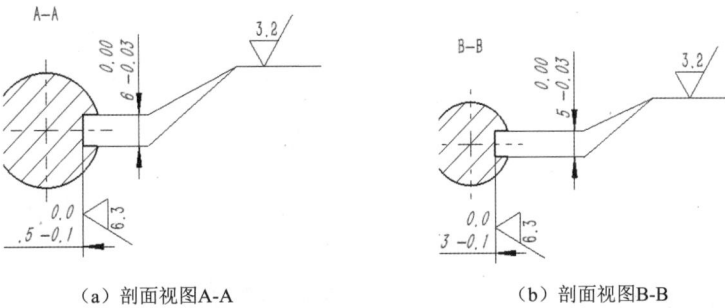

(a)剖面视图A-A　　　　　　　　(b)剖面视图B-B

图 7-87　完成槽宽尺寸的表面粗糙度标注

（17）单击【注解】工具栏中的 A【注释】按钮,在工程图右下角的适当区域单击以放置文本框,手动输入文字：技术要求 1. 全部倒角 1×45° 2. 调质处理 220-250HB。

（18）在弹出的【格式化】对话框将【字号】改为【20】,如图 7-88 所示,然后单击 ✓【确定】按钮,完成后可以微调位置。

（19）创建一个要求表面切削加工且最小粗糙度为 12.5 的表面粗糙度标识,并将其放于整张图纸的右上方。单击【注解】工具栏中的 A【注释】按钮,在表面粗糙度标识的左侧放置文本框,手动输入文字：其余。对未进行表面粗糙度标注的表面进行声明,完成后如图 7-89 所示。

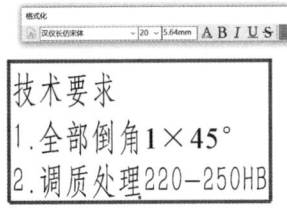
图 7-88　添加技术要求

图 7-89　添加未进行表面粗糙度标注的表面的声明

（20）若要进行与零件关联的保存,即更改零件尺寸或形状,工程图会联动更新,则按常规单击菜单栏中 【保存】按钮即可。

7.6　操作案例 2：虎钳装配图实例

【学习要点】装配图的主要作用是展示多个零件是如何组合成一个整体的,以及标明各零件间的相对位置、配合关系和运动方式。它用来指导装配过程,确保正确组装,并为生产和维修提供详细参考。本节将介绍生成如图 7-90 所示虎钳装配体的装配图的步骤与方法,生成的装配图如图 7-91 所示。

【案例思路】建立工程图文件,使用交替位置视图命令生成两个极限位置的视图,使用材料明细表命令生成表格,使用零件序号命令生成零件序号。

【案例所在位置】配套数字资源 \ 第 7 章 \ 操作案例 \7.6。
下面将介绍具体步骤。

图 7-90　虎钳装配体

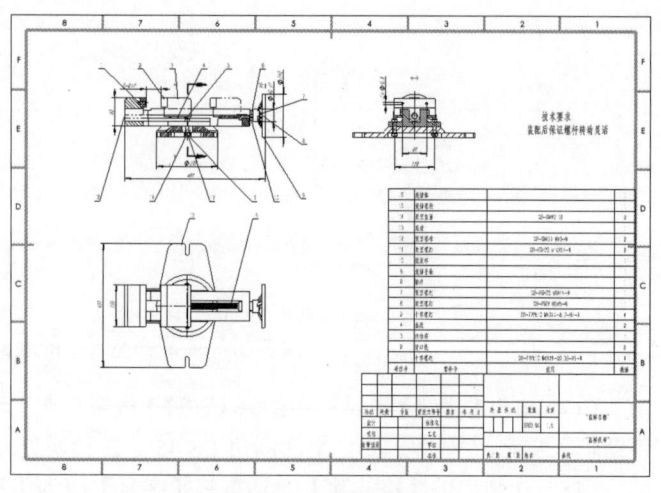

图 7-91　虎钳装配图

7.6.1　插入视图

（1）打开【配套数字资源 \ 第 7 章 \ 操作案例 \7.6\7.6.SLDASM】文件，选择【文件】|【从零件制作工程图】菜单命令。

（2）单击如图 7-92 所示的右侧工具栏中的 【视图调色板】按钮，弹出如图 7-93 所示的任务窗格，选择【前视】选项，将其拖曳到图纸上，然后将鼠标指针向下移动，系统会自动在其正下方放置俯视图，然后单击 【确定】按钮，结果如图 7-94 所示。

图 7-92　右侧工具栏

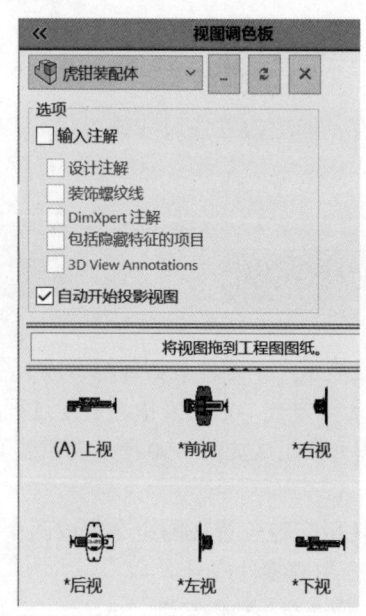

图 7-93　任务窗格

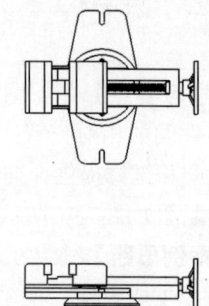

图 7-94　前视图和俯视图

（3）在俯视图上长按鼠标左键即可拖曳其移动，将俯视图移至上方，并将两个视图向图纸左侧移动，为零件材料表留出足够位置，如图 7-95 所示。

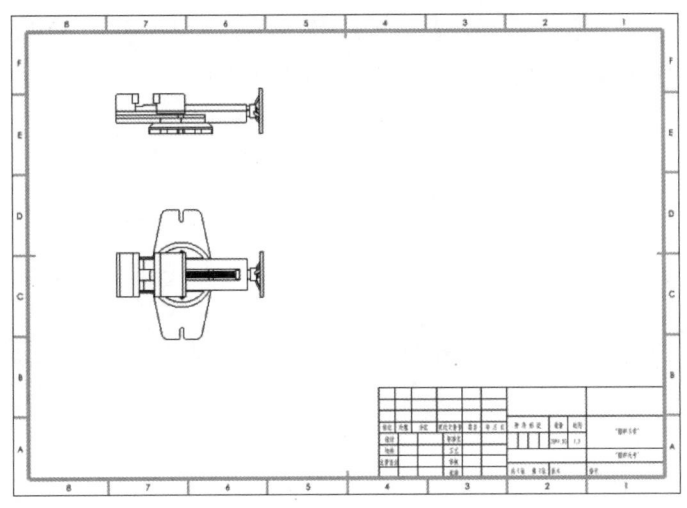

图 7-95　完成视图位置移动

（4）交替位置视图是用来显示装配体中活动部件的移动范围的。本案例中的活动部件是与虎钳螺杆配合的活动座，利用螺杆的转动可实现活动座的直线移动。

（5）单击【工程图】工具栏中的【交替位置视图】按钮单击俯视图，然后在如图 7-96 所示的【交替位置视图】属性管理器的【配置】选项组中保持选择【新配置】单选项，单击【确定】按钮，系统会打开装配体模型。选中活动座并将其拖曳到右侧的极限位置处，如图 7-97 所示，单击【确定】按钮并等待系统计算，返回装配图界面，即可实现如图 7-98 所示的交替位置视图的添加。

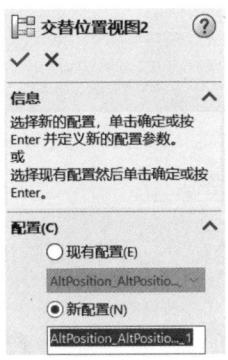

图 7-96　【交替位置视图】属性管理器

图 7-97　活动座

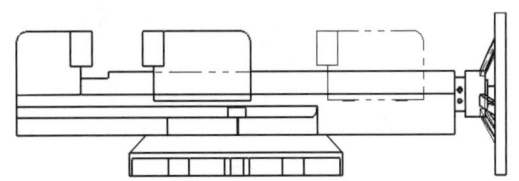

图 7-98　交替位置视图的添加

（6）单击【草图】工具栏中的【直线】按钮，在俯视图的中点处绘制直线，如图 7-99 所示，然后单击【确定】按钮。

（7）在【工程图】工具栏中单击 ⟦⟧【剖面视图】按钮，弹出【剖面视图】对话框，按图7-100进行参数设置，然后单击【确定】按钮。将剖面视图A-A放置在合适位置，如图7-101所示，最后单击放置。

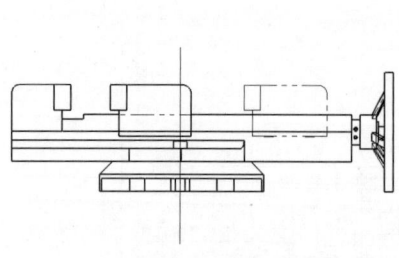

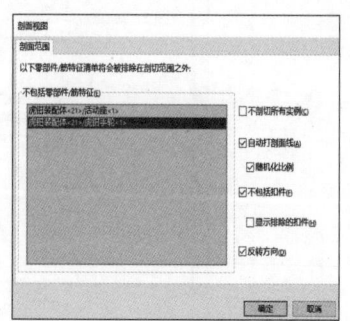

图 7-99　绘制直线　　　　　　　图 7-100　【剖面视图】对话框

（8）为使剖面线更加清楚地区分不同零部件，在剖面视图A-A上单击虎钳，即上部分的剖面线，弹出【区域剖面线/填充】属性管理器，在【属性】选项组中取消勾选【材质剖面线】复选框，然后在 ⟦⟧【剖面线图样比例】文本框中输入【3】，如图7-102所示，完成后单击 ✓【确定】按钮，即可完成剖面视图A-A剖面线图样比例的修改，如图7-103所示。

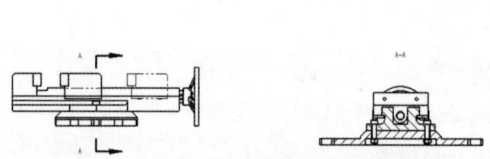

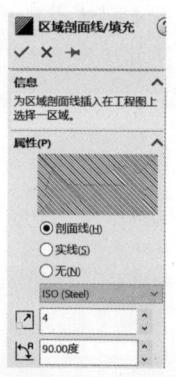

图 7-101　完成剖面视图A-A的绘制　　　图 7-102　【区域剖面线/填充】属性管理器

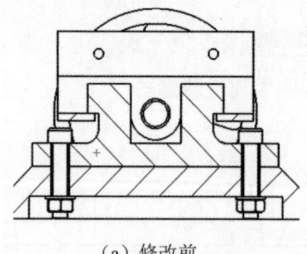
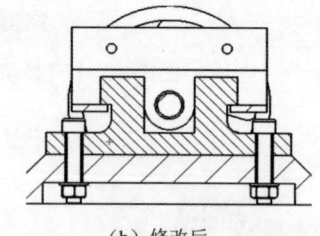

（a）修改前　　　　　　　　　（b）修改后

图 7-103　剖面线图样比例的修改

（9）单击【工程图】工具栏中的 ⟦⟧【断开的剖视图】按钮，进入样条曲线绘制模式，绘制如图7-104所示的样条曲线，并形成封闭图形，然后系统会弹出【剖面视图】对话框，在【不包括零部件/筋特征】框内选中【虎钳体】选项，保持勾选【自动打剖面线】和【不包括扣件】复选框，然后单击【确定】按钮，打开【断开的剖视图】属性管理器，在【深度】选项组的 ⟦⟧【深度】文本框中输入【130.00mm】,如图 7-105 所示,完成后单击✓【确定】按钮,生成如图 7-106 所示的局部剖视图。

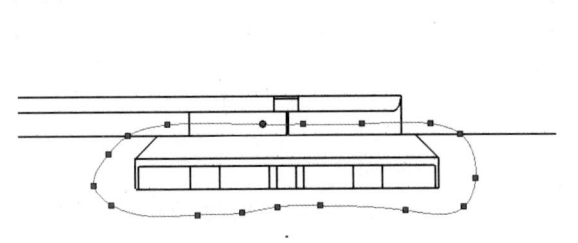

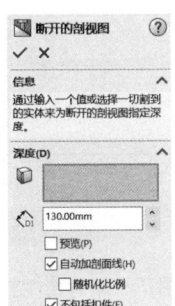

图 7-104 绘制样条曲线　　　　图 7-105 【断开的剖视图】属性管理器

(10) 根据步骤 (8) 更改剖面线图样比例为 4,完成后单击✓【确定】按钮,结果如图 7-107 所示。

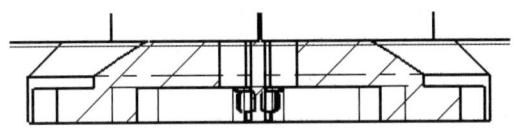

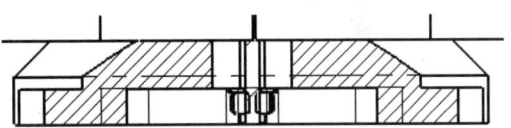

图 7-106 局部剖视图　　　　图 7-107 剖面线图样比例的修改

(11) 根据步骤 (9) 在左侧固定的钳口铁处添加断开的剖视图。首先绘制如图 7-108 所示的样条曲线,无须在【不包括零部件 / 筋特征】框中选择,保持勾选【自动打剖面线】和【不包括扣件】复选框,然后单击【确定】按钮,打开【断开的剖视图】属性管理器,在【深度】选项组的【深度】文本框中输入【210】,完成后单击✓【确定】按钮,结果如图 7-109 所示。

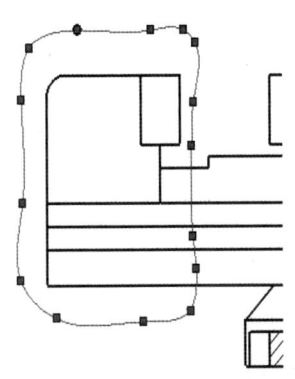

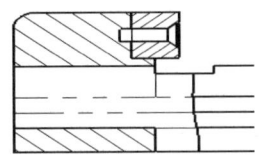

图 7-108 绘制样条曲线　　　　图 7-109 断开的剖视图

(12) 为使虎钳的内部构造更加清晰,再添加一个断开的剖视图。在活动座右侧极限位置的下方绘制如图 7-110 所示的样条曲线,在弹出的【剖面视图】对话框中,在【不包括零部件 / 筋特征】框内选择【虎钳手轮】选项,然后单击【确定】按钮,打开【断开的剖视图】属性管理器,在【深度】选项组的【深度】文本框中输入【200】,生成如图 7-111 所示的局部剖视图。完成后单击✓【确定】按钮,结果如图 7-112 所示。

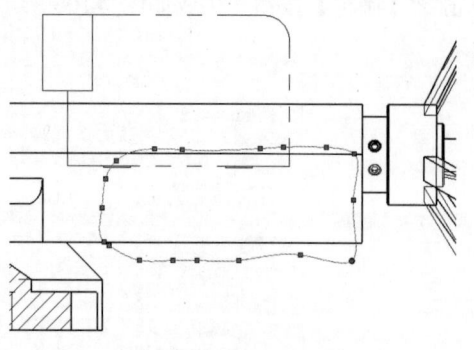
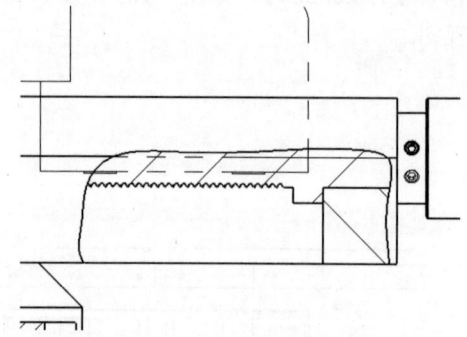

图 7-110 绘制样条曲线　　　　　　图 7-111 虎钳的断开的剖视图

7.6.2 标注视图要素

（1）单击【注解】工具栏中的【中心线】按钮，在俯视图左侧钳口铁的断开的剖视图和正下方的紧固螺母处绘制中心线，如图 7-113 所示，完成后单击【确定】按钮。

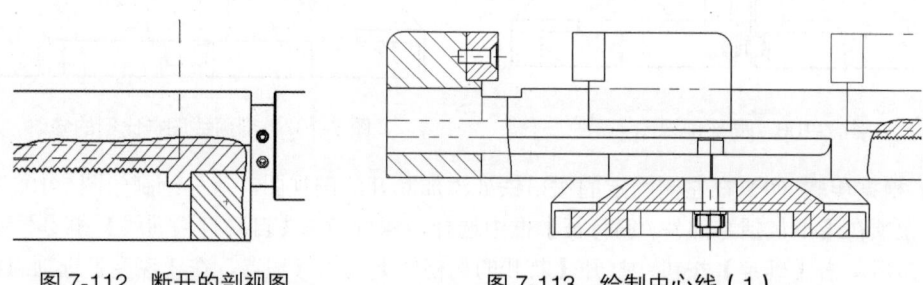

图 7-112 断开的剖视图　　　　　　图 7-113 绘制中心线（1）

（2）同理，在剖面视图 A-A 的正中心处和两个紧固螺钉处绘制中心线，如图 7-114 所示，完成后单击【确定】按钮。

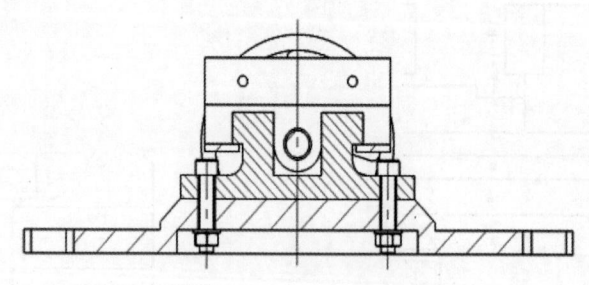

图 7-114 绘制中心线（2）

（3）单击【注解】工具栏中的【中心符号线】按钮，在前视图底座的大圆处绘制中心符号线，如图 7-115 所示，完成后单击【确定】按钮。

（4）进行所有水平尺寸的标注。在【注解】工具栏中，单击【智能尺寸】下拉菜单中的【水平尺寸】按钮，依次单击需要标注的两条线段，然后拖曳尺寸至合适位置后单击以放置尺寸，并在【尺寸】属性管理器的【公差/精度】选项组中更改【单位精度】为【无】，完成后单击【确定】按钮，结果如图 7-116 所示。

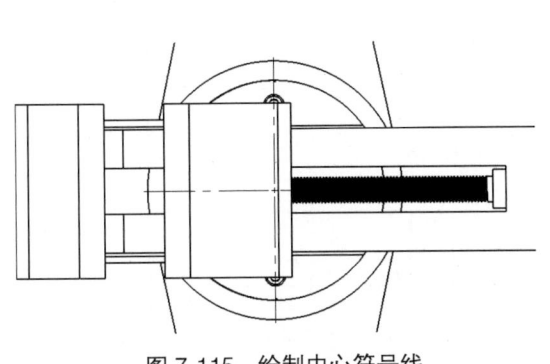 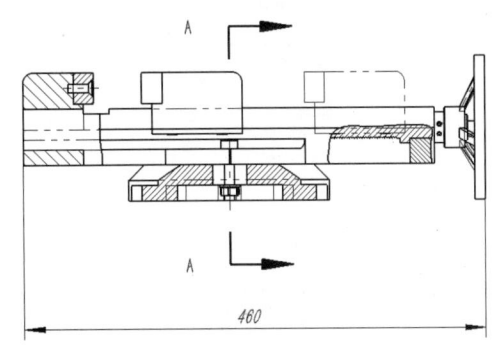

图 7-115　绘制中心符号线　　　　图 7-116　水平尺寸标注示例

（5）进行所有竖直尺寸的标注。在【注解】工具栏中单击【智能尺寸】下拉菜单中的【竖直尺寸】按钮，分别对 3 个视图进行标注。在俯视图中标注虎钳手轮的套筒时需要进行公差配合的标注，将【尺寸】属性管理器的【公差/精度】选项组中的【公差类型】设置为【套合】，将【孔套合】设置为【H8】，将【轴套合】设置为【f7】，并单击【以直线显示层叠】按钮，更改【单位精度】为【无】，如图 7-117 所示，完成后俯视图竖直尺寸的标注如图 7-118 所示。

（6）单击【注解】工具栏中的【智能尺寸】按钮，对剖面视图 A-A 的螺纹孔进行标注，结果如图 7-119 所示。

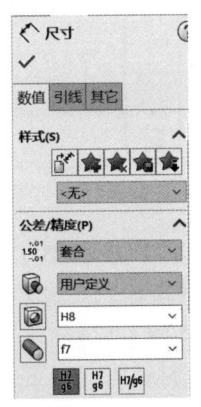 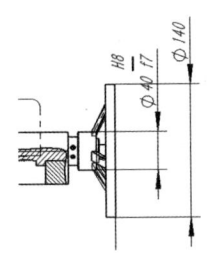 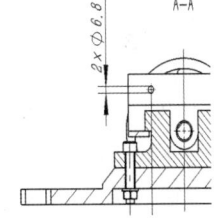

图 7-117　【尺寸】属性管理器　　　图 7-118　竖直尺寸的标注　　　图 7-119　螺纹孔尺寸的标注

7.6.3　添加材料明细表

（1）在【注解】工具栏中，单击俯视图，单击【表格】下拉菜单中的【材料明细表】按钮，弹出如图 7-120 所示的【材料明细表】属性管理器。单击【确定】按钮，此时鼠标指针会带有生成的材料明细表，将其右边线与图纸的右侧对齐、下边线与图纸格式表的上边线对齐，再根据需要更改列宽，结果如图 7-121 所示。

图 7-120 【材料明细表】属性管理器

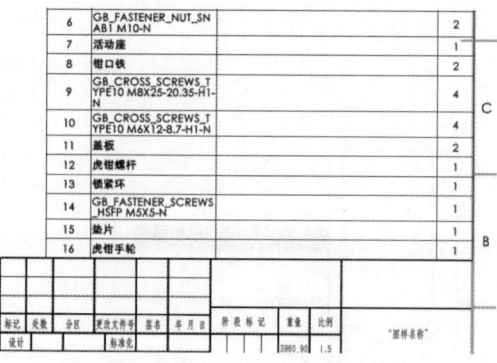

图 7-121 插入材料明细表

（2）将鼠标指针移至材料明细表的左上角，出现⊕图标时，单击后出现如图 7-122 所示的工具栏，单击第一项🅰【使用文档字体】按钮，再单击▥【表格标题在下】按钮，完成后的材料明细表如图 7-123 所示。

图 7-122 工具栏

5	紧固螺钉		1
4	盖板		2
3	活动座		1
2	钳口铁		2
1	十字螺钉		4
项目号	零件号	说明	数量

图 7-123 完成后的材料明细表

（3）将材料明细表中的英文标注改为中文标注，如【项目号】为【3】的【GB_FASTENER_SCREWS_HSHCS M10*50-N】可译为【紧固螺钉】，双击单元格，用键盘输入，将其型号【GB-HSHCS M10X50-N】输入同行的【说明】列中。完成修改的材料明细表如图 7-124 所示。

（4）为使表格更加清晰明了，对行高度进行统一。将鼠标指针移至材料明细表左上角出现⊕按钮后，单击鼠标右键，选择快捷菜单中的【格式化】|【行高度】命令，弹出如图 7-125 所示的【行高度】对话框，在【行高度】文本框中输入【7mm】，然后单击【确定】按钮，结果如图 7-126 所示。如果添加的材料明细表挡住了剖面视图 A-A，可以对视图位置或者材料明细表的行高度进行调整。

5	紧固螺钉	GB-HSFP M5X5-N	1
4	盖板		2
3	活动座		1
2	钳口铁		2
1	十字螺钉	GB-TYPE10 M8X25-20.35-H1-N	4
项目号	零件号	说明	数量

图 7-124 完成修正的材料明细表

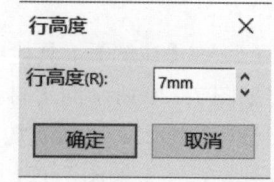

图 7-125 【行高度】对话框

（5）在图纸中选中俯视图，然后单击【注解】工具栏中的 【自动零件序号】按钮，SOLIDWORKS 会自动为其进行零件序号的标注，在弹出的【自动零件序号】属性管理器的【项目序号设定】选项组中进行设置,如图 7-127 所示,然后单击 ✓【确定】按钮。

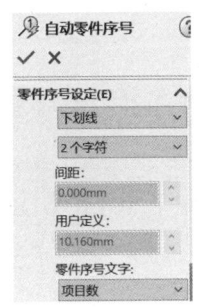

图 7-126 完成行高度的调整　　　　图 7-127 【自动零件序号】属性管理器

(6) 如果零件序号标注过于密集,则需要人工修正,将距离视图过近的零件序号拖曳至合适位置。选中任意零件序号,会在左侧弹出【零件序号】属性管理器,在底侧单击【更多属性】按钮,弹出【注释】属性管理器,在【引线】选项组的【箭头样式】中选择——•,如图 7-128 所示,完成后单击 ✓【确定】按钮。

(7) 在自动编号后,如果零件在其他视图看得更清楚,可以将当前视图的编号删除,如俯视图的 13 号为底座,在顶部工具栏中单击 ①【零件编号】按钮,再选择前视图上的底座,拖曳鼠标指针更改引线的长度和位置,然后再次单击放置零件编号,并更改其箭头样式,最后删除俯视图上的 13 号标注。同理,虎钳螺杆的标注可按照此方法进行修正,修正后的效果如图 7-129 所示。

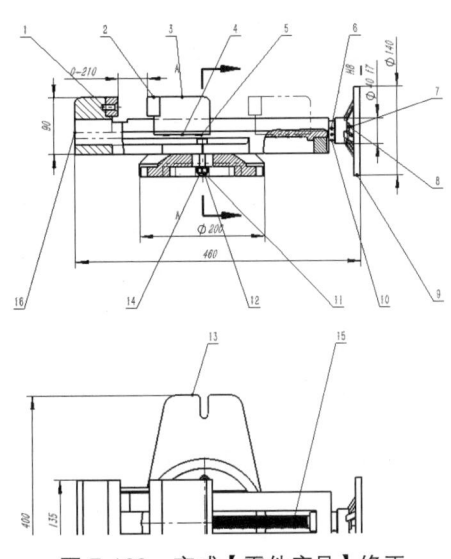

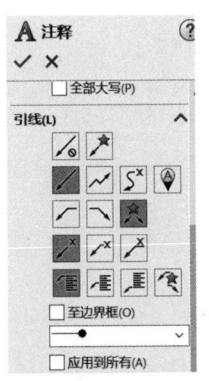

图 7-128 【注释】属性管理器　　　　图 7-129 完成【零件序号】修正

(8) 单击【注解】工具栏中的 A【注释】按钮,在右下角适当的区域单击放置文本框,手动输入文字:技术要求装配后保证螺杆转动灵活。在弹出的【格式化】对话框中,将【字号】改为【20】,完成后单击 ✓【确定】按钮,结果如图 7-130 所示。至此完成了虎钳装配图的绘制。

技术要求
装配后保证螺杆转动灵活

图 7-130 完成注释文字的添加

7.7 本章小结

本章介绍了 SOLIDWORKS 三大功能之一的工程图设计,不仅介绍图纸的基本概念,各种视图的生成方法,尺寸标注和添加注释的操作步骤,还以 2 个机械零部件为例,详细介绍了绘制零件图和装配图的过程。

7.8 知识巩固

利用附赠数字资源中的零件模型制作工程图。

【习题知识要点】使用投影视图命令生成主视图,使用辅助视图命令生成指定方向的视图,使用注释命令输入技术要求,最终结果如图 7-131 所示。

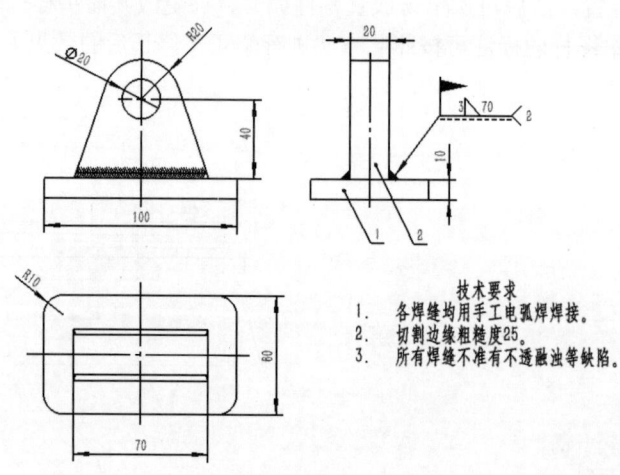

图 7-131 完成的工程图

【素材所在位置】配套数字资源 \ 第 7 章 \ 知识巩固 \。

第 8 章 钣金设计

本章介绍

SOLIDWORKS 在钣金设计中有哪些独特优势？在 SOLIDWORKS 中，如何生成基础的钣金特征？编辑钣金特征主要包括哪些操作？

钣金是针对金属薄板（通常厚度在 6mm 以下）的一种综合冷加工工艺，包括剪、冲、切、复合、折、焊接、铆接、拼接、成型（如汽车车身）等，其显著的特征是同一零件厚度一致。SOLIDWORKS 可以独立设计钣金零件，也可以在包含钣金零件的关联装配体中设计钣金零件。本章主要介绍钣金基础知识、生成钣金特征、编辑钣金特征和钣金建模实例及钣金工程图实例。

重点与难点

- 钣金基础知识
- 生成钣金特征
- 编辑钣金特征

思维导图

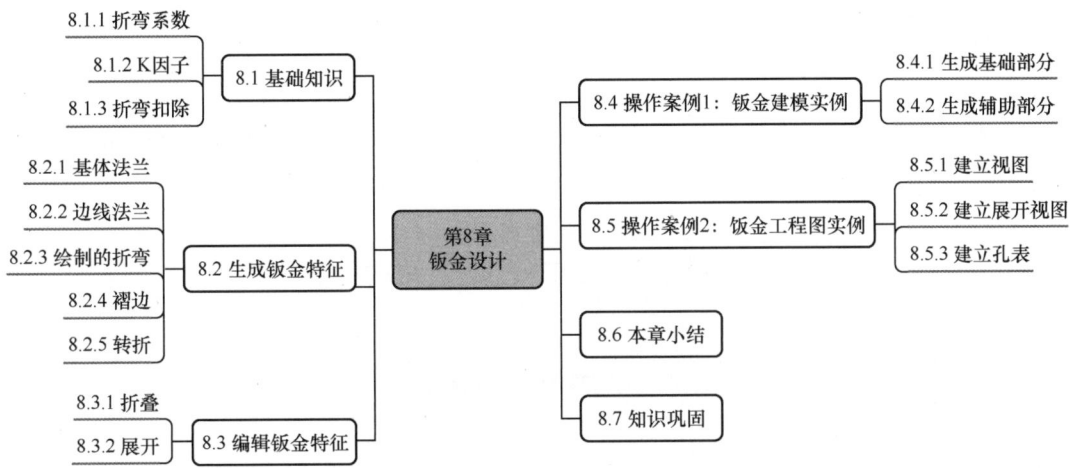

8.1 基础知识

在钣金零件设计中经常涉及一些术语,包括折弯系数、K 因子和折弯扣除等。

8.1.1 折弯系数

折弯系数是沿材料中性轴所测量的圆弧长度。在生成折弯时,可以给任何一个折弯输入数值以指定明确的折弯系数。以下公式用来决定使用折弯系数时的总平展长度。

$$L_t = A + B + \mathrm{BA}$$

式中:L_t 表示总平展长度;A 和 B 的含义如图 8-1 所示;BA 表示折弯系数。

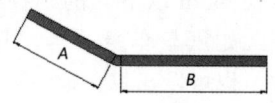

图 8-1 A 和 B 的含义

8.1.2 K 因子

K 因子是中立板相对于钣金零件厚度的位置的比率。包含 K 因子的折弯系数使用以下公式计算。

$$\mathrm{BA} = \prod (R + KT)A/180$$

式中:BA 表示折弯系数;R 表示内侧折弯半径;K 表示 K 因子;T 表示钣金零件厚度;A 表示折弯角度(经过折弯材料的角度)。

8.1.3 折弯扣除

折弯扣除通常是指回退量,也是一种用简单算法,用来描述钣金折弯的过程。在生成折弯时,可以通过输入数值给任何钣金折弯指定明确的折弯扣除。以下公式用来决定使用折弯扣除时的总平展长度。

$$L_t = A + B \text{-} \mathrm{BD}$$

式中:L_t 表示总平展长度;A 和 B 的含义如图 8-2 所示;BD 表示折弯扣除。

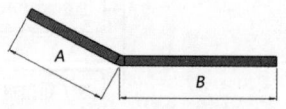

图 8-2 A 和 B 的含义

8.2 生成钣金特征

生成钣金零件的方法有两种,一种是利用钣金命令直接生成,另一种是将现有零件进行转换。

本节介绍利用钣金命令直接生成钣金零件的方法。

8.2.1 基体法兰

基体法兰是钣金零件的第一个特征。当基体法兰被添加到 SOLIDWORKS 零件后，系统会将该零件标记为钣金零件，并且在特征管理器设计树中显示特定的钣金特征。

1. 基体法兰的属性设置

选择【插入】|【钣金】|【基体法兰】菜单命令，弹出如图 8-3 所示的【基体法兰】属性管理器。常用选项介绍如下。

（1）【钣金规格】选项组。

根据指定的材料，勾选【使用规格表】复选框可以定义钣金的电子表格及数值。

（2）【钣金参数】选项组。

- 【厚度】文本框：设置钣金厚度。
- 【反向】复选框：以相反的方向加厚钣金。
- 【半径】文本框：设置钣金折弯处的半径。

2. 操作实例：生成基体法兰特征

通过下列操作步骤，简单练习生成基体法兰特征的方法。

（1）打开【配套数字资源\第 8 章\基本功能\8.2.1】的实例素材文件。单击特征树中的【草图 1】图标，使之处于被选择状态。

（2）选择【插入】|【钣金】|【基体法兰】命令，弹出【基体法兰】属性管理器。

（3）按图 8-4 进行参数设置，单击 ✓【确定】按钮，完成基体法兰的生成，如图 8-5 所示。

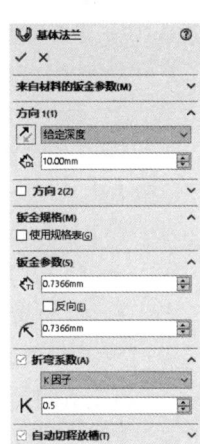

图 8-3 【基体法兰】属性管理器

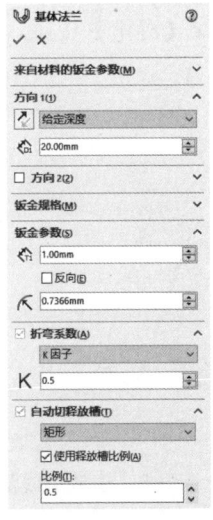

图 8-4 基体法兰的属性设置

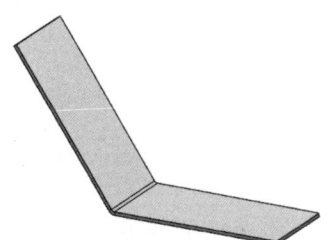

图 8-5 生成基体法兰特征

8.2.2 边线法兰

可以在一条或者多条边线上添加边线法兰。

1. 边线法兰的属性设置

选择【插入】|【钣金】|【边线法兰】菜单命令，弹出如图 8-6 所示的【边线 - 法兰 1】属性管理器。常用选项介绍如下。

（1）【法兰参数】选项组。
- 【选择边线】选择框：在绘图区域中选择边线。
- 【编辑法兰轮廓】按钮：编辑轮廓草图。
- 【折弯半径】文本框：在取消勾选【使用默认半径】复选框时可用。
- 【缝隙距离】文本框：设置缝隙数值。

（2）【角度】选项组。
- 【法兰角度】文本框：设置法兰角度数值。
- 【选择面】选择框：为法兰角度选择参考面。

（3）【法兰长度】选项组。
- 【长度终止条件】下拉列表框：选择终止条件。
- 【长度】文本框：设置长度数值。

图 8-6 【边线 - 法兰 1】属性管理器

（4）【法兰位置】选项组。
- 【法兰位置】选项组：可以选择【材料在内】、【材料在外】、【折弯在外】、【虚拟交点的折弯】和【与折弯相切】选项。
- 【剪裁侧边折弯】复选框：移除邻近折弯的多余部分。
- 【等距】复选框：生成等距法兰。

2. 操作实例：生成边线法兰

通过下列操作步骤，简单练习生成边线法兰的方法。

（1）打开【配套数字资源 \ 第 8 章 \ 基本功能 \8.2.2】的实例素材文件。

（2）选择【插入】|【钣金】|【边线法兰】菜单命令，弹出【边线 - 法兰 1】属性管理器。

（3）选取模型右下方的边线，按图 8-7 进行参数设置，单击【确定】按钮，完成边线法兰的生成，如图 8-8 所示。

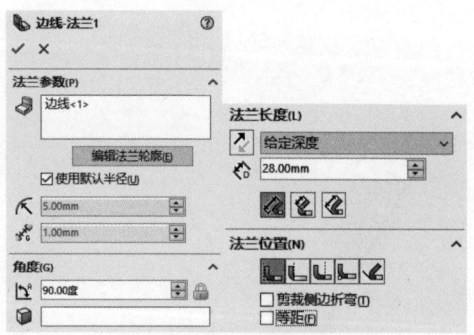

图 8-7 边线法兰的属性设置

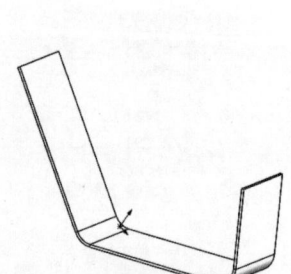

图 8-8 生成边线法兰

8.2.3 绘制的折弯

【绘制的折弯】命令用于在钣金零件处于折叠状态时将折弯线添加到零件中，使折弯线的尺寸标注到折叠的钣金零件上。

1. 绘制的折弯的属性设置

选择【插入】|【钣金】|【绘制的折弯】菜单命令，弹出如图8-9所示的【绘制的折弯】属性管理器。常用选项介绍如下。

- 【固定面】选择框：在绘图区域中选择1个不因特征而移动的面。
- 【折弯位置】：包括【折弯中心线】、【材料在内】、【材料在外】和【折弯在外】选项。

2. 操作实例：生成绘制的折弯

通过下列操作步骤，简单练习生成绘制的折弯的方法。

（1）打开【配套数字资源\第8章\基本功能\8.2.3】的实例素材文件。

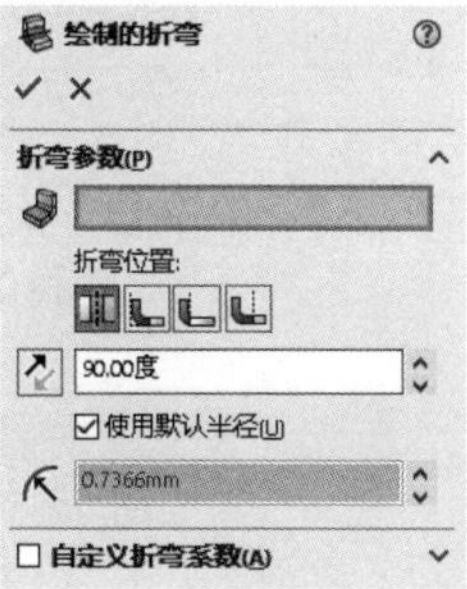

图 8-9 【绘制的折弯】属性管理器

（2）单击特征树中的【草图3】图标，使之处于被选择的状态。

（3）选择【插入】|【钣金】|【绘制的折弯】菜单命令，弹出【绘制的折弯】属性管理器，按图8-10进行参数设置，单击【确定】按钮，完成绘制的折弯的生成，如图8-11所示。

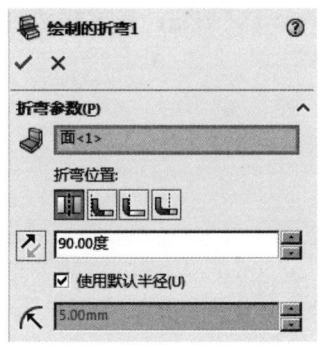

图 8-10 绘制的折弯属性设置

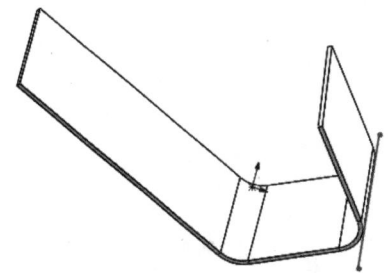

图 8-11 生成绘制的折弯

8.2.4 褶边

褶边可在钣金零件的边线上添加一个弯边。

1. 褶边的属性设置

选择【插入】|【钣金】|【褶边】菜单命令，弹出如图8-12所示的【褶边】属性管理器。常用选项介绍如下。

（1）【边线】选项组。

- 【边线】选择框：在绘图区域中选择需要添加褶边的边线。
- 【编辑褶边宽度】按钮：在绘图区域中编辑褶边的宽度。
- 【材料在里】选项：褶边的材料在内侧。
- 【材料在外】选项：褶边的材料在外侧。

（2）【类型和大小】选项组。

- 选择褶边类型，包括【闭合】、【开环】、【撕裂形】和【滚轧】选项，不同褶边类型的效果如图8-13所示。

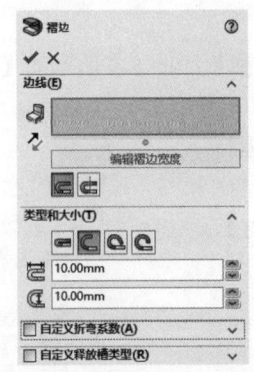 

图 8-12 【褶边】属性管理器　　　　图 8-13 不同褶边类型的效果

2. 操作实例：生成褶边

通过下列操作步骤，简单练习生成褶边的方法。

（1）打开【配套数字资源 \ 第 8 章 \ 基本功能 \8.2.4】的实例素材文件。

（2）选择【插入】|【钣金】|【褶边】菜单命令，弹出【褶边】属性管理器。

（3）选取模型右下方的边线，按图 8-14 进行参数设置，单击 ✓ 按钮，完成褶边的生成，如图 8-15 所示。

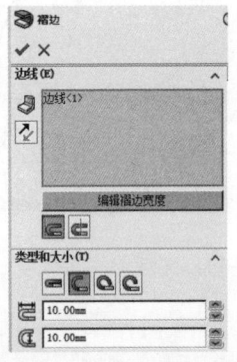 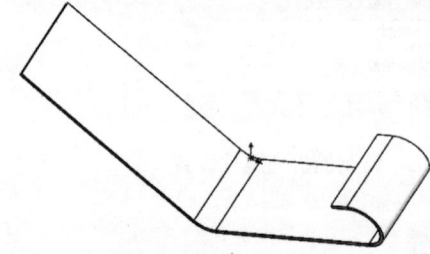

图 8-14 褶边的属性设置　　　　图 8-15 生成褶边

8.2.5 转折

转折是指按照所绘的直线生成两个平行的折弯。

1. 转折的属性设置

选择【插入】|【钣金】|【转折】菜单命令，弹出如图 8-16 所示的【转折】属性管理器。常用选项介绍如下。

（1）【转折等距】选项组。

- 【外部等距】选项：等距的距离按照外部尺寸来计算。
- 【内部等距】选项：等距的距离按照内部尺寸来计算。
- 【总尺寸】选项：等距的距离按照总尺寸来计算。

（2）【转折位置】选项组。

- 【折弯中心线】选项：草图作为折弯的中心线。

- 【材料在内】选项：折弯后材料在草图以内。
- 【材料在外】选项：折弯后材料在草图以外。
- 【折弯向外】选项：草图与折弯根部对齐。

2．操作实例：生成转折

通过下列操作步骤，简单练习生成转折的方法。

（1）打开【配套数字资源 \ 第 8 章 \ 基本功能 \8.2.5】的实例素材文件。

（2）单击特征树中的【草图 4】图标，使之处于被选择的状态。

（3）选择【插入】|【钣金】|【转折】菜单命令，弹出【转折 1】属性管理器。按图 8-17 进行参数设置，单击 【确定】按钮，完成转折的生成，如图 8-18 所示。

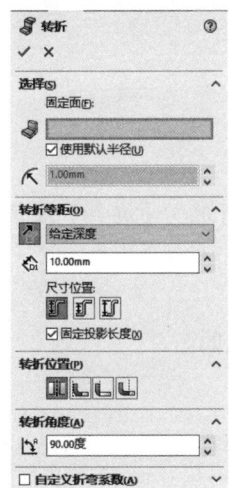

图 8-16 【转折】属性管理器

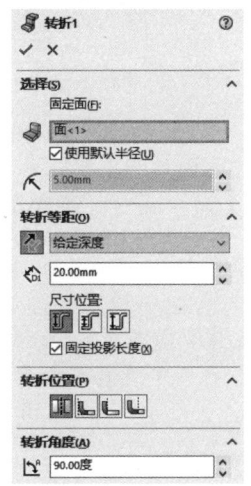

图 8-17 转折的属性设置

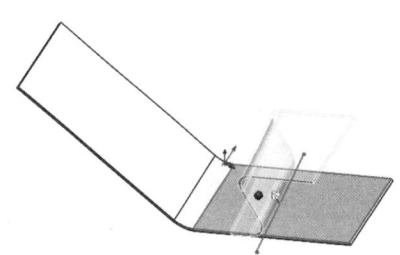

图 8-18 生成转折

8.3 编辑钣金特征

编辑钣金特征是指对已有的钣金特征进行二次编辑的操作。

8.3.1 折叠

通过折叠可以将平展的钣金的下料状态转变成钣金的成型状态。

选择【插入】|【钣金】|【折叠】菜单命令，弹出如图 8-19 所示的【折叠】属性管理器。常用选项介绍如下。

1．折叠的属性设置

- 【固定面】选择框：在绘图区域中选择一个不因特征而移动的面。
- 【要折叠的折弯】选择框：选择一个或者多个绘制的折弯。

2．操作实例：生成折叠

通过下列操作步骤，简单练习生成折叠的方法。

（1）打开【配套数字资源 \ 第 8 章 \ 基本功能 \8.3.1】的实例素材文件。

(2)选择【插入】|【钣金】|【折叠】菜单命令,弹出【折叠】属性管理器。

(3)按图8-20进行参数设置,单击✓【确定】按钮,完成折叠的生成,如图8-21所示。

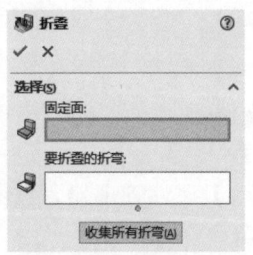 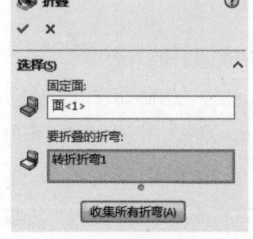 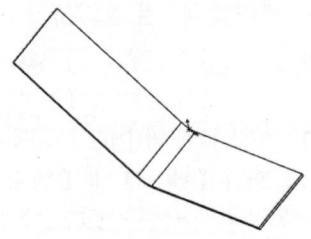

图 8-19 【折叠】属性管理器　　图 8-20 折叠的属性设置　　图 8-21 生成折叠

8.3.2 展开

通过展开可以将钣金的成型状态转变成钣金的下料状态。

选择【插入】|【钣金】|【展开】菜单命令,弹出如图8-22所示的【展开】属性管理器。常用选项介绍如下。

1. 展开的属性设置

- 【固定面】选择框:在绘图区域中选择一个不因特征而移动的面。
- 【要展开的折弯】选择框:选择一个或者多个绘制的折弯。

2. 操作实例:生成展开

通过下列操作步骤,简单练习生成展开的方法。

(1)打开【配套数字资源\第8章\基本功能\8.3.2】的实例素材文件。

(2)选择【插入】|【钣金】|【展开】菜单命令,弹出【展开1】属性管理器。

(3)按图8-23进行参数设置,单击✓【确定】按钮,完成展开的生成,如图8-24所示。

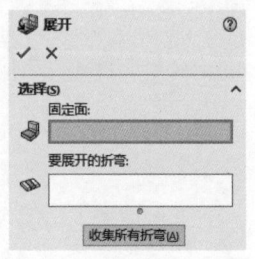 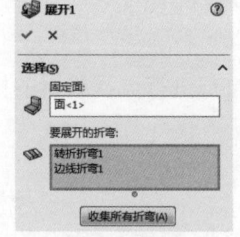 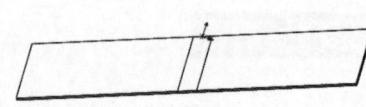

图 8-22 【展开】属性管理器　　图 8-23 展开的属性设置　　图 8-24 生成展开

8.4 操作案例1:钣金建模实例

操作案例视频

【学习要点】机箱挡片用于隔绝电磁干扰,保护内部组件免受静电和灰尘损害,同时提供结构支撑,增强机箱的机械强度和散热性能。本节通过一个钣金零件的制作过程来介绍钣金建模方法,钣金零件模型如图8-25所示。

第 8 章 钣金设计

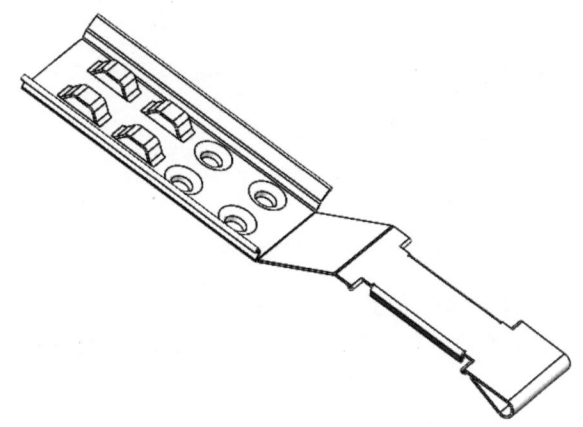

图 8-25 钣金零件模型

【案例思路】钣金是特殊的实体，必须先生成基体法兰特征。基体法兰两侧伸出的部分，可以用边线法兰特征来实现。法兰边缘向下掰弯的部分，可以用褶边特征来实现。钣金上的开槽或压凹的形状，可以用成形工具特征来实现。建模大体过程如图 8-26 所示。

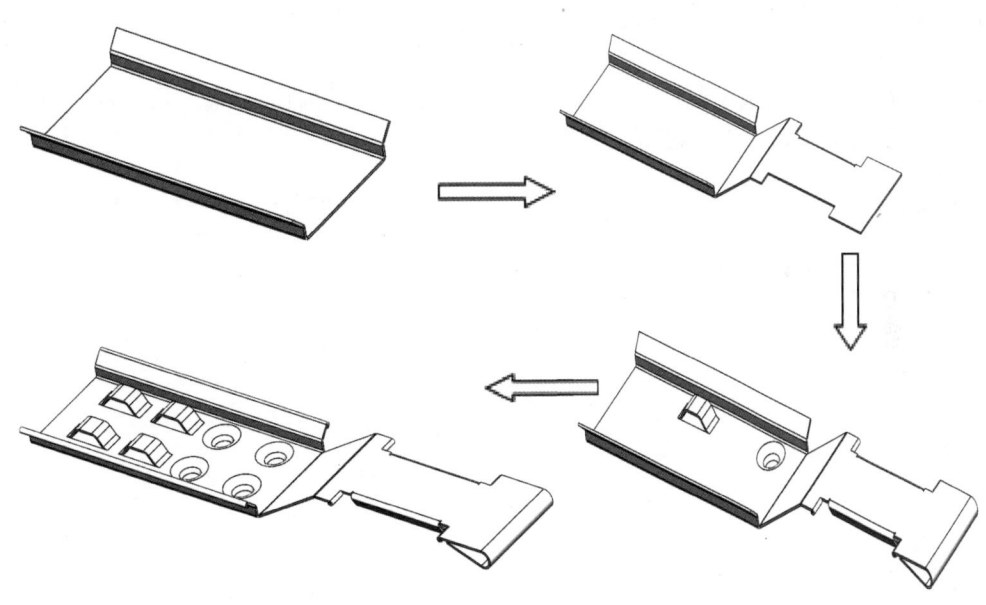

图 8-26 钣金建模大体过程

【案例所在位置】配套数字资源 \ 第 8 章 \ 操作案例 \8.4。

下面将介绍具体步骤。

8.4.1 生成基础部分

（1）单击特征管理器设计树中的【前视基准面】图标，使前视基准面成为草图绘制平面。单击【草图】工具栏中的【草图绘制】按钮，进入草图绘制状态。使用【草图】工具栏中的【直线】、【智能尺寸】工具，绘制如图 8-27 所示的草图并标注尺寸。单击【退出草图】按钮，退出草图绘制状态。

183

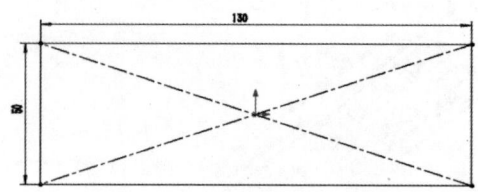

图 8-27 绘制草图并标注尺寸

（2）选择绘制好的草图，单击【钣金】工具栏中的【基体法兰】按钮，弹出属性管理器。按图 8-28 进行参数设置，单击【确定】按钮，生成钣金的基体法兰特征。

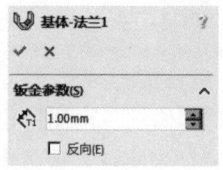 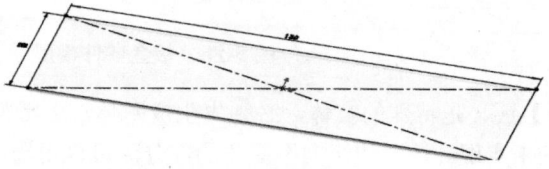

图 8-28 生成基体法兰特征

（3）选择【插入】|【钣金】|【边线法兰】菜单命令，弹出属性管理器。按图 8-29 进行参数设置。单击【确定】按钮，生成边线法兰特征。

（4）选择【插入】|【钣金】|【边线法兰】菜单命令，弹出属性管理器。按图 8-30 进行参数设置，单击【确定】按钮，生成边线法兰特征。

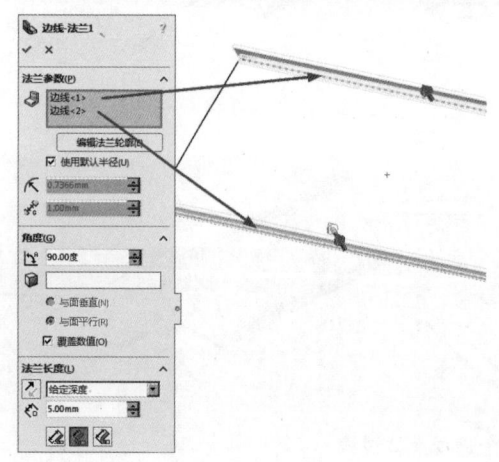 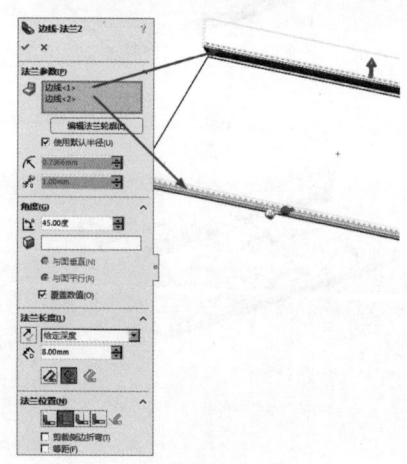

图 8-29 生成边线法兰特征（1） 　　图 8-30 生成边线法兰特征（2）

> **注意**
>
> 可以对钣金零件生成一个自定义的折弯系数表。使用文字编辑器，例如记事本，来编辑该案例的折弯系数表。找到 lang English sample.btl 之后，以一个新的名称保存其表格，并且以 .btl 为扩展名，保存在相同的目录下。

（5）选择【插入】|【钣金】|【展开】菜单命令，弹出属性管理器。按图 8-31 进行参数设置，单击【确定】按钮，生成钣金的展开，钣金将以展开为平板的形式显示。

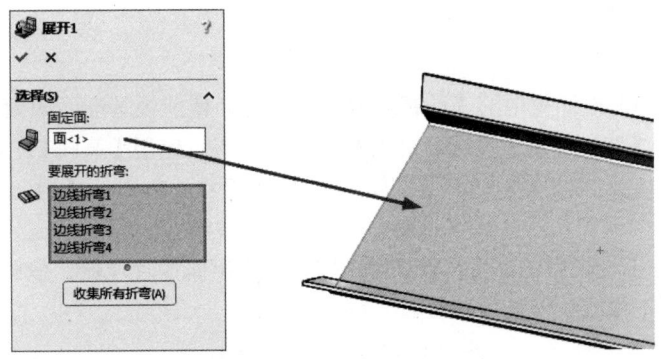

图 8-31　生成展开特征

(6) 选择【插入】|【钣金】|【折叠】菜单命令，弹出属性管理器。按图 8-32 进行参数设置。单击 ✔【确定】按钮，生成折叠特征。

(7) 选择【插入】|【钣金】|【边线法兰】菜单命令，弹出属性管理器。按图 8-33 进行参数设置，单击 ✔【确定】按钮，生成边线法兰特征。

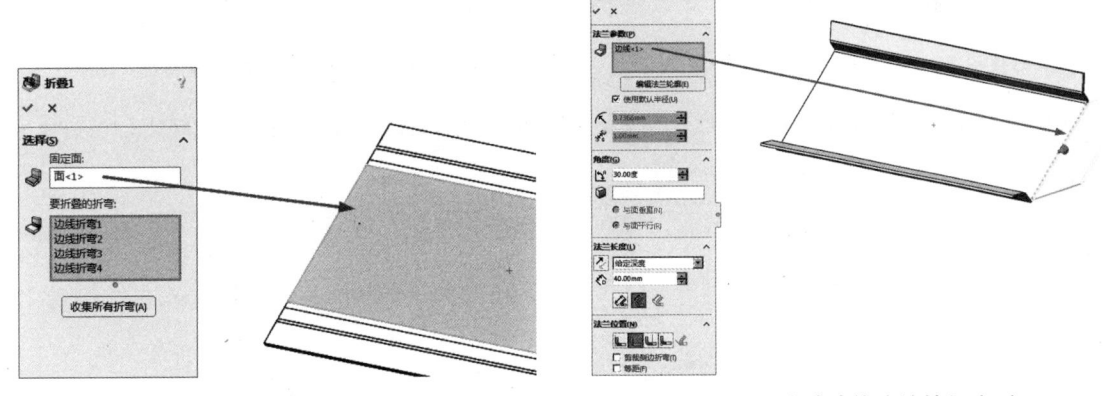

图 8-32　生成折叠特征　　　　　　图 8-33　生成边线法兰特征（3）

(8) 选择【插入】|【钣金】|【边线法兰】菜单命令，弹出属性管理器。按图 8-34 进行参数设置，单击 ✔【确定】按钮，生成边线法兰特征。

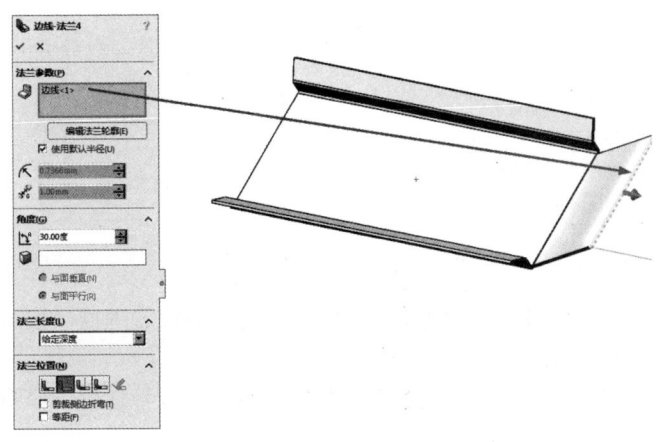

图 8-34　生成边线法兰特征（4）

8.4.2 生成辅助部分

（1）单击特征管理器设计树中的【前视基准面】图标，使前视基准面成为草图绘制平面。单击【草图】工具栏中的【草图绘制】按钮，进入草图绘制状态。使用【草图】工具栏中的【直线】、【智能尺寸】工具，绘制如图 8-35 所示的草图并标注尺寸。单击【退出草图】按钮，退出草图绘制状态。

（2）单击【特征】工具栏中的【拉伸切除】按钮，弹出属性管理器。按图 8-36 进行参数设置，单击【确定】按钮，生成拉伸切除特征。

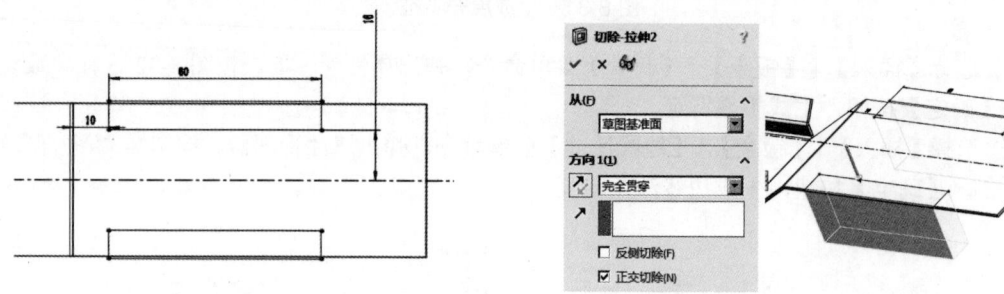

图 8-35　绘制草图并标注尺寸　　　　图 8-36　生成拉伸切除特征

（3）选择【插入】|【钣金】|【边线法兰】菜单命令，弹出属性管理器。按图 8-37 进行参数设置，单击【确定】按钮，生成边线法兰特征。

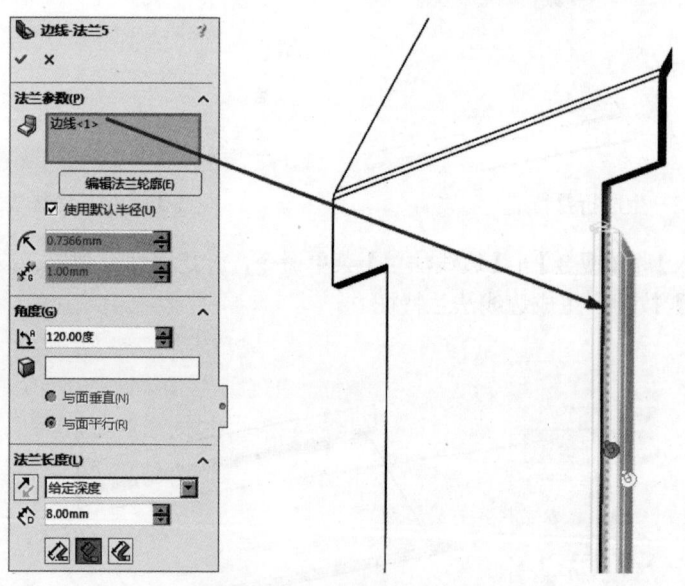

图 8-37　生成边线法兰特征

（4）选择【插入】|【钣金】|【褶边】菜单命令，弹出属性管理器。按图 8-38 进行参数设置，单击【确定】按钮，生成褶边特征。

（5）选择【插入】|【钣金】|【褶边】菜单命令，弹出属性管理器。按图 8-39 进行参数设置，单击【确定】按钮，生成褶边特征。

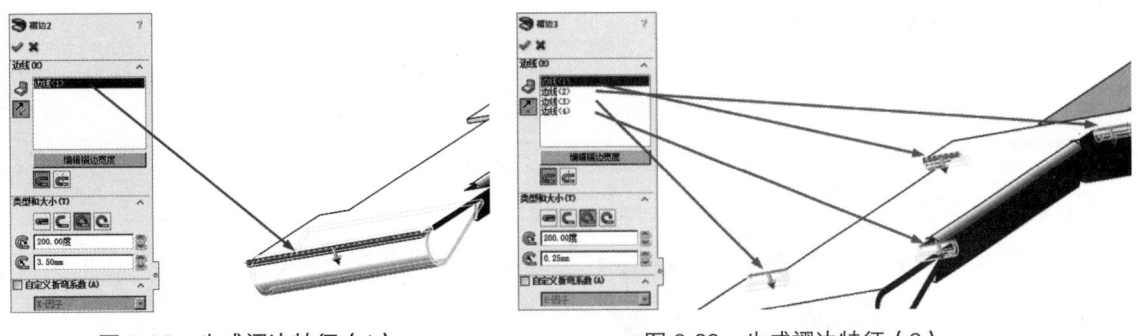

图 8-38　生成褶边特征（1）　　　　　图 8-39　生成褶边特征（2）

（6）选择【插入】|【钣金】|【成形工具】命令，弹出属性管理器。按图 8-40 进行参数设置，单击 ✓【确定】按钮，生成成形工具特征。

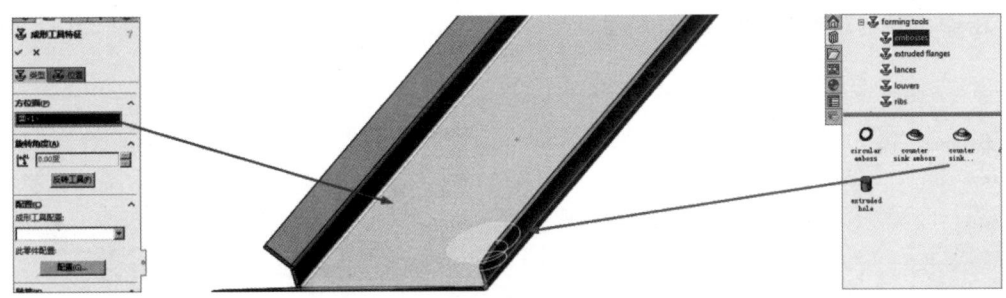

图 8-40　生成成形工具特征（1）

（7）选择【插入】|【钣金】|【成形工具】命令，弹出属性管理器。按图 8-41 进行参数设置，单击 ✓【确定】按钮，生成成形工具特征。

 注意

当为钣金生成成形工具时，最小的曲率半径应大于钣金厚度。

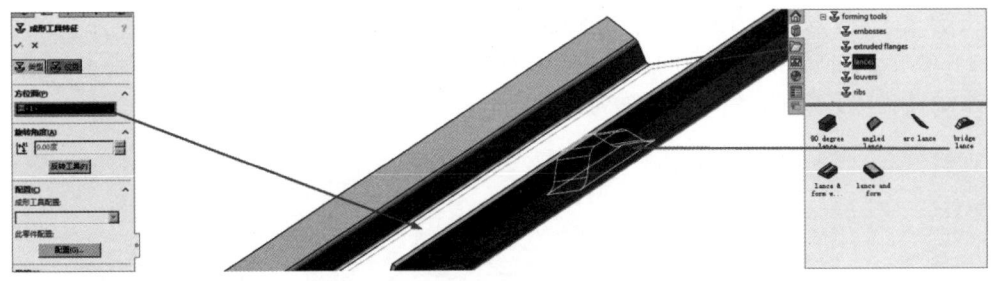

图 8-41　生成成形工具特征（2）

（8）选择【插入】|【钣金】|【褶边】菜单命令，弹出属性管理器。按图 8-42 进行参数设置，单击 ✓【确定】按钮，生成褶边特征。

（9）单击【特征】工具栏中的 ◎【绘制圆角】按钮，弹出属性管理器。按图 8-43 进行参数设置，单击 ✓【确定】按钮，生成圆角特征。

（10）单击【特征】工具栏中的 ◎【绘制圆角】按钮，弹出属性管理器。按图 8-44 进行参数设

置,单击 ✔【确定】按钮,生成圆角特征。

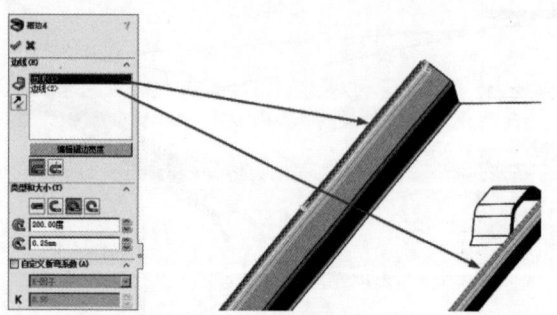

图 8-42 生成褶边特征(3)

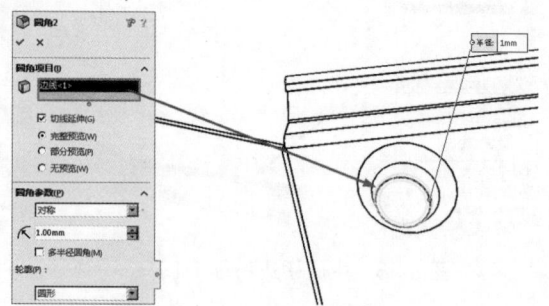

图 8-43 生成圆角特征(1)

(11)单击【特征】工具栏中的【绘制圆角】按钮,弹出属性管理器。按图 8-45 进行参数设置,单击 ✔【确定】按钮,生成圆角特征。

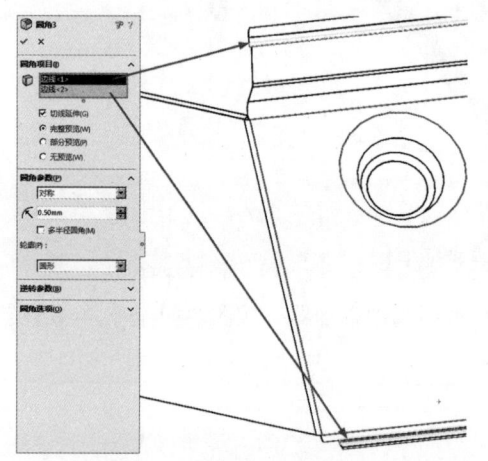

图 8-44 生成圆角特征(2)

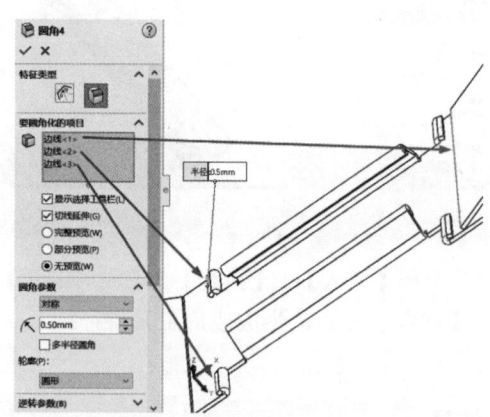

图 8-45 生成圆角特征(3)

(12)单击【特征】工具栏中的【线性阵列】按钮,弹出属性管理器。按图 8-46 进行参数设置,单击 ✔【确定】按钮,生成线性阵列特征。

(13)单击【特征】工具栏中的【线性阵列】按钮,弹出属性管理器。按图 8-47 进行参数设置,单击 ✔【确定】按钮,生成线性阵列特征。

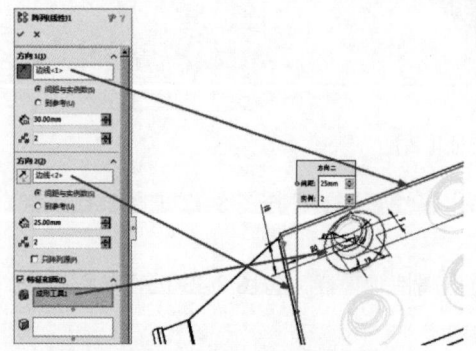

图 8-46 生成线性阵列特征(1)

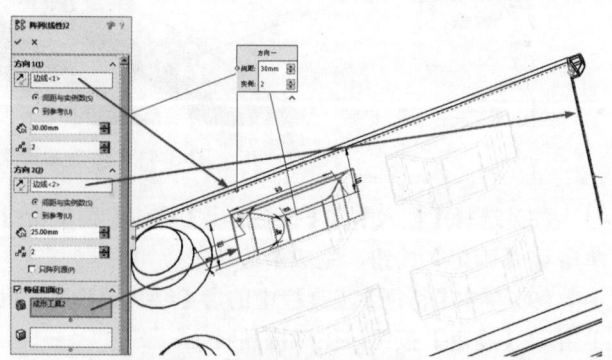

图 8-47 生成线性阵列特征(2)

至此，钣金模型建立完成。

8.5 操作案例 2：钣金工程图实例

操作案例视频

【学习要点】本节介绍钣金工程图的制作方法，钣金零件模型如图 8-48 所示，生成的钣金工程图如图 8-49 所示。

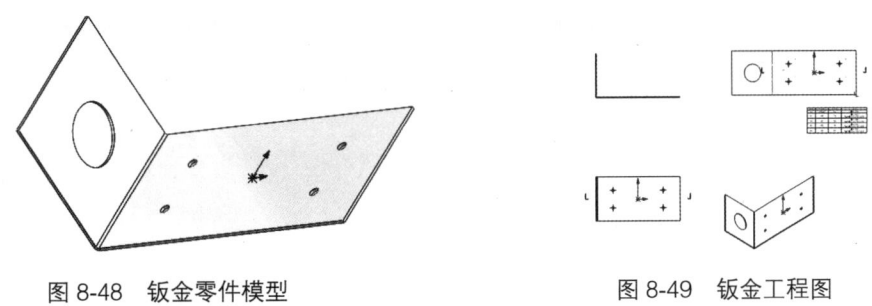

图 8-48　钣金零件模型　　　　　　　　图 8-49　钣金工程图

【案例思路】新建工程图文件，通过更改参考来生成钣金工程图。
【案例所在位置】配套数字资源 \ 第 8 章 \ 操作案例 \8.5。
下面将介绍具体步骤。

8.5.1　建立视图

（1）打开【配套数字资源 \ 第 10 章 \ 操作案例 \8.5\8.5.SLDASM】文件，选择【文件】|【从零件制作工程图】菜单命令，弹出工程图界面，如图 8-50 所示。

（2）在右侧区域按住【（A）前视】按钮，将其拖入工程图中，模型的前视图将自动在工程图中生成。将鼠标指针向右下方向移动，将生成轴测图的预览，单击将生成的轴测图固定，如图 8-51 所示。右击，完成前视图的生成。

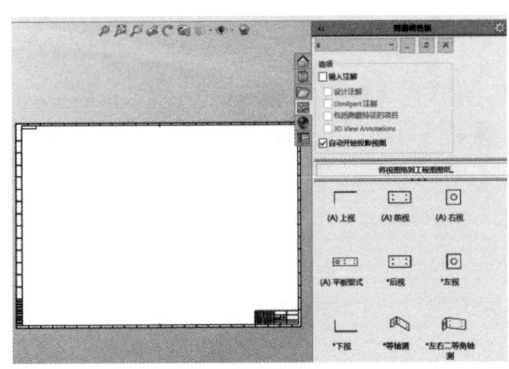
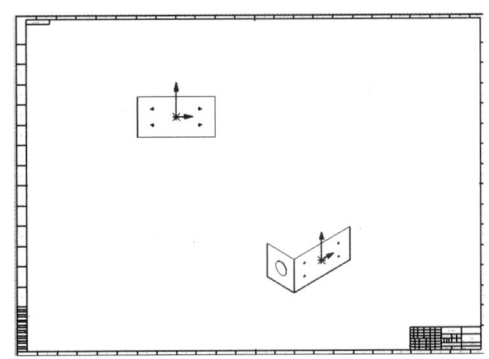

图 8-50　工程图界面　　　　　　　　图 8-51　放置前视图

（3）选择【插入】|【工程图视图】|【剖面视图】菜单命令，在弹出的属性管理器中单击【水平】按钮，将鼠标指针移动到绘图区域，鼠标指针处将出现一条水平剖切线，如图 8-52 所示。

（4）在模型的主视图的中点处单击，会弹出确定条，如图 8-53 所示，单击【确定】按钮。

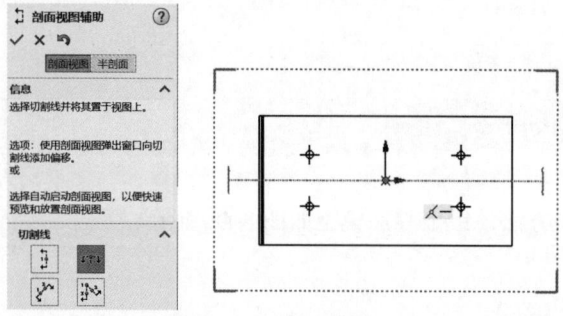

图 8-52　水平剖切线

图 8-53　确定条界面

（5）向上移动鼠标指针，新生成的剖视图将随鼠标指针移动，单击后剖视图的位置将固定，如图 8-54 所示。

（6）单击模型的主视图，按 Ctrl+C 组合键和 Ctrl+V 组合键，将复制粘贴一个新的主视图，如图 8-55 所示。

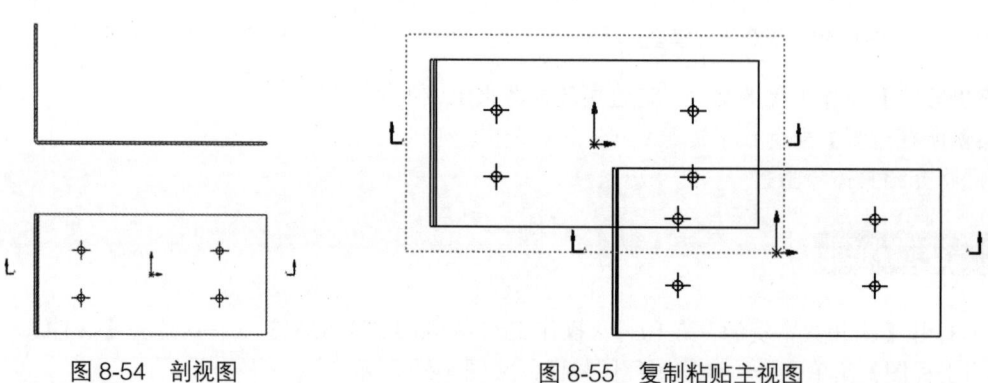

图 8-54　剖视图　　　　　　　　　　图 8-55　复制粘贴主视图

（7）工程图中各个视图的位置是可以手动调整的。单击视图，按住鼠标左键移动鼠标指针即可将视图移动位置。将 4 个视图移动到合适位置，如图 8-56 所示。

8.5.2　建立展开视图

单击绘图区域右上方的视图 4，弹出属性管理器，在【参考配置】选项组中，选择【默认 SM-FLAT-PATTERN】选项，单击 ✓【确定】按钮，钣金模型将自动展开，如图 8-57 所示。

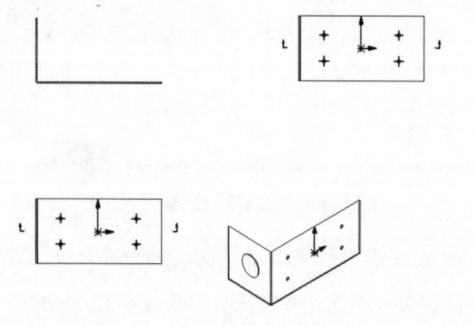

图 8-56　调整视图位置

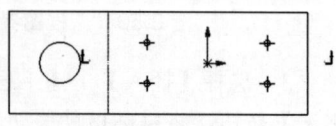

图 8-57　展开视图

8.5.3 建立孔表

(1) 选择【插入】|【表格】|【孔表】菜单命令,弹出【孔表】属性管理器。单击视图 4 的右下角的端点,此端点将作为空表的原点,如图 8-58 所示。

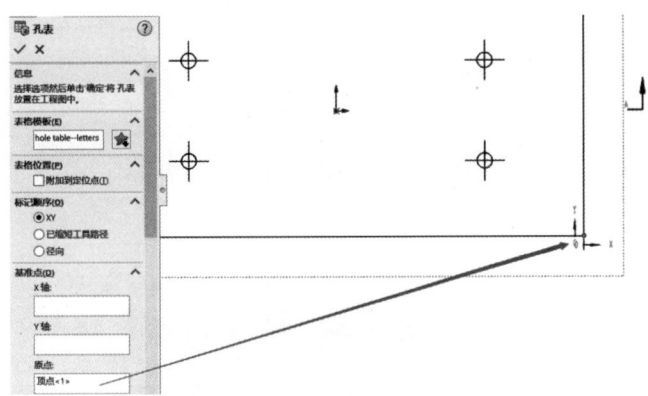

图 8-58 选择原点

(2) 在绘图区域中选择 5 个圆的边线,如图 8-59 所示。

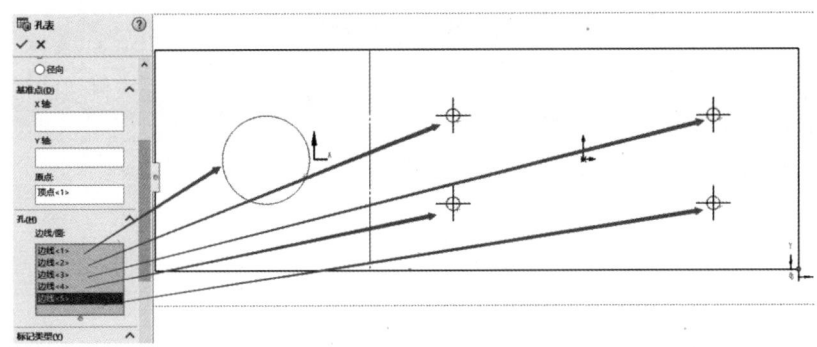

图 8-59 选择孔的边线

(3) 单击【确定】按钮,生成的孔表将随鼠标指针移动,单击将孔表的位置固定,如图 8-60 所示。

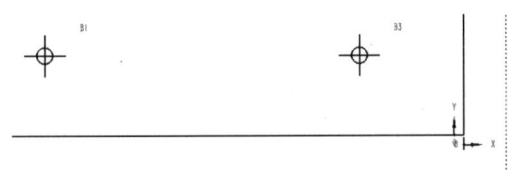

标签	X 位置	Y 位置	大小
A1	-123.09	25	Ø20 贯穿
B1	-80	15	Ø3 贯穿 Ø 3.05 X 90°, 近端
B2	-80	35	Ø3 贯穿 Ø 3.05 X 90°, 近端
B3	-20	15	Ø3 贯穿 Ø 3.05 X 90°, 近端
B4	-20	35	Ø3 贯穿 Ø 3.05 X 90°, 近端

图 8-60 固定孔表的位置

8.6 本章小结

本章介绍钣金设计的基础知识，生成和编辑钣金的常用命令，最后以 1 个典型的钣金零件为例，详细介绍了钣金零件的建模过程。

8.7 知识巩固

利用附赠数字资源中的尺寸信息建立机箱的钣金模型，如图 8-61 所示。

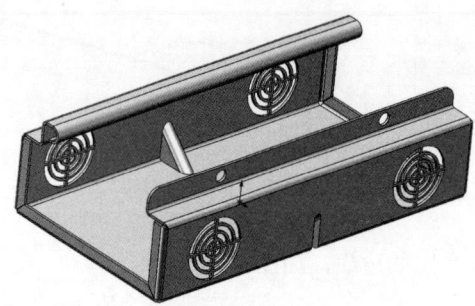

图 8-61　钣金模型

【习题知识要点】使用基体法兰命令生成底板，使用边线法兰命令生成侧边的法兰，使用角撑板命令生成加强筋，使用通风口命令生成通风口。

【素材所在位置】配套数字资源\第 8 章\知识巩固\。

第 9 章
焊件设计

本章介绍

在 SOLIDWORKS 中，如何使用焊件命令生成焊件结构构件？SOLIDWORKS 提供了哪些方式让用户自定义或选择焊件结构构件？SOLIDWORKS 焊件设计中有哪些重要的内容？

焊件（通常称为型材）是用铁或钢以及具有一定强度和韧性的材料通过轧制、挤出、铸造等工艺制成的具有一定几何形状的物体。在 SOLIDWORKS 中，使用焊件命令可以生成多种焊接类型的结构构件组合。用户可以选用 SOLIDWORKS 自带的标准结构构件，也可以根据需要自己制作结构构件。本章主要介绍结构构件、剪裁/延伸、圆角焊缝、角撑板、顶端盖、焊缝、自定义焊件轮廓、焊件建模实例，以及焊件工程图实例。

重点与难点

- 生成结构构件的方法
- 编辑结构构件的方法

思维导图

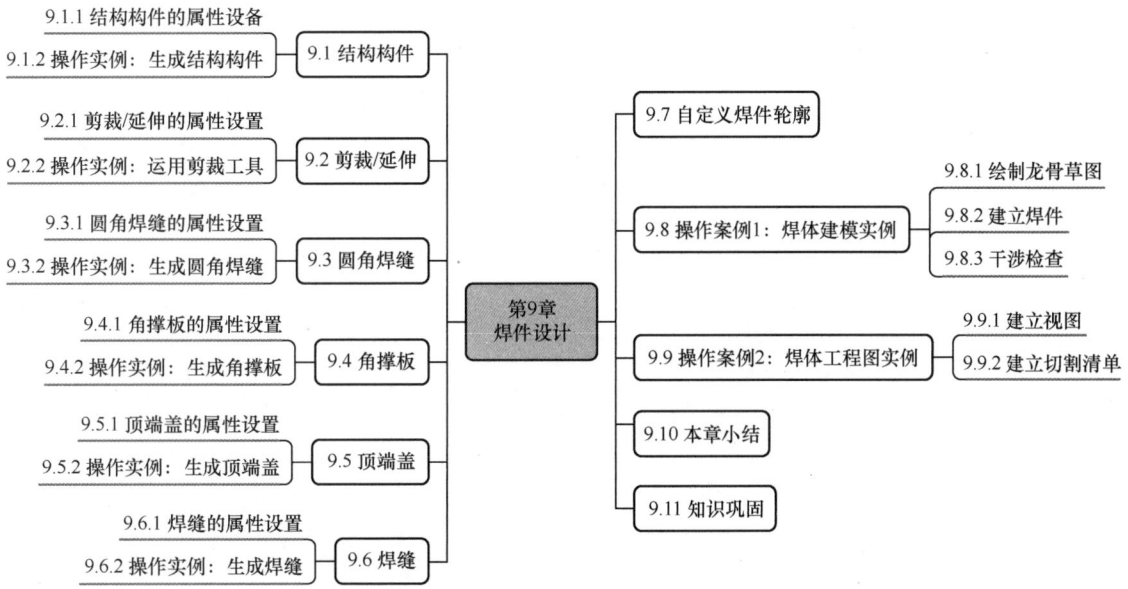

9.1 结构构件

在零件中生成第一个结构构件时， 【焊件】按钮将被添加到特征管理器设计树中。结构构件包含以下属性。

- 具有统一的轮廓，例如角铁、铝合金焊件等。
- 轮廓由【标准】、【类型】及【大小】等属性确定。
- 可以包含多个片段，但所有片段只能使用一个轮廓。
- 具有不同轮廓的多个结构构件可以属于同一个焊接零件。
- 生成的实体会出现在 【切割清单】文件夹下。
- 可以生成自定义的轮廓，并将其添加到现有焊件轮廓库中。
- 可以在特征管理器设计树的 【切割清单】文件夹下选择结构构件，并生成用于工程图中的切割清单。

9.1.1 结构构件的属性设置

单击【焊件】工具栏中的 【结构构件】按钮，或者选择【插入】|【焊件】|【结构构件】菜单命令，弹出【结构构件】属性管理器，如图 9-1 所示。常用选项介绍如下。

- 【标准】下拉列表框：选择先前定义的 iso、ansi inch 或者自定义的标准。
- 【Type: Configured Profile】下拉列表框：选择轮廓类型。
- 【大小】下拉列表框：选择轮廓大小。
- 【组】文本框：可以在绘图区域中选择一组草图实体作为路径线段。

9.1.2 操作实例：生成结构构件

通过下列操作步骤，简单练习生成结构构件的方法。

（1）打开【配套数字资源 \ 第 9 章 \ 基本功能 \9.1.2】的实例素材文件，如图 9-2 所示。

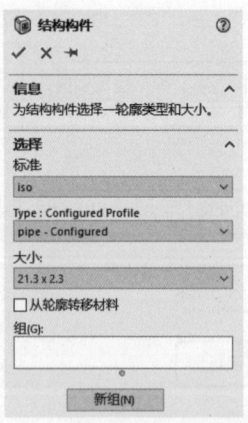

图 9-1 【结构构件】属性管理器

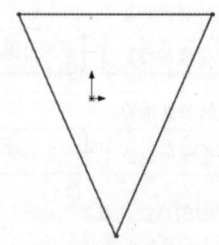

图 9-2 草图

（2）选择【插入】|【焊件】|【结构构件】菜单命令，弹出【结构构件】属性管理器。按图 9-3 对参数进行设置，单击 【确定】按钮，生成结构构件，如图 9-4 所示。

第 9 章 焊件设计

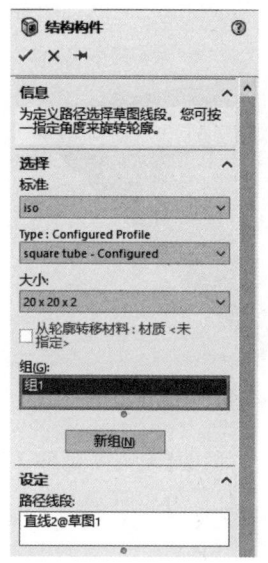

图 9-3 结构构件的属性设置

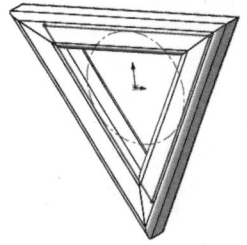

图 9-4 生成结构构件

9.2 剪裁 / 延伸

可以使用结构构件或其他实体剪裁结构构件，使其在焊件零件中可以正确对接。可以使用剪裁 / 延伸命令剪裁或者延伸两个在角落处汇合的结构构件、一个或者多个相对于另一实体的结构构件等。

9.2.1 剪裁 / 延伸的属性设置

选择【插入】|【焊件】|【剪裁 / 延伸】菜单命令，弹出【剪裁 / 延伸】属性管理器，如图 9-5 所示。常用选项介绍如下。

（1）【边角类型】选项组。

可以设置剪裁的边角类型，包括 【终端剪裁】、 【终端斜接】、 【终端对接 1】、 【终端对接 2】类型。

（2）【要剪裁的实体】选项组。

对于 【终端斜接】、 【终端对接 1】和 【终端对接 2】类型，选择要剪裁的一个实体；对于 【终端剪裁】类型，选择要剪裁的一个或者多个实体。

（3）【剪裁边界】选项组。

- 【面 / 平面】单选项：使用平面作为剪裁边界。
- 【实体】单选项：使用实体作为剪裁边界。

9.2.2 操作实例：运用剪裁工具

通过下列操作步骤，简单练习运用剪裁工具的方法。

（1）打开【配套数字资源 \ 第 9 章 \ 基本功能 \9.2.2】的实例素材文件，如图 9-6 所示。

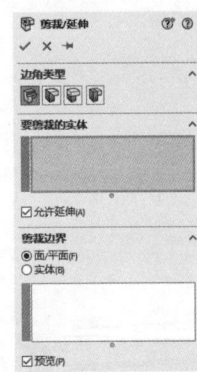

图 9-5 【剪裁/延伸】属性管理器　　　　图 9-6 模型

（2）选择【插入】|【焊件】|【剪裁/延伸】菜单命令，弹出【剪裁/延伸 1】属性管理器。按图 9-7 进行参数设置，单击 ✓【确定】按钮，完成剪裁操作，如图 9-8 所示。

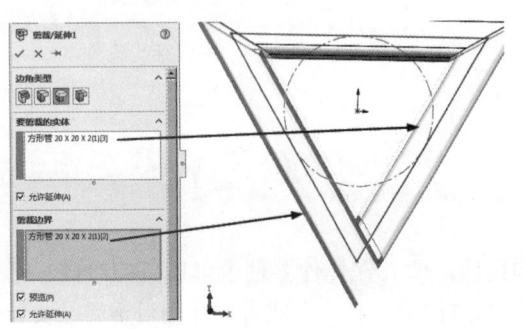
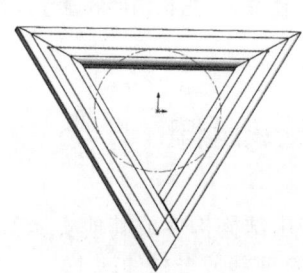

图 9-7 剪裁的属性设置　　　　图 9-8 完成剪裁

9.3 圆角焊缝

可以在任何交叉的焊件（如结构构件、平板焊件和角撑板等）之间添加全长、间歇或者交错的圆角焊缝。

9.3.1 圆角焊缝的属性设置

单击【焊件】工具栏中的 ◎【圆角焊缝】按钮，或者选择【插入】|【焊件】|【圆角焊缝】菜单命令，弹出【圆角焊缝】属性管理器，如图 9-9 所示。常用选项介绍如下。
- 【焊缝类型】下拉列表框：可以选择【全长】、【间歇】、【交错】类型。
- 【圆角大小】文本框：设置焊缝圆角的数值。
- 【面组】选择框：选取一个或多个平面。

9.3.2 操作实例：生成圆角焊缝

通过下列操作步骤，简单练习生成圆角焊缝的方法。
（1）打开【配套数字资源\第 9 章\基本功能\9.3.2】的实例素材文件，如图 9-10 所示。

第 9 章 焊件设计

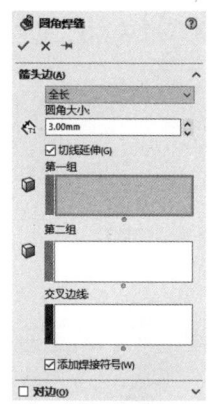 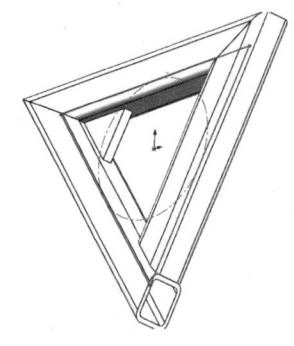

图 9-9 【圆角焊缝】属性管理器　　　　图 9-10 焊件模型

（2）选择【插入】|【焊件】|【圆角焊缝】菜单命令，弹出【圆角焊缝】属性管理器。按图 9-11 进行参数设置，单击 ✓ 【确定】按钮，生成圆角焊缝，如图 9-12 所示。

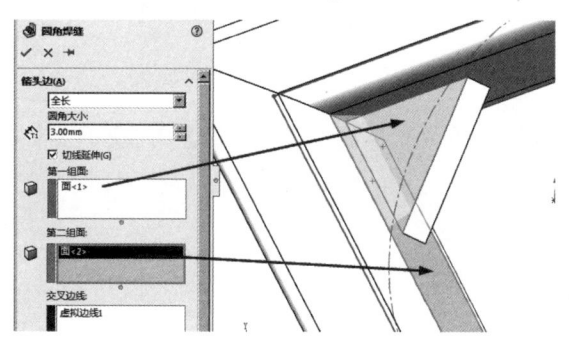 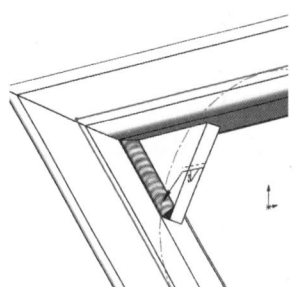

图 9-11 圆角焊缝的属性设置　　　　图 9-12 生成圆角焊缝

9.4 角撑板

角撑板用来加固两个交叉带平面的结构构件之间的区域。

9.4.1 角撑板的属性设置

选择【插入】|【焊件】|【角撑板】菜单命令，弹出如图 9-13 所示的【角撑板】属性管理器。常用选项介绍如下。

- 【选择面】文本框：在两个交叉结构构件之间选择相邻平面。
- 【反转轮廓 D1 和 D2 参数】按钮：反转两个轮廓之间的数值。
- 【多边形轮廓】选项：设置 4 个参数而形成多边形。
- 【三角形轮廓】选项：设置 2 个参数而形成三角形。

9.4.2 操作实例：生成角撑板

通过下列操作步骤，简单练习生成角撑板的方法。

（1）打开【配套数字资源\第 9 章\基本功能\9.4.2】的实例素材文件，如图 9-14 所示。

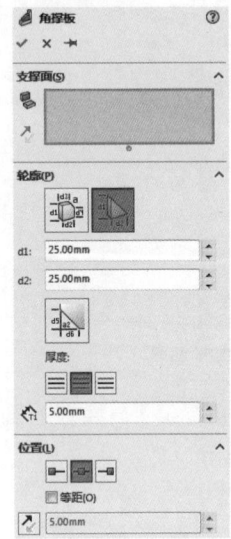

图 9-13 【角撑板】属性管理器

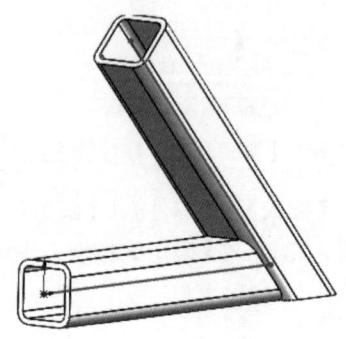

图 9-14 焊件实体

（2）选择【插入】|【焊件】|【角撑板】菜单命令，弹出【角撑板】属性管理器。按图 9-15 进行参数设置，单击 ✓【确定】按钮，生成角撑板，如图 9-16 所示。

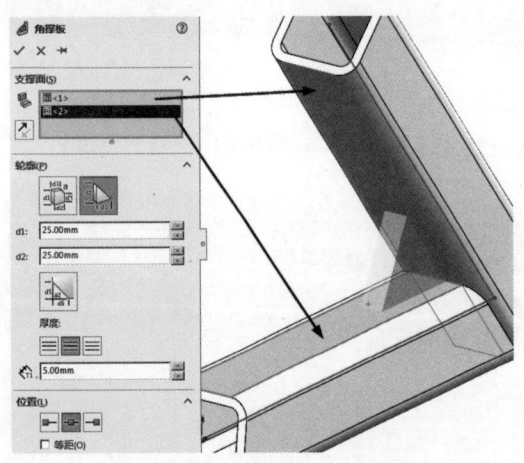

图 9-15 角撑板的属性设置

图 9-16 生成角撑板

9.5 顶端盖

顶端盖可以在焊件的端部自动建立封口实体。

9.5.1 顶端盖的属性设置

选择【插入】|【焊件】|【顶端盖】菜单命令，弹出如图 9-17 所示的【顶端盖】属性管理器。

常用选项介绍如下。

(1) 📦【面】选择框：选取一个或多个轮廓面。

(2)【厚度方向】选项：设定顶端盖的方向。

- 📦【向外】选项：从结构向外延伸，这会增加结构的总长度。
- 📦【向内】选项：向结构内延伸，保留结构原始的总长度。
- 📦【内部】选项：将顶端盖以指定的等距距离放在结构构件内部。

(3) 🔨【厚度】文本框：设置顶端盖的厚度。

9.5.2 操作实例：生成顶端盖

通过下列操作步骤，简单练习生成顶端盖的方法。

(1) 打开【配套数字资源 \ 第 9 章 \ 基本功能 \9.5.2】的实例素材文件，如图 9-18 所示。

图 9-17 【顶端盖】属性管理器

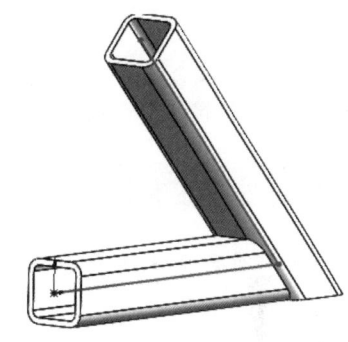

图 9-18 焊件实体

(2) 选择【插入】|【焊件】|【顶端盖】菜单命令，弹出【顶端盖】属性管理器。按图 9-19 进行参数设置，单击 ✔【确定】按钮，生成顶端盖，如图 9-20 所示。

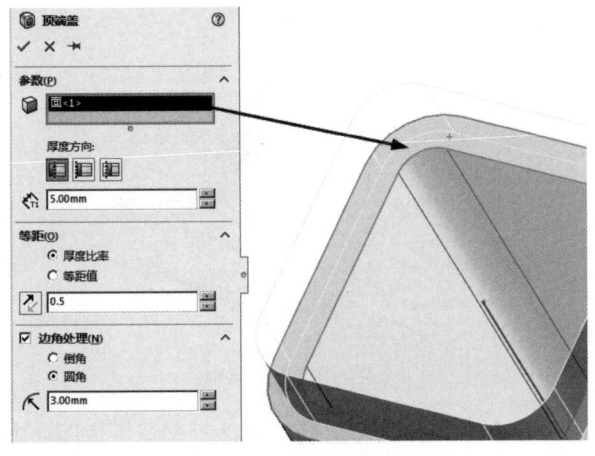

图 9-19 顶端盖的属性设置

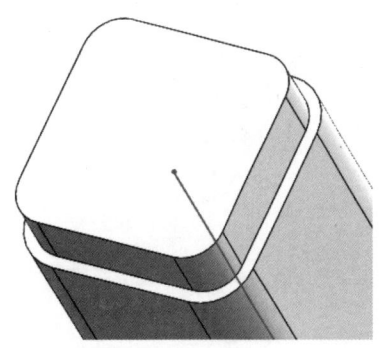

图 9-20 生成顶端盖

9.6 焊缝

通过焊缝可以在两个实体的交线处生成焊缝实体。

9.6.1 焊缝的属性设置

选择【插入】|【焊件】|【焊缝】菜单命令，弹出如图 9-21 所示的【焊缝】属性管理器。常用选项介绍如下。

(1)【焊接路径】选项组。
- 【智能焊接选择工具】选择框：要应用焊缝的位置将显示在此处。
- 【新焊接路径】按钮：定义新的焊接路径。

(2)【设定】选项组中。
- 【焊接几何体】单选项：提供两个选择框，焊缝起始点和焊缝终止点。
- 【焊接路径】单选项：提供一个选择框，选择要焊接的面和边线。
- 【焊缝起始点】选择框：要焊接一个实体中的焊接起点。
- 【选择面或边线】选择框：选择焊缝起始点和终止点的面或边线。
- 【焊缝终止点】选择框：与焊缝起始点所在的实体连接。
- 【焊缝大小】文本框：设定焊缝的厚度。
- 【定义焊接符号】按钮：将焊接符号附加到激活的焊缝中。

9.6.2 操作实例：生成焊缝

通过下列操作步骤，简单练习生成焊缝的方法。

(1) 打开【配套数字资源\第 9 章\基本功能\9.6.2】的实例素材文件，如图 9-22 所示。

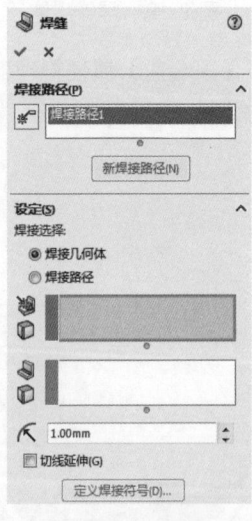

图 9-21 【焊缝】属性管理器

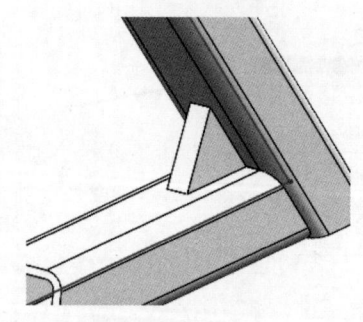

图 9-22 角撑板

(2) 选择【插入】|【焊件】|【焊缝】菜单命令，弹出【焊缝】属性管理器。按图 9-23 进行参数设置，单击 ✓【确定】按钮，生成焊缝，如图 9-24 所示。

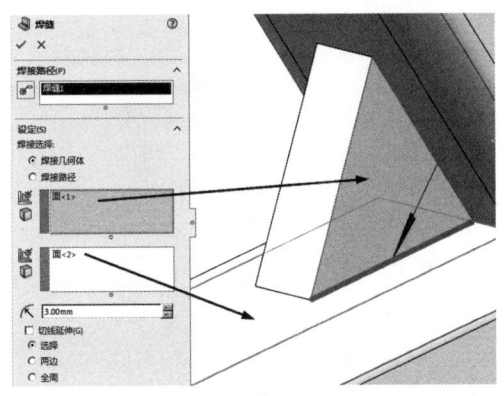

图 9-23　焊缝的属性设置　　　　　　　图 9-24　生成焊缝

9.7　自定义焊件轮廓

可以生成自定义的焊件轮廓以便在生成焊件结构构件时使用。将焊件轮廓创建为库特征零件,将其保存于一个确定的位置即可。制作自定义焊件轮廓的步骤如下。

(1) 绘制轮廓草图。当使用轮廓生成一个焊件结构构件时,草图的原点为默认穿透点,并且可以选择草图中的任何顶点或者草图点作为交替穿透点。

(2) 选择【文件】|【另存为】菜单命令,打开【另存为】对话框。

(3) 在【另存为】对话框中选择【< 安装目录 >\data\weldment profiles】选项,选择或者生成一个适当的子文件夹,在【保存类型】下拉列表框中选择【库特征零件(*.sldlfp)】,输入文件名,单击【保存】按钮。

9.8　操作案例 1:焊件建模实例

操作案例
视频

【学习要点】焊件支架的主要作用是提供结构支撑,本节利用一个具体实例来介绍焊件的建模步骤,最终效果如图 9-25 所示。

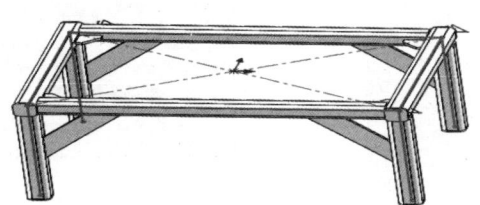

图 9-25　支架模型

【案例思路】焊件是特殊的实体,只有使用结构构件特征才能生成焊件。结构构件相交的部分会有多余的材料,可以用剪裁来实现。结构构件为提高强度需要有加强筋,可以用角撑板来实现。结构构件的端部是密封的,可以用顶端盖来实现。建模大体过程如图 9-26 所示。

【案例所在位置】配套数字资源 \ 第 9 章 \ 操作案例 \9.8。

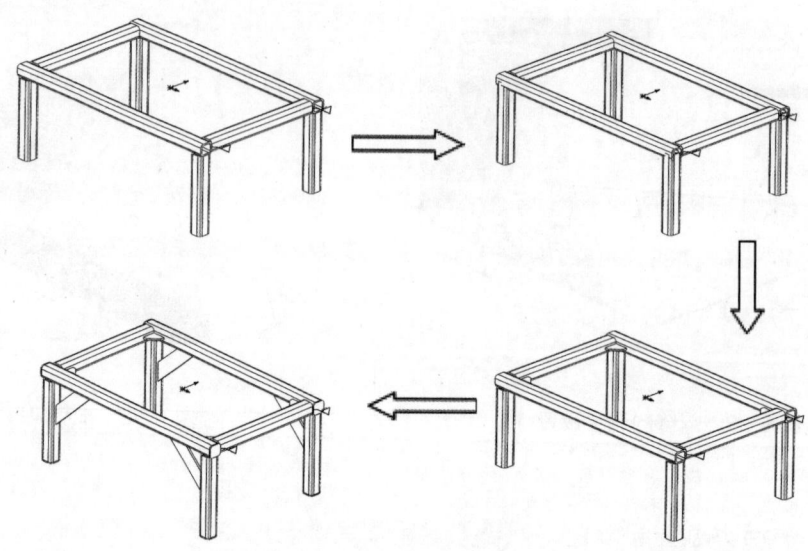

图 9-26　支架建模大体过程

下面将介绍具体步骤。

9.8.1　绘制龙骨草图

（1）启动 SOLIDWORKS，单击【标准】工具栏中的【新建】按钮，弹出【新建 SOLIDWORKS 文件】对话框，再单击【零件】按钮，然后单击【确定】按钮，生成新文件。

（2）选择【插入】|【焊件】|【焊件】菜单命令。在特征树中，单击【前视基准面】图标，使前视基准面成为草图绘制平面。单击【草图绘制】按钮，进入草图绘制状态。

（3）单击【草图】工具栏中的【中心矩形】按钮，在绘图区域单击坐标原点，再向右下方拖曳鼠标指针，在任意一点处再次单击，生成一个矩形，结果如图 9-27 所示。

（4）单击【草图】工具栏中的【智能尺寸】按钮，单击矩形的长边，向下拖动鼠标指针并单击以放置尺寸，输入长度为 800；单击矩形的宽边，向右拖动鼠标指针并单击以放置尺寸，输入宽度为 500，单击【确定】按钮，完成尺寸标注。如图 9-28 所示。

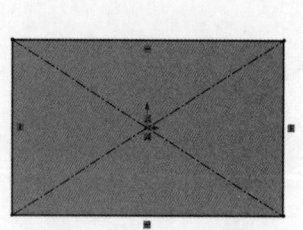
图 9-27　绘制矩形草图

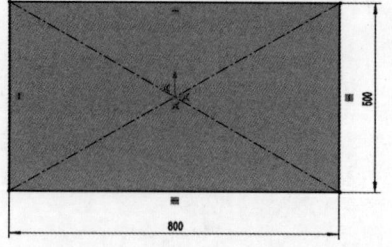
图 9-28　完成矩形的尺寸标注

（5）按住鼠标中键将矩形草图旋转。选择【插入】|【三维直线草图】菜单命令，单击【直线】按钮，分别选中矩形的 4 个角，绘制 4 条与矩形垂直的直线，如图 9-29 所示。选中其中一条直线，再按住 Ctrl 键，依次选中其他 3 条直线，右击，在快捷菜单中单击【相等】按钮，如图 9-30 所示。设置相等约束后的图形如图 9-31 所示。

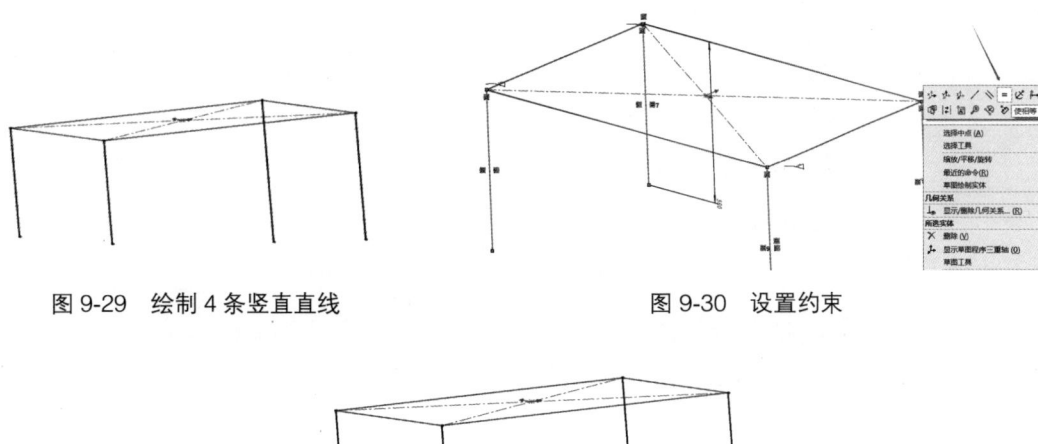

图 9-29　绘制 4 条竖直直线　　　　　　图 9-30　设置约束

图 9-31　设置相等约束后的图形

9.8.2　建立焊件

（1）选择【插入】|【焊件】|【结构构件】菜单命令，弹出属性管理器，在绘图区域中选择矩形草图的 4 条直线，按图 9-32 进行参数设置。单击 ✔【确定】按钮，完成结构构件的绘制，如图 9-33 所示。

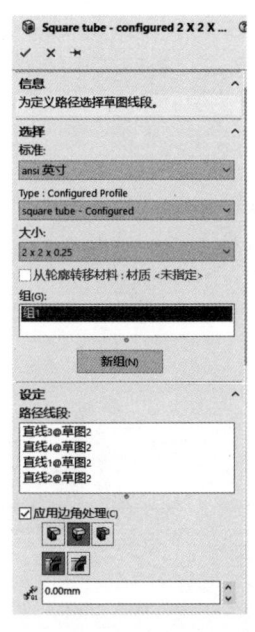
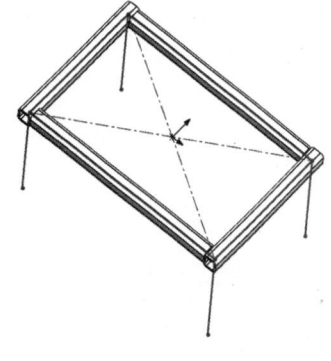

图 9-32　结构构件的属性设置　　　　　图 9-33　完成结构构件的绘制

（2）再次选择【插入】|【焊件】|【结构构件】菜单命令，弹出属性管理器，选择绘图区域中的 4 条直线，按图 9-34 进行参数设置。单击 ✔【确定】按钮，完成结构构件的绘制，如图 9-35 所示。

图 9-34 结构构件的属性管理器

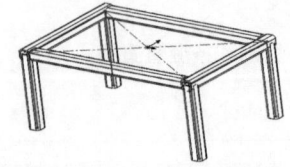
图 9-35 完成结构构件的绘制

（3）选择【插入】|【焊件】|【裁剪/延伸】菜单命令，弹出属性管理器，按图 9-36 进行参数设置。单击 ✔【确定】按钮，完成剪裁操作。

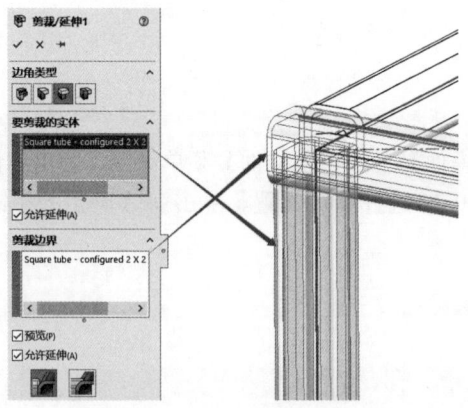
图 9-36 剪裁/延伸属性设置

（4）重复以上步骤，依次完成另外 3 个边角的剪裁。最终结果如图 9-37 所示。

（5）选择【插入】|【焊件】|【角撑板】菜单命令，弹出属性管理器，按图 9-38 进行参数设置。单击 ✔【确定】按钮，完成角撑板的绘制。

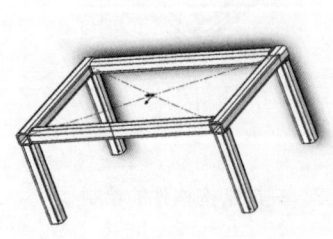
图 9-37 完成另外 3 个边角的剪裁

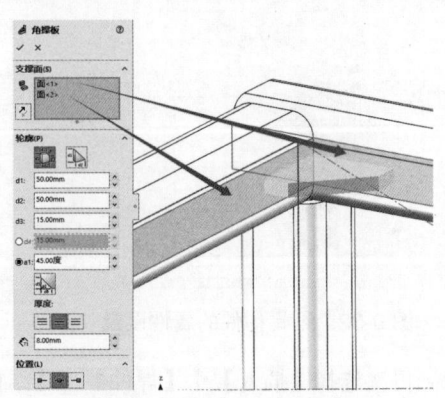
图 9-38 角撑板的属性设置

（6）重复步骤（5），依次完成另外 3 个边角的角撑板的绘制，结果如图 9-39 所示。

（7）选择【插入】|【焊件】|【角撑板】菜单命令，弹出属性管理器，按图 9-40 进行参数设置。单击 ✔【确定】按钮，完成角撑板的绘制。

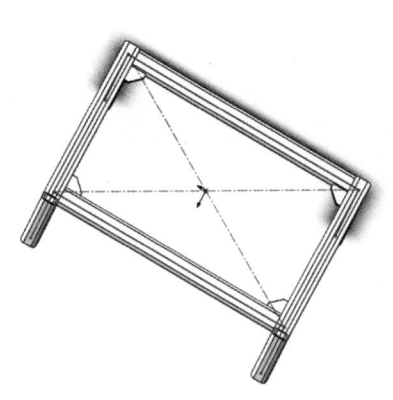

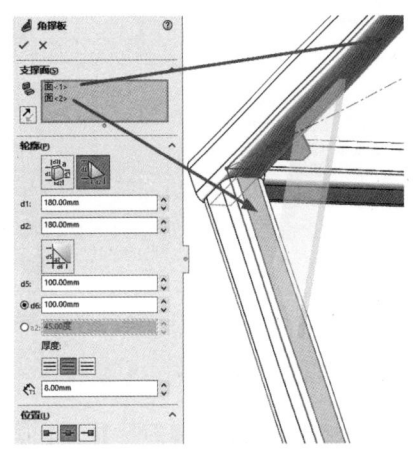

图 9-39　完成另外 3 个边角的角撑板的绘制　　　　图 9-40　角撑板的属性设置

（8）重复步骤（7），依次将另外 3 个边角也完成角撑板的绘制，结果如图 9-41 所示。

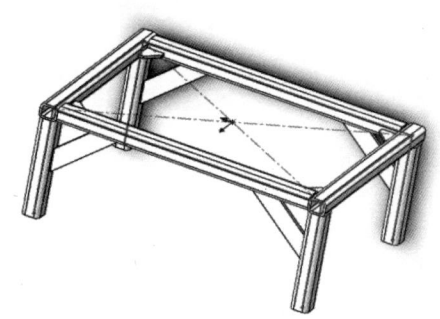

图 9-41　完成另外 3 个边角的角撑板的绘制

（9）选择【插入】|【焊件】|【焊缝】菜单命令，弹出属性管理器，按图 9-42 进行参数设置。单击 ✔【确定】按钮，完成焊缝的绘制，如图 9-43 所示。

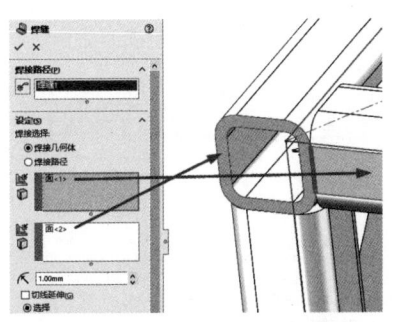

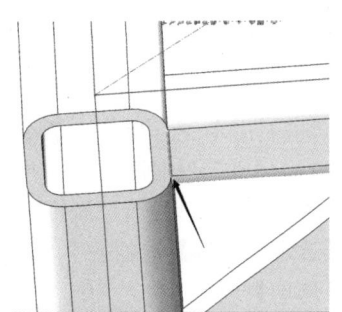

图 9-42　焊缝的属性设置　　　　图 9-43　完成焊缝的绘制

（10）重复步骤（9），依次完成另外 3 个边角的焊缝的绘制。最终效果如图 9-44 所示。

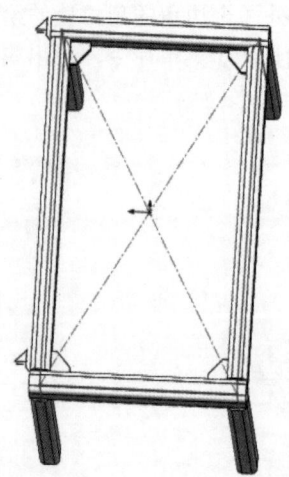

图 9-44 完成另外 3 个边角的焊缝的绘制

（11）选择【插入】|【焊件】|【顶端盖】菜单命令，弹出属性管理器，选择方钢的端面，按图 9-45 进行参数设置，单击 ✓【确定】按钮，完成顶端盖的绘制，如图 9-46 所示。

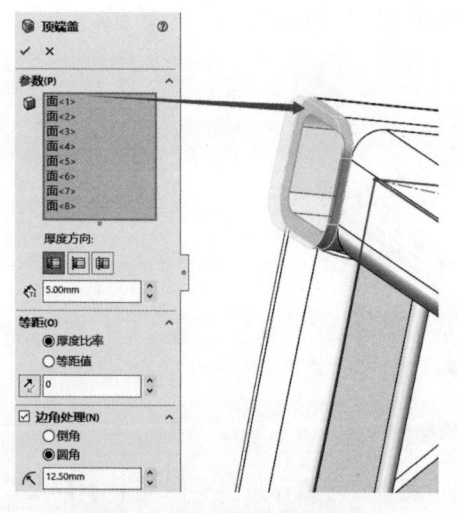

图 9-45 顶端盖的属性设置

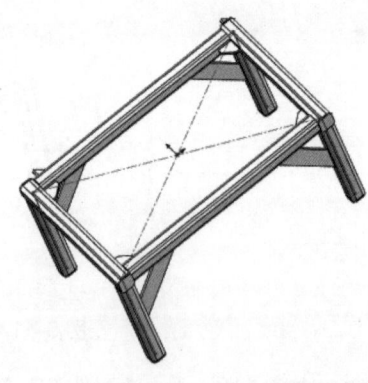

图 9-46 完成 8 个顶端盖的绘制

9.8.3 干涉检查

（1）单击【评估】工具栏中的【干涉检查】按钮，或执行【工具】|【评估】|【干涉检查】菜单命令，弹出属性管理器。

（2）设置装配体干涉检查的属性，如图 9-47 所示。

① 在【选定的实体】选项组中，系统默认选择整个装配体为检查对象。

② 在【选项】选项组中，勾选【使干涉实体透明】复选框。

③ 在【非干涉实体】选项组中，勾选【使用当前项】复选框。

（3）完成上述操作之后，单击【选定的实体】选项组中的【计算】按钮，此时会在【结果】选项组中显示干涉检查结果，如图 9-48 所示。

第 9 章 焊件设计

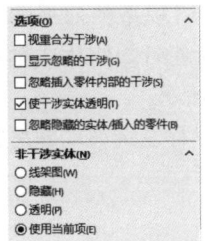

图 9-47 干涉检查的属性设置

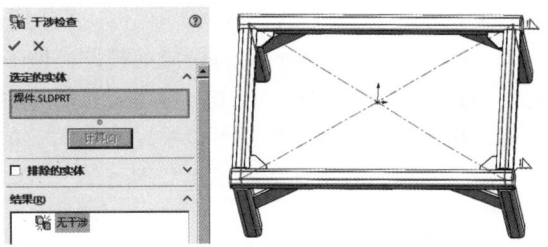

图 9-48 干涉检查结果

9.9 操作案例 2：焊件工程图实例

操作案例视频

【学习要点】本节利用一个具体案例来介绍焊件工程图的制作过程，焊件模型如图 9-49 所示。

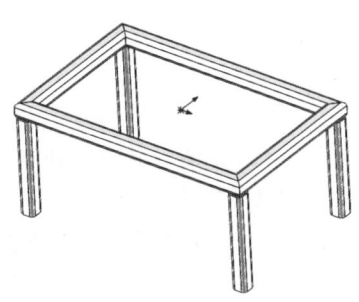

图 9-49 焊件模型

【案例思路】新建工程图文件，通过焊件切割清单命令生成焊件表格。
【案例所在位置】配套数字资源 \ 第 9 章 \ 操作案例 \9.9。
下面将介绍具体步骤。

9.9.1 建立视图

（1）打开【配套数字资源 \ 第 9 章 \ 操作案例 \9.9\9.9.SLDPRT】文件，选择【文件】|【从零件制作工程图】菜单命令，弹出工程图界面，如图 9-50 所示。

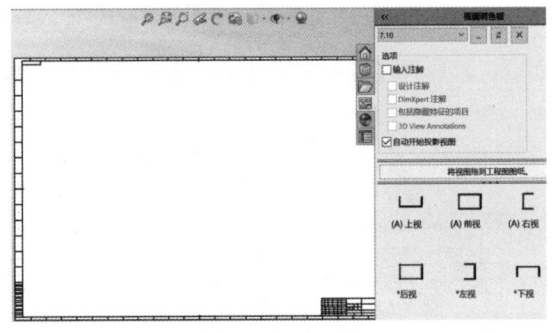

图 9-50 工程图界面

207

（2）在右侧区域中按住【（A）前视】按钮，将其拖入工程图区域中，模型的前视图将自动在工程图中生成。向上移动鼠标指针，将生成前视图；向右下方向滑动鼠标指针，将生成轴测图的预览；单击，将生成的轴测图固定。右击，将完成视图的生成，如图9-51所示。

（3）工程图中各个视图的位置是可以手动调整的。单击视图，按住鼠标左键移动即可将视图移动，将3个视图移动到合适位置，如图9-52所示。

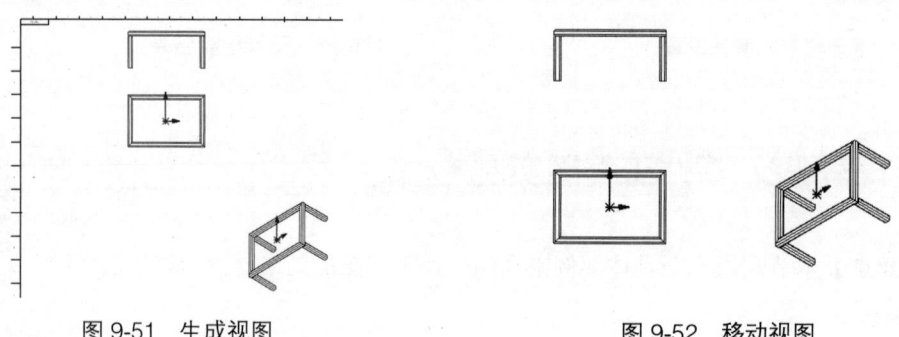

图9-51　生成视图　　　　　　　　　图9-52　移动视图

9.9.2　建立切割清单

（1）选择【窗口】|【9.9】菜单命令，绘图区域将回到零件状态。在特征树中右击【切割清单（8）】按钮，在弹出的快捷菜单中选择【更新】命令，如图9-53所示。

（2）选择【窗口】|【9.9 工程图】菜单命令，绘图区域将回到工程图状态。选择【插入】|【表格】|【焊件切割清单】菜单命令，保持默认设置。将自动生成切割清单的表格，并随鼠标指针移动，单击，将固定表格位置，如图9-54所示。

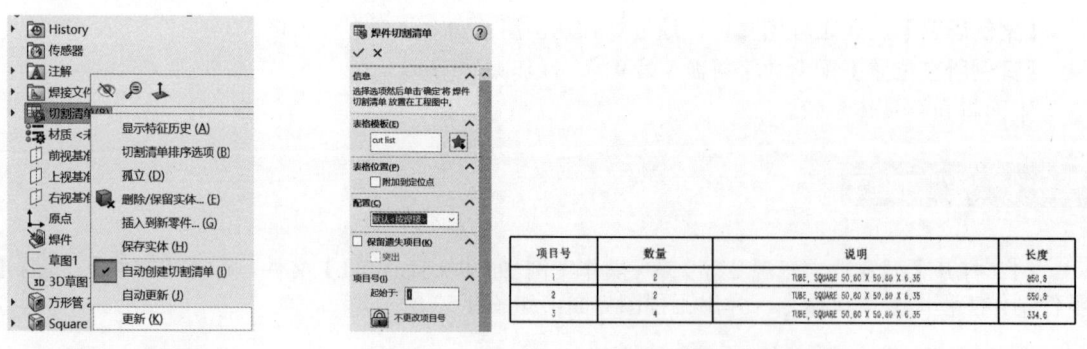

图9-53　零件状态　　　　　　　　　图9-54　焊件切割清单

（3）在表格的最右列处右击，选择【插入】|【右列】菜单命令，如图9-55所示。

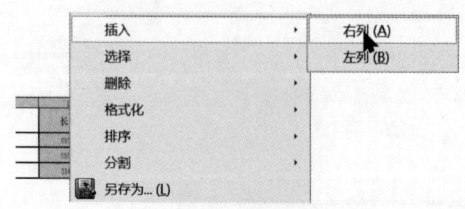

图9-55　插入右列

（4）在表格左侧的【插入右列】属性管理器中，选中【切割清单项目属性】单选项，并在【自定义属性】下拉列表框中选择【角度1】选项。单击✓【确定】按钮，新增加的列将在表格中显示出来，如图9-56所示。

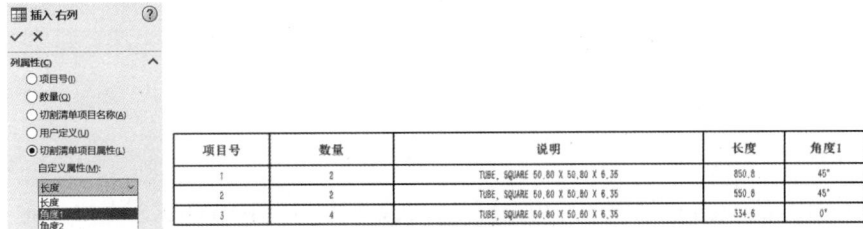

图 9-56　添加列

9.10 本章小结

本章介绍了生成焊件零件的常用命令，并且以机械中常用的支架为例，详细介绍了焊件建模和工程图制作的操作步骤。

9.11 知识巩固

利用附赠数字资源中的基础草图建立支架的焊件模型，如图9-57所示。

图 9-57　焊件模型

【习题知识要点】使用结构构件命令生成支架，使用拉伸凸台命令生成底板，使用剪裁命令去除多余的材料。

【素材所在位置】配套数字资源\第9章\知识巩固\。

第 10 章
动画模拟与仿真

Chapter 10

本章介绍

SOLIDWORKS 的 Motion 插件的作用主要是什么？使用 SOLIDWORKS 的 Motion 插件可以制作哪些类型的动画？如何在 SOLIDWORKS 中制作装配体的爆炸动画？如何生成距离配合动画等应用场景？

动画用连续的图片来表现物体的运动，给人带来直观和清晰的视觉效果。通过 SOLIDWORKS 的自带插件 Motion 可以制作产品的动画演示，并可做运动分析。本章主要介绍运动算例简介、装配体爆炸动画、旋转动画、视像属性动画、距离配合动画、物理模拟动画，以及动画制作实例。

重点与难点

- 运动算例简介
- 装配体爆炸动画
- 旋转与视像属性动画
- 距离配合动画
- 物理模拟动画

思维导图

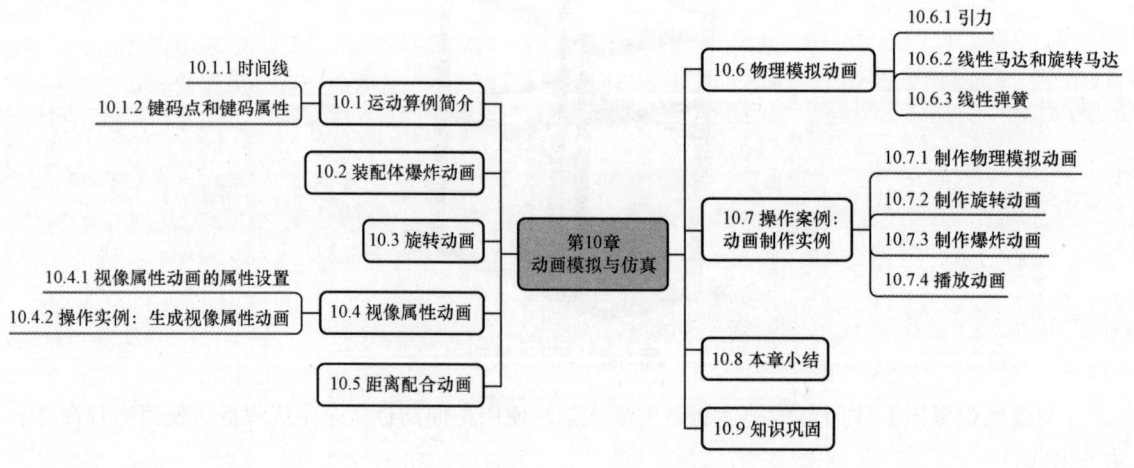

10.1 运动算例简介

运动算例是装配体运动的图形模拟,可将诸如光源和相机透视图之类的视觉属性融合到运动算例中。SOLIDWORKS 使用运动管理器来定义运动算例,涉及以下工具。

(1)动画(可在核心 SOLIDWORKS 内使用):可使用动画来演示装配体的运动。例如:添加马达来驱动装配体一个或多个零件的运动;使用设定键码点在不同时间规定装配体零部件的位置。

(2)基本运动(可在核心 SOLIDWORKS 内使用):可使用基本运动在装配体上模仿马达、弹簧、碰撞,以及引力作用。使用基本运动在计算运动时需考虑质量。

(3)运动分析(可在 SOLIDWORKSpremium 的 Motion 插件中使用):使用运动分析可精确模拟装配体上的运动效果(包括力、弹簧、阻尼,以及摩擦)。运动分析使用计算功能强大的动力求解器,在计算中需考虑材料属性、质量及惯性。

10.1.1 时间线

时间线是动画的时间界面,它显示在动画特征管理器设计树的右侧。当更改时间栏、在绘图区域中移动零部件或者更改视像属性时,时间栏会使用键码点和更改栏显示这些操作。

时间线被竖直网格线均分,这些网格线对应于表示时间的数字标记。数字标记从 00:00:00 开始,其间距取决于窗口的大小。例如,沿时间线可能每隔 1 秒、2 秒或者 5 秒就会有 1 个数字标记,如图 10-1 所示。

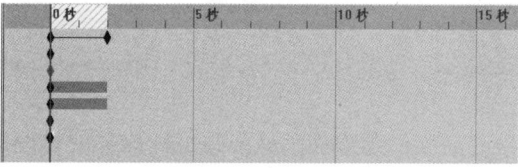

图 10-1 时间线

可以沿时间线单击任意位置,以显示对应点的零部件位置。定位时间栏和绘图区域中的零部件后,可以通过控制键码点来编辑动画。在时间线区域中右击,然后在弹出的快捷菜单中进行选择,如图 10-2 所示。

- 【Move Time Bar】选项:添加新的键码点,并在鼠标指针位置添加一组相关联的键码点。
- 【动画向导】选项:可以调出【动画向导】对话框。

在时间线中右击任一键码点,在弹出的快捷菜单中可以选择需要执行的操作,如图 10-3 所示。快捷菜单中的常用操作介绍如下。

图 10-2 快捷菜单

图 10-3 快捷菜单中的操作

- 【剪切】、【删除】选项:00:00:00 标记处的键码点不可用。
- 【替换键码】选项:更新所选键码点以反映模型的当前状态。
- 【压缩键码】选项:将所选键码点及相关键码点从其指定的函数中排除。
- 【插值模式】选项:在播放过程中控制零部件的加速、减速或者视像属性。

10.1.2 键码点和键码属性

制作动画时需要确定一系列装配体的位置，而在 SOLIDWORKS 中装配体的位置的状态用键码点（对应于所定义的装配体零部件位置、视觉属性或模拟单元状态的实体）来定义。当将鼠标指针移动至任一键码点上时，对应零件的键码属性将会显示出来。键码属性及其对应的描述如表 10-1 所示。

表 10-1 键码属性及其对应的描述

键码属性	描述
摇臂<1> 5.100 秒	特征管理器设计树中的零部件摇臂 <1>
🖼	移动零部件
🗔	显示爆炸动画的步骤
●=☒	应用到零部件的颜色
🗐	按上色模式显示零部件

10.2 装配体爆炸动画

装配体爆炸动画是由装配体爆炸的过程制作成的动画，用于方便用户观看零件的装配和拆卸过程。通过单击【动画向导】按钮，可以生成爆炸动画，即将装配体的爆炸过程按照时间先后顺序转化为动画形式。

生成爆炸动画的具体操作方法如下所述。

（1）打开【配套数字资源\第 10 章\基本功能\10.2】的实例素材文件，如图 10-4 所示。

（2）选择【插入】|【新建运动算例】菜单命令，在绘图区域下方出现【运动管理器】工具栏和时间线。单击【运动管理器】工具栏中的【动画向导】按钮，弹出【选择动画类型】对话框，如图 10-5 所示。

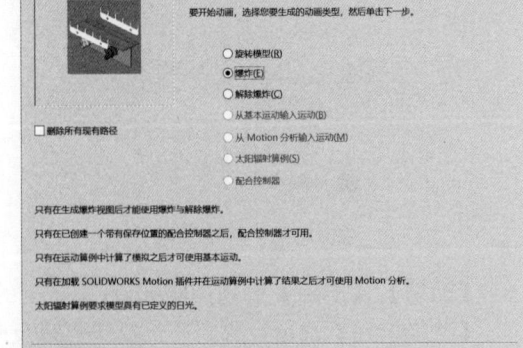

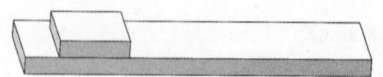

图 10-4 装配体　　　　　　　　　　　图 10-5 【选择动画类型】对话框

（3）选中【爆炸】单选项，单击【下一步】按钮，弹出【动画控制选项】对话框，如图10-6所示。

（4）在【动画控制选项】对话框中，设置【时间长度(秒)】为【1】，单击【完成】按钮，完成爆炸动画的生成。单击【运动管理器】工具栏中的 ▶【播放】按钮，观看爆炸动画效果，画面如图10-7所示。

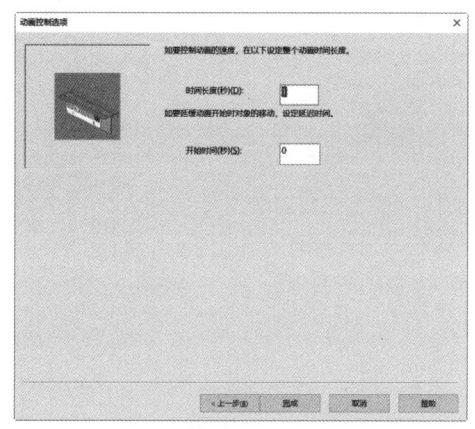
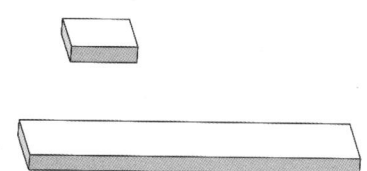

图 10-6 【动画控制选项】对话框　　　　　图 10-7 爆炸动画的效果

10.3 旋转动画

旋转动画是由零件或装配体沿某一轴线的旋转制作成的动画，用于方便用户全方位地观看物体的外观。通过单击【动画向导】按钮，可以生成旋转动画，即模型绕着指定的轴线进行旋转的动画。

生成旋转动画的具体操作方法如下。

（1）打开【配套数字资源\第10章\基本功能\10.3】的实例素材文件，如图10-8所示。

（2）选择【插入】|【新建运动算例】菜单命令，在绘图区域下方出现【运动管理器】工具栏和时间线。单击【运动管理器】工具栏中的【动画向导】按钮，弹出如图10-9所示的【选择动画类型】对话框。

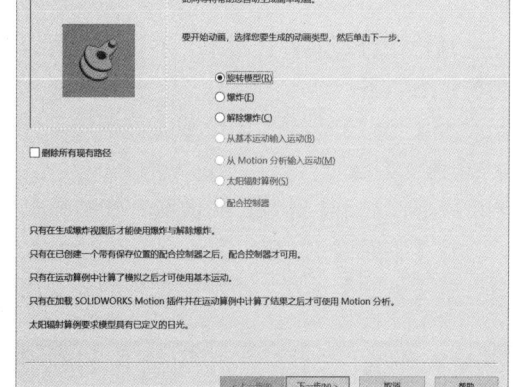

图 10-8 装配体　　　　　图 10-9 【选择动画类型】对话框

213

(3)选中【旋转模型】单选项,单击【下一步】按钮,弹出如图10-10所示的【选择一旋转轴】对话框。

(4)选中【Y-轴】单选项,设置【旋转次数】为【1】,选中【顺时针】单选项,单击【下一步】按钮,弹出如图10-11所示的【动画控制选项】对话框。

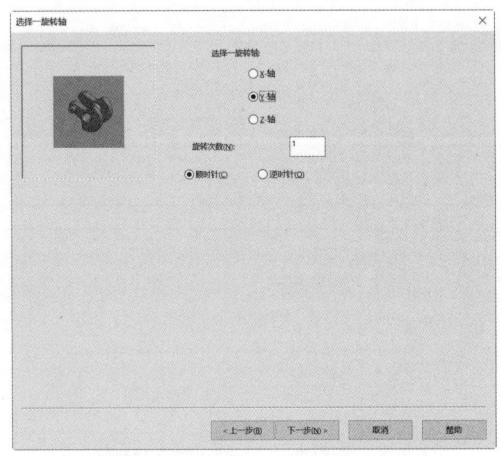
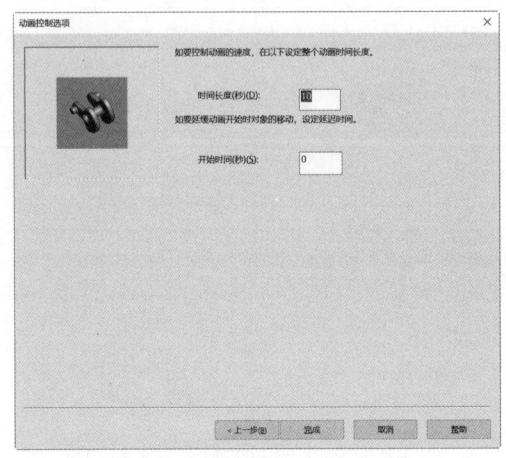

图 10-10 【选择一旋转轴】对话框　　图 10-11 【动画控制选项】对话框

(5)设置【时间长度(秒)】为【10】,设置【开始时间(秒)】为【0】,单击【完成】按钮,完成旋转动画的生成。单击【运动管理器】工具栏中的▶【播放】按钮,观看旋转动画效果。

10.4 视像属性动画

可以动态改变一个或者多个零部件的显示,并且可以在相同或者不同的装配体零部件中组合不同的显示选项。如果需要更改任意一个零部件的视像属性,在时间线上选择这个零部件对应的键码点,然后改变零部件的视像属性即可。单击【运动管理器】工具栏中的▶【播放】按钮,该零部件的视像属性将会随着动画的进程而变化。

10.4.1 视像属性动画的属性设置

在动画特征管理器设计树中,右击零部件名称,弹出如图10-12所示的快捷菜单。快捷菜单中常用选项介绍如下。

- 【隐藏】选项:隐藏或者显示零部件。
- 【孤立】选项:只显示选定的零件。
- 零部件显示】选项:更改零部件的显示方式。
- 【临时固定/分组】选项:临时将零件固定。
- 【外观】选项:改变零部件的外观属性。

图 10-12 快捷菜单

10.4.2 操作实例:生成视像属性动画

通过下列操作步骤,简单练习生成视像属性动画的方法。

第 10 章　动画模拟与仿真

（1）打开【配套数字资源\第 10 章\基本功能\10.4.2】的实例素材文件，如图 10-13 所示，利用【运动管理器】工具栏中的 【动画向导】按钮制作装配体的视像属性动画。

（2）单击时间线上的最后时刻，如图 10-14 所示。

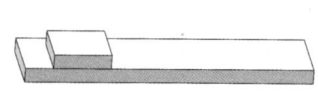

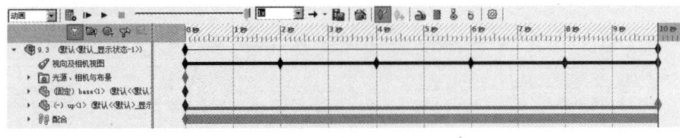

图 10-13　装配体　　　　　　　　　　　　图 10-14　时间线

（3）右击一个零件，在弹出的快捷菜单中选择【更改透明度】命令，如图 10-15 所示。

（4）按照步骤（3）可以为其他零部件更改透明度。更改完成后，单击【运动管理器】工具栏中的 ▶【播放】按钮，即可观看动画效果。可以看到，被更改了透明度的零部件在装配后呈现出半透明效果，如图 10-16 所示。

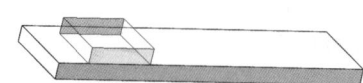

图 10-15　选择【更改透明度】命令　　　　　图 10-16　更改透明度后的效果

10.5　距离配合动画

可以使用配合来实现零部件之间的运动。可为距离配合设定值，并可在动画中的不同点更改这些值。在 SOLIDWORKS 中可以添加限制运动的配合，这些配合会影响 SOLIDWORKS 的 Motion 插件中零部件的运动。

生成距离配合动画的具体操作方法如下。

（1）打开【配套数字资源\第 10 章\基本功能\10.5】的实例素材文件。

（2）选择【插入】|【新建运动算例】菜单命令，在绘图区域下方出现【运动管理器】工具栏和时间线。在第 5 秒处右击，在弹出的快捷菜单中选择【放置键码】命令，如图 10-17 所示。

（3）在动画特征管理器设计树中，双击【距离 1】图标，在弹出的【修改】对话框中，更改数值为 60.00mm，如图 10-18 所示。

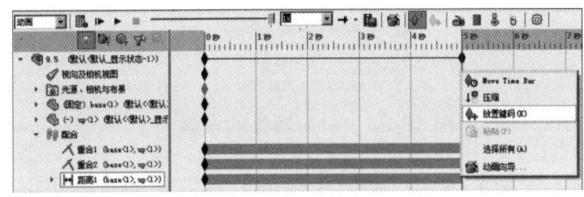

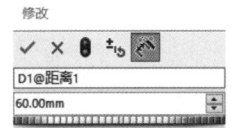

图 10-17　设定时间栏长度　　　　　　　　图 10-18　【修改】对话框

（4）单击【运动管理器】工具栏中的 ▶【播放】按钮。当动画开始时，端点和参考直线上端点之间的距离是 10mm，如图 10-19 所示；当动画结束时，滑块和参考直线上端点之间的距离是 60mm，如图 10-20 所示。

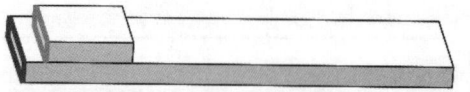

图 10-19 动画开始时

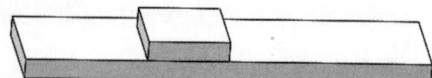

图 10-20 动画结束时

10.6 物理模拟动画

物理模拟能按照真实的运动规律来显示零部件的状态，它能模拟引力作用、线性马达、旋转马达、线性弹簧等的效果。

10.6.1 引力

引力用来模拟沿某一方向的万有引力，以便在零部件的自由度之内逼真地移动零部件。

1. 菜单命令启动

单击【MotionManager】工具栏中的【引力】按钮，弹出【引力】属性管理器，如图 10-21 所示。

2. 属性管理器选项说明

- 【方向参考】选择框：选择线性边线、平面、基准面或者基准轴作为引力的方向参考。
- 【反向】按钮：改变引力的方向。
- 【数字引力值】文本框：可以设置数字引力值。

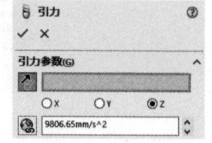

图 10-21 【引力】属性管理器

3. 操作实例：生成引力

通过下列操作步骤，简单练习生成引力的方法。

（1）打开【配套数字资源\第 10 章\基本功能\10.6.1】的实例素材文件，如图 10-22 所示。

（2）选择【插入】|【新建运动算例】菜单命令，在绘图区域下方出现【运动管理器】工具栏和时间线。在【运动管理器】工具栏中单击【引力】按钮，弹出【引力】属性管理器，按图 10-23 进行参数设置。

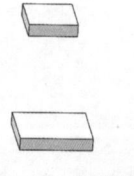

图 10-22 装配体

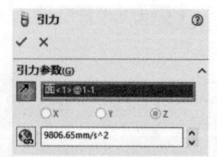

图 10-23 引力属性的设置

（3）在【运动管理器】工具栏中单击【接触】按钮，弹出【接触】属性管理器，如图 10-24 所示，分别选择绘图区域中两个长方体零件。

（4）单击【运动管理器】工具栏中的 ▶【播放】按钮，可以看到，当动画开始时，两个长方体之间有一段距离，如图 10-25 所示；当动画结束时，两个长方体接触在一起，如图 10-26 所示。

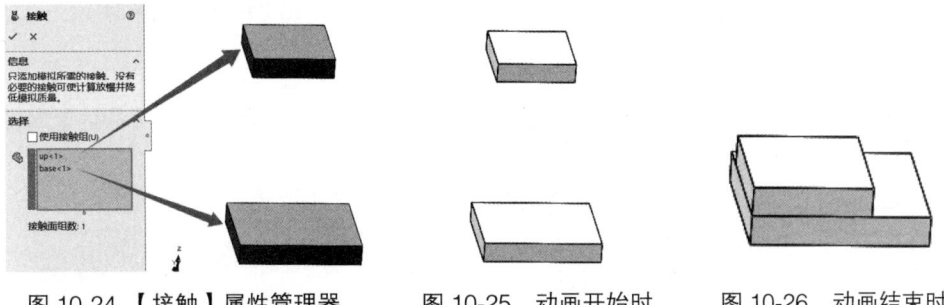

图 10-24　【接触】属性管理器　　图 10-25　动画开始时　　图 10-26　动画结束时

10.6.2　线性马达和旋转马达

线性马达和旋转马达能模拟直线电机和旋转电机的运动效果。

1. 线性马达

单击【运动管理器】工具栏中的 【马达】按钮，弹出【马达】属性管理器，如图 10-27 所示。

（1）属性管理器中的选项说明。
- 【参考零件】选择框：选择零部件的一个点。
- 【反向】按钮：改变线性马达的方向。
- 【参考零部件】选择框：以某个零部件为运动基准。
- 【类型】下拉列表框：为线性马达选择类型。
- 【速度】文本框：可以设置速度数值。

（2）操作实例：生成线性马达。

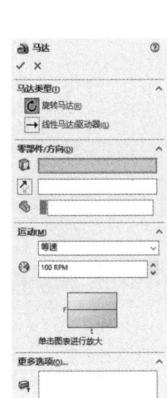

图 10-27　【马达】属性管理器

通过下列操作步骤，简单练习生成线性马达的方法。

① 打开【配套数字资源\第 10 章\基本功能\10.6.2】的实例素材文件，如图 10-28 所示。

② 选择【插入】|【新建运动算例】菜单命令，在绘图区域下方出现【运动管理器】工具栏和时间线。在【运动管理器】工具栏中单击 【马达】按钮，弹出【马达】属性管理器，按图 10-29 进行参数设置。

图 10-28　装配体　　　　　　图 10-29　马达属性的设置

③ 单击【运动管理器】工具栏中的 ▶【播放】按钮，当动画开始时，滑块距离下板左端较近，如图 10-30 所示；当动画结束时，滑块距离下板左端较远，如图 10-31 所示。

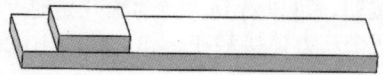
图 10-30　动画开始时

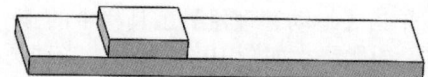
图 10-31　动画结束时

2．旋转马达

单击【运动管理器】工具栏中的 【马达】按钮，弹出如图 10-32 所示的【马达】属性管理器。

（1）属性管理器中的选项说明。

旋转马达的属性管理器与线性马达属性管理器类似，这里不赘述。

（2）操作实例：生成旋转马达。

通过下列操作步骤，简单练习生成旋转马达的方法。

① 打开一个装配体文件，如图 10-33 所示。

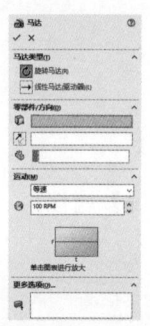
图 10-32　【马达】属性管理器

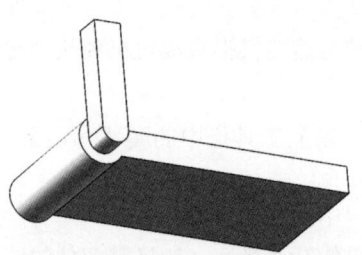
图 10-33　装配体

② 选择【插入】|【新建运动算例】菜单命令，在绘图区域下方出现【运动管理器】工具栏和时间线。在【运动管理器】工具栏中单击 【马达】按钮，弹出【马达】属性管理器，按图 10-34 进行参数设置。

③ 单击【运动管理器】工具栏中的 ▶【播放】按钮，可以看到曲柄在转动，如图 10-35 所示。

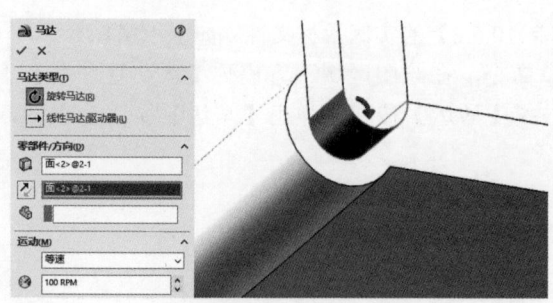
图 10-34　马达属性的设置

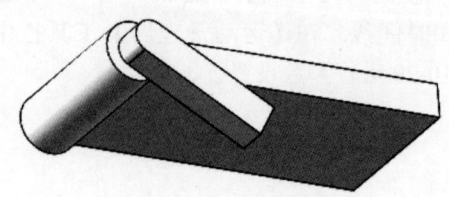
图 10-35　动画播放时

10.6.3　线性弹簧

线性弹簧用来模拟弹簧的效果。

1．菜单命令启动

单击【MotionManager】工具栏中的 【弹簧】按钮，弹出【弹簧】属性管理器，如图 10-36 所示。

2. 属性管理器中的选项说明

（1）【弹簧参数】选项组。

- ⬤　：为弹簧端点选取两个特征。
- ⬤　：根据弹簧的函数表达式选取弹簧力表达式的指数。
- ⬤　：根据弹簧的函数表达式设定弹簧常数。
- ⬤　：设定自由长度。

（2）【阻尼】选项组。

- ⬤　：选取阻尼力表达式的指数。
- ⬤　：设定阻尼常数。

3. 操作实例：生成线性弹簧

通过下列操作步骤，简单练习生成线性弹簧的方法。

（1）打开【配套数字资源\第 10 章\基本功能\10.6.3】的实例素材文件，如图 10-37 所示。

（2）选择【插入】|【新建运动算例】菜单命令，在绘图区域下方出现【运动管理器】工具栏和时间线。单击【运动管理器】工具栏中的 【引力】按钮，施加重力，再单击【运动管理器】工具栏中的 【弹簧】按钮，弹出【弹簧】属性管理器，按图 10-38 进行参数设置。

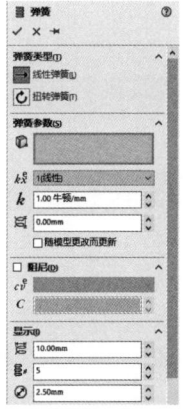

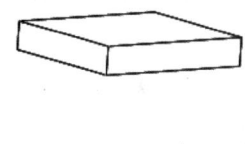

图 10-36　【弹簧】属性管理器　　　　图 10-37　装配体

（3）单击【运动管理器】工具栏中的 ▶【播放】按钮，可以看到板产生向下的位移，如图 10-39 所示。

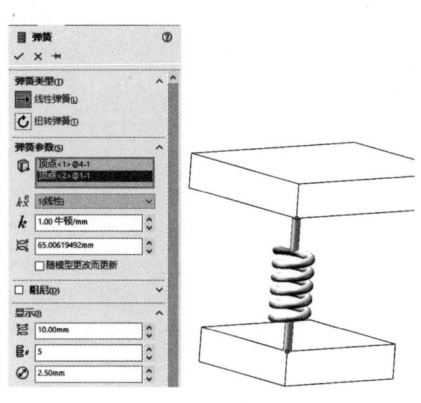

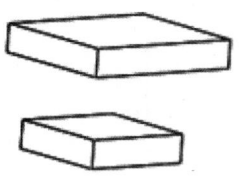

图 10-38　弹簧属性的设置　　　　图 10-39　动画播放时

10.7 操作案例：动画制作实例

操作案例
视频

【学习要点】本节将生成一个展示装配体的动画，主要介绍物体模拟动画、爆炸动画的制作过程，以及动画的播放。装配体模型如图 10-40 所示。

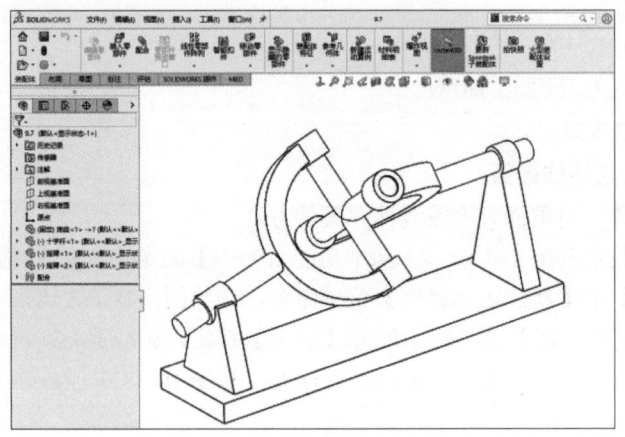

图 10-40　装配体模型

【案例思路】通过设置马达命令设置原动件的运动，通过动画向导命令生成旋转动画和爆炸动画。

【案例所在位置】配套数字资源 \ 第 10 章 \ 操作案例 \10.7。

下面将介绍具体步骤。

10.7.1　制作物理模拟动画

（1）启动 SOLIDWORKS，选择【文件】|【打开】菜单命令，在弹出的对话框中打开【配套数字资源 \ 第 10 章 \ 操作案例 \10.7.SLDASM】文件。

（2）选择【插入】|【新建运动算例】菜单命令。

（3）窗口的下方将弹出运动算例区域，如图 10-41 所示。

（4）单击 【马达】按钮，弹出【马达】属性管理器。在【马达】属性管理器中的【零部件/方向】选项组中，单击 【马达位置】选择框后，选择摇臂的圆端面，如图 10-42 所示。在【运动】选项组中的 【速度】文本框中输入【12 RPM】。单击 【确定】按钮后添加一个原动件。

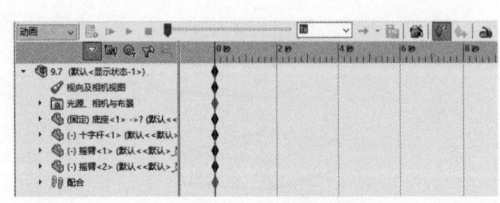

图 10-41　运动算例区域

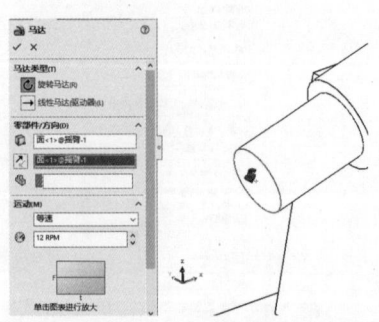

图 10-42　【马达】属性管理器

（5）单击 【计算】按钮进行计算，计算后运动算例区域会发生变化，如图10-43所示。

10.7.2 制作旋转动画

（1）单击【运动管理器】工具栏中的 【动画向导】按钮，弹出【选择动画类型】对话框，选中【旋转模型】单选项，如图10-44所示。单击【确定】按钮，弹出【选择一旋转轴】对话框。

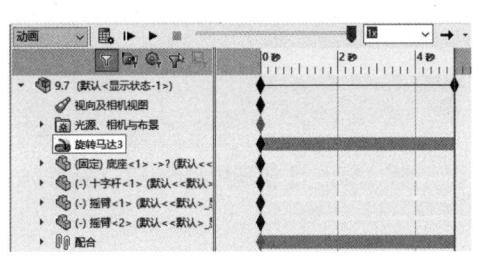

图10-43 运动算例区域内的变化

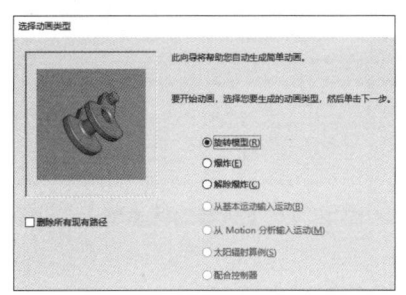

图10-44 【选择动画类型】对话框

（2）选中【Y-轴】单选项，设置【旋转次数】为【1】，选中【顺时针】单选项，单击【下一步】按钮，弹出【动画控制选项】对话框，如图10-45所示。

（3）设置【时间长度(秒)】为【10】，设置【开始时间(秒)】为【0】，如图10-46所示，单击【完成】按钮，完成旋转动画的设置。单击【运动管理器】工具栏中的 【播放】按钮，观看旋转动画效果。

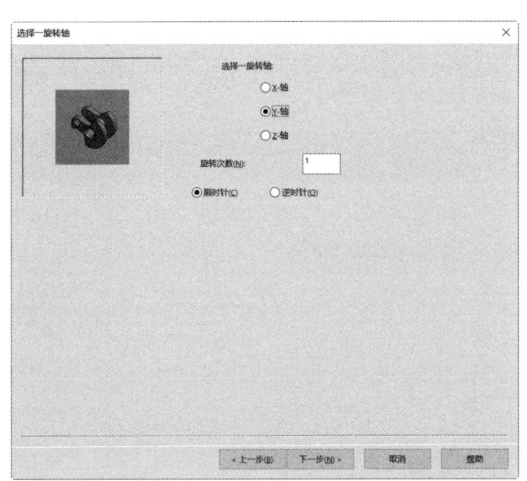

图10-45 【选择一旋转轴】对话框

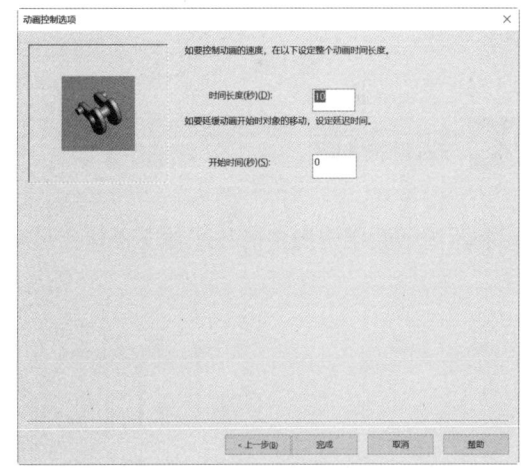

图10-46 【动画控制选项】对话框

10.7.3 制作爆炸动画

（1）单击【运动管理器】工具栏中的 【动画向导】按钮，弹出【选择动画类型】对话框，选中【爆炸】单选项，单击【下一步】按钮，弹出【动画控制选项】对话框，如图10-47所示。

（2）在【动画控制选项】对话框中，设置时间长度，如图10-48所示。单击【完成】按钮，完成爆炸动画的设置。单击【运动管理器】工具栏中的 【播放】按钮，观看爆炸动画效果。

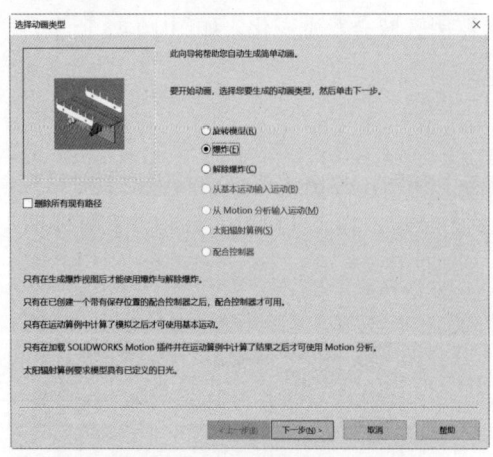

图 10-47 【选择动画类型】对话框

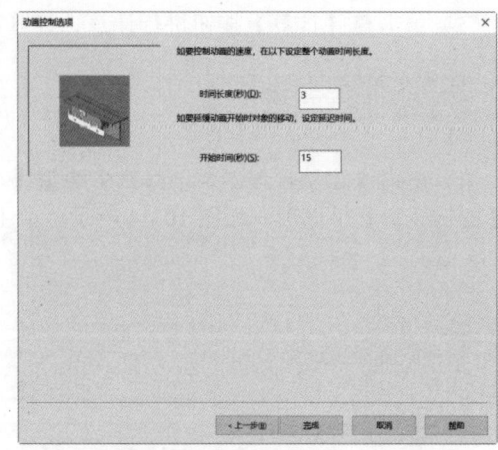

图 10-48 【动画控制选项】对话框

10.7.4 播放动画

单击▶【播放】按钮，即可播放所生成的动画。

10.8 本章小结

本章介绍动画设计的基本概念，又介绍几种常用动画的制作过程，最后详细介绍了动画制作的具体步骤。

10.9 知识巩固

利用附赠数字资源中的装配体文件建立运动动画，如图10-49所示。

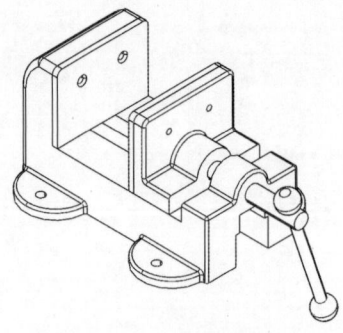

图 10-49 动画模型

【习题知识要点】使用螺旋配合将活动钳身和丝杠相连，使用距离配合设置固定钳身和活动钳身的距离，使用电机命令设置丝杠的运动。

【素材所在位置】配套数字资源 \ 第 10 章 \ 知识巩固 \。

第 11 章 标准零件库

Chapter 11

本章介绍

　　SOLIDWORKS Toolbox 插件主要具有哪些功能？如何利用 SOLIDWORKS Toolbox 插件在装配体中添加标准零件？SOLIDWORKS Toolbox 插件是否允许用户自定义零件库等？

　　SOLIDWORKS Toolbox 插件包括标准零件库、凸轮设计和凹槽设计。利用 SOLIDWORKS Toolbox 插件可以选择具体的标准和想插入的零件类型，然后将零件拖曳到装配体中。另外，可自定义 Toolbox 零件库，使之包括一定的标准或者常引用的零件。本章主要介绍 SOLIDWORKS Toolbox 概述凹槽、凸轮和标准件建模实例。

重点与难点

- SOLIDWORKS Toolbox 概述
- 标准零件的生成

思维导图

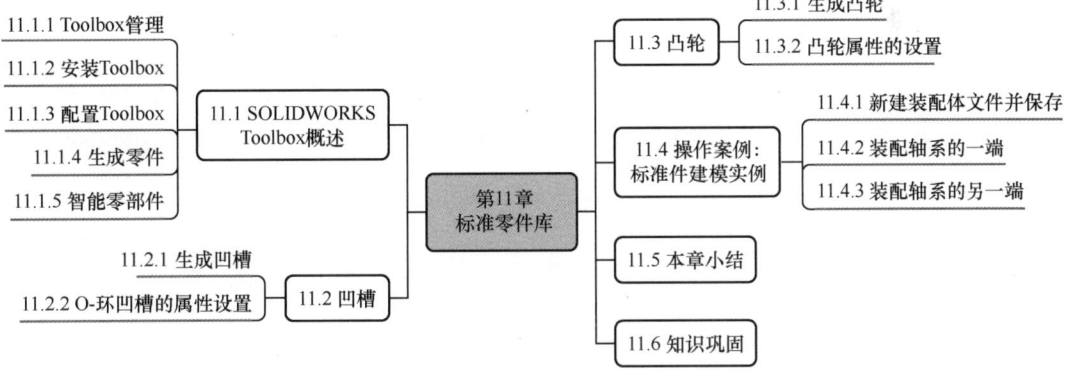

11.1 SOLIDWORKS Toolbox 概述

SOLIDWORKS Toolbox（后文简称为 Toolbox）包含所支持标准的主零件文件的文件夹。在 SOLIDWORKS 中使用新的零部件时，Toolbox 会根据用户的参数设置、更新主零件文件以记录配置信息。

Toolbox 支持的国际标准包括 ANSI、AS、BSI、CISC、DIN、GB、ISO、IS、JIS 和 KS。Toolbox 包括轴承、螺栓、凸轮、齿轮、钻模套管、螺母、销钉、扣环、螺钉、链轮、焊件（包括铝制焊件和钢制焊件）、正时带轮和垫圈等标准件。

Toolbox 中所提供的扣件在形状近似，不包括精确的螺纹细节，因此不适用于应力分析。Toolbox 的齿轮为机械设计展示所用，它们并不是真实的渐开线齿轮。此外，Toolbox 提供了以下几种工程设计工具。

- 决定横梁的应力和偏转的横梁计算器。
- 决定轴承的承受能力和使用寿命的轴承计算器。

11.1.1 Toolbox 管理

Toolbox 包括标准零件库，与 SOLIDWORKS 合为一体。Toolbox 管理员可将 Toolbox 零部件放置在具体的网络位置中，并精简 Toolbox，使其只包括与具体的产品相关的零件。此外，Toolbox 管理员可控制用户对 Toolbox 库的访问，以防止用户更改 Toolbox 零部件，还可以指定如何处理零部件文件，并给 Toolbox 零部件指派零件号和其他自定义属性。Toolbox 管理员管理的内容如下。

1. 管理 Toolbox

Toolbox 管理员在 SOLIDWORKS 设计库中管理可重新使用的 CAD 文件。Toolbox 管理员应熟悉机构的标准及用户常用的零部件，如螺母和螺栓。此外，Toolbox 管理员应知道每种 Toolbox 零部件的零件号、说明及材料。

2. 放置 Toolbox 文件夹

Toolbox 文件夹是 Toolbox 零部件的存放位置，它必须可以被所有用户访问。Toolbox 管理员应决定将 Toolbox 文件夹定位在网络上的什么位置，以便用户在安装 Toolbox 时设定 Toolbox 文件夹的位置。

3. 精简 Toolbox

默认情况下，Toolbox 包括 12 类、2000 多种不同大小的零部件，以及其他业界的特定内容。Toolbox 管理员可以过滤默认的 Toolbox 服务内容，这样用户可以只访问机构所需的零部件。精简 Toolbox 可使用户在搜索零部件或决定使用哪些零部件时花费更少的时间。

4. 指定零部件文件类型

Toolbox 管理员可决定 Toolbox 零部件文件的类型。Toolbox 零部件文件的作用如下。

- 作为单一零件文件的配置，即一个模型文件包含多种尺寸的零件。
- 将尺寸不同的零件作为单独的文件，即每个模型文件只包含一种尺寸的零件。

5. 指派零件号

Toolbox 管理员可在用户参考引用前给 Toolbox 零部件指派零件号和其他自定义属性（如材料），从而使装配体设计和生成的材料明细表更有效。当事先指派零件号和属性时，用户不必在每次参考引用 Toolbox 零部件时都进行此操作。

11.1.2 安装 Toolbox

1. 安装 Toolbox

安装 Toolbox 时，可随同 SOLIDWORKS Premium 或 SOLIDWORKS Professional 一起安装，推荐将 Toolbox 安装到共享的网络位置或 SOLIDWORKS Enterprise PDM 库中。通过使用共享的网络位置，所有 SOLIDWORKS 用户可以共享一致的零部件信息。

2. 启动 Toolbox 插件

完成安装后，必须激活 Toolbox 插件。Toolbox 包括以下两个插件。

- SOLIDWORKS Toolbox Library：用于装载横梁计算器、轴承计算器，以及生成凸轮、凹槽和结构钢。
- SOLIDWORKS Toolbox Utilities：用于装入 Toolbox 配置工具和 Toolbox 设计库任务窗格，可在 Toolbox 设计库任务窗格中访问 Toolbox 零部件。

激活 Toolbox 插件的步骤如下所述。

（1）在 SOLIDWORKS 菜单栏中选择【工具】|【插件】命令，打开【插件】对话框。

（2）在【插件】对话框中的【活动插件】和【启动】下拉列表框中选择【SOLIDWORKS Toolbox】或者【SOLIDWORKS Toolbox Browser】选项，也可以两者都选择。

（3）单击【确定】按钮。

11.1.3 配置 Toolbox

Toolbox 管理员使用 Toolbox 配置工具来选择和自定义五金件，并设置用户优先参数和权限。最佳做法是在使用 Toolbox 前对其进行配置。配置 Toolbox 的步骤如下。

（1）从 Windows 操作系统中选择【开始】|【所有程序】|【SOLIDWORKS 版本】|【SOLIDWORKS 工具】|【Toolbox 设定】命令，或在 SOLIDWORKS 中选择【工具】|【选项】|【系统选项】|【异型孔向导/Toolbox】菜单命令，在打开的窗口中单击【配置】按钮。

（2）如果 Toolbox 受 SOLIDWORKS Enterprise PDM 库管理，在提示时单击【是】按钮，以检出 Toolbox 数据库。

（3）要选择标准五金件，单击选取五金件。要简化 Toolbox 配置，只选取使用的标准和器件。

（4）要选择尺寸参数，定义自定义属性，并添加零件号，然后单击【自定义五金件】按钮。要减少配置数，选择每个标准和自定义属性，然后消除未使用的标准和属性。

（5）要设定 Toolbox 用户首选项，单击【用户设定】按钮。

（6）要用密码保护 Toolbox，并为 Toolbox 功能设定权限，单击【权限】按钮。

（7）要指定默认智能扣件、异型孔向导孔，以及其他扣件优先设定，单击【智能扣件】按钮。

（8）单击 【保存】按钮。

（9）单击 【关闭】按钮。

11.1.4 生成零件

从 Toolbox 零部件中生成零件的操作步骤如下。

（1）在 【设计库】任务窗格中，在【Toolbox】下展开【标准】|【类别】|【零部件】造型，可用的零部件的图像和说明即会出现在任务窗格中。

（2）右击零部件，然后在弹出的快捷菜单中选择【生成零件】命令。
（3）在属性管理器中设置属性值。
（4）单击 ✓【确定】按钮。

11.1.5 智能零部件

某些 Toolbox 零部件会适应它们被拖曳到的几何体的大小，这些 Toolbox 零部件被称为智能零部件。以下 Toolbox 零部件支持自动调整大小。

- 螺栓和螺钉。
- 螺母。
- 扣环。
- 销钉。
- 垫圈。
- 轴承。
- 型密封圈。
- 齿轮。

使用 Toolbox 自带的智能零部件的基本操作如下。

（1）选择要在其中放置智能零部件的孔，将智能零部件拖曳至孔的附近，这时会显示精确的预览，如图 11-1 所示。

图 11-1 螺钉与孔的预览

（2）在属性管理器中设定以下选项。
- 设置属性中的数值。
- 选择需要配合的几何体。

（3）拖曳智能零部件到孔中如图 11-2 所示。
（4）单击 ✓【确定】按钮。

图 11-2 螺钉与孔的配合

11.2 凹槽

通过 Toolbox 中的凹槽插件可将工业标准的 O- 环凹槽和固定环凹槽添加到圆柱模型中。O- 环凹槽如图 11-3 所示。固定环凹槽如图 11-4 所示。

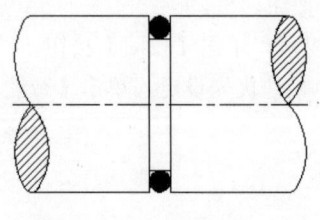

图 11-3 O- 环凹槽

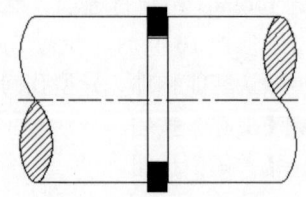

图 11-4 固定环凹槽

11.2.1 生成凹槽

生成凹槽的基本步骤如下。

(1)在零件上选择一个用于放置凹槽的圆柱面。通过预选的圆柱面，Toolbox 为凹槽决定直径，并建议合适的凹槽大小。

(2)在【Toolbox】工具栏中单击 【凹槽】按钮，或选择【Toolbox】|【凹槽】命令，打开【凹槽】对话框。

(3)在【凹槽】对话框中进行如下设置。

- 要生成 O-环凹槽，单击【O-环凹槽】选项卡。
- 要生成固定环凹槽，单击【固定环凹槽】选项卡。

(4)从标签左上部的清单中选择标准、凹槽类型及可用的凹槽大小，与此同时属性及数值列会更新。

(5)单击【生成】按钮。

(6)若要添加更多的凹槽，在模型上选择一个新的位置，然后重复步骤(4)和步骤(5)。

(7)单击【完成】按钮。

11.2.2 O-环凹槽的属性设置

在【O-环凹槽】选项卡中可选择标准 O-环凹槽。在【Toolbox】工具栏中单击 【凹槽】按钮，或选择【Toolbox】|【凹槽】命令，在【凹槽】对话框中单击【O-环凹槽】选项卡，如图 11-5 所示。

【属性】：选定凹槽的只读属性。

- 【说明】选项：描述凹槽。
- 【所选直径】选项：显示选定圆柱面的直径或无所选的直径。
- 【配合直径】选项：显示要完成密封的零件直径的数值。
- 【凹槽直径】(A)、【宽度】(B)、【半径】(C) 选项，如图 11-6 所示。

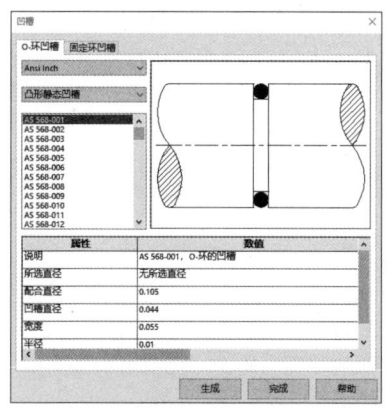

图 11-5 【O-环凹槽】选项卡

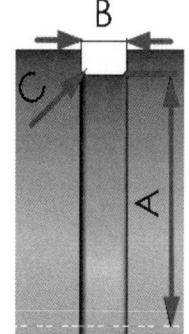

图 11-6 凹槽尺寸

11.3 凸轮

通过 Toolbox 中的凸轮模块可以生成带完全定义运动路径和推杆类型的凸轮。可以根据运动类型选择圆形凸轮或线性凸轮。带给定深度和轨迹的圆形凸轮如图 11-7 所示，带贯穿轨迹的线性凸轮如图 11-8 所示。

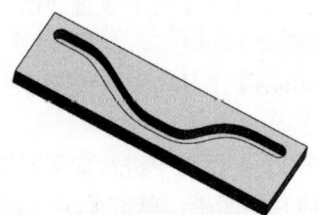

图 11-7　带给定深度和轨迹的圆形凸轮　　　　图 11-8　带贯穿轨迹的线性凸轮

11.3.1　生成凸轮

生成凸轮的步骤如下。

（1）在【Toolbox】工具栏中单击 【凸轮】按钮，或选择【Toolbox】|【凸轮】命令。

（2）在【凸轮】对话框的【设置】选项卡中选择凸轮类型为【圆形】或【线性】，然后为选定的凸轮类型设定属性值。

（3）在【运动】选项卡上至少生成一个凸轮运动定义。

（4）在【生成】选项卡上设定生成属性。

（5）单击【生成】按钮。Toolbox 生成的新凸轮为新的 SOLIDWORKS 零件文件。

（6）将凸轮保存为常用项。

（7）单击【完成】按钮。

11.3.2　凸轮属性的设置

凸轮窗体的设置标签包含如单位、凸轮类型，以及推杆类型等基本信息。在【Toolbox】工具栏中单击 【凸轮 - 圆形】按钮，或选择【Toolbox】|【凸轮】命令，弹出【凸轮 - 圆形】对话框，如图 11-9 所示。

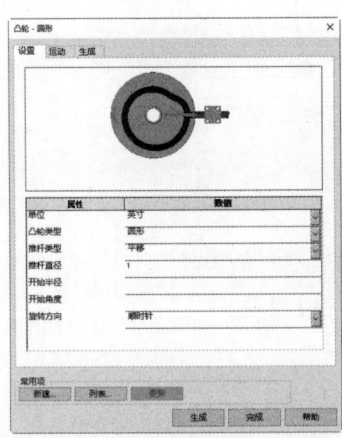

图 11-9　【凸轮 - 圆形】对话框

对于圆形凸轮，其属性设置包括如下选项。

（1）【单位】：指定属性单位，选择【英寸】或【公制】。

（2）【凸轮类型】：指定凸轮类型，选择【圆形】或【线性】。

(3)【推杆类型】：指定推杆类型，包括如下选项。
- 【平移】选项：沿通过凸轮旋转中心的直线移动，如图 11-10 所示。
- 【左等距】或【右等距】选项：穿过不通过凸轮旋转中心的直线而移动，如图 11-11 所示。
- 【左摆动】或【右摆动】选项：沿枢轴点摆动，如图 11-12 所示。

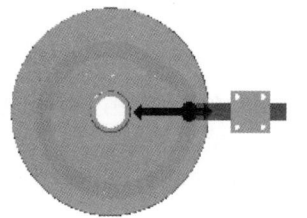

图 11-10　平移　　　　图 11-11　左等距或右等距　　　　图 11-12　左摆动或右摆动

(4)【推杆直径】：指定推杆直径，与凸轮上切除的凹槽直径相等。
(5)【开始半径】：指定凸轮旋转中心到推杆中心的距离。
(6)【开始角度】：指定推杆和水平直线通过凸轮中心的角度。
(7)【旋转方向】：指定旋转方向，选择【顺时针】或【逆时针】。
(8)【等距距离 (A)】或【等距角度 (B)】：仅限等距推杆，如图 11-13 所示。
(9)【臂长度 (C)】：仅限摆动推杆，如图 11-14 所示。

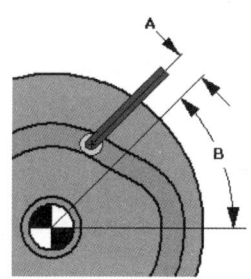
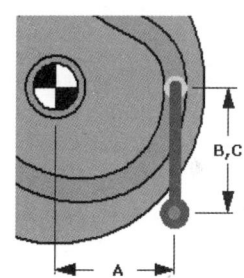

图 11-13　等距距离　　　　　　　　图 11-14　臂长度

11.4　操作案例：标准件建模实例

操作案例
视频

【学习要点】Toolbox 插件可以直接生成三维模型，不需要烦琐的建模过程。本节将使用 Toolbox 中的多种标准件来建立一个轴系装配体。轴系装配模型如图 11-15 所示。

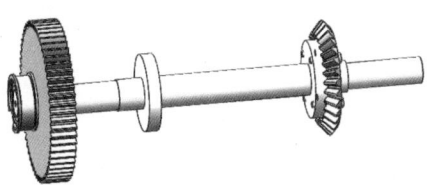

图 11-15　轴系装配模型

【**案例思路**】使用 Toolbox 生成各个标准件，包括键、齿轮、轴承、挡圈；使用装配体中的配合分别定位各标准件。

【**案例所在位置**】配套数字资源 \ 第 11 章 \ 操作案例 \11.4。

下面将介绍具体步骤。

11.4.1 新建装配体文件并保存

（1）启动 SOLIDWORKS，单击【标准】工具栏中的【新建】按钮，弹出【新建 SOLIDWORKS 文件】对话框，单击【装配体】按钮，如图 11-16 所示，再单击【确定】按钮。

（2）在弹出的【打开】对话框中，选择第一个要插入的零件几何体【阶梯轴】，如图 11-17 所示，单击【打开】按钮。

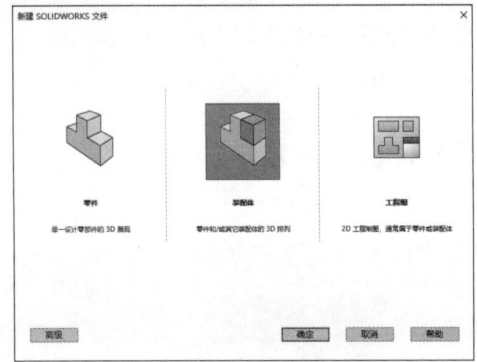

图 11-16 新建装配体文件

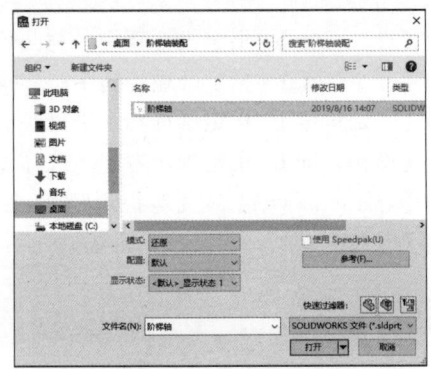

图 11-17 【打开】对话框

（3）在 SOLIDWORKS 装配体界面的合适位置单击以放置第一个零件几何体，选择【文件】|【另存为】菜单命令，弹出【另存为】对话框，在【文件名】文本框中输入【阶梯轴装配】，如图 11-18 所示，单击【保存】按钮。

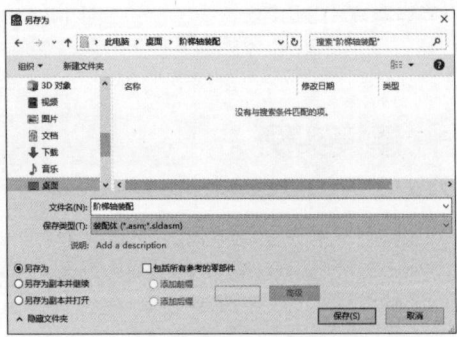

图 11-18 【另存为】对话框

11.4.2 装配轴系的一端

（1）选择【工具】|【插件】菜单命令，弹出【插件】对话框，勾选 Toolbox 的两个复选框，如图 11-19 所示，单击【确定】按钮，启动 Toolbox。

（2）在 SOLIDWORKS 的【任务】界面中单击【设计库】按钮，并在【设计库】界面中选择【Toolbox】选项，如图 11-20 所示。

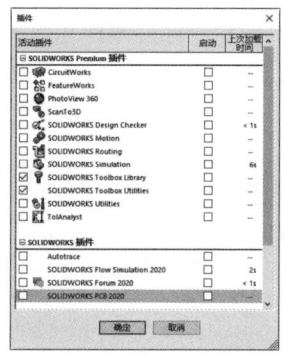
图 11-19　启动 Toolbox

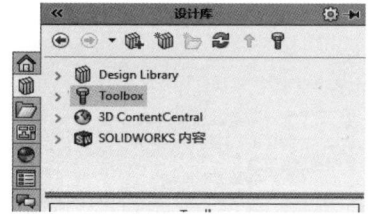
图 11-20　选择【Toolbox】选项

（3）在【Toolbox】选项下选择【GB】|【键和销】|【平行键】|【普通平键】命令，右击【普通平键】图标，在弹出的快捷菜单中选择【生成零件】命令，如图 11-21 所示。

（4）在弹出的【配置零部件】属性管理器中，按图 11-22 进行参数设置，然后单击 ✔【确定】按钮。

图 11-21　选择【生成零件】选项

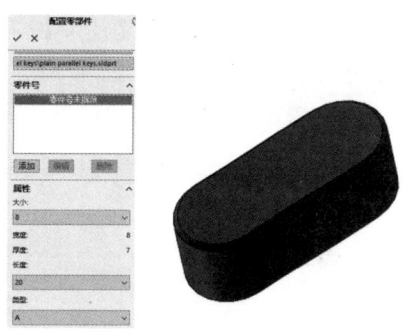
图 11-22　生成普通平键

（5）在【窗口】菜单中，单击生成的 Toolbox 零件可以进入其界面，如图 11-23 所示。

（6）选择【文件】|【另存为】菜单命令，弹出【另存为】对话框，在【文件名】文本框中输入【键】，单击【保存】按钮，保存零件后关闭该零件的界面。

（7）单击【装配体】工具栏中的 【插入零部件】按钮，在弹出的【打开】对话框中选择要插入的键零件，单击【打开】按钮。

（8）在 SOLIDWORKS 装配体界面合适位置单击以放置零件几何体，如图 11-24 所示。

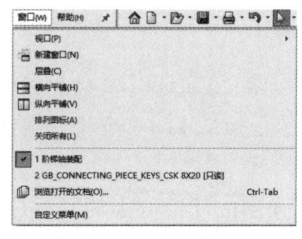
图 11-23　显示零件

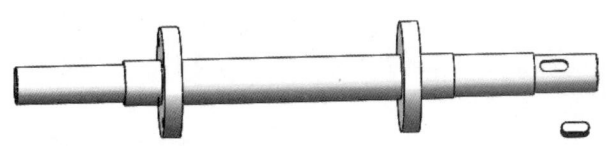
图 11-24　放置零件几何体（1）

（9）单击【装配体】工具栏中的 【配合】按钮，在【配合选择】选项组中选择键零件几何体的下表面和阶梯轴零件几何体的键槽面，在【标准配合】选项组中选择【重合】选项，单击【确定】按钮，如图 11-25 所示。

（10）在【配合选择】选项组中选择键零件几何体的圆弧面和阶梯轴零件几何体的键槽圆弧面，在【标准配合】选项组中选择【同轴心】选项，单击【确定】按钮，如图 11-26 所示。

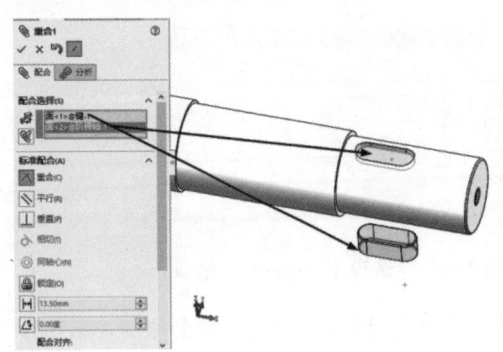
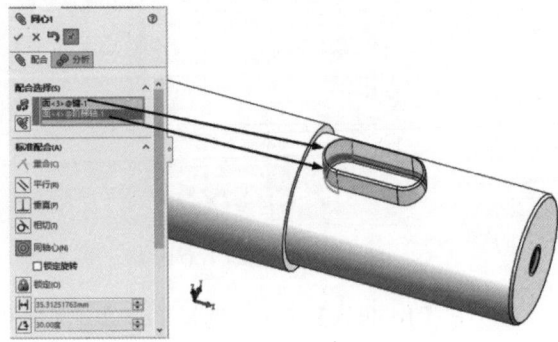

图 11-25 重合配合（1）　　　　　　　图 11-26 同轴心配合（1）

（11）在【配合选择】选项组中选择键零件几何体的侧面和阶梯轴零件几何体的键槽侧面，在【标准配合】选项组中选择【重合】选项，单击【确定】按钮，如图 11-27 所示。

（12）在 SOLIDWORKS 的【任务】界面中单击【设计库】按钮，并在【设计库】界面中选择【Toolbox】选项。在【Toolbox】选项下选择【GB】|【动力传动】|【齿轮】|【正齿轮】命令，右击【正齿轮】按钮，在弹出的快捷菜单中选择【生成零件】命令。在弹出的【配置零部件】属性管理器中，按图 11-28 进行参数设置，单击【确定】按钮。

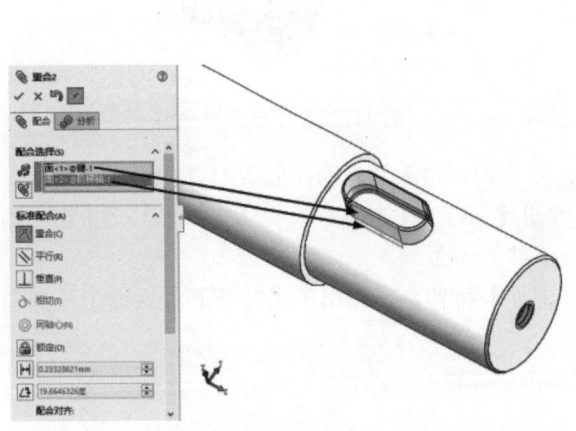
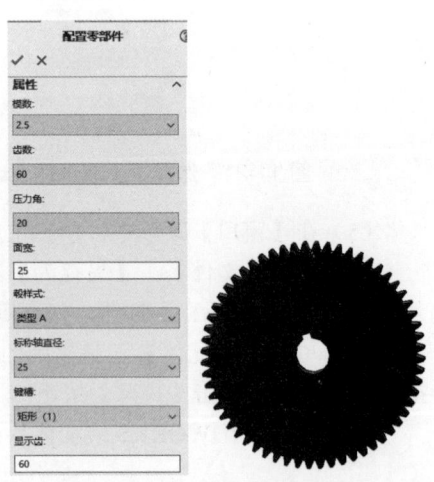

图 11-27 重合配合（2）　　　　　　　图 11-28 生成正齿轮零件

（13）在【窗口】菜单中，单击所生成的 Toolbox 零件可以进入其界面。选择【文件】|【另存为】菜单命令，弹出【另存为】对话框，在【文件名】文本框中输入【正齿轮】，单击【保存】按钮，保存零件后关闭该零件。

（14）单击【装配体】工具栏中的 【插入零部件】按钮，在弹出的【打开】对话框中选择要插入的正齿轮零件，单击【打开】按钮。

（15）在 SOLIDWORKS 装配体界面合适位置单击以放置零件几何体，如图 11-29 所示。

（16）单击【装配体】工具栏中的 【配合】按钮，在【配合选择】选项组中选择正齿轮零件几何体的内圆柱面和阶梯轴零件的圆柱面，在【标准配合】选项组中选择 【同轴心】选项，单击 【确定】按钮，如图 11-30 所示。

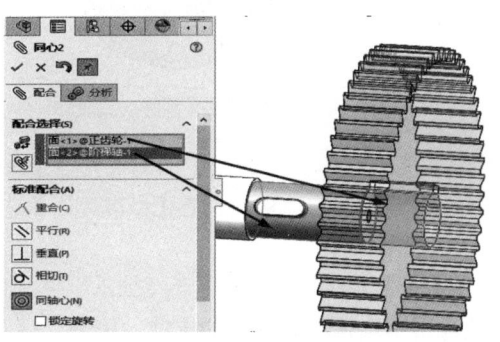

图 11-29　放置零件几何体（2）　　　　　图 11-30　同轴心配合（2）

（17）在【配合选择】选项组中选择键零件几何体的侧面和正齿轮零件几何体的键槽侧面，在【标准配合】选项组中选择 【重合】选项，单击 【确定】按钮，如图 11-31 所示。

（18）在【配合选择】选项组中选择正齿轮零件几何体的平面和阶梯轴零件几何体的阶梯面，在【标准配合】选项组中选择 【重合】选项，单击 【确定】按钮，如图 11-32 所示。

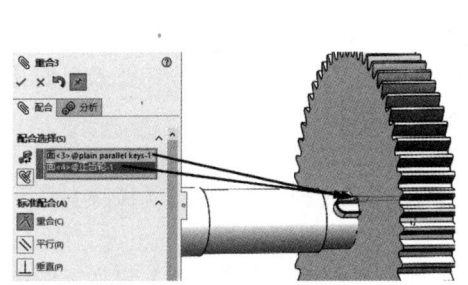

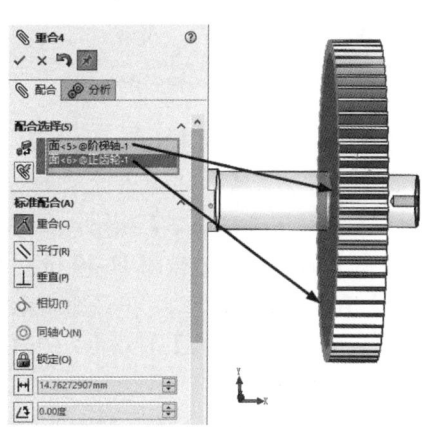

图 11-31　重合配合（3）　　　　　图 11-32　重合配合（4）

（19）在 SOLIDWORKS 的【任务】界面中单击【设计库】按钮，并在【设计库】界面中选择【Toolbox】选项。在【Toolbox】选项下选择【GB】|【bearing】|【滚动轴承】|【调心球轴承】命令，右击【调心球轴承】按钮，在弹出的快捷菜单中选择【生成零件】命令。在弹出的【配置零部件】属性管理器中，按图 11-33 进行参数设置，然后单击 【确定】按钮。

（20）单击【窗口】菜单，再单击所生成的 Toolbox 零件可以进入其界面。选择【文件】|【另存为】菜单命令，弹出【另存为】对话框，在【文件名】文本框中输入【轴承】，单击【保存】按钮，保存零件后关闭该零件。

（21）单击【装配体】工具栏中的 【插入零部件】按钮，在弹出的【打开】对话框中选择要插入的轴承零件，单击【打开】按钮。

（22）在 SOLIDWORKS 装配体界面合适位置单击以放置零件几何体，如图 11-34 所示。

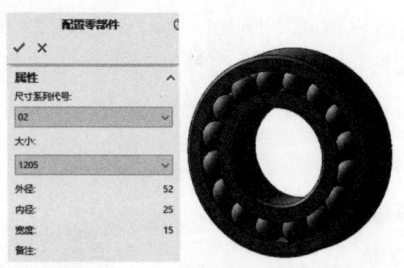

图 11-33　生成轴承零件　　　　图 11-34　放置零件几何体（3）

（23）单击【装配体】工具栏中的 ⊘【配合】按钮，在【配合选择】选项组中选择轴承零件的内圆柱面和阶梯轴零件的圆柱面，在【标准配合】选项组中选择 ◎【同轴心】选项，单击 ✓【确定】按钮，如图 11-35 所示。

（24）在【配合选择】选项组中选择轴承零件几何体的端面和阶梯轴零件几何体的端面，在【标准配合】选项组中选择 人【重合】选项，单击 ✓【确定】按钮，如图 11-36 所示。

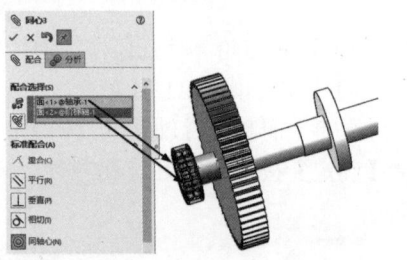
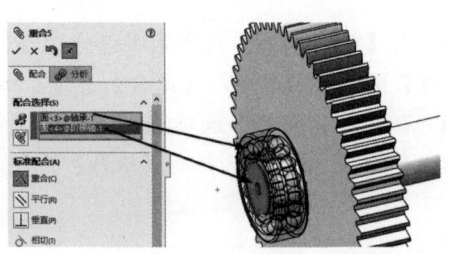

图 11-35　同轴心配合（3）　　　　图 11-36　重合配合（5）

（25）在 SOLIDWORKS 的【任务】界面中单击【设计库】按钮，并在【设计库】界面中选择【Toolbox】选项。在【Toolbox】选项下选择【GB】|【垫圈和挡圈】|【挡圈】|【孔用弹性挡圈】命令，右击【孔用弹性挡圈】按钮，在弹出的快捷菜单中选择【生成零件】命令。在弹出的【配置零部件】属性管理器中，按图 11-37 进行参数设置，然后单击 ✓【确定】按钮。

（26）单击【窗口】选项，单击所生成的 Toolbox 零件可以进入其界面。选择【文件】|【另存为】菜单命令，弹出【另存为】对话框，在【文件名】文本框中输入【挡圈】，单击【保存】按钮，保存零件后关闭该零件。

（27）单击【装配体】工具栏中的 ❓【插入零部件】按钮，在弹出的【打开】对话框中选择要插入的挡圈零件，单击【打开】按钮。

（28）在 SOLIDWORKS 装配体界面合适位置单击以放置零件几何体，如图 11-38 所示。

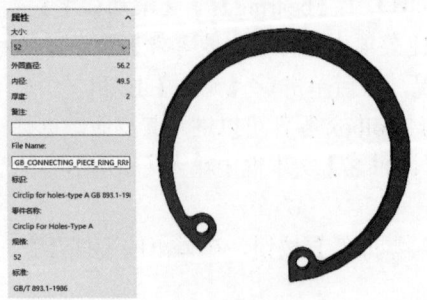
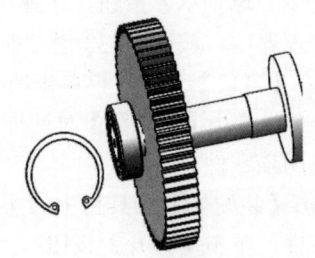

图 11-37　生成挡圈零件　　　　图 11-38　放置零件几何体（4）

（29）单击【装配体】工具栏中的 【配合】按钮，在【配合选择】选项组中选择挡圈零件几何体的外圆柱面和轴承零件的外圆柱面，在【标准配合】选项组中选择 【同轴心】选项，单击 【确定】按钮，如图11-39所示。

（30）在【配合选择】选项组中选择轴承零件几何体的端面和挡圈零件几何体的端面，在【标准配合】选项组中选择 【重合】选项，单击 【确定】按钮，如图11-40所示。

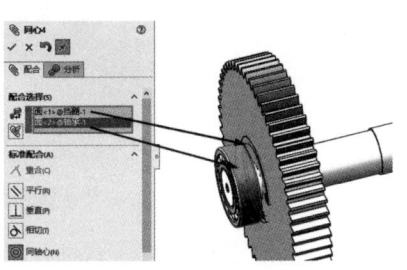 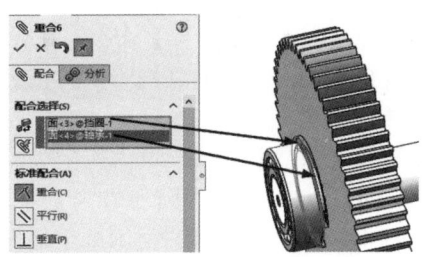

图11-39 同轴心配合（4） 　　　　图11-40 重合配合（6）

（31）单击【装配体】工具栏中的 【插入零部件】按钮，在弹出的【打开】对话框中选择要插入的轴承零件，单击【打开】按钮，在SOLIDWORKS装配体界面合适位置单击以放置零件几何体，如图11-41所示。

（32）单击【装配体】工具栏中的 【配合】按钮，在【配合选择】选项组中选择挡圈零件几何体的外圆柱面和轴承零件的外圆柱面，在【标准配合】选项组中选择 【同轴心】选项，单击 【确定】按钮，如图11-42所示。

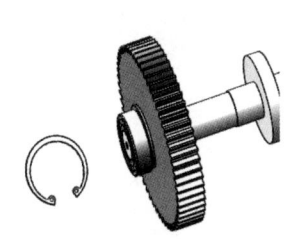 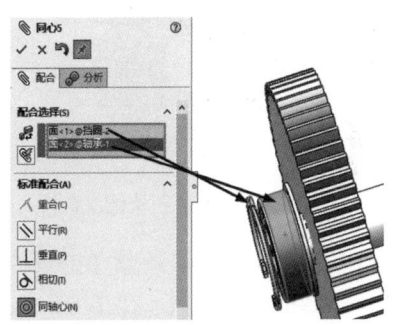

图11-41 放置零件几何体（5） 　　　　图11-42 同轴心配合（5）

（33）在【配合选择】选项组中选择轴承零件几何体的端面和挡圈零件几何体的端面，在【标准配合】选项组中选择 【重合】选项，单击 【确定】按钮，如图11-43所示。

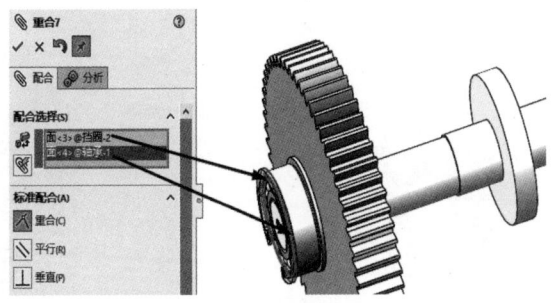

图11-43 重合配合（7）

11.4.3 装配轴系的另一端

（1）在 SOLIDWORKS 的【任务】界面中单击【设计库】按钮，并在【设计库】界面中选择【Toolbox】选项，在【Toolbox】选项中选择【GB】|【动力传动】|【齿轮】|【直齿伞（齿轮）】命令，右击【直齿伞（齿轮）】按钮，在弹出的快捷菜单中选择【生成零件】命令。在弹出的【配置零部件】属性管理器中，按图 11-44 进行参数设置，然后单击【确定】按钮。

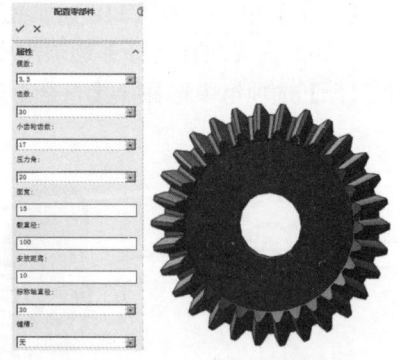

图 11-44　生成锥齿轮零件

（2）单击【窗口】选项，单击所生成的 Toolbox 零件可以进入其界面。选择【文件】|【另存为】菜单命令，弹出【另存为】对话框，在【文件名】文本框中输入【锥齿轮】，单击【保存】按钮。

（3）单击锥齿轮的正面，使其成为草图绘制平面。选择【视图定向】下拉列表框中的【正视于】选项，并单击【草图】工具栏中的【草图绘制】按钮，进入草图绘制状态。单击【草图】工具栏中的【圆】按钮，绘制草图，如图 11-45 所示。

（4）单击【草图】工具栏中的【智能尺寸】按钮，标注所绘制草图的尺寸，如图 11-46 所示。

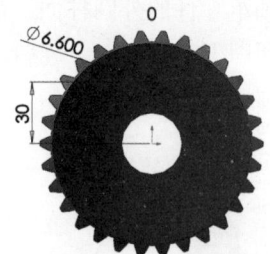

图 11-45　绘制草图　　　　　图 11-46　标注草图的尺寸

（5）单击【特征】工具栏中的【拉伸切除】按钮，在【切除-拉伸】属性管理器的【从】选项组中选择【草图基准面】选项，在【方向1】选项组中的【终止条件】下拉列表框中选择【完全贯穿】选项，在【所选轮廓】选项组中选择圆形草图，如图 11-47 所示，单击【确定】按钮。

（6）选择【特征】工具栏中的【线性阵列】下拉列表中的【圆周阵列】选项，在【方向1】选项组中的【阵列轴】选项中选择圆形边线，按图 11-48 进行参数设置，单击【确定】按钮，选择【文件】|【保存】菜单命令，保存后退出零件。

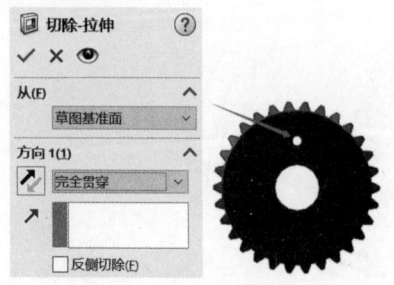

图 11-47　生成拉伸切除特征　　　　　图 11-48　圆周阵列特征

（7）单击【装配体】工具栏中的【插入零部件】按钮，在弹出的【打开】对话框中选择要插入的锥齿轮零件，单击【打开】按钮。

（8）在 SOLIDWORKS 装配体界面合适位置单击以放置零件几何体，如图 11-49 所示。

（9）单击【装配体】工具栏中的【配合】按钮，在【配合选择】选项组中选择锥齿轮零件的内圆柱面和阶梯轴零件的圆柱面，在【标准配合】选项组中选择【同轴心】选项，单击【确定】按钮，如图 11-50 所示。

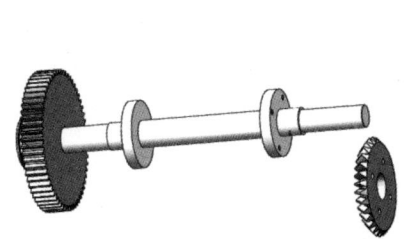

图 11-49　放置零件几何体（1）

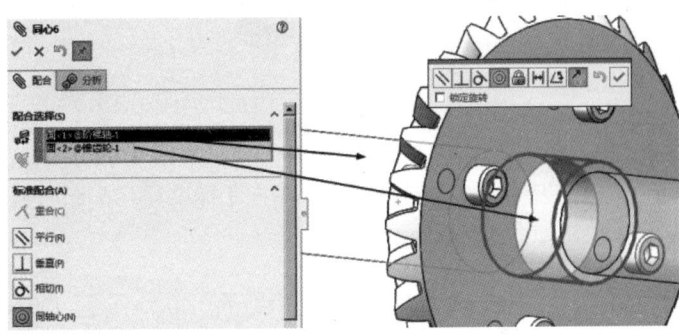

图 11-50　同轴心配合（1）

（10）单击【装配体】工具栏中的【配合】按钮，在【配合选择】选项组中选择锥齿轮零件的通孔圆柱面和阶梯轴零件上凸圆的螺纹孔内圆柱面，在【标准配合】选项组中选择【同轴心】选项，单击【确定】按钮，如图 11-51 所示。

（11）在【配合选择】选项组中选择锥齿轮零件几何体的前表面和阶梯轴零件几何体凸圆表面，在【标准配合】选项组中选择【重合】选项，单击【确定】按钮，如图 11-52 所示。

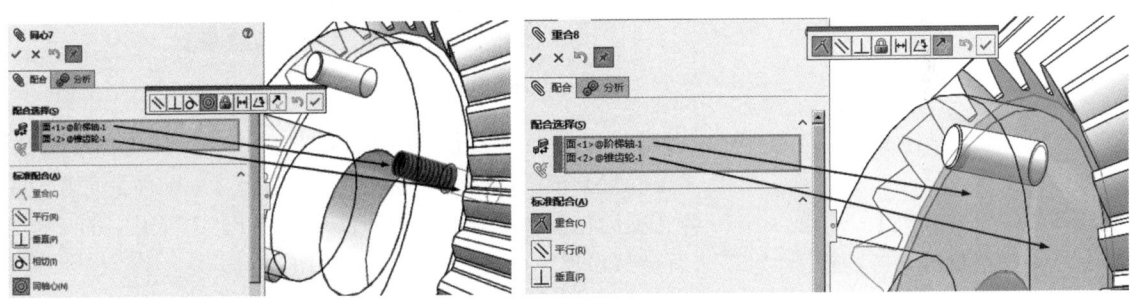

图 11-51　同轴心配合（2）　　　　　图 11-52　重合配合（1）

（12）在 SOLIDWORKS 的【任务】界面中单击【设计库】按钮，并在【设计库】界面中选择【Toolbox】选项。在【Toolbox】选项下选择【GB】|【screws】|【凹头螺钉】|【内六角圆柱头螺钉】命令，右击【内六角圆柱头螺钉】按钮，在弹出的快捷菜单中选择【生成零件】命令。在弹出的【配置零部件】属性管理器中，按图 11-53 进行参数设置，然后单击【确定】按钮。

（13）单击【窗口】选项，单击生成的 Toolbox 零件可以进入其界面。选择【文件】|【另存为】菜单命令，弹出【另存为】对话框，在【文件名】文本框中输入【螺钉】，单击【保存】按钮，保存零件后关闭该零件。

（14）单击【装配体】工具栏中的【插入零部件】按钮，在弹出的【打开】对话框中选择要插入的螺钉零件，单击【打开】按钮。

（15）在 SOLIDWORKS 装配体界面合适位置单击以放置零件几何体，如图 11-54 所示。

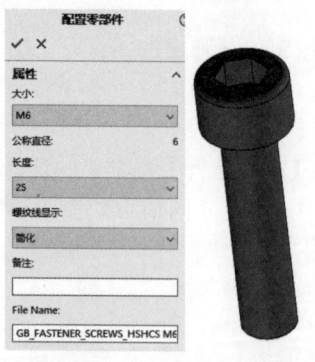

图 11-53　生成螺钉零件

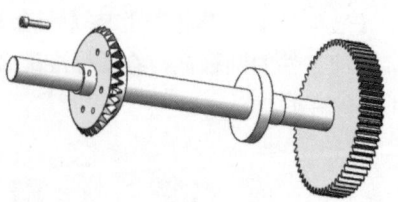

图 11-54　放置零件几何体（2）

（16）单击【装配体】工具栏中的 【配合】按钮，在【配合选择】选项组中选择螺钉零件的圆柱面和锥齿轮零件的通孔圆柱面，在【标准配合】选项组中选择 【同轴心】选项，单击 【确定】按钮，如图 11-55 所示。

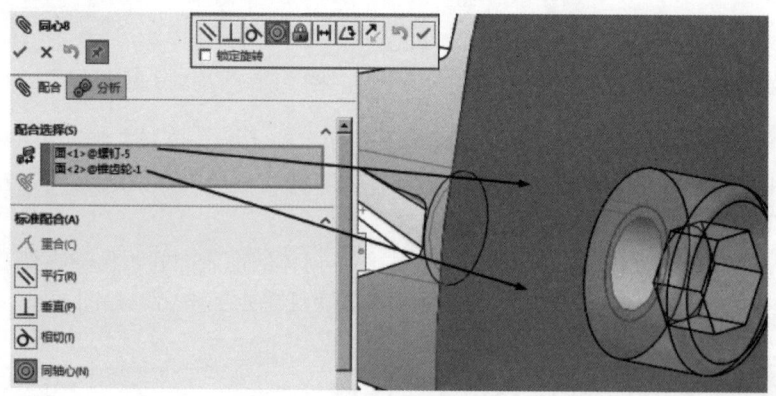

图 11-55　同轴心配合（3）

（17）在【配合选择】选项组中选择螺钉零件的贴合面和锥齿轮零件的端面，在【标准配合】选项组中选择 【重合】选项，单击 【确定】按钮，如图 11-56 所示。选择【装配体】工具栏中 【线性零部件阵列】下拉列表中的 【圆周零部件阵列】选项，在【方向 1】选项组中的【阵列轴】选项中选择圆柱面，按图 11-57 进行参数设置，单击 【确定】按钮。

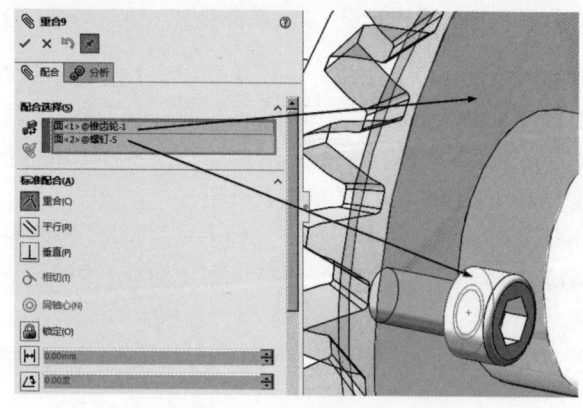

图 11-56　重合配合（2）

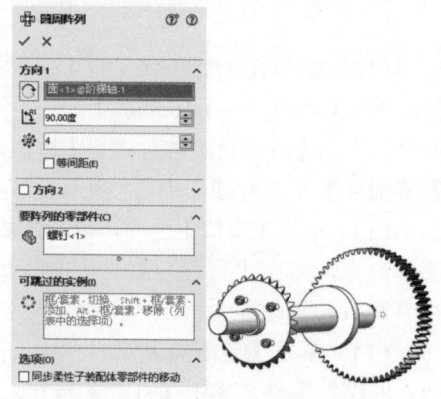

图 11-57　圆周阵列零部件

至此，轴系装配模型已经完成。

11.5 本章小结

本章介绍了标准件库的基础知识，又介绍一些常用的机械设计工具，最后以一个轴系装配模型为例，详细介绍了标准件的生成和装配的操作步骤。

11.6 知识巩固

利用附赠数字资源中的零件文件建立装配体模型，如图 11-58 所示。

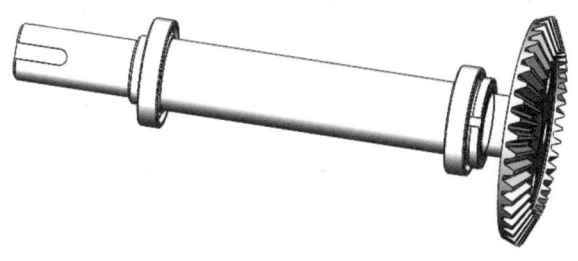

图 11-58　装配体模型

【习题知识要点】使用拉伸凸台命令建立阶梯轴，使用 Toolbox 生成轴承和齿轮，使用配合命令进行装配。

【素材所在位置】配套数字资源 \ 第 11 章 \ 知识巩固 \。

第 12 章
线路设计

本章介绍

SOLIDWORKS 的线路设计模块主要用于哪些方面的设计任务？在 SOLIDWORKS 线路设计中，如何确保电缆和管道的布局既合理又符合设计规范？SOLIDWORKS 的线路设计模块如何帮助优化空间利用和节约材料成本？

SOLIDWORKS 的线路设计模块主要用于规划和管理复杂的电缆和管道系统，它允许设计师创建三维线路模型，模拟电缆和管道的路径，确保布局合理且符合设计规范。线路设计模块支持对线路长度、弯曲半径和固定点等参数进行精确控制，以优化空间利用和节约材料成本。此外，线路设计模块有助于减少安装时间，提高系统的可靠性和安全性，同时便于后续的维护和升级。通过自动化的设计流程，线路设计模块显著提升了设计效率和准确性。本章的主要内容包括线路模块概述、线路点与连接点、管筒线路设计、管道线路设计，以及电力线路设计。

重点与难点

- 线路模块简介
- 连接点的概念
- 线路点的概念

思维导图

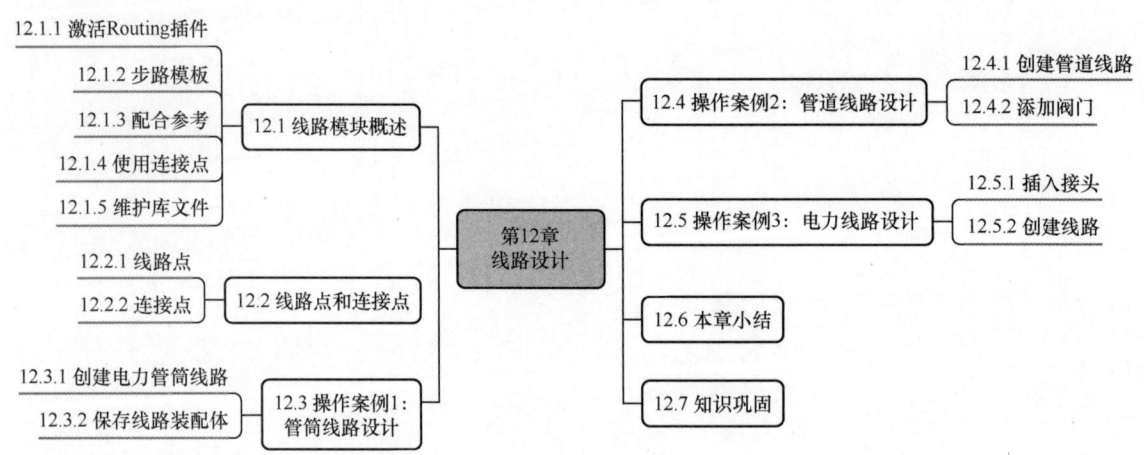

12.1 线路模块概述

线路设计模块(SOLIDWORKS Routing)用来生成一种特殊类型的子装配体,以在零部件之间创建管道、管筒或其他材料的路径,帮助设计师轻松、快速地完成线路系统设计任务。

12.1.1 激活 Routing 插件

激活 SOLIDWORKS Routing 插件的步骤如下。
(1)选择【工具】|【插件】菜单命令。
(2)勾选【SOLIDWORKS Routing】复选框,如图 12-1 所示。
(3)单击【确定】按钮。

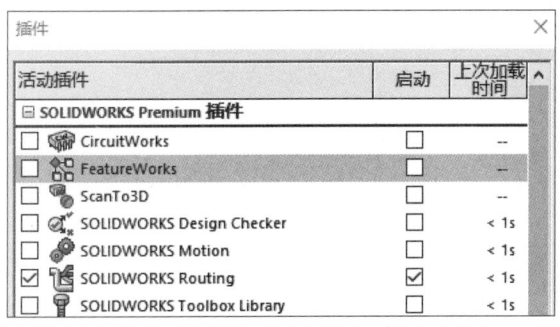

图 12-1 激活 SOLIDWORKS Routing 插件

12.1.2 步路模板

在用户插入线路设计模块后,第一次创建装配体文件时,将生成步路模板。步路模板使用与标准装配体模板相同的设置,也包含与步路相关的特殊模型数据。

步路模板自动生成的模板名为 route Assembly.asmdot,位于默认模板文件夹中(通常是 C:\DocumentsandSettings\AllUsers\ApplicationData\SOLIDWORKS\templates)。

生成自定义步路模板的步骤如下所述。
(1)打开自动生成的步路模板。
(2)进行用户的更改。
(3)选择【文件】|【另存为】菜单命令,然后以新名称保存文件,必须使用 .asmdot 作为文件扩展名。

12.1.3 配合参考

使用配合参考来放置零件比使用智能装配(SmartMates)更可靠,并更具有预见性。
对于配合参考的使用有如下几条建议。
(1)在一个设备上具有相同属性的配件应用的配合参考应该使用同样的名称。
(2)要确保线路设计零件的配合设置正确。
(3)为放置配合参考,应遵守以下规则。

- 给线路配件添加配合参考。
- 给设备零件上的端口添加配合参考,每个端口添加一个配合参考。
- 如果一台仪器有数个端口,要么所有端口都添加配合参考,要么所有端口都不添加配合参考。
- 给位于线路起点和终点的零部件添加配合参考。
- 给电气接头和匹配插孔零部件添加匹配的配合参考。

12.1.4 使用连接点

所有步路零部件(除了线夹和挂架之外)都要求有一个或多个连接点(CPoints)。连接点的功能如下。
- 标记零部件为步路零部件。
- 识别连接类型。
- 识别子类型。
- 定义其他属性。
- 标记管道的起点和终点。

电气接头只使用一个连接点,并将其定位在电线或电缆退出接头的地方。用户可为每个管脚添加一个连接点,但用户必须使用连接点图解指示 ID 来定义管脚号。管道设计零部件的每个端口都要添加一个连接点。

12.1.5 维护库文件

针对维护库文件有如下几条建议。
(1) 将文件保留在线路设计库文件夹中,不要将之保存在其他文件夹内。
(2) 要避免带有相同名称的多个文件所引起的错误,将用户所复制的任何文件重新命名。
(3) 除了零部件模型之外,电气设计还需要以下两个库文件。
- 零部件库文件。
- 电缆库文件。

(4) 将所有电气接头储存在包含零部件库文件的同一文件夹中。默认位置为 C:\Documentsand Settings\AllUsers\ApplicationData\SOLIDWORKS\SOLIDWORKS< 版本 >\design library\ routing\ electrical\ component.xml。在 Windows 7 中,该文件夹的位置为 C:\ProgramData\SOLIDWORKS< 版本 >\design library\ routing\electrical。库零件的名称由库文件夹和步路文件夹的位置所决定。

12.2 线路点和连接点

线路的接头零件中包含关键的定位点,这就是线路点或连接点。

12.2.1 线路点

线路点(RoutePoint)在配件(如法兰、弯管、电气接头等)中用于将配件定位在线路草图中的交叉点。在具有多个端口的接头(如 T 形或十字形接头)中,用户在添加线路点之前必须在接头的轴线交叉点处生成一个线路点。生成线路点的步骤如下。

(1) 打开【配套数字资源 \ 第 12 章 \ 基本功能 \12.2.1】的实例素材文件,单击【Routing 工具】工具栏中的【生成线路点】按钮,或者选择【工具】|【步路】|【Routing 工具】|【生成线路点】菜单命令。

(2) 在【步路点】属性管理器中的【选择】选项组下,通过选取草图或顶点来定义线路点的位置,如图 12-2 所示。

- 对于硬管道和管筒配件,在绘图区域中选择一个草图点。
- 对于软管配件或电力电缆接头,在绘图区域中选择一个草图点和一个平面。
- 在具有多个端口的配件中,选取轴线交叉点处的草图点。
- 在法兰中,选取与零件的圆柱面同轴心的点。

(3) 单击【确定】按钮。

12.2.2 连接点

连接点是接头(如法兰、弯管、电气接头等)中的点,步路段(管道、管筒或电缆)由此开始或终止。管路段只有在至少有一端附加在连接点时才能生成。每个接头零件的每个端口都必须包含一个连接点,用于确定相邻管道、管筒或电缆开始或终止的位置。

生成连接点的步骤如下。

(1) 打开【配套数字资源 \ 第 12 章 \ 基本功能 \12.2.2】的实例素材文件,生成一个草图点用于定位连接点。连接点的作用就是定义相邻管路的端点。

(2) 单击【Routing 工具】工具栏中的【生成连接点】按钮,或选择【步路】|【Routing 工具】|【生成连接点】菜单命令。

(3) 在属性管理器中编辑属性,如图 12-3 所示。

(4) 单击【确定】按钮。

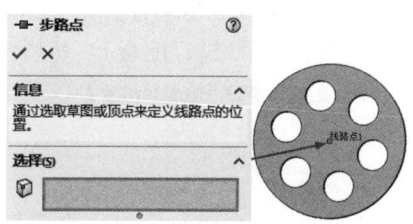

图 12-2　生成线路点

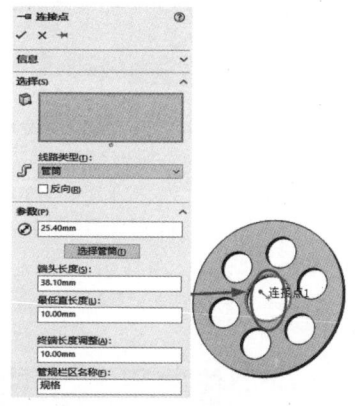

图 12-3　生成连接点

12.3　操作案例1:管筒线路设计

操作案例
视频

【学习要点】SOLIDWORKS 中管筒线路设计用于规划和模拟管道和电缆的布设路径,确保布局合理、安全,便于维护和升级,同时优化空间利用和节约材料成本。本节介绍电力管筒线路的设计过程，结果如图 12-4 所示。

【**案例思路**】启动 Routing 插件，在设计库标签中插入管筒接头，使用自动步路命令在接头间生成管筒线路。

【**案例所在位置**】配套数字资源 \ 第 12 章 \ 操作案例 \12.3。

下面将介绍具体步骤。

12.3.1 创建电力管筒线路

（1）启动 SOLIDWORKS，单击【标准】工具栏中的【打开】按钮，在弹出的【打开】对话框中选择【配套数字资源 \ 第 12 章 \ 产例文件 \12.3\12.3.SLDASM】，单击【打开】按钮，如图 12-5 所示。

图 12-4 电力管筒线路

（2）选择线路零部件。单击【任务】界面中的第二个标签，依次打开【设计库】界面中的【Design Library\routing\conduit】文件夹。在【设计库】界面的下方显示【conduit】文件夹中的各种管道标准件，选择【pvc conduit-male terminal adapter】接头为拖曳对象，如图 12-6 所示。

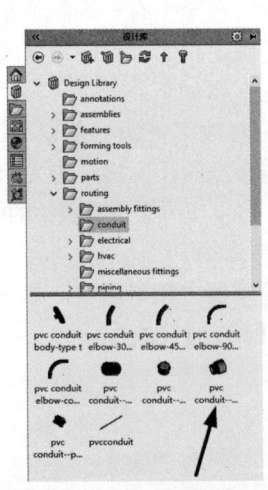

图 12-5 装配体文件　　　　　　　图 12-6 【设计库】界面

（3）长按鼠标左键并拖曳【pvc conduit-male terminal adapter】接头到装配体中总控制箱的接头处（由于设计库中的标准件自带配合参考，因此电力管筒接头会自动进行配合），然后松开鼠标左键，结果如图 12-7 所示。在弹出的【选择配置】对话框中，选择【0.5inAdapter】选项，如图 12-8 所示，单击【确定】按钮。

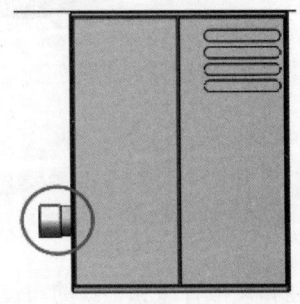

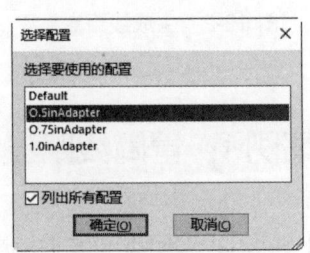

图 12-7 添加第一个电力接头　　　　图 12-8 【选择配置】对话框

（4）在弹出的如图12-9所示的【线路属性】属性管理器中，单击 【关闭】按钮，关闭该属性管理器。

（5）单击【pvc conduit-male terminal adapter】接头，长按鼠标左键将其拖曳到装配体中与总控制箱共面的电源盒上端的接头处，自动进行配合后松开鼠标左键，结果如图12-10所示。在弹出的【选择配置】对话框中，选择【0.5inAdapter】选项，单击【确定】按钮。弹出【线路属性】属性管理器，单击 【关闭】按钮，关闭该属性管理器。

（6）选择【视图】|【步路点】菜单命令，显示装配体中刚刚插入的两个电力接头上所有的连接点，如图12-11所示。

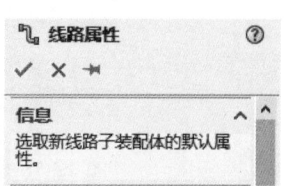

图12-9 【线路属性】属性管理器

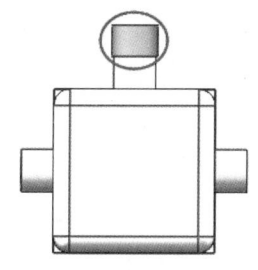

图12-10 添加第二个电力接头

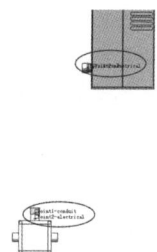

图12-11 显示的步路点

（7）在总控制箱的【conduit-male terminal adapter】接头上，右击连接点【Cpoint1-conduit】，在弹出的快捷菜单中选择【开始步路】命令，如图12-12所示。

（8）弹出【线路属性】属性管理器，按图12-13进行参数设置。

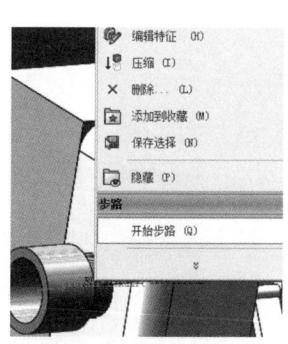

图12-12 选择【开始步路】命令

图12-13 【线路属性】属性管理器

（9）设置完成后，弹出【SOLIDWORKS】对话框，单击【确定】按钮。此时，从连接点处延伸出一小段端头，如图12-14所示，可以通过拖曳端头的端点伸长或缩短端头长度。单击鼠标右键，在弹出的快捷菜单中选择【自动步路】命令，弹出【自动步路】属性管理器，单击 【关闭】按钮，关闭该属性管理器。

（10）右击电源盒上端接头的连接点【CPoint1-conduit】，在弹出的快捷菜单中选择【添加到线路】命令，如图12-15所示。此时，从连接点处延伸出一小段端头，如图12-16所示，拖曳端头的端点，就可以改变端头的长度。

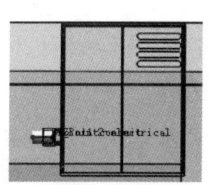

图12-14 连接点延伸出的端头

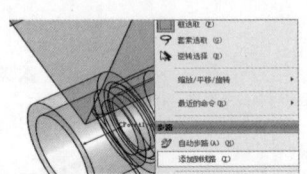
图 12-15　选择【添加到线路】命令

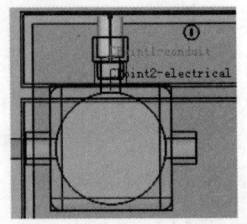
图 12-16　添加连接点到线路

（11）按住 Ctrl 键选中上面生成的两个端头的端点，如图 12-17 所示，单击鼠标右键，在弹出的快捷菜单中选择【自动步路】命令，如图 12-18 所示。

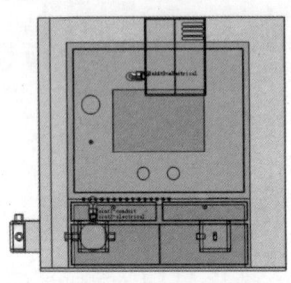
图 12-17　选择步路端点

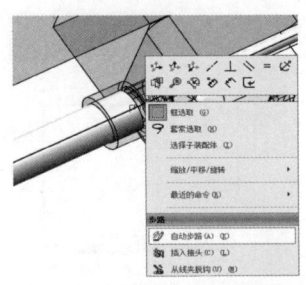
图 12-18　选择【自动步路】命令

（12）弹出【自动步路】属性管理器，在【步路模式】选项组中选择【自动步路】单选项，在【自动步路】选项组中勾选【正交线路】复选框，其余设置如图 12-19 所示。

（13）单击【自动步路】属性管理器中的 ✓【确定】按钮，再单击 【退出草图】按钮和 【编辑零部件】按钮，生成电力管筒线路，如图 12-20 所示。

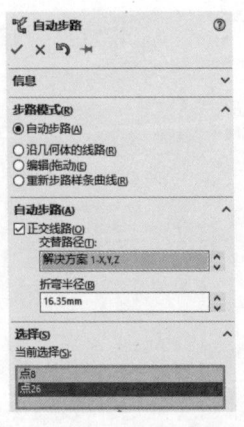
图 12-19　连接好的线路

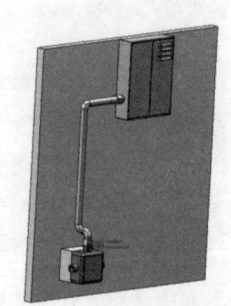
图 12-20　生成电力管筒线路

12.3.2　保存线路装配体

选择【文件】|【Pack and Go】菜单命令，弹出如图 12-21 所示的【Pack and Go】对话框，勾选所有相关的零件、子装配体和装配体文件的复选框，选中【保存到文件夹】单选项，将以上文件保存到一个指定文件夹中，单击【保存】按钮。至此，电力管筒线路设计完成。

第 12 章 线路设计

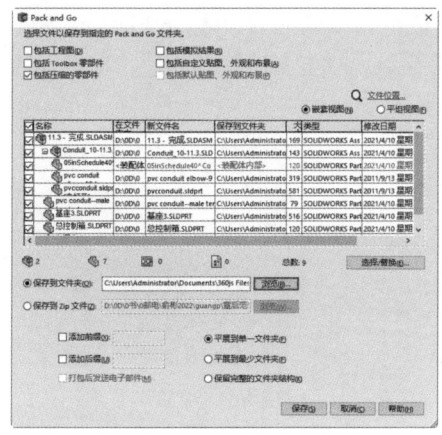

图 12-21 【Pack and Go】对话框

12.4 操作案例 2：管道线路设计

操作案例
视频

【学习要点】SOLIDWORKS 中管道线路设计用于创建和优化流体输送系统，确保管道布局合理、高效，符合工程标准，便于分析流体动力学，减少压力损失，并辅助制造和安装。本节介绍管道线路的设计过程，结果如图 12-22 所示。

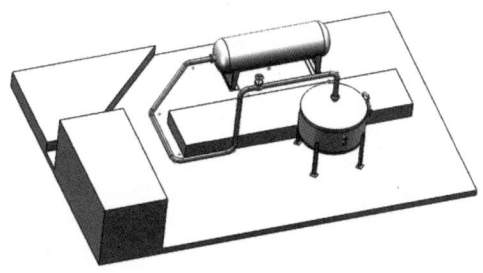

图 12-22 管道线路

【案例思路】启动 Routing 插件，在设计库中插入管道接头，使用自动步路命令在接头间生成管道线路。

【案例所在位置】配套数字资源\第 12 章\操作案例\12.4。

下面将介绍具体步骤。

12.4.1 创建管道线路

（1）启动 SOLIDWORKS，单击【标准】工具栏中的 【打开】按钮，弹出【打开】对话框，选择【配套数字资源\第 12 章\操作案例\12.4\12.4.SLDASM】，单击【打开】按钮，在绘图区域中显示出模型，如图 12-23 所示。

（2）选择管道配件。依次打开【设计库】界面中的【routing\piping\flanges】文件夹，选择【slip on weld flange】法兰为拖曳对象，长按鼠标左键将其拖曳到装配体横放水箱前方的出口（由于设计库中的标准件自带配合参考，因此配件会自动进行配合），然后松开鼠标左键，结果如图 12-24 所

247

示。在弹出的【选择配置】对话框中,选择【Slip On Flange 150-NPS5】选项,如图 12-25 所示,单击【确定】按钮。在弹出的【线路属性】属性管理器中,单击 ❎【关闭】按钮,关闭属性管理器。

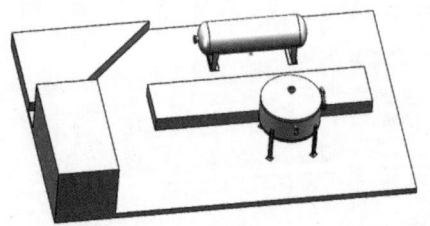
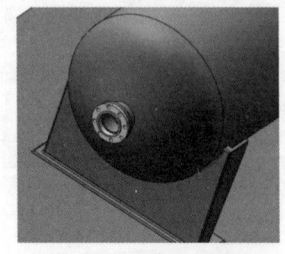
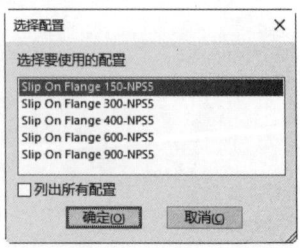

图 12-23　装配体　　　　图 12-24　添加 1 号水箱法兰　　　　图 12-25　选择法兰配置

（3）依次打开【设计库】界面中的【routing\piping\flanges】文件夹,选择【welding neck flange】法兰为拖曳对象,长按鼠标左键将其拖曳到装配体立放水箱上方的出口（由于设计库中的标准件自带配合参考,因此配件会自动进行配合）,然后松开鼠标左键,结果如图 12-26 所示。在弹出的【选择配置】对话框中,选择【Wneck Flange 150-NPS5】选项,如图 12-27 所示,单击【确定】按钮。在弹出【线路属性】属性管理器中,单击 ❎【关闭】按钮,关闭该属性管理器。

（4）选择【视图】|【步路点】菜单命令,显示装配体中配件上所有的连接点。然后右击横放水箱上的法兰,在弹出的快捷菜单中选择【开始步路】命令,如图 12-28 所示。

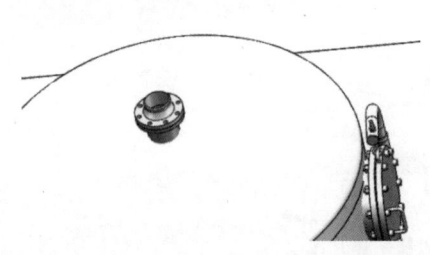
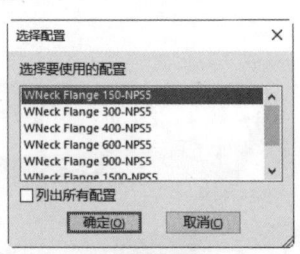

图 12-26　添加 2 号水箱法兰　　　　图 12-27　选择法兰配置　　　　图 12-28　开始步路

（5）弹出【线路属性】属性管理器,按图 12-29 进行参数设置,单击 ✔【确定】按钮,完成法兰的添加。在法兰的端点处长按鼠标左键并将其向外拖曳,可以将端头延长到合适的位置,如图 12-30 所示。

图 12-29　【线路属性】属性管理器　　　　图 12-30　拖动端点

（6）右击立放水箱罐体上端接头的连接点,在弹出的快捷菜单中选择【添加到线路】命令,如

图 12-31 所示。此时，从连接点处自动延伸出一小段端头，如图 12-32 所示，拖曳端头的端点就可以改变端头的长度。

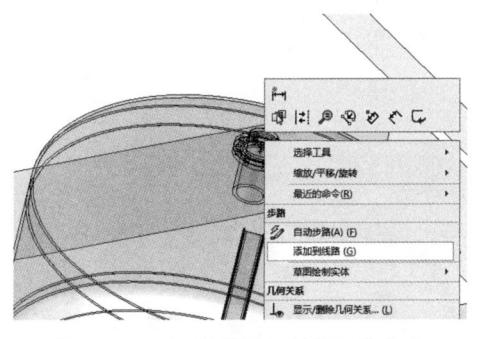

图 12-31　选择【添加到线路】命令

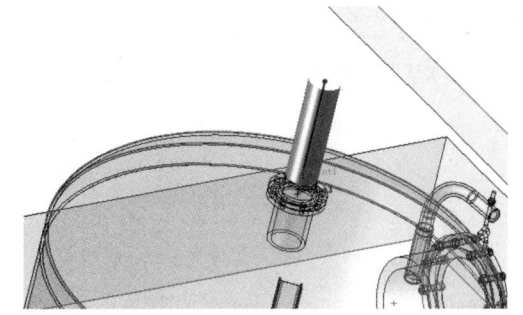

图 12-32　自动延伸出的端头

（7）此时已经进入步路三维草图绘制状态中。单击【草图】工具栏的 【直线】按钮，按 Tab 键切换草图绘制平面，绘制三维直线。绘制完成的直线会自动添加到管道上，并在直角处自动生成弯管，如图 12-33 所示。

（8）选择最后一条直线，在属性管理器中选择 【沿 x】选项，使得直线呈水平状态，如图 12-34 所示。

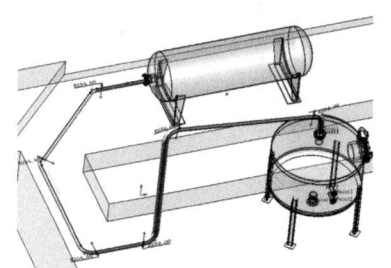

图 12-33　草图绘制

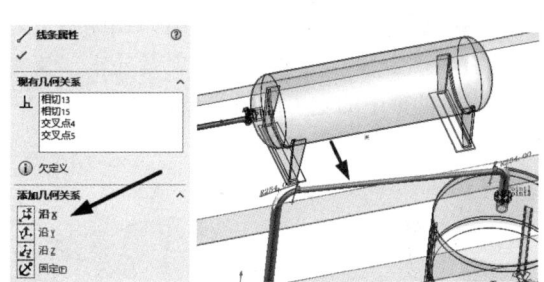

图 12-34　添加约束

12.4.2　添加阀门

（1）右击刚生成的线路草图，在弹出的快捷菜单中选择【分割线段】命令。单击水平直线中间的点，生成一个分割点"JP1"，此点将线路分割为两段，如图 12-35 所示。

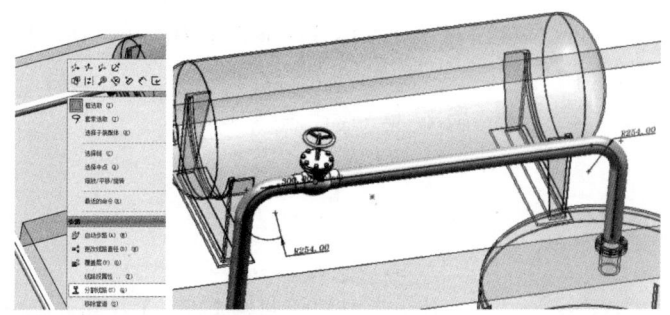

图 12-35　分割线段

（2）依次打开【设计库】界面中的【routing\piping\valves】文件夹，选择【gatevalve(asmeb16.34)bw-150-2500】阀门为拖曳对象，长按鼠标左键将其拖曳到装配体的分割点【JP1】处，由于设计库中的标准件自带配合参考，因此配件会自动进行配合，按 Tab 键调整放置方向，然后松开鼠标左键。在弹出的【选择配置】对话框中，采用系统默认的配置，单击【确定】按钮，如图 12-36 所示。至此，完成了阀门的添加，如图 12-37 所示。

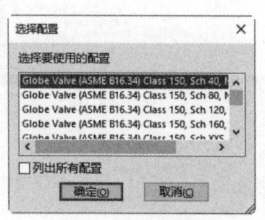
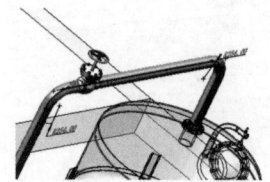

图 12-36　选择阀门配置　　　　图 12-37　添加阀门

（3）单击【退出线路子装配体环境】按钮，完成管道线路的设计。

12.5 操作案例 3：电力线路设计

【学习要点】SOLIDWORKS 中电力线路设计用于规划电气系统的布线路径，确保电气线路连接合理、安全，符合规范要求，支持电气性能分析，并辅助施工和维护。本节介绍机箱中的电力线路的设计过程，即建立一段电路板和风扇相连的线路，设计完成后的电力线路如图 12-38 所示。

操作案例视频

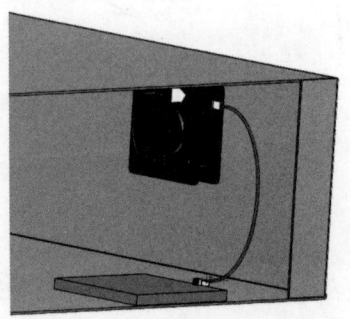

图 12-38　设计完成后的电力线路

【案例思路】启动 Routing 插件，在设计库标签中插入电力接头，使用自动步路命令在接头间生成电力线路。

【案例所在位置】配套数字资源 \ 第 12 章 \ 操作案例 \12.5。

下面将介绍具体步骤。

12.5.1　插入接头

（1）启动 SOLIDWORKS，单击【标准】工具栏中的【打开】按钮，弹出【打开】对话框，选择【配套数字资源 \ 第 12 章 \ 操作案例 \12.5\dlxl.SLDASM】，单击【确定】按钮，如图 12-39 所示。

（2）依次打开【设计库】界面中的【Design Library\routing\electrical】文件夹，选择【connector (3pin) female】接头为拖曳对象，长按鼠标左键将其拖曳到装配体的风扇电源接头处（由于设计库中的标准件自带配合参考，因此电力接头会自动进行配合），然后松开鼠标左键，如图12-40所示。

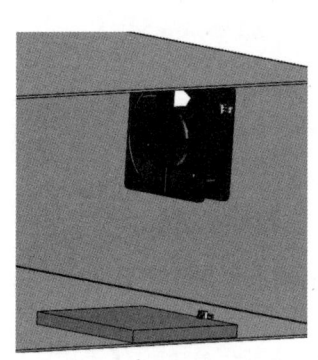
图 12-39　装配体

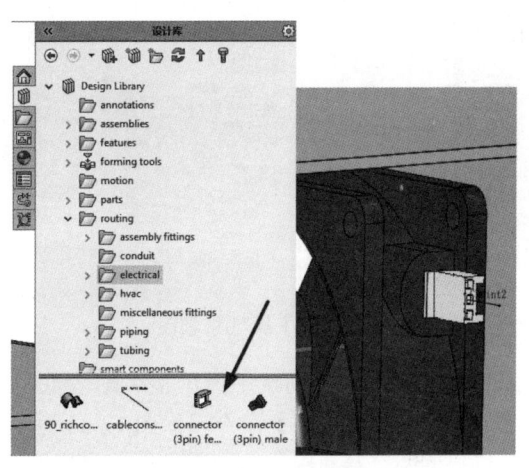
图 12-40　添加电力接头

（3）在弹出的【线路属性】属性管理器中，单击×【关闭】按钮，关闭该属性管理器。

（4）使用同样的操作方法，长按鼠标左键将同样的接头拖曳到电路板上的接头处，接头会自动进行配合，然后松开鼠标左键，如图12-41所示。

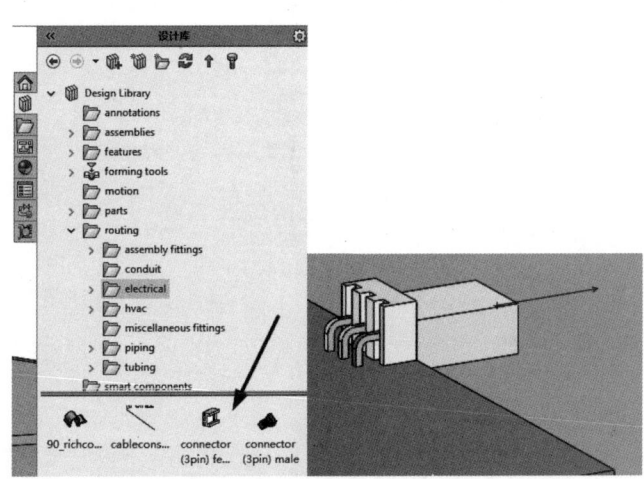
图 12-41　添加第二个电力接头

（5）在弹出的【线路属性】属性管理器中，单击×【关闭】按钮，关闭该属性管理器。

12.5.2　创建线路

（1）放大风扇的接头会显示出线路点，右击风扇的线路点，在弹出的快捷菜单中选择【开始步路】命令，弹出【线路属性】属性管理器，保持默认的设置，单击✓【确定】按钮，如图12-42所示。

（2）右击电路板的线路点，在弹出的快捷菜单中选择【添加到线路】命令，如图12-43所示，线路点处会自动延伸出一小段线路。

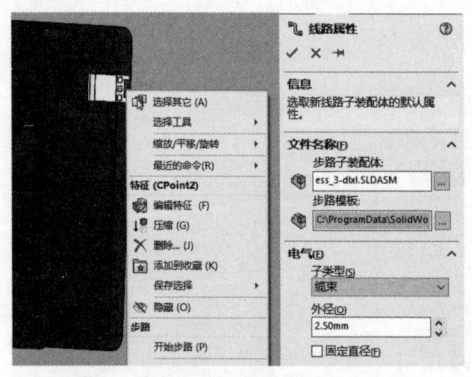
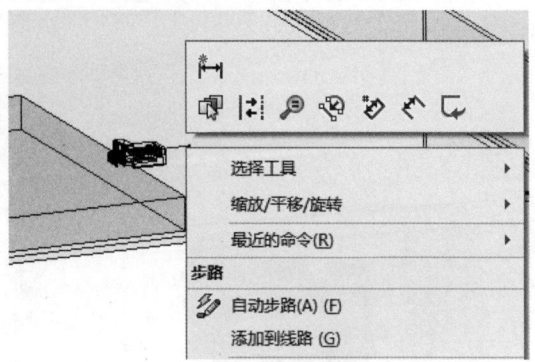

图12-42 【线路属性】属性管理器　　　　　图12-43 添加到线路

（3）按住 Ctrl 键，分别选中风扇接头的端点和接线板接头的端点，单击鼠标右键，在弹出的快捷菜单中选择【自动步路】命令，如图12-44所示。

（4）选择的两个端点将自动出现在属性管理器中，如图12-45所示，单击 ✓ 【确定】按钮，电力线路创建完成。

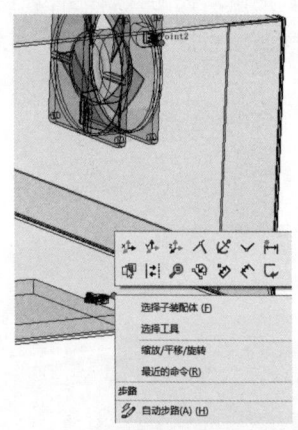
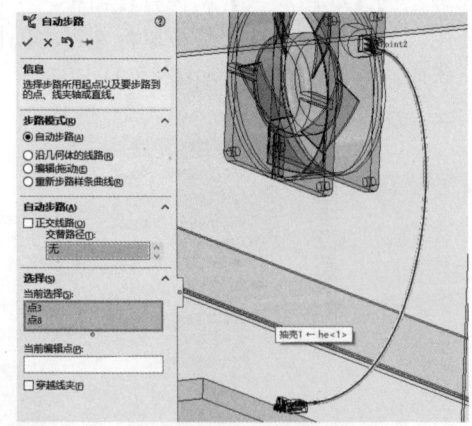

图12-44 选中两个端点　　　　　图12-45 步路完成

12.6 本章小结

本章介绍了线路设计的基本概念，又介绍了线路点和连接点的使用方法，最后用3个实例详细介绍了管筒、管道和电力线路设计的操作步骤。

12.7 知识巩固

利用附赠数字资源中的基础模型建立管筒三维模型，如图12-46所示。

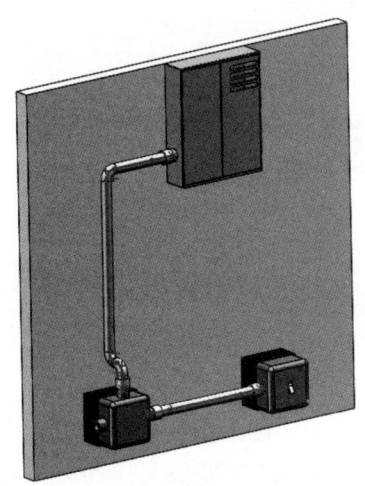

图 12-46　管筒线路模型

【习题知识要点】启动 Routing 插件，在接线盒端部插入接口，在接口之间生成管筒线路模型。
【素材所在位置】配套数字资源\第 12 章\知识巩固\。

第 13 章
配置与零件设计表

本章介绍

SOLIDWORKS 的配置功能主要用于实现什么目的？如何通过 SOLIDWORKS 生成具有不同尺寸的零部件配置？在 SOLIDWORKS 中，设计表如何与配置功能结合使用才能创建多个配置？

配置是 SOLIDWORKS 的一大特色，它提供简便的方法以开发与管理一组有着不同尺寸的零部件或者其他参数的模型，并可以在一个文件中使零件或装配体产生多种设计变化。在 SOLIDWORKS 中，可以使用零件设计表同时生成多个配置。本章的主要内容包括配置项目、设置配置、零件设计表，以及套筒系列零件实例。

重点与难点

- 配置项目
- 设置配置的方法
- 零件设计表

思维导图

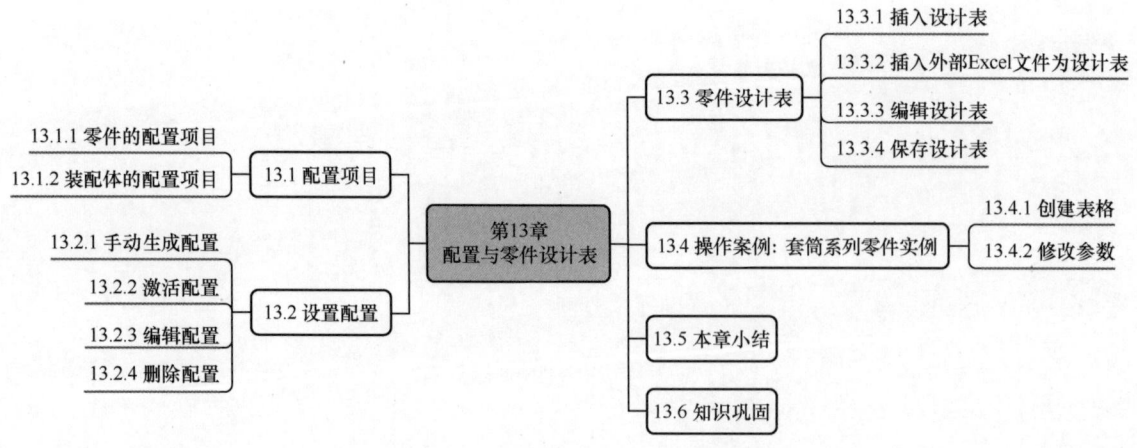

13.1 配置项目

在 SOLIDWORKS 中，配置项目是指与特定配置相关联的一系列设置或项目。这些设置或项目可以是特定的视图、尺寸、注解、材料、焊接符号、表面粗糙度符号等。配置项目允许设计师为同一零件或装配体的不同配置定义和存储不同的信息和文件。

13.1.1 零件的配置项目

零件的配置项目主要包括以下各项。
- 修改特征尺寸和公差。
- 压缩特征、方程式和终止条件。
- 指定质量和引力中心。
- 使用不同的草图基准面、草图几何关系和外部草图几何关系。
- 设置单独的面颜色。
- 控制基体零件的配置。
- 控制分割零件的配置。
- 控制草图尺寸的驱动状态。
- 生成派生配置。
- 定义配置属性。

对于零件，可以在零件设计表中设置特征的尺寸、压缩状态和主要配置属性，包括材料明细表中的零件编号、派生的配置、方程式、草图几何关系、备注，以及自定义属性。

13.1.2 装配体的配置项目

装配体的配置项目主要包括以下各项。
- 改变零部件的压缩状态（如压缩、还原等）。
- 改变零部件的参考配置。
- 更改显示状态。
- 改变距离或者角度配合的尺寸，或者压缩不需要的配合。
- 修改属于装配体特征的尺寸、公差或者其他参数。
- 定义配置特定的属性。
- 生成派生配置。

使用设计表可以生成配置。通过在嵌入的 Excel 工作表中指定参数，可以使用材料明细表构建多个不同配置的零件或者装配体。设计表保存在模型文件中，并且不会链接到原来的 Excel 文件，在模型中所进行的更改不会影响原来的 Excel 文件。如果需要，也可以将模型文件链接到 Excel 文件。

对于装配体，可以在装配体设计表中控制以下参数。
（1）零部件的压缩状态、参考配置。
（2）装配体特征的尺寸、压缩状态。
（3）配合中距离和角度的尺寸、压缩状态。
（4）配置属性，如零件编号及其在材料明细表中的显示。

13.2 设置配置

本节介绍手动生成配置的方法，以及激活、编辑、删除配置。

13.2.1 手动生成配置

如果手动生成配置，需要先指定配置的属性，然后修改模型以在新配置中产生不同的设计变化。

（1）在零件或者装配体文件中，单击 【配置管理器】选项卡，切换到【配置】属性管理器。

（2）在【配置】属性管理器中，右击零件或者装配体的图标，在弹出的菜单中选择【添加配置】命令，如图 13-1 所示，弹出【添加配置】属性管理器，如图 13-2 所示，输入配置名称，并指定新配置的相关属性，单击 【确定】按钮。

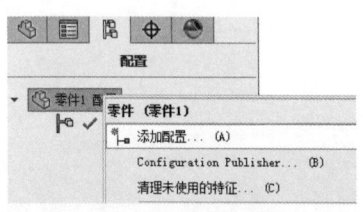

图 13-1　快捷菜单

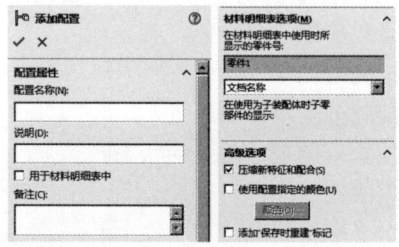

图 13-2　【添加配置】属性管理器

按照需要，修改模型已生成设计变体，保存该模型。

13.2.2 激活配置

（1）单击 【配置管理器】选项卡，切换到【配置】属性管理器。

（2）在所要显示的配置按钮上单击鼠标右键，在弹出的菜单中选择【显示配置】命令，如图 13-3 所示，或者双击该配置的按钮。此时，该配置成为激活的配置，模型视图会立即更新以反映新选择的配置。

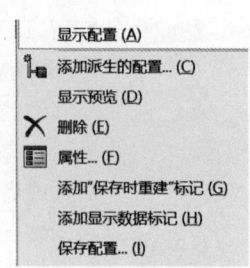

图 13-3　快捷菜单

13.2.3 编辑配置

编辑配置主要包括编辑配置和编辑配置属性。

1. 编辑配置

激活所需的配置后，切换到特征管理器设计树。

（1）在零件文件中，根据需要改变特征的压缩状态或者修改尺寸等。

（2）在装配体文件中，根据需要改变零部件的压缩状态或者显示状态等。

2. 编辑配置属性

切换到【配置】属性管理器中，右击配置名称，在弹出的快捷菜单中选择【属性】命令，如图 13-4 所示，弹出【配置属性】属性管理器，如图 13-5 所示。根据需要，设置配置名称、说明、备注等属性，单击【自定义属性】按钮，添加或者修改配置的属性，设置完成后，单击 【确定】按钮。

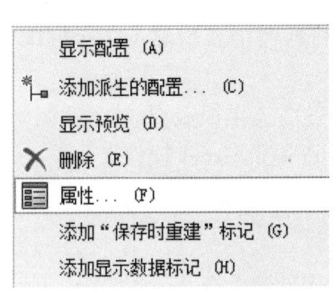

图 13-4　快捷菜单

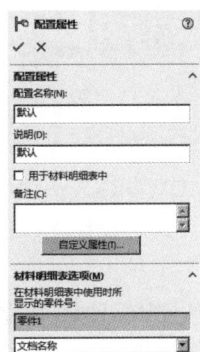

图 13-5　【配置属性】属性管理器

13.2.4　删除配置

可以手动或者在设计表中删除配置。

1. 手动删除配置

（1）在【配置】属性管理器中激活一个想保留的配置（要删除的配置必须处于非激活状态）。

（2）在要删除的配置的图标上单击鼠标右键，在弹出的快捷菜单中选择【删除】命令，弹出【确认删除】对话框，如图 13-6 所示，单击【是】按钮，所选配置会被删除。

2. 在设计表中删除配置

（1）在【配置】属性管理器中激活一个想保留的配置（要删除的配置必须处于非激活状态）。

（2）在特征管理器设计树中，右击【设计表】图标，在弹出的快捷菜单中选择【编辑表格】命令（或者选择【在单独窗口中编辑表格】命令），如图 13-7 所示，工作表会出现在绘图区域中（如果选择【在单独窗口中编辑表格】命令，工作表会出现在单独的 Excel 软件窗口中）。

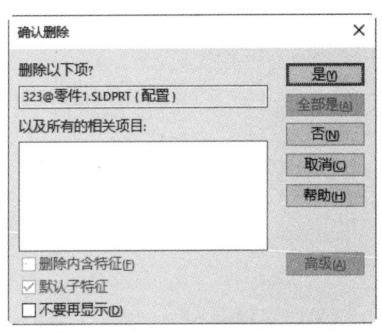

图 13-6　【确认删除】对话框

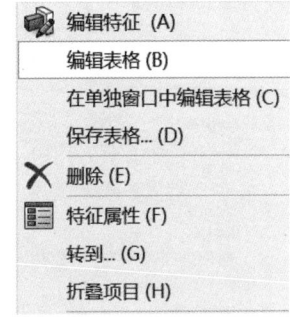

图 13-7　快捷菜单

（3）在要删除的配置名称旁的编号单元格上单击（这样可以选择整行），选择【编辑】|【删除】菜单命令，也可以右击编号单元格，在弹出的快捷菜单中选择【删除】命令。

13.3　零件设计表

本节介绍插入设计表、插入外部 Excel 文件为设计表、编辑设计表，以及保存设计表等内容。

13.3.1 插入设计表

通过在嵌入的 Excel 工作表中指定参数，可以使用材料明细表构建多个不同配置的零件或者装配体。其注意事项如下。

（1）在 SOLIDWORKS 中使用设计表时，将表格正确格式化很重要。

（2）如果需要使用设计表，在计算机中必须安装 Microsoft Excel 软件。

插入设计表有多种不同的方法。

1. 通过 SOLIDWORKS 自动插入设计表

（1）在零件或者装配体文件中，单击【工具】工具栏中的【设计表】按钮，或者选择【插入】|【表格】|【设计表】菜单命令，弹出如图 13-8 所示的【系列零件设计表】属性管理器。

（2）在【源】选项组中，选中【自动生成】单选项。根据需要，设置【编辑控制】和【选项】选项组，单击 ✓【确定】按钮，一个工作表出现在绘图区域中，并且 Excel 工具栏会替换 SOLIDWORKS 工具栏，A1 单元格标识工作表为【设计表是为：<模型名称>】。

（3）在绘图区域中表格以外的任何地方单击以关闭设计表。

2. 插入空白设计表

（1）在零件或者装配体文件中，单击【工具】工具栏中的【设计表】按钮，或者选择【插入】|【表格】|【设计表】菜单命令，弹出【系列零件设计表】属性管理器。

（2）在【源】选项组中，选中【空白】单选项。根据需要，设置【编辑控制】和【选项】选项组，单击 ✓【确定】按钮。根据所选择的设置弹出【添加行和列】对话框，询问想添加的配置或者参数，如图 13-9 所示。

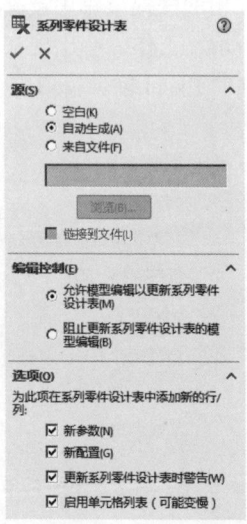

图 13-8 【系列零件设计表】属性管理器

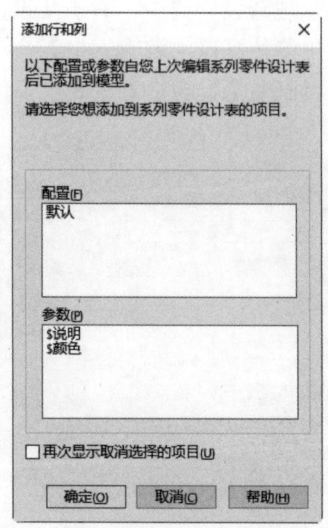

图 13-9 【添加行和列】对话框

（3）单击【确定】按钮，一个工作表出现在绘图区域中。在特征管理器设计树中显示【设计表】按钮，并且 Excel 工具栏会替换 SOLIDWORKS 工具栏。A1 单元格显示工作表的名称为【设计表是为：<模型名称>】，A3 单元格显示第一个新配置的默认名称。

（4）在第二行可以输入想控制的参数，保留 A2 单元格为空白。在列 A（如 A3、A4 单元格等）中输入想生成的配置名称，配置名称可以包含数字，但不能包含斜杠"/"和"@"字符。在工作表单元格中输入参数值。

（5）完成向工作表中添加信息后，在表格以外的任何地方单击以关闭设计表。

13.3.2 插入外部 Excel 文件为设计表

（1）在零件或者装配体文件中，单击【工具】工具栏中的【设计表】按钮，或者选择【插入】|【设计表】菜单命令，弹出【系列零件设计表】属性管理器。

（2）在【源】选项组中，选中【来自文件】单选项，再单击【浏览】按钮选择 Excel 文件。如果需要将设计表链接到模型，勾选【链接到文件】复选框，链接后的设计表可以从外部 Excel 文件中读取其所有信息。

（3）根据需要，设置【编辑控制】和【选项】选项组，单击 ✓【确定】按钮。一个工作表出现在绘图区域中，并且 Excel 工具栏会替换 SOLIDWORKS 工具栏。

（4）在绘图区域中表格以外的任何地方单击以关闭设计表。

13.3.3 编辑设计表

（1）在特征管理器设计树中，右击【设计表】图标，在弹出的快捷菜单中选择【编辑表格】（或者【在单独窗口中编辑表格】）命令，设计表会出现在绘图区域中。

（2）根据需要编辑表格。可以改变单元格中的参数、添加行以容纳增加的配置，或者添加列以控制所增加的参数等，也可以编辑单元格的格式，使用 Excel 修改字体、边框等。

（3）在绘图区域中表格以外的任何地方单击以关闭设计表。如果弹出设计表生成新配置的确定信息，单击【确定】按钮，此时配置被更新。

13.3.4 保存设计表

可以直接在 SOLIDWORKS 中保存设计表。

（1）在包含设计表的文件中，单击特征管理器设计树中的【设计表】图标，再选择【文件】|【另存为】菜单命令，打开【保存设计表】对话框。

（2）在对话框中输入文件名称，单击【保存】按钮，将设计表保存为 Excel 文件（*.xls）。

13.4 操作案例：套筒系列零件实例

操作案例
视频

【学习要点】SOLIDWORKS 中的系列零件设计表用于管理零件的变体，通过表格形式快速修改参数，生成不同配置的零件，提高设计效率，简化产品的设计过程。本案例以套筒为例来说明如何利用系列零件设计表生成配置，采用的方法是以插入的外部 Excel 文件为系列零件设计表。

【案例思路】打开注解中特征尺寸的开关，使用设计表命令插入 Excel 文件，选择特征尺寸名称并输入数据。

【案例所在位置】配套数字资源\第 13 章\操作案例\13.4。

下面将介绍具体步骤。

13.4.1 创建表格

（1）启动 SOLIDWORKS，单击【标准】工具栏中的【打开】按钮，弹出【打开】对话框，选择【配套数字资源\第 13 章\操作案例\套筒.SLDPRT】，单击【打开】按钮，在绘图区域中显示模型，如图 13-10 所示。

（2）选择【插入】|【表格】|【Excel 设计表】命令。

（3）在弹出的属性管理器中选中【空白】单选项，其他设置保持默认。

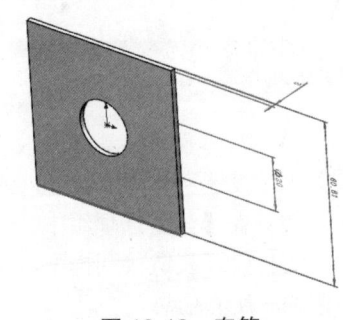

图 13-10　套筒

13.4.2 修改参数

（1）单击【配置管理器】选项卡，切换到【配置】属性管理器。

（2）展开【表格】选项，右击【Excel 设计表】按钮，在弹出的快捷菜单中选择【编辑表格】命令。此时，在绘图区域的右侧将弹出 Excel 表格。

（3）在 SOLIDWORKS 中，双击零件模型后便会显示模型的具体尺寸，将鼠标指针移动到一个尺寸时会显示该尺寸的参数名称。例如，将鼠标指针靠近尺寸【30】时会显示它的参数名称为【D1@ 草图 1】。用同样的方法获取其他两个尺寸的参数名称，最终得到控制该零件模型的尺寸参数为【D1@ 草图 1】【D2@ 草图 1】和【D1@ 凸台 - 拉伸 1】。

（4）在 Excel 表格中输入参数，如图 13-11 所示。

	A	B	C	D
系列零件设计表 是为：套筒		D1@草图1	D2@草图1	D1@凸台-拉伸1
A20		20	50	30
A30		30	80	60
A40		40	100	120

图 13-11　输入参数

（5）单击设计表以外的地方即可关闭该表格。然后弹出信息提示框，显示由系列零件设计表所生成的新的配置名称。

（6）单击【确定】按钮后，在【配置】属性管理器中出现了新添加的 3 个配置，如图 13-12 所示。

（7）在【配置】属性管理器中双击任何一个配置，绘图区域中的模型会显示相应的配置。例如，双击配置【A20】，绘图区域便会显示配置【A20】的尺寸，如图 13-13 所示。

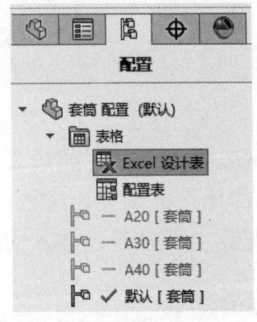

图 13-12　新的配置

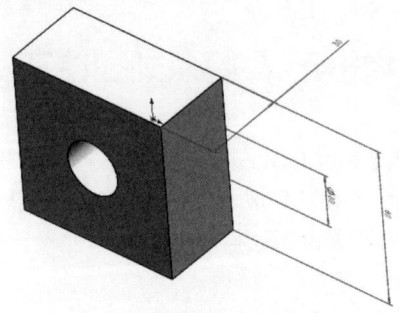

图 13-13　A20 套筒

（8）【A30】和【A40】的尺寸如图 13-14 和图 13-15 所示。

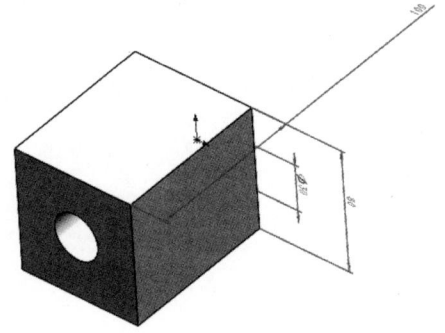
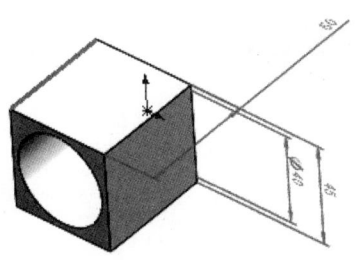

图 13-14　A30 套筒　　　　　　　图 13-15　A40 套筒

13.5 本章小结

本章介绍了 SOLIDWORKS 的特色功能——配置，包括配置及零件设计表的使用方法。最后，以一个套筒为例，详细介绍了用系列零件设计表生成多个配置的操作步骤。

13.6 知识巩固

利用附赠数字资源中的垫片模型，使用系列零件设计表建立多个零件配置，如图 13-16 所示。

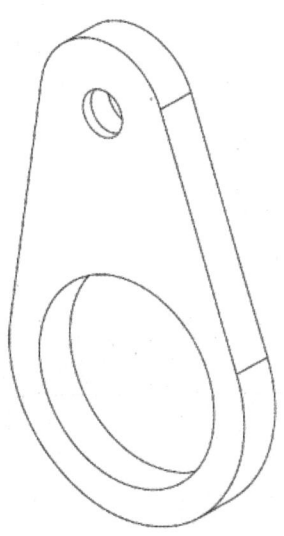

图 13-16　垫片模型

【习题知识要点】使用设计表命令在模型中插入空白的 Excel 表格，使用显示特征尺寸命令将尺寸显示出来，使用 Excel 表格命令生成多个配置。

【素材所在位置】配套数字资源\第 13 章\知识巩固\。

第 14 章 仿真分析

本章介绍

SOLIDWORKS 提供了哪些主要的仿真分析工具？这些工具分别用于解决哪些设计问题？公差分析（TolAnalyst）在 SOLIDWORKS 中扮演什么角色？在何种情况下适合使用有限元分析（SimulationXpress）？流体分析（FloXpress）主要用于评估设计的哪些方面？SOLIDWORKS 的运动模拟功能如何帮助设计师预测和验证机械系统的动态行为？

SOLIDWORKS 为用户提供了多种仿真分析工具，包括公差分析、有限元分析、流体分析、数据加工分析（DFMXpress）和运动模拟，使用户可以在计算机中测试设计的合理性，无须进行昂贵且费时的现场测试，因此有助于减少成本、缩短时间。本章将对这些仿真分析工具进行介绍。

重点与难点

- 公差分析
- 有限元分析
- 流体分析
- 数控加工分析
- 运动模拟

思维导图

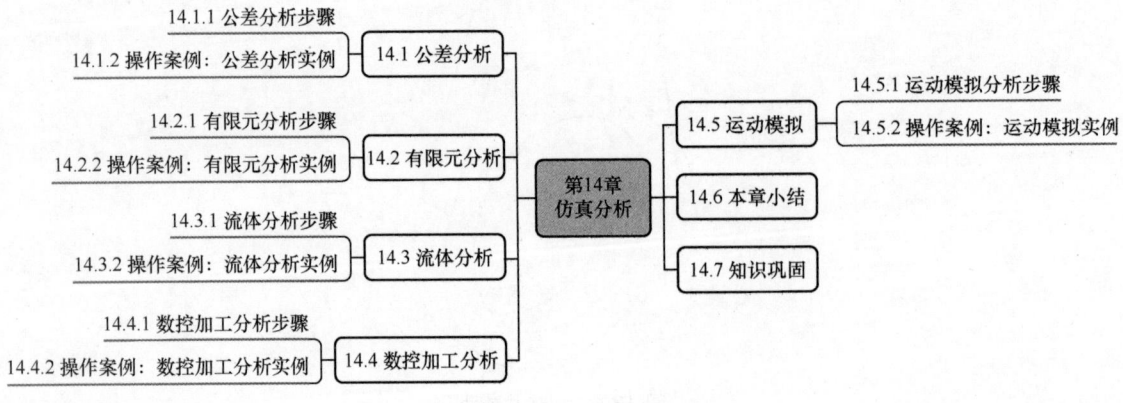

14.1 公差分析

公差分析是一种仿真分析工具，用于研究公差和装配体方法对装配体的两个特征间的尺寸产生的影响。每次研究的结果为最小公差、最大公差、基值特征和公差的列表。

14.1.1 公差分析步骤

在 SOLIDWORKS 中，使用公差分析来评估零件在装配体中因尺寸公差而可能引起的累积误差，以下是进行公差分析的 5 个步骤的详细说明。

（1）准备模型。在进行公差分析之前，要确保装配体和零件模型是完整的，并且每个零件的尺寸都已正确标注公差。这包括对零件的几何形状进行准确建模，并在工程图中为各个尺寸赋予合适的公差。此外，需要检查模型的完整性，确保没有遗漏或错误的尺寸和公差标注。

（2）测量。在 SOLIDWORKS 中，测量是指确定公差分析中将要评估的特定尺寸或空间关系。用户需要选择装配体中的相关尺寸或特征，可以是直线的距离、角度、点的位置等。测量结果将直接影响公差分析的结果，因此需要基于装配体的功能要求来确定哪些尺寸是关键的。

（3）设置装配体顺序。装配体顺序指的是零件在装配体中的组合方式。在进行公差分析时，需要考虑零件是如何一步步组装起来的。这是因为零件的装配顺序可能会影响最终装配体的尺寸精度。在 SOLIDWORKS 中，可以通过模拟装配过程来确定零件的装配顺序。

（4）设置装配体约束。装配体约束包括零件之间的配合关系，如轴对轴、面接触等。装配体约束决定了零件在装配体中的位置和方向。在公差分析中，需要正确设置装配体约束，因为它们将影响零件间的相对位置，从而影响整个装配体的累积误差。在 SOLIDWORKS 中，可以通过添加配合关系来模拟装配体约束。

（5）分析。完成上述步骤后，可以使用公差分析工具来获取结果。分析结果将显示所选测量的潜在误差范围，包括最坏情况分析等。分析结果有助于设计师理解公差对装配体性能的影响，并做出相应的设计调整。如果分析结果显示累积误差超出了设计要求，可能需要重新分配零件的尺寸公差或修改设计。

公差分析是一个迭代的过程，可能需要多次调整和分析，以达到设计要求和满足制造的可行性。通过公差分析，设计师可以确保产品在生产过程中能够达到功能和性能的标准。

14.1.2 操作案例：公差分析实例

【学习要点】以 3 个零件的装配体为例，已知各个零件的公差，求装配体总尺寸链公差。

【案例思路】启动公差分析的插件，设置正确的装配体顺序，设置装配体约束和分析。模型如图 14-1 所示。

【案例所在位置】配套数字资源\第 14 章\操作案例\14.1。

1. 准备模型

（1）启动 SOLIDWORKS，单击【标准】工具栏中的【打开】按钮，弹出【打开】对话框，选择【配套数字资源\第 14 章\操作案例\14.1\tol.SLDASM】，单击【打开】按钮，在绘图区域中显示模型，如图 14-1 所示。

(2)选择【工具】|【插件】菜单命令,弹出【插件】对话框,勾选【TolAnalyst】复选框,如图 14-2 所示。

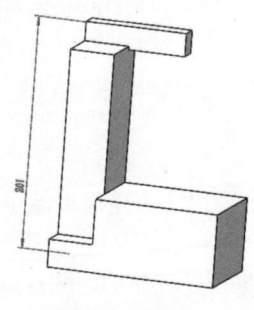

图 14-1 模型

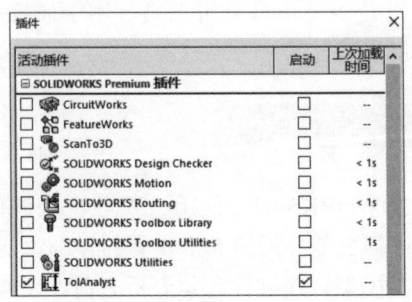

图 14-2 启动公差分析插件

(3)单击【标注专家管理器】按钮,管理器将切换到公差分析模块,如图 14-3 所示。

2. 测量

单击【标注专家管理器】标签中的【TolAnalyst】按钮,弹出【测量】属性管理器,在【从此处测量】选项组中选择绘图区域中模型的底面,在【测量到】选项组中选择模型的顶面,长按鼠标左键将鼠标指针拖曳到合适的点,释放鼠标左键,屏幕上将出现相应的测量数值,同时【信息】选项组中将显示【测量已定义。从可用选项中作选择或单击下一步】的文字提示,代表已经获得测量的数值,如图 14-4 所示。

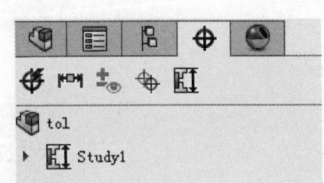

图 14-3 选择公差分析标签

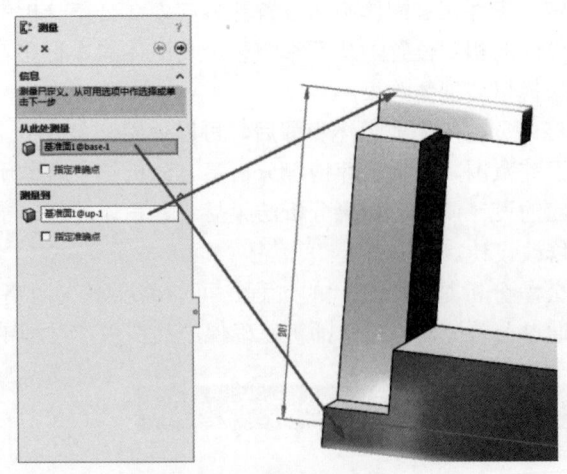

图 14-4 测量两个表面

3. 设置装配体顺序

(1)单击【测量】属性管理器中的【下一步】按钮,进入【装配体顺序】属性管理器。在绘图区域中单击【base-1】,表示第一步装配底座,底座的名称会相应地显示在【零部件和顺序】列表框中,如图 14-5 所示。

(2)在绘图区域中单击【li-1】,表示第二步装配立柱,立柱的名称会相应地显示在【零部件和顺序】列表框中,如图 14-6 所示。

(3)在绘图区域中单击【up-1】,表示第三步装配顶板,顶板的名称会相应地显示在【零部件和顺序】列表框中,如图 14-7 所示。

第 14 章 仿真分析

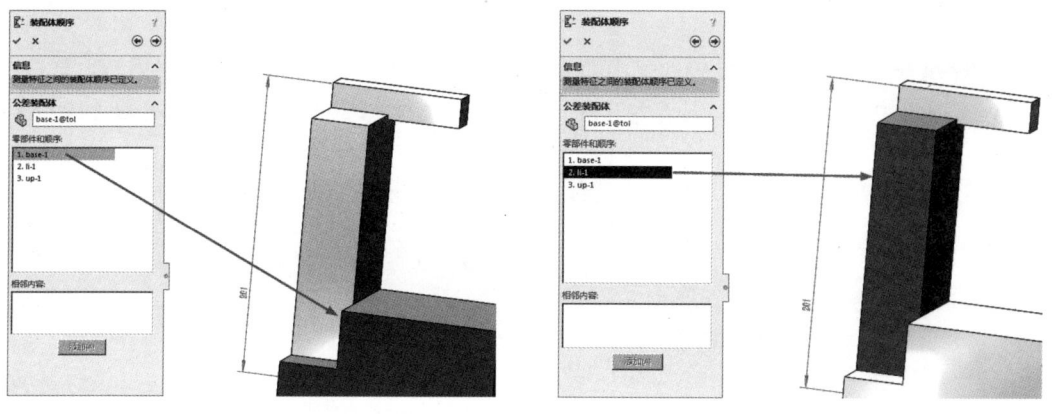

图 14-5　装配底座　　　　　　　　图 14-6　装配立柱

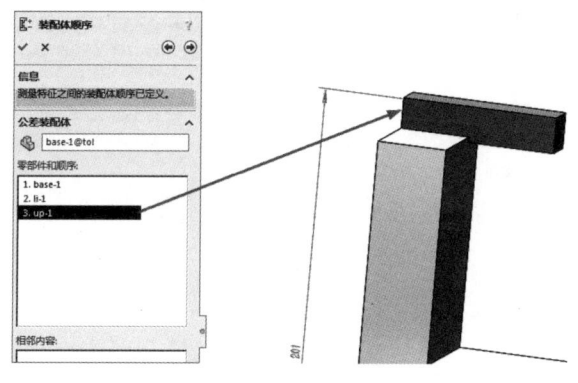

图 14-7　装配顶板

4. 设置装配体约束

（1）单击属性管理器中的 ⊙【下一步】按钮，进入【装配体约束】属性管理器。在绘图区域中选择立柱的重合配合为 ①，表示立柱的重合配合为第一约束，如图 14-8 所示。

（2）在绘图区域中选择顶板的重合配合为 ①，表示顶板的重合配合为第一约束，如图 14-9 所示。

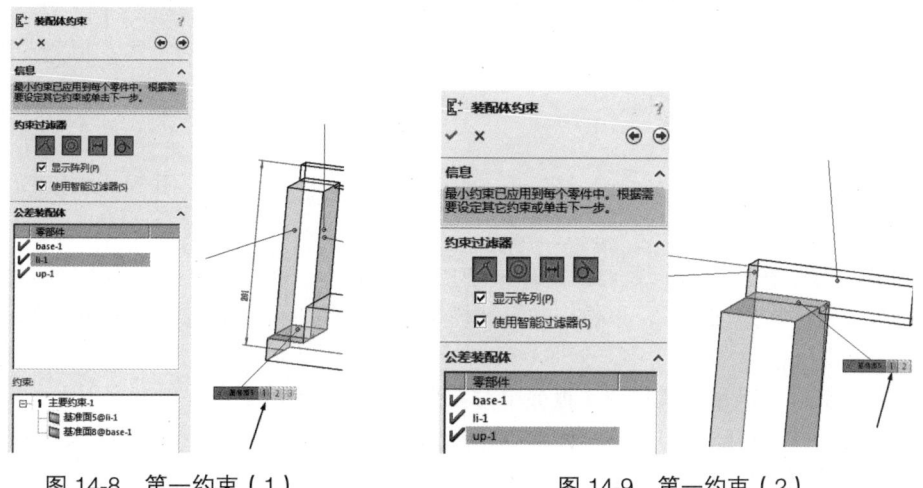

图 14-8　第一约束（1）　　　　　　　　图 14-9　第一约束（2）

5. 分析

(1) 单击【装配体约束】属性管理器中的 ⊙【下一步】按钮,进入【Result】属性管理器。在【分析摘要】选项组中可以看到名义误差为【201】、最大误差为【202.5】、最小误差为【199.5】,如图 14-10 所示。

(2) 在【分析数据和显示】选项组中将显示误差的主要来源,如图 14-11 所示。

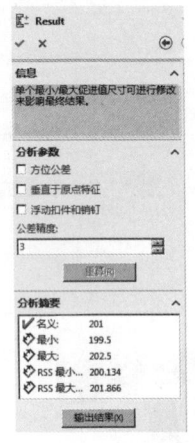
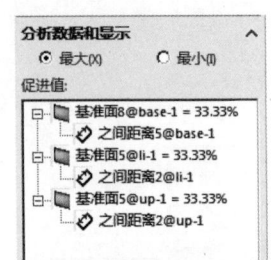

图 14-10　分析结果　　　　　图 14-11　【分析数据和显示】选项组

14.2 有限元分析

有限元分析根据有限元法使用线性静态分析,从而计算应力。有限元分析的向导包括定义材质、约束、载荷、分析模型及查看结果。每完成一个步骤,有限元分析都会立即将结果保存。如果关闭并重新启动有限元分析,但不关闭模型文件,则可以获取已经设置的信息。此外,必须保存模型文件才能保存分析数据。

选择【工具】|【Xpress 产品】|【SimulationXpress】菜单命令,弹出如图 14-12 所示的界面。

14.2.1 有限元分析步骤

在 SOLIDWORKS 中,使用有限元分析进行静力学分析的 6 个步骤如下。

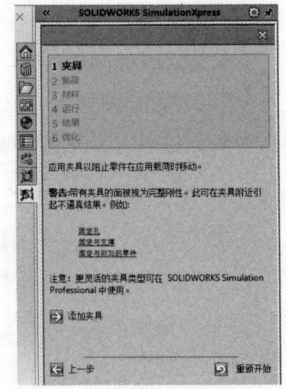

图 14-12　【SOLIDWORKS SimulationXpress】界面

(1) 设置单位:在开始分析之前,确保模型的单位设置正确,包括长度、质量、力等的相关单位,以确保分析结果的准确性。单位应与设计模型时使用的单位系统一致,例如毫米、英寸、千克、牛顿等。

(2) 应用夹具:夹具用于模拟现实世界中对零件或装配体的约束条件。在有限元分析中,选择需要固定的部分,并应用适当的夹具,如固定夹具(Fixed)、销夹具(Pin)或旋转夹具(Hinge)等,以限制模型的平移和旋转自由度。

(3) 应用载荷:载荷是作用在模型上的外部力或压力,可以是重力、压力等其他类型的力。

在有限元分析中，选择受力区域，并应用相应的载荷，如力（Force）、压力（Pressure）、扭矩（Torque）等。同时，需要指定载荷的大小和方向。

（4）定义材料。定义材料是指为模型或模型中的各个部分指定材料属性，如弹性模量、泊松比和密度等。材料的选择将影响模型的应力、应变和位移等。有限元分析提供了多种材料，用户也可以自定义材料属性。

（5）运行分析。配置好夹具、载荷、材料后，可以开始进行静力学分析。有限元分析将计算模型在给定条件下的应力、应变和位移等。在分析过程中，SOLIDWORKS 会考虑所有已应用的约束和载荷，以模拟模型在实际使用中的表现。

（6）观察结果。分析完成后，观察和评估结果。有限元分析提供了多种结果可视化工具，如应力云图、位移云图、变形图等。通过这些可视化工具，可以直观地查看模型在不同区域的响应，并判断是否满足设计要求。如果发现问题，如应力集中或过量变形，可能需要返回并调整设计。

有限元分析是评估零件在静态载荷下的性能的重要工具，通过有限元分析可以快速获得结果并优化设计，以确保产品的可靠性和安全性。

14.2.2 操作案例：有限元分析实例

操作案例
视频

【学习要点】以一个摇臂零件为例，一端固定，另一端承受载荷，求解零件的最大应力和安全系数。

【案例思路】打开零件文件，设置夹具，设置载荷，定义材料，输出结果。

【案例所在位置】配套数字资源\第 14 章\操作案例\14.2。

1. 设置单位

（1）启动 SOLIDWORKS，单击【标准】工具栏中的【打开】按钮，弹出【打开】对话框，选择【配套数字资源\第 14 章\操作案例\14.2\14.2.SLDPRT】，单击【打开】按钮，在绘图区域中显示模型，如图 14-13 所示。

（2）选择【工具】|【Xpress 产品】|【SimulationXpress】菜单命令，弹出如图 14-14 所示的界面。

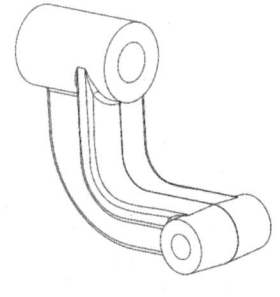

图 14-13 模型

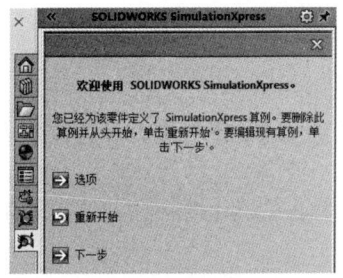

图 14-14 【SOLIDWORKS SimulationXpress】界面

（3）单击【选项】按钮，弹出【SimulationXpress 选项】对话框，在【单位系统】下拉列表框中选择【公制】选项，并指定文件保存的【结果位置】，如图 14-15 所示，最后单击【确定】按钮。

2. 应用夹具

（1）选择【下一步】选项，出现应用夹具界面，如图 14-16 所示。

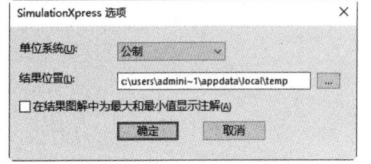

图 14-15 设置单位

（2）单击 【添加夹具】按钮，弹出【夹具】属性管理器，在绘图区域中单击模型的一个侧面，约束固定符号就会显示在该面上，如图14-17所示。

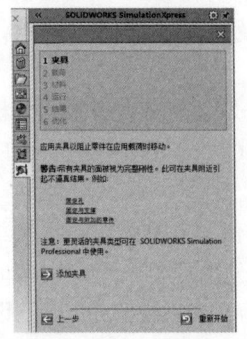

图14-16 选择【夹具】选项

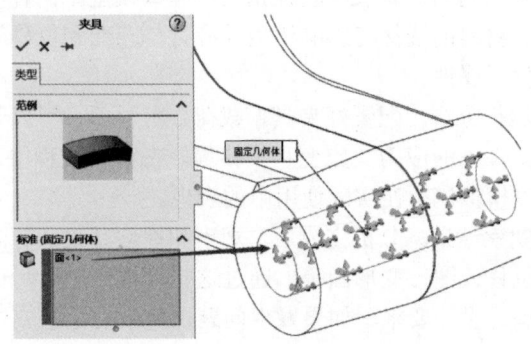

图14-17 固定约束

（3）单击 【确定】按钮，回到应用夹具界面，如图14-18所示，单击【下一步】按钮，进入下一步。

3. 应用载荷

（1）选择【载荷】选项，出现应用载荷界面，如图14-19所示。

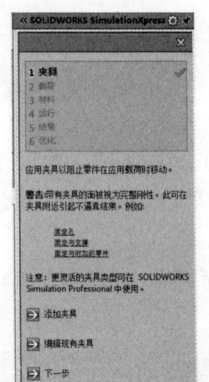

图14-18 定义约束组

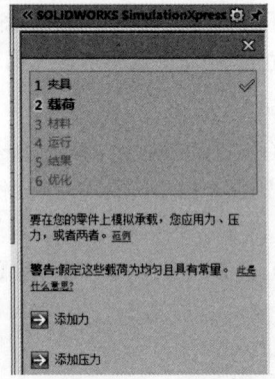

图14-19 选择【载荷】选项

（2）单击【添加压力】按钮，弹出【压力】属性管理器。

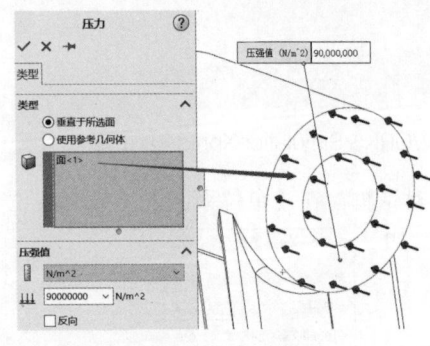

图14-20 压力面

（3）在绘图区域中单击模型的侧面，然后单击 【选定的方向】选择框，并选择模型的上表面，输入压强值为【90000000】，如图14-20所示，单击 【确定】按钮，完成载荷的应用，最后单击 【下一步】按钮。

4. 定义材料

在弹出的定义材料界面中，单击 【更改材料】按钮，在弹出的【材料】对话框中，可以选择SOLIDWORKS预置的材料。这里选择【合金钢】选项，如图14-21所示。单击【应用】按钮，合金钢就会被应用到模型上，单击【关闭】按钮，完成材料的定义，结果如图14-22所示，最后单击【下一步】按钮。

第 14 章 仿真分析

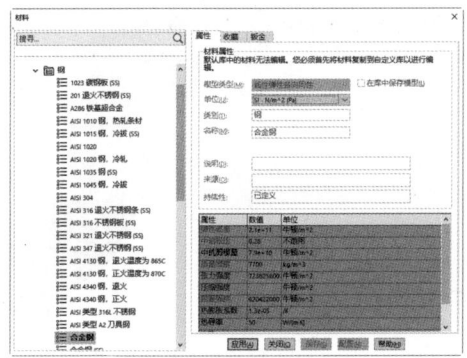
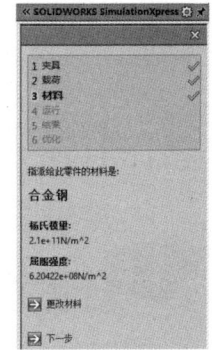

图 14-21　定义材料　　　　图 14-22　定义材料完成

5．运行分析

选择【运行】选项，再单击 【运行模拟】按钮，如图 14-23 所示。屏幕上将显示运行状态及分析信息，如图 14-24 所示。

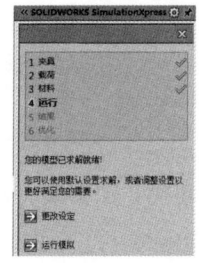
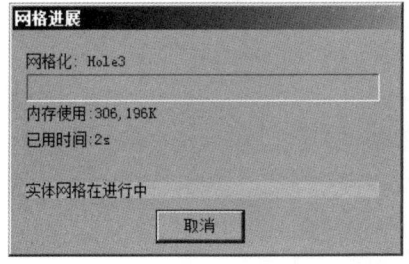

图 14-23　选择【运行】选项　　　　图 14-24　运行状态

6．观察结果

（1）运行分析完成后，变形的动画将自动显示出来，单击 【停止动画】按钮，如图 14-25 所示。

（2）在【结果】选项卡中，单击 【是，继续】按钮，进入下一个界面，单击 【显示 von Mises 应力】按钮，绘图区域中将显示模型的应力结果，如图 14-26 所示。

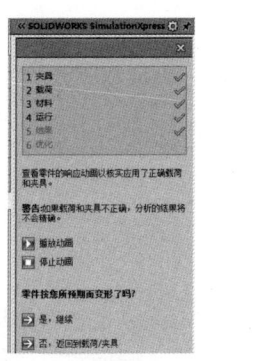
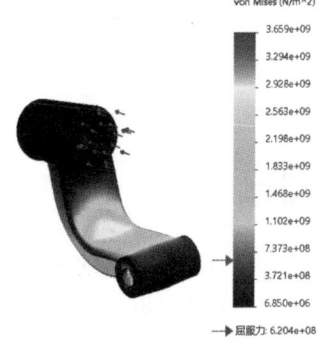

图 14-25　【结果】选项卡　　　　图 14-26　应力结果

（3）单击 【显示位移】按钮，绘图区域中将显示模型的位移结果，如图 14-27 所示。

（4）单击 【在以下显示安全系数 (FOS) 的位置】按钮，并在文本框中输入 2，绘图区域中将显示模型在安全系数是 2 时的危险区域，如图 14-28 所示。

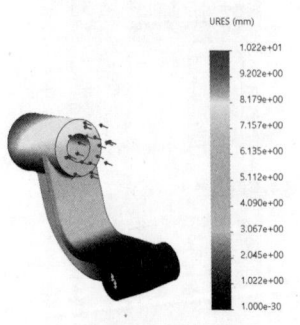
图 14-27　位移结果

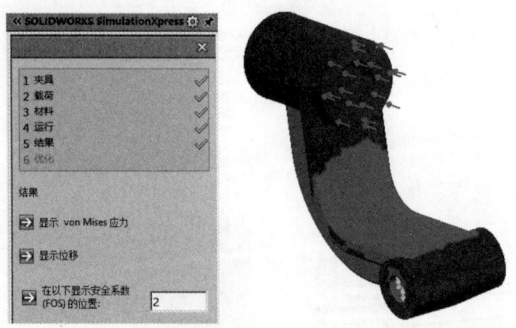
图 14-28　危险区域

（5）如图 14-29 所示，在【结果】选项卡中，单击➡【生成报表】按钮，将自动生成分析报告。

（6）关闭报表文件，进入下一个界面，在【您想优化您的模型吗？】下，选中【是】单选项，如图 14-30 所示。

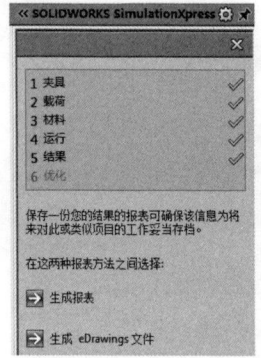
图 14-29　自动生成分析报告

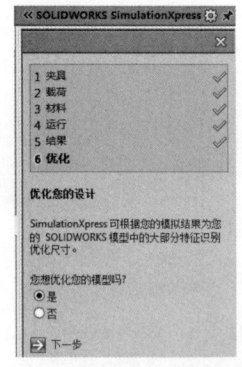
图 14-30　优化询问界面

（7）完成应力分析。

14.3　流体分析

流体分析是一个流体力学工具，可计算流体是如何穿过零件或装配体模型的。根据算出的速度场，用户可以找到设计中有问题的区域，并在制造任何零件之前对零件模型进行改进。

14.3.1　流体分析步骤

在 SOLIDWORKS 中，进行流体分析的 6 个步骤如下。

（1）检查几何体。在开始流体分析之前，要确保几何体是完整且没有错误的。检查几何体包括确认没有重叠的面、没有空隙，并且所有必要的几何特征都已正确创建。流体分析对几何体的质量要求很高，因为任何几何错误都可能影响分析结果的准确性。

（2）选择流体。在流体分析中，根据分析的要求选择合适的流体。这可能包括水、空气或其他特定黏度和密度的流体。选择合适的流体后，SOLIDWORKS 将使用其物理属性，如密度和黏度，来进行计算。

第 14 章 仿真分析

（3）设定流量入口条件。入口条件定义了流体如何进入模型。这包括设置流量的速度、方向、温度和其他可能影响流动的入口条件。入口可以是速度入口、压力入口或质量流量入口，具体取决于分析的具体要求。

（4）设定流量出口条件。出口条件定义了流体如何离开模型。这通常包括设定出口处的压力，出口条件可以是自由出流、固定压力出口或其他类型的出口条件。出口条件对流动模式和压力分布有重要影响。

（5）求解模型。配置好流体类型和出入口条件后，可以开始求解模型。流体分析将使用计算流体力学（CFD）方法来求解流体在几何体内部的流动和压力分布。求解过程可能需要一些时间，具体取决于模型的复杂性和计算机的性能。

（6）查看结果。求解完成后，查看结果。流体分析提供了多种结果可视化工具，包括速度场、压力场、温度分布和流线图等。通过这些可视化工具，可以评估流体在模型中的流动特性，如是否存在流动分离、回流或湍流区域。查看结果有助于理解流体与几何体之间的相互作用，并指导设计优化。

流体分析可以帮助设计师评估流体流动对设计的影响，优化流体系统的性能，如管道、散热器或流体动力设备等的性能。通过这一过程，设计师可以确保流体系统的有效性和高效性。

14.3.2　操作案例：流体分析实例

操作案例视频

【学习要点】以一个管道零件为例，一端输入流体，另一端输出流体，求解管道内流体的参数。

【案例思路】检查几何体，选择流体，设置流量入口条件，设置流量出口条件，求解计算。

【案例所在位置】配套数字资源\第 14 章\操作案例\14.3。

1. 检查几何体

（1）启动 SOLIDWORKS，单击【标准】工具栏中的【打开】按钮，弹出【打开】对话框，选择【配套数字资源\第 14 章\操作案例\14.3\14.3.SLDPRT】，单击【打开】按钮，在绘图区域中显示模型，如图 14-31 所示。

（2）选择【工具】|【Xpress 产品】|【FloXpress】菜单命令，弹出如图 14-32 所示的【检查几何体】属性管理器。

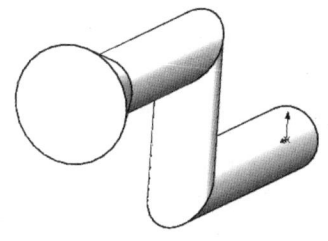

图 14-31　模型

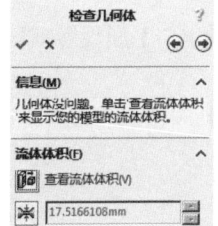

图 14-32　【检查几何体】属性管理器

（3）在【流体体积】选项组中，单击【查看流体体积】按钮，绘图区域将高亮显示流体的区域，如图 14-33 所示。

2. 选择流体

单击【检查几何体】属性管理器中的【下一步】按钮，提示用户选择具体的流体，在本案例中选中【水】单选项，如图 14-34 所示。

图 14-33 显示流体分布

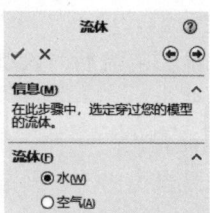
图 14-34 选择流体

3. 设定流量入口条件

（1）单击【流体】属性管理器中的 ◉【下一步】按钮，弹出【流量入口】属性管理器。

（2）在【入口】选项组中，选择【压力】选项，在 ▢【要应用入口边界条件的面】选择框中选择绘图区域中和流体相接触的端盖的内侧面，在 P【环境压力】文本框中输入【301325Pa】，如图 14-35 所示。

4. 设定流量出口条件

（1）单击【流量入口】属性管理器中的 ◉【下一步】按钮，弹出【流量出口】属性管理器。

（2）在【出口】选项组中，选择【压力】选项，在 ▢【要应用出口边界条件的面】选择框中选择绘图区域中和流体相接触的端盖的内侧面，保持 P【环境压力】文本框默认的设置，如图 14-36 所示。

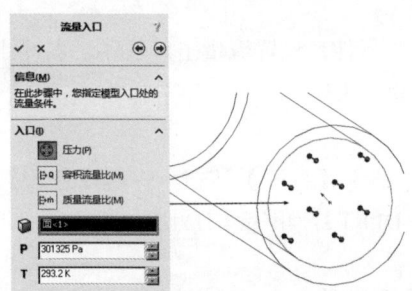
图 14-35 设定流量入口条件

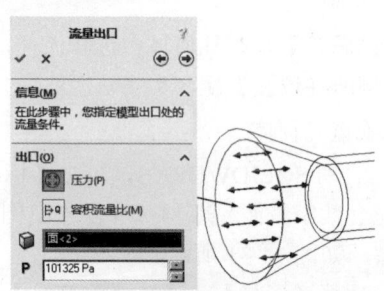
图 14-36 设定流量出口条件

5. 求解模型

（1）单击【流量出口】属性管理器中的 ◉【下一步】按钮，弹出【解出】属性管理器，如图 14-37 所示。

（2）在【解出】属性管理器中，单击 ▶ 按钮，开始流体分析，屏幕上显示出运行状态及分析信息，如图 14-38 所示。

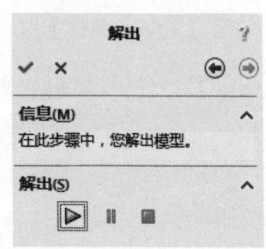
图 14-37 【解出】属性管理器

图 14-38 求解进度

6. 查看结果

（1）流体分析完成后，弹出【观阅结果】属性管理器，如图 14-39 所示。

（2）在绘图区域中将显示出流体的速度分布，为了显示得更清晰，可以将管路零件隐藏，如图 14-40 所示。

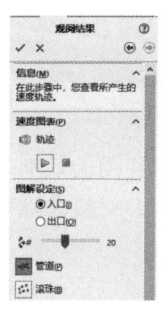
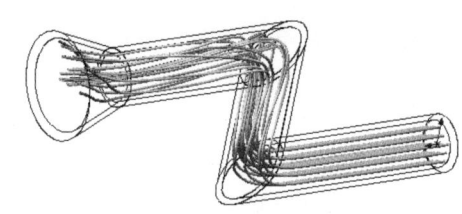

图 14-39 【观阅结果】属性管理器　　　图 14-40 显示流体的速度分布

（3）在【图解设定】选项组中，单击【滚珠】按钮，绘图区域中的流体将以滚珠形式显示出来，如图 14-41 所示。

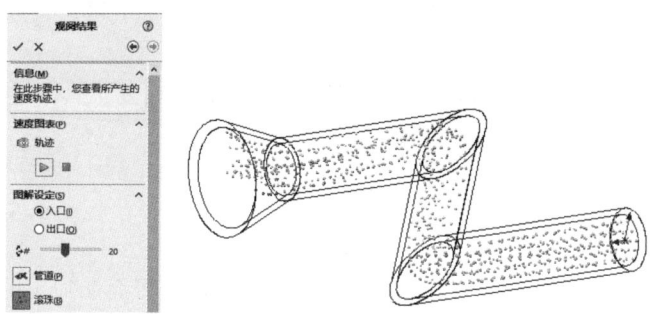

图 14-41 以滚珠形式显示流体

（4）在【报表】选项组中，单击【生成报表】按钮，流体分析的结果将以 Word 文档的形式显示出来，如图 14-42 所示。

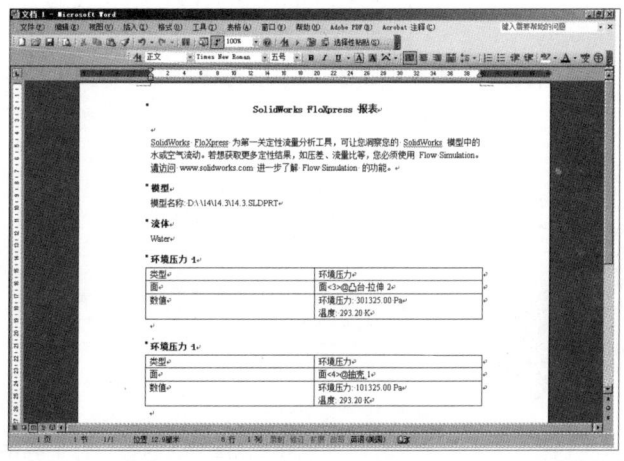

图 14-42 生成报表

14.4 数控加工分析

数控加工分析是一种用于核准 SOLIDWORKS 零件可制造性的分析工具。使用数控加工分析可以识别可能导致加工问题或增加生产成本的设计区域。

14.4.1 数控加工分析步骤

在 SOLIDWORKS 中，使用数控加工分析通常涉及以下 3 个步骤。

（1）说明规则。在数控加工分析中，首先需要定义或说明将要使用的规则。这些规则指的是在加工过程中必须遵守的标准和限制条件，例如刀具尺寸、机床能力、材料去除率、进给速度等。说明规则是确保后续分析准确性的基础。

（2）配置规则。在说明了所有相关规则后，接下来配置这些规则以适应具体的加工任务。这可能包括选择或制定特定的加工策略、设置刀具路径参数、定义安全高度和退刀路径等。配置规则要求对加工过程有深入理解，以确保加工过程既安全又高效。

（3）核准零件。最后一步是对零件进行核准，使用配置好的规则来分析计算机数控程序（CNC Program）或刀具路径。这一步的目的是验证零件加工的可行性，检查是否有碰撞、超出机床行程范围或违反加工规则的情况。核准零件是确保加工过程顺利进行的关键，有助于预防加工错误和减少材料浪费。

数控加工分析是确保数控编程准确性和机床操作安全性的重要工具，通过这一工具，可以优化加工策略，减少加工时间，并提高零件加工质量。

14.4.2 操作案例：数控加工分析实例

操作案例视频

【学习要点】以一个支架为例，判断是否满足加工条件，并将无法加工的区域标识出来。

【案例思路】启动数控加工分析工具，设置现有的加工条件，自动判断和计算。

【案例所在位置】配套数字资源\第 14 章\操作案例\14.4\。

（1）启动 SOLIDWORKS，单击【标准】工具栏中的【打开】按钮，弹出【打开】对话框，选择【配套数字资源\第 14 章\操作案例\14.4\14.4.SLDPRT】，单击【打开】按钮，在绘图区域中显示模型，如图 14-43 所示。

（2）启动数控加工分析工具，选择【工具】|【Xpress 产品】|【DFMXpress】菜单命令，如图 14-44 所示。

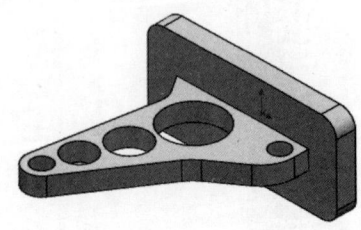

图 14-43 模型

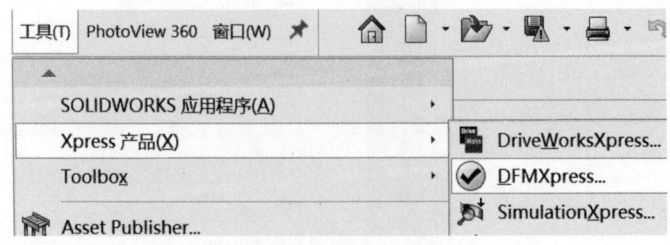

图 14-44 启动数控加工分析工具

（3）弹出【DFMXpress】界面，如图14-45所示。

（4）根据零件的形状设定检查规则，单击【设定...】按钮，弹出设定界面，在该界面中进行相应设置，如图14-46所示。

图14-45　【DFMXpress】界面

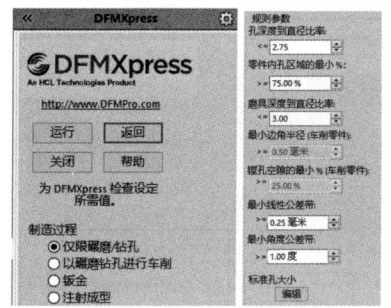

图14-46　进行相应设置

（5）单击【返回】按钮，完成规则的设置。单击【运行】按钮，进行可制造性分析，结果将自动显示出来，如图14-47所示，其中失败的规则将显示成⊗，通过的规则将显示成⊙。

（6）选择【失败的规则】下的【实例[3]】，屏幕上将自动出现【外边线上的圆角 - 实例[3]】的失败原因提示，如图14-48所示，绘图区域中将高亮显示该实例对应的特征。

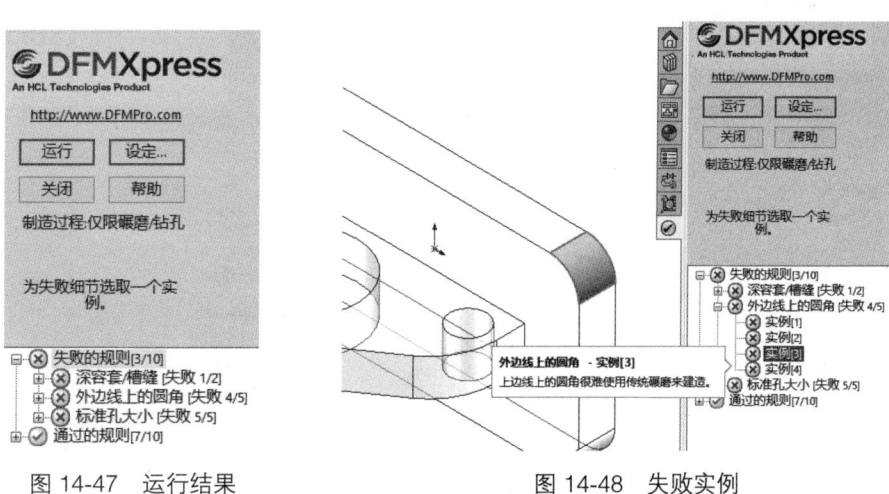

图14-47　运行结果　　　　　　　　图14-48　失败实例

14.5　运动模拟

运动模拟可以分析装配体的运动和动力参数，包括位移、速度、加速度等。

14.5.1　运动模拟分析步骤

在SOLIDWORKS中使用Motion模块进行运动模拟的3个步骤如下。

（1）装配模型。需要在SOLIDWORKS中创建或插入所有参与运动的零件，并在装配体环境中将它们正确地配合在一起。在装配模型时，要确保所有的关节、铰链、滑动配合等运动副都被适当地定义，以便它们能够模拟实际的机械系统运动。

（2）设置马达。需要为模型中的运动部件添加马达。马达是部件运动的动力源，它可以是旋转马达、线性马达或其他类型的马达。设置马达时，需要定义部件的运动类型（如旋转、往复等）、速度、加速度和运动范围等参数。正确设置马达对于模拟机械系统的运动至关重要。

（3）分析运动。运行 Motion 模块来模拟装配体的运动。在分析过程中，SOLIDWORKS 将计算并显示每个部件的运动轨迹、速度、加速度等。通过动画展示运动过程，可以直观地观察部件的运动是否符合设计预期，检测潜在的运动冲突或性能问题。

运动模拟有助于在设计阶段预测机械系统的工作性能，优化运动学设计，减少物理样机的需求，加速产品开发过程。

14.5.2 操作案例：运动模拟实例

操作案例视频

【学习要点】以曲柄滑块机构为例，设置曲柄的运动，求解滑块上关键点的运动参数。

【案例思路】启动 Motion 模块，设置马达，设置求解的参数。

【案例所在位置】配套数字资源\第 14 章\操作案例\14.5。

（1）启动 SOLIDWORKS，单击【标准】工具栏中的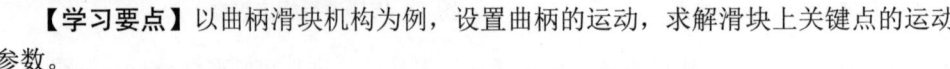【打开】按钮，弹出【打开】对话框，选择【配套数字资源\第 14 章\操作案例\14.5\14.5.SLDASM】，单击【打开】按钮，在绘图区域中显示模型。选择【工具】|【插件】菜单命令，弹出【插件】对话框，勾选【SOLIDWORKS Motion】复选框，如图 14-49 所示，单击【确定】按钮。

（2）选择【插入】|【新建运动算例】菜单命令，如图 14-50 所示。

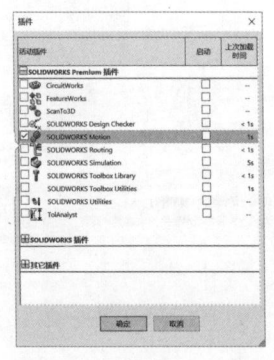 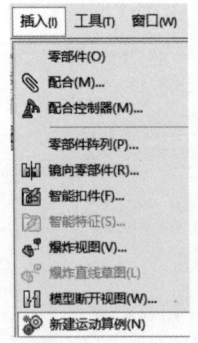

图 14-49 【插件】对话框　　　图 14-50 【新建运动算例】菜单命令

（3）在对话框的下方将自动显示运动算例管理器，将该区域左上方的【动画】下拉菜单改变为【Motion 分析】选项，如图 14-51 所示。

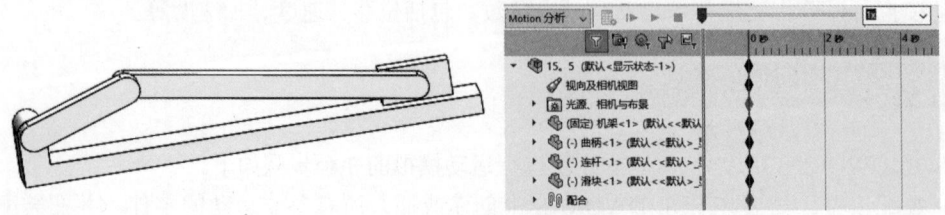

图 14-51 运动算例管理器

（4）单击 【马达】按钮，弹出属性管理器。在属性管理器中的【零部件/方向】选项组中，单击【马达位置】选择框后，选择绘图区域的圆柱面，在【运动】选项组中的【速度】文本框中输入【12 RPM】，如图14-52所示。单击【确定】按钮后，添加一个原动件。

（5）单击【计算】按钮进行计算，计算后运动算例区域会发生变化，如图14-53所示。

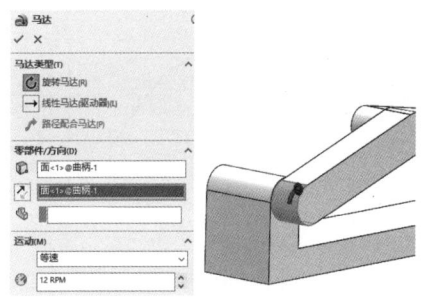

图14-52 【马达】属性管理器

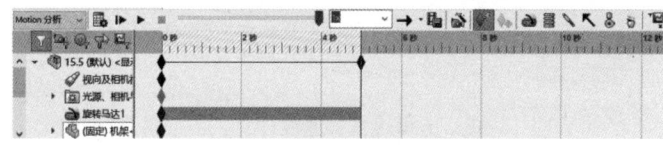

图14-53 运动算例区域的变化

（6）单击运动算例管理器中的【结果与图解】按钮，弹出【结果】属性管理器。在【结果】选项组中，单击【选取类别】下拉列表框，在打开的下拉列表中选择【位移/速度/加速度】选项，在【选取子类别】下拉列表框中选择【线性位移】选项，在【选取结果分量】下拉列表框中选择【X分量】选项，单击【需要测量的实体】选择框后选取两个对应的点，如图14-54所示。

（7）单击【确定】按钮后显示线性位移，如图14-55所示。

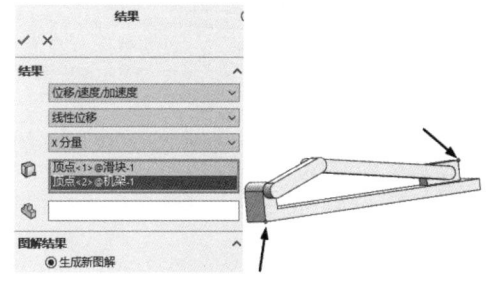

图14-54 选择线性位移的点

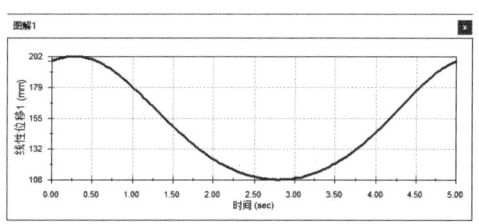

图14-55 显示线性位移

（8）单击【结果与图解】按钮，弹出【结果】属性管理器。在【结果】选项组中，在【选取类别】下拉列表框中选择【位移/速度/加速度】选项，在【选取子类别】下拉列表框中选择【线性速度】选项，在【选取结果分量】下拉列表框中选择【X分量】选项，单击滑块的端点，如图14-56所示。

（9）单击【确定】按钮后显示线性速度，如图14-57所示。

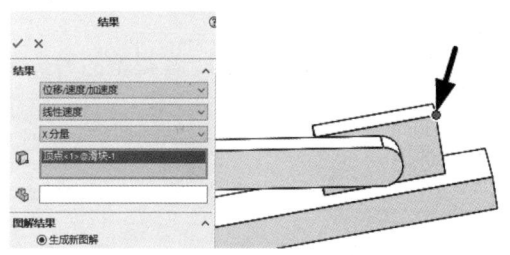

图14-56 选择线性速度的点

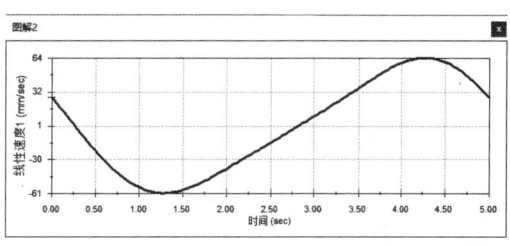

图14-57 显示线性速度

277

（10）单击 【结果与图解】按钮，在【结果】选项组中，在【选取类别】下拉列表框中选择【位移/速度/加速度】选项，在【选取子类别】下拉列表框中选择【线性加速度】选项，在【选取结果分量】下拉列表框中选择【X 分量】选项，单击滑块的端点，如图 14-58 所示。

（11）单击 【确定】按钮后显示线性加速度，如图 14-59 所示。

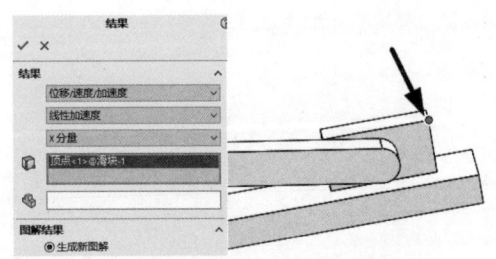

图 14-58　选择线性加速度的点　　　　图 14-59　显示线性加速度

14.6　本章小结

本章介绍了 SOLIDWORKS 的部分分析工具，包括公差分析、有限元分析、流体分析和运动模拟等，这些工具都属于仿真分析工具，用于验证模型的相关参数。

14.7　知识巩固

利用附赠数字资源中的三维模型进行有限元分析，一端固定，另一端承受 100000N 的拉力，求解模型的最大应力，模型如图 14-60 所示。

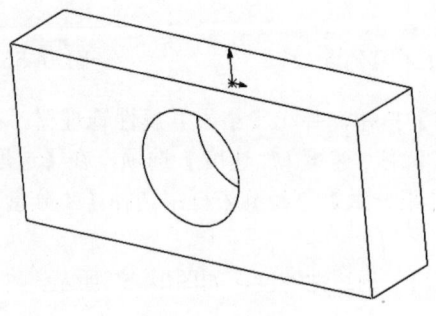

图 14-60　模型

【习题知识要点】启动有限元分析工具，在夹具中将模型一端设置为固定，在模型的另一端设置拉力，最后求解。

【素材所在位置】配套数字资源 \ 第 14 章 \ 知识巩固 \。